建设工程监理实用手册

（按规范 GB/T 50319—2013）

王立信　主编

中国建筑工业出版社

图书在版编目(CIP)数据

建设工程监理实用手册/王立信主编 . —北京：中国建筑工业
出版社，2014.2
ISBN 978-7-112-16426-4

Ⅰ．①建… Ⅱ．①王… Ⅲ．①建筑工程-监理工作-技术手
册 Ⅳ．①TU712-62

中国版本图书馆 CIP 数据核字(2014)第 028227 号

本书根据《建设工程监理规范》GB/T 50319—2013 编写，是对监理新规范的
实施指南和应用指导手册。主要内容包括：控制、管理与协调，是对《建设工程监
理规范》GB/T 50319—2013 的详细解释和深入阐述；监理文件资料应用与管理；
常用材料标准；构造检控要求；施工试验。侧重实用性、全面性、深入性。

本书供监理人员、施工人员、质量人员、材料人员使用，并可供大中专院校师
生参考。

责任编辑：郭　栋
责任设计：李志立
责任校对：陈晶晶　刘梦然

建设工程监理实用手册

(按规范 GB/T 50319—2013)

王立信　主编

*

中国建筑工业出版社出版、发行(北京西郊百万庄)
各地新华书店、建筑书店经销
北京红光制版公司制版
北京盈盛恒通印刷有限公司

*

开本：787×1092 毫米　1/16　印张：29¼　字数：727 千字
2014 年 10 月第一版　2014 年 10 月第一次印刷
定价：65.00 元
ISBN 978-7-112-16426-4
(25252)

《建设工程监理实用手册》编写委员会

主　　编　　王立信

编写人员　　王立信　　孙　宇　　贾翰卿　　杜玉蔊　　王　宇

　　　　　　郭　彦　　刘伟石　　王庚西　　王少众　　王春娟

　　　　　　郭晓冰　　王　薇　　王　倩　　赵　涛　　郭天翔

　　　　　　张菊花　　王丽云

前　言

　　工程监理单位是依法成立并取得国务院建设主管部门颁发的工程监理企业资质证书，从事建设工程监理活动的服务机构。工程监理单位是受建设单位委托为其提供管理和技术服务的独立法人或经济组织。工程监理单位不同于生产经营单位，既不承包工程，不参与承包商的利润分成，也不直接进行工程设计和施工生产。工程监理单位及其人员是"建设工程监理规范"的忠实维护者和执行者。

　　实践证明建设工程监理是一项具有中国特色的工程建设管理制度，是工程建设不可缺少的一项重要制度，实施20多年来，建设工程监理对于保证建设工程质量和投资效益发挥了十分重要的作用，已得到社会的广泛认可。

　　（1）建设工程监理是工程监理单位受建设单位委托，根据法律法规、工程建设标准、勘察设计文件、建设工程监理合同及其他合同文件，代表建设单位在施工阶段对建设工程的质量、进度、造价进行控制，对合同、信息进行管理，对工程建设相关方的关系进行协调（即："三控两管一协调"），还要依据《建设工程安全生产管理条例》等法规、政策，履行建设工程安全生产管理的法定职责。

　　（2）相关服务是工程监理单位受建设单位委托，按照建设工程监理合同约定，在建设工程勘察、设计、保修等阶段提供的服务活动。

　　（3）《建设工程监理规范》（GB/T 50319—2013），通过广泛的调查研究，征求了有关单位的意见，吸收总结了20多年工程监理的研究成果和实践经验，并贯彻了新近出台的有关建设工程监理的法规政策，遵循与时俱进、协调一致、专业通用、各方参与、易于操作等原则，对原《建设工程监理规范》（GB 50319—2000）规范进行了修订，《建设工程监理规范》（GB/T 50319—2013）为今后的监理工作明确了服务方向、工作内容及深度，同时制定了监理工作基本用表，为监理工作的顺利实施铺平了道路。

　　《建设工程监理规范》（GB/T 50319—2013）共9章，内容主要包括：

　　1）总则：规定了监理工作发布实施的目的，适用范围，建设单位与监理单位的合同关系及其工作范围，内容，服务期限、服务行为、服务准则和酬金，双方的义务、违约责任，明确了监理的依据，工程监理工作的执行原则等。

　　2）术语：解释了实施监理工作的相关词义。

　　3）项目监理机构及其设施：共3节，包括：一般规定、监理人员职责和监理设施。

　　4）监理规划及监理实施细则：规定了监理规划和细则的编审程序、内容、报批等相关事宜。

　　5）工程质量、造价、进度控制及安全生产管理的监理工作：规定了项目监理机构在工程质量、造价、进度三大目标控制，组织协调及安全生产管理方面的监理工作原则、内容、秩序和方法。共5节，包括：

　　①一般规定：主要规定了开展监理工作，在质量、造价、安全生产等方面应进行的准备、熟悉设计文件、制定相关管理制度等的要求与规定。

②工程质量控制：规定应做好施工组织设计和施工方案的审查、分包单位资质报审、新材料、新工艺、新技术、新设备的实施论证，施工测量成果的查验，施工单位试验室的检查，工程用材料进场的检验，检验批、分项、隐蔽工程等的验收，施工出现质量问题签办监理通知、暂停令、质量事故处理、工程验收等的审查与协调。

③工程造价控制：规定了工程计量和工程款支付，竣工结算等项目的审核与协调。

④工程进度控制：规定了监理应控制总进度、阶段性施工计划的审查，计划进度与实际进度不符时的调整等事宜。

⑤安全生产管理的监理工作。

6）工程变更、索赔及施工合同争议处理：分别规定了工程变更、索赔及施工合同争议的处理方法、协调与管理。

①工程变更的协调与管理：主要包括工程变更的申请与审查，影响工期的评估、计价原则、方法与价款支付等。

②费用索赔的处理：规定了索赔依据、程序、费用索赔需要满足的条件以及责任的处理与协商原则。

③施工合同争议的处理：明确了应进行的工作，施工单位的履约及向仲裁机关提供证据等。

7）监理文件资料管理：要求做到建立完善的监理文件资料管理制度，文件资料应由专人管理，监理文件资料的汇总应及时、准确、完整及归档要求。

8）设备采购与设备监造：规定了设备采购项目监理机构应协助建设单位进行招标和签订采购合同，设备采购完成后，规定了项目监理机构应向建设单位提交的文件资料内容。

设备监造规定了项目监理机构应审查制造单位的生产计划和工艺方案、相关材料的质量证明文件等，制造过程的监督与检查，出现质量问题时签发暂停指令，交货时的清点与设备整机检测、运输、装卸、成品保护等，按应提供资料内容向建设单位提交相关设备监造的文件资料。

9）相关服务：共两项，工程勘察设计阶段服务和工程保修阶段服务。

工程勘察设计阶段服务明确其工作内容、方法、成果审查与评估，设计与施工的概预算审查、索赔发生的分析与批准原则，协助组织评审等。工程保修阶段服务规定了保修阶段应做好的工作，诸如定期回访、修复监督、合格签认、质量缺陷原因调查与责任归属，工程款支付，并报建设单位。

对《建设工程监理规范》（GB/T 50319—2013）中关于"工程勘察设计阶段服务"，条文说明中提出了如下工作要点：

①对工程勘察所需要的控制点、作为持力层的关键层和一些重要层的变化处。对重要点位的勘探与测试实施旁站。

②审查设计成果主要审查方案设计是否符合规划设计要点，初步设计是否符合方案设计要求，施工图设计是否符合初步设计要求。

根据工程规模和复杂程度，在取得建设单位同意后，对设计工作成果的评估可不区分方案设计、初步设计和施工图设计，只出具一份报告即可。

③审查工作主要针对目前尚未经过国家、地方、行业组织评审、鉴定的新材料、新工

艺、新技术、新设备。

（4）我国执行建设工程监理制度。实施建设工程监理对于实现建设工程的质量、进度、投资目标控制和加强建设工程安全生产管理发挥了重要作用。随着我国建设工程投资管理体制改革的不断深化和工程监理单位服务范围的不断拓展，在工程勘察、设计、保修等阶段为建设单位提供的相关服务也越来越多。对监理服务工作的要求也越来越迫切，殷盼监理服务工作能协助建设单位对建设工程质量、造价、进度诸方面能够达到相关标准或规范的要求，做到工程质量好、投资合理、进度如期。

作者从事监理工作的总监理工程师和公司领导十余年，对从事监理工作有一点体会，对监理工作中遇到的相关工作内容和问题也有所了解。新规范发行后，为了更好地贯彻执行新规范，也为了监理工作的发展，根据新规范作者编写了本书，分别简析了新规范的控制、协调与管理；提出了监理技术文件表式的填写与应用指导；提出了监理工作实施中对工程质量控制与措施和常用材料标准、施工试验与测试的相关资料。为做好贯彻执行新规范尽其微薄之力，希望能在监理工作执行新规范上有所帮助。

任何一个行业，要想又好又快地达到预期目的，在实施中必须在专业规范的指导下，建立适合于自身运作规律的管理制度、操作工艺，按照行业的操作程序认真执行，一步一个脚印地运作，才会成功，反之就会出问题。因此，建设监理工作应认真按监理规范的规定和原则从事相应的监理服务工作。

限于水平，本书的不足之处在所难免，敬请批评指正。

目　　录

1　控制、管理与协调

2　监理文件资料应用与管理

3　常 用 材 料 标 准

4　构造检控要求

5　施　工　试　验

1 控制、管理与协调

1.1 总 则

1.1.1 建设工程监理规范的制定目的与适用范围

1.1.1.1 规范制定目的

【原文】 第1.0.1条 为规范建设工程监理与相关服务行为，提高建设工程监理与相关服务水平，制定本规范。

【条文说明】 建设工程监理制度自1988年开始实施以来，对于实现建设工程质量、进度、投资目标控制和加强建设工程安全生产管理发挥了重要作用。随着我国建设工程投资管理体制改革的不断深化和工程监理单位服务范围的不断拓展，在工惩勘察、设计、保修等阶段为建设单位提供的相关服务也越来越多，为进一步规贩建设工程监理与相关服务行为，提高服务水平，特在《建设工程监理规范》（GB 50319—2000）基础上修订形成本规范。

1.1.1.2 适用范围

【原文】 第1.0.2条 本规范适用于新建、扩建、改建建设工程监理与相关服务活动。

【条文说明】 本规范适用于新建、扩建、改建的土木工程、建筑工程、线路管道工程、设备安装工程和装饰装修工程等建设工程监理与相关服务活动。

1.1.2 基本要求与监理依据

1.1.2.1 基本要求

【原文】 第1.0.3条 实施建设工程监理前，建设单位必须委托具有相应资质的工程监理单位，并以书面形式与工程监理单位订立建设工程监理合同，合同中应包括监理工作的范围、内容、服务期限和酬金，以及双方的义务、违约责任等相关条款。

在订立建设工程监理合同时，建设单位将勘察、设计、保修阶段等相关服务一并委托的，应在合同中明确相关服务的工作范围、内容、服务期限和酬金等相关条款。

【条文说明】 建设工程监理合同是工程监理单位实施监理与相关服务的主要依据之一，建设单位与工程监理单位应以书面形式订立建设工程监理合同。

【原文】 第1.0.4条 工程开工前，建设单位应将工程监理单位的名称，监理的范围、内容和权限及总监理工程师的姓名书面通知施工单位。

【原文】 第1.0.5条 在建设工程监理工作范围内，建设单位与施工单位之间涉及施工合同的联系活动，应通过工程监理单位进行。

【条文说明】 在监理工作范围内，为保证工程监理单位独立、公平地实施监理工作，避免出现不必要的合同纠纷，建设单位与施工单位之间涉及施工合同的联系活动，均应通过工程监理单位进行。

【原文】 第1.0.7条 建设工程监理应实行总监理工程师负责制。

【条文说明】 总监理工程师负责制是指由总监理工程师全面负责建设工程监理实施工作。总监理工程师是工程监理单位法定代表人书面任命的项目监理机构负责人，是工程监理单位履行建设工程监理合同的全权代表。

【原文】 第1.0.8条 建设工程监理宜实施信息化管理。

【条文说明】 工程监理单位不仅自身实施信息化管理，还可根据建设工程监理合同的约定协助建设单位建立信息管理平台，促进建设工程各参与方基于信息平台协同工作。

【原文】 第1.0.9条 工程监理单位应公平、独立、诚信、科学地开展建设工程监理与相关服务活动。

【条文说明】 工程监理单位在实施建设工程监理与相关服务时，要公平地处理工作中出现的问题，独立地进行判断和行使职权，科学地为建设单位提供专业化服务，既要维护建设单位的合法权益，也不能损害其他有关单位的合法权益。

【原文】 第1.0.10条 建设工程监理与相关服务活动，除应符合本规范外，尚应符合国家现行有关标准的规定。

1.1.2.2 监理依据

【原文】 第1.0.6条 实施建设工程监理应遵循以下主要依据：

（1）法律法规及工程建设标准；

（2）建设工程勘察设计文件；

（3）建设工程监理合同及其他合同文件。

【条文说明】 工程监理单位实施建设工程监理的主要依据包括三部分：

①法律法规及工程建设标准，如：《建筑法》、《建设工程质量管理条例》、《建设工程安全生产管理条例》等法律法规及相应的工程技术和管理标准，包括工程建设强制性标准，本规范也是实施监理的重要依据；

②建设工程勘察设计文件，既是工程施工的重要依据，也是工程监理的主要依据；

③建设工程监理合同是实施监理的直接依据，建设单位与其他相关单位签订的合同（如与施工单位签订的施工合同、与材料设备供应单位签订的材料设备采购合同等）也是实施监理的重要依据。

1.2 基 本 术 语 注 释

1.2.1 机构与人员

1.2.1.1 工程监理单位

【原文】 第2.0.1条 工程监理单位是依法成立并取得建设主管部门颁发的工程监理企业资质证书，从事建设工程监理与相关服务活动的服务机构。

【条文说明】 工程监理单位是受建设单位委托为其提供管理和技术服务的独立法人或经济组织。工程监理单位不同于生产经营单位，既不直接进行工程设计和施工生产，也不参与施工单位的利润分成。

1.2.1.2 项目监理机构

【原文】 第2.0.4条 项目监理机构是工程监理单位派驻工程负责履行建设工程监理合同的组织机构。

1.2.1.3 注册监理工程师

【原文】 第2.0.5条 注册监理工程师是取得国务院建设主管部门颁发的《中华人民共和国注册监理工程师注册执业证书》和执业印章,从事建设工程监理与相关服务等活动的人员。

【条文说明】 从事建设工程监理与相关服务等工程管理活动的人员取得注册监理工程师执业资格,应参加国务院人事和建设主管部门组织的全国统一考试或考核认定,获得《中华人民共和国监理工程师执业资格证书》,并经国务院建设主管部门注册,获得《中华人民共和国注册监理工程师注册执业证书》和执业印章。

1.2.1.4 总监理工程师

【原文】 第2.0.6条 总监理工程师是由工程监理单位法定代表人书面任命,负责履行建设工程监理合同、主持项目监理机构工作的注册监理工程师。

【条文说明】 总监理工程师应由工程监理单位法定代表人书面任命。总监理工程师是项目监理机构的负责人,应由注册监理工程师担任。

1.2.1.5 总监理工程师代表

【原文】 第2.0.7条 总监理工程师代表是经工程监理单位法定代表人同意,由总监理工程师书面授权,代表总监理工程师行使其部分职责和权力,具有工程类注册执业资格或具有中级及以上专业技术职称、3年及以上工程实践经验并经监理业务培训的人员。

【条文说明】 总监理工程师应在总监理工程师代表的书面授权中,列明代为行使总监理工程师的具体职责和权力。总监理工程师代表可以由具有工程类执业资格的人员(如:注册监理工程师、注册造价工程师、注册建造师、注册工程师、注册建筑师等)担任,也可由具有中级及以上专业技术职称、3年及以上工程监理实践经验的监理人员担任。

1.2.1.6 专业监理工程师

【原文】 第2.0.8条 专业监理工程师是由总监理工程师授权,负责实施某一专业或某一岗位的监理工作,有相应监理文件签发权,具有工程类注册执业资格或具有中级及以上专业技术职称、2年及以上工程实践经验并经监理业务培训的人员。

【条文说明】 专业监理工程师是项目监理机构中按专业或岗位设置的专业监理人员。当工程规模较大时,在某一专业或岗位宜设置若干名专业监理工程师。专业监理工程师具有相应监理文件的签发权,该岗位可以由具有工程类注册执业资格的人员(如:注册监理工程师、注册造价工程师、注册建造师、注册工程师、注册建筑师等)担任,也可由具有中级及以上专业技术职称、2年及以上工程实践经验的监理人员担任。建设工程涉及特殊行业(如爆破工程)的,从事此类工程的专业监理工程师还应符合国家对有关专业人员资格的规定。

1.2.1.7 监理员

【原文】 第2.0.9条 监理员是从事具体监理工作,具有中专及以上学历并经过监理业务培训的人员。

【条文说明】 监理员是从事具体监理工作的人员，不同于项目监理机构中其他行政辅助人员。监理员应具有中专及以上学历，并经过监理业务培训。

1.2.2 监理规划与监理实施细则

1.2.2.1 监理规划

【原文】 第2.0.10条 监理规划是项目监理机构全面开展建设工程监理工作的指导性文件。

【条文说明】 监理规划应针对建设工程实际情况编制。

1.2.2.2 监理实施细则

【原文】 第2.0.11条 监理实施细则是针对某一专业或某一方面建设工程监理工作的操作性文件。

【条文说明】 监理实施细则是根据有关规定、监理工作实际需要而编制的操作性文件，如深基坑工程监理实施细则、安全生产管理监督实施细则等。

1.2.3 控制子项

1.2.3.1 建设工程监理

【原文】 第2.0.2条 建设工程监理是工程监理单位受建设单位委托，根据法律法规、工程建设标准、勘察设计文件及合同，在施工阶段对建设工程质量、进度、造价进行控制，对合同、信息进行管理，对工程建设相关方的关系进行协调，并履行建设工程安全生产管理法定职责的服务活动。

【条文说明】 建设工程监理是一项具有中国特色的工程建设管理制度。工程监理单位要依据法律法规、工程建设标准、勘察设计文件、建设工程监理合同及其他合同文件，代表建设单位在施工阶段对建设工程质量、进度、造价进行控制，对合同、信息进行管理，对工程建设相关方的关系进行协调，即："三控两管一协调"，同时还要依据《建设工程安全生产管理条例》等法规、政策，履行建设工程安全生产管理的法定职责。

1.2.3.2 相关服务

【原文】 第2.0.3条 相关服务是工程监理单位受建设单位委托，按照建设工程监理合同约定，在建设工程勘察、设计、保修等阶段提供的服务活动。

【条文说明】 工程监理单位根据建设工程监理合同约定，在工程勘察、设计、保修等阶段为建设单位提供的专业化服务均属于相关服务。

1.2.3.3 工程计量

【原文】 第2.0.12条 工程计量是根据工程设计文件及施工合同约定，项目监理机构对施工单位申报的合格工程的工程量进行的核验。

【条文说明】 项目监理机构应依据建设单位提供的施工图纸、工程量清单、施工图预算或其他文件，核对施工单位实际完成的合格工程量，符合工程设计文件及施工合同约定的，予以计量。

1.2.3.4 旁站

【原文】 第2.0.13条 旁站是项目监理机构对工程的关键部位或关键工序的施工质

量进行的监督活动。

【条文说明】 旁站是项目监理机构对关键部位和关键工序的施工质量实施监理的方式之一。

1.2.3.5 巡视

【原文】 第2.0.14条 巡视是项目监理机构对施工现场进行的定期或不定期的检查活动。

【条文说明】 巡视是项目监理机构对工程实施建设工程监理的方式之一，是监理人员针对施工现场进行的检查。

1.2.3.6 平行检验

【原文】 第2.0.15条 平行检验是项目监理机构在施工单位自检的同时，按有关规定、建设工程监理合同约定对同一检验项目进行的检测试验活动。

【条文说明】 工程类别不同，平行检验的范围和内容不同。项目监理机构应依据有关规定和建设工程监理合同约定进行平行检验。

1.2.3.7 见证取样

【原文】 第2.0.16条 见证取样是项目监理机构对施工单位进行的涉及结构安全的试块、试件及工程材料现场取样、封样、送检工作的监督活动。

【条文说明】 施工单位需要在项目监理机构监督下，对涉及结构安全的试块、试件及工程材料，按规定进行现场取样、封样，并送至具备相应资质的检测单位进行检测。

1.2.3.8 工程延期

【原文】 第2.0.17条 工程延期是由于非施工单位原因造成合同工期延长的时间。

第2.0.18条 工期延误是由于施工单位自身原因造成施工期延长的时间。

【条文说明】 工程延期、工期延误的结果均是工期延长，但其责任承担者不同，工程延期是由于非施工单位原因造成的，如建设单位原因、不可抗力等，施工单位不承担责任；而工期延误是由于施工单位自身原因造成的，需要施工单位采取赶工措施加快施工进度，如果不能按合同工期完成工程施工，施工单位还需根据施工合同约定承担误期责任。

1.2.3.9 工程临时延期批准与工程最终延期批准

【原文】 第2.0.19条 工程临时延期批准是发生非施工单位原因造成的持续性影响工期事件时所作出的临时延长合同工期的批准。

第2.0.20条 工程最终延期批准是发生非施工单位原因造成的持续性影响工期事件时所作出的最终延长合同工期的批准。

【条文说明】 工程临时延期批准是施工过程中的临时性决定，工程最终延期批准是关于工程延期事件的最终决定，总监理工程师、建设单位批准的工程最终延期时间与原合同工期之和将成为新的合同工期。

1.2.3.10 设备监造

【原文】 第2.0.23条 设备监造是项目监理机构按照建设工程监理合同和设备采购合同约定，对设备制造过程进行的监督检查活动。

【条文说明】 建设工程中所需设备需要按设备采购合同单独制造的，项目监理机构应依据建设工程监理合同和设备采购合同对设备制造过程进行监督管理活动。

1.2.4 信息

1.2.4.1 监理日志

【原文】 第2.0.21条 监理日志是项目监理机构每日对建设工程监理工作及施工进展情况所做的记录。

【条文说明】 监理日志是项目监理机构在实施建设工程监理过程中每日形成的文件，由总监理工程师根据工程实际情况指定专业监理工程师负责记录。监理日志不等同于监理日记。监理日记是每个监理人员的工作日记。

1.2.4.2 监理月报

【原文】 第2.0.22条 监理月报是项目监理机构每月向建设单位提交的建设工程监理工作及建设工程实施情况等分析总结报告。

【条文说明】 监理月报是记录、分析总结项目监理机构监理工作及工程实施情况的文档资料，既能反映建设工程监理工作及建设工程实施情况，也能确保建设工程监理工作可追溯。

1.2.4.3 监理文件资料

【原文】 第2.0.24条 工程监理单位在履行建设工程监理合同过程中形成或获取的，以一定形式记录、保存的文件资料。

【条文说明】 监理文件资料从形式上可分为文字、图表、数据、声像、电子文档等文件资料，从来源上可分为监理工作依据性、记录性、编审性等文件资料，需要归档的监理文件资料，按照国家有关规定执行。

1.3 项目监理机构及其设施

本章明确了项目监理机构的组成、总监理工程师的任命和监理人员调换，以及项目监理机构中总监理工程师、总监理工程师代表、专业监理工程师和监理员的职责。最后，关于监理设施分别对建设单位、工程监理单位提出了要求。

1.3.1 一般规定

1.3.1.1 项目监理机构的组成

【原文】 第3.1.1条 工程监理单位实施监理时，应在施工现场派驻项目监理机构。项目监理机构的组织形式和规模，可根据建设工程监理合同约定的服务内容、服务期限，以及工程特点、规模、技术复杂程度、环境等因素确定。

【条文说明】 项目监理机构的建立应遵循适应、精简、高效的原则，要有利于建设工程监理目标控制和合同管理，要有利于建设工程监理职责的划分和监理人员的分工协作，要有利于建设工程监理的科学决策和信息沟通。

1.3.1.1-1 项目监理机构的组织形式

1. 组织形式的设置原则

有利于监理目标的控制、承包合同的管理、监理决策和信息的沟通、监理人员的职能发挥和分工协作；符合适应、精简、高效的原则；应根据委托监理合同规定的服务内容、服务期限、工程类别、工程规模、技术复杂程度、工作现场等因素确定组织形式和规模。

建议项目监理机构设置的组织形式可参考下列方法进行设计和选择。

2. 组织形式的种类

（1）直线制监理组织形式。是指项目监理机构中各种职位是按垂直系统直线排列的，详见图1.3.1.1-1A。该组织形式是总监理工程师负责整个项目的规划、组织和领导，并着重整个项目范围内各方面的协调工作，子项目的监理组负责子项目的目标控制。该形式具有领导现场专项监理的工作形式。

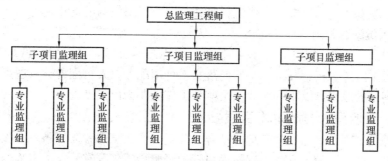

图 1.3.1.1-1A 直线制的监理组织形式

（2）职能制监理组织形式：是在总监理工程师负责制下设一些职能机构，分别从职能角度对基层监理组进行业务管理，这些职能机构可在总监理工程师授权范围内，就其主管的业务范围，向下下达命令和指示。详见图1.3.1.1-1B。

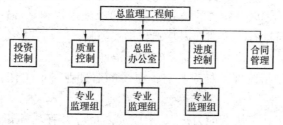

图 1.3.1.1-1B 职能制监理组织形式

（3）矩阵制监理组织形式：是由纵横两套管理系统组成的矩阵形组织结构，一套纵向职能系统，另一套是横向的子项目系统。详见图1.3.1.1-1C。

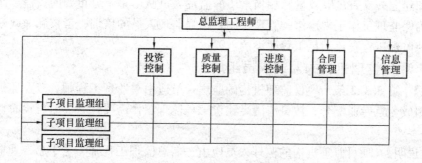

图 1.3.1.1-1C 矩阵制监理组织形式

这种形式加强了各职能部门的横向联系，适应性和机动性好，把上下、左右集权和分权实行最优结合，对业务能力培养有利；缺点：协调量大、处理不好会扯皮。

3. 岗位设置的组织设计原则

（1）职务分工原则：使个人工作实现某种程度的专门化，各负其责；

（2）责权统一原则：为使个人能履行职责，需要总监理工程师授予其相应的权限，做到有职有权；

（3）指挥统一原则：指上级对下级的指挥必须统一；

（4）管理幅度适当原则：指按其才能，量才就职实施管理的原则。

监理机构按其监理工作，通过对监理任务的分析、归纳与组合，选配适当的监理人员、制定岗位职责、工作标准、工作流程等环节完成组织机构的优化配置。

4. 监理人员配备原则

专业结构合理，各专业配套；技术职务、职称结构合理，高、中、低级人员比例适宜，以中级为主。责、权、利统一，职能落实，合理配置；人员配备数量适宜，应本着适应、精干、高效的原则，以不同专业满足监理工作需要为出发点。

1.3.1.1-2 对监理人员的基本素质要求

工程监理是工程技术与工程管理的结合，监理工作人员的素质要求，不仅要有扎实的技术理论基础，还要有较丰富的工程技术与管理经验；不仅要有一定的工程经济、法律知识，还应有较强的社交能力、组织能力和协调能力。

（1）品质素质：是指监理人员应有高尚的职业道德品质、事业心强和工作的责任感。

（2）身体素质：是指监理人员应身体健康，有充沛的工作精力，能胜任工作。

（3）知识素质：是指监理人员应有较扎实的相应专业基础理论知识，工作经历和实践经验；对相关规范、规程以及相关的强制性条文的深刻理解和掌握；对新材料、新工艺、新技术的施工过程及机理有一定的知识基础和实践经验；应具有检查、验收、检测方面的知识。对大型工程有涉外工作时应具备一定的外语能力。

（4）技能素质：是指监理人员应具有：熟悉的监理业务，工作技能；必须的监理检查、验收、检测技能。

（5）能力素质（工作和协调能力）：是指监理人员应具有观察和识别事物的属性、分析事物相关关系、处理和协调内部与外界、单位与单位、单位与个人、个人与个人间关系的识别与判断能力、协调能力；能用妥善而恰当的方法处理监理实施工作中的有关问题，同时具有文字表达能力。

培养和建立一支有足够数量和相当素质的监理人员队伍是十分重要的。需要制定一整套完善的确保监理工作正常运作的管理机制，加强监理人员的培训、考核和廉政建设的具体措施，使监理工作真正满足工程建设的需要。

1.3.1.2 项目监理机构的监理人员组成

【原文】 第3.1.2条 项目监理机构的监理人员应由总监理工程师、专业监理工程师和监理员组成，且专业配套、数量应满足建设工程监理工作需要，必要时可设总监理工程师代表。

【条文说明】 项目监理机构的监理人员应由一名总监理工程师、若干名专业监理工程师和监理员组成，且专业配套、数量应满足监理工作和建设工程监理合同对监理工作深度及建设工程监理目标控制的要求。

1. 下列情形项目监理机构可设置总监理工程师代表：

（1）工程规模较大、专业较复杂，总监理工程师难以处理多个专业工程时，可按专业设总监理工程师代表。

（2）一个建设工程监理合同中包含多个相对独立的施工合同，可按施工合同段设总监理工程师代表。

（3）工程规模较大、地域比较分散，可按工程地域设总监理工程师代表。

除总监理工程师、专业监理工程师和监理员外，项目监理机构还可根据监理工作需要，配备文秘、翻译、司机和其他行政辅助人员。

项目监理机构应根据建设工程不同阶段的需要配备数量和专业满足要求的监理人员，有序安排相关监理人员进退场。

1.3.1.3 总监理工程师的任命与调换

【原文】 第 3.1.3 条 工程监理单位在建设工程监理合同签订后，应及时将项目监理机构的组织形式、人员构成及对总监理工程师的任命书面通知建设单位。

【原文】 第 3.1.4 条 工程监理单位调换总监理工程师时，应征得建设单位书面同意；调换专业监理工程师时，总监理工程师应书面通知建设单位。

【条文说明】 工程监理单位更换、调整项目监理机构监理人员，应做好交接工作，保持建设工程监理工作的连续性。

【原文】 第 3.1.5 条 一名总监理工程师可担任一项建设工程监理合同的总监理工程师。当需要同时担任多项建设工程监理合同的总监理工程师时，应经建设单位书面同意，且最多不得超过三项。

【条文说明】 考虑到工程规模及复杂程度，总监理工程师可以同时担任多个项目的总监理工程师，但同时担任总监理工程师工作的项目不得超过三项。

1.3.1.4 项目监理机构的撤离规定

【原文】 第 3.1.6 条 施工现场监理工作全部完成或建设工程监理合同终止时，项目监理机构可撤离施工现场。

1.3.2 监理人员职责

1.3.2.1 总监理工程师履行的职责

【原文】 第 3.2.1 条 总监理工程师应履行下列职责：

（1）确定项目监理机构人员及其岗位职责。

（2）组织编制监理规划，审批监理实施细则。

（3）根据工程进展及监理工作情况调配监理人员，检查监理人员工作。

（4）组织召开监理例会。

（5）组织审核分包单位资格。

（6）组织审查施工组织设计、（专项）施工方案。

（7）审查开复工报审表，签发工程开工令、暂停令和复工令。

（8）组织检查施工单位现场质量、安全生产管理体系的建立及运行情况。

（9）组织审核施工单位的付款申请，签发工程款支付证书，组织审核竣工结算。

（10）组织审查和处理工程变更。

（11）调解建设单位与施工单位的合同争议，处理工程索赔。

（12）组织验收分部工程，组织审查单位工程质量检验资料。

（13）审查施工单位的竣工申请，组织工程竣工预验收，组织编写工程质量评估报告，参与工程竣工验收。

（14）参与或配合工程质量安全事故的调查和处理。

（15）组织编写监理月报、监理工作总结，组织整理监理文件资料。

1.3.2.2 总监理工程师不得将下列工作委托给总监理工程师代表

【原文】 第3.2.2条 总监理工程师不得将下列工作委托给总监理工程师代表：

（1）组织编制监理规划，审批监理实施细则。

（2）根据工程进展及监理工作情况调配监理人员。

（3）组织审查施工组织设计、（专项）施工方案。

（4）签发工程开工令、暂停令和复工令。

（5）签发工程款支付证书，组织审核竣工结算。

（6）调解建设单位与施工单位的合同争议，处理工程索赔。

（7）审查施工单位的竣工申请，组织工程竣工预验收，组织编写工程质量评估报告，参与工程竣工验收。

（8）参与或配合工程质量安全事故的调查和处理。

【条文说明】 总监理工程师作为项目监理机构负责人，监理工作中的重要职责不得委托给总监理工程师代表。

1.3.2.3 专业监理工程师应履行的职责

【原文】 第3.2.3条 专业监理工程师应履行下列职责：

（1）参与编制监理规划，负责编制监理实施细则。

（2）审查施工单位提交的涉及本专业的报审文件，并向总监理工程师报告。

（3）参与审核分包单位资格。

（4）指导、检查监理员工作，定期向总监理工程师报告本专业监理工作实施情况。

（5）检查进场的工程材料、构配件、设备的质量。

（6）验收检验批、隐蔽工程、分项工程，参与验收分部工程。

（7）处置发现的质量问题和安全事故隐患。

（8）进行工程计量。

（9）参与工程变更的审查和处理。

（10）组织编写监理日志，参与编写监理月报。

（11）收集、汇总、参与整理监理文件资料。

（12）参与工程竣工预验收和竣工验收。

【条文说明】 专业监理工程师职责为其基本职责，在建设工程监理实施过程中，项目监理机构还应针对建设工程实际情况，明确各岗位专业监理工程师的职责分工，制定具体监理工作计划，并根据实施情况进行必要的调整。

记录整理归档。

【条文说明】 项目监理机构向建设单位提交的质量事故书面报告的应包括下列主要内容：

（1）工程及各参建单位名称。

（2）质量事故发生的时间、地点、工程部位。

（3）事故发生的简要经过、造成工程损伤状况、伤亡人数和直接经济损失的初步估计。

（4）事故发生原因的初步判断。

（5）事故发生后采取的措施及处理方案。

（6）事故处理的过程及结果。

1.5.2.14 项目监理机构对工程竣工预验收及其相关资料的审查

【原文】 第5.2.18条 项目监理机构应审查施工单位提交的单位工程竣工验收报审表及竣工资料，组织工程竣工预验收。存在问题的，应要求施工单位及时整改；合格的，总监理工程师应签认单位工程竣工验收报审表。

【条文说明】 项目监理机构收到工程竣工验收报审表后，总监理工程师应组织专业监理工程师对工程实体质量情况及竣工资料进行全面检查，需要进行功能试验（包括单机试车和无负荷试车）的，项目监理机构应审查试验报告单。

项目监理机构应督促施工单位做好成品保护和现场清理。

1.5.2.15 项目监理机构关于工程质量评估报告的编写与报送

【原文】 第5.2.19条 工程竣工预验收合格后，项目监理机构应编写工程质量评估报告，并应经总监理工程师和工程监理单位技术负责人审核签字后报建设单位。

【条文说明】 工程质量评估报告应包括以下主要内容：

（1）工程概况。

（2）工程各参建单位。

（3）工程质量验收情况。

（4）工程质量事故及其处理情况。

（5）竣工资料审查情况。

（6）工程质量评估结论。

1.5.2.16 项目监理机构关于参加竣工验收及其报告的签署

【原文】 第5.2.20条 项目监理机构应参加由建设单位组织的竣工验收，对验收中提出的整改问题，应督促施工单位及时整改。工程质量符合要求的，总监理工程师应在工程竣工验收报告中签署意见。

1.5.2.17 工程质量控制实施综合说明

1. 对施工过程中执行施工组织设计的要求

（1）项目监理机构应要求施工单位必须严格按照批准的（或经过修改后重新批准）的施工组织设计（方案）组织施工。

（2）施工过程中，当施工单位对已批准的施工组织设计进行调整，补充或变动时，应先经专业监理工程师审查，并应由总监理工程师签认。

2. 对施工单位报送的重点部位、关键工序的审核签认

（1）工程项目的重点部位、关键工序应由项目监理机构与施工单位协商后共同确认。

（2）专业监理工程师审查施工单位报送的重点部位、关键工序的施工工艺和确保施工质量的措施。审查同意后应予以签认并认真执行。

（3）对重点部位、关键工序的监控，总的原则应当是先报后议，协商共议后签认。

3. 对施工中采用新材料、新工艺、新技术、新设备时的工艺措施要求

（1）当采用新材料、新工艺、新技术、新设备时施工单位应报送相应的施工工艺措施和证明材料，应经专题论证，经审定后确认。

（2）专题论证可以根据工作需要邀请专家进行研讨论证。应用"四新"的总原则应是谨慎从事，确保施工中万无一失。

4. 对施工单位的试验室进行检查的内容

（1）对施工单位的试验室进行检查是指专业监理工程师对施工单位自有试验室或外委试验室的检查。

（2）对施工单位试验室的检查由专业监理工程师进行。

（3）施工单位利用本企业试验室时，应将试验室的资质、试验内容、试验设备的规格、型号、数量及定期检定证明（法定检测部门）、试验室管理制度、试验员资格证书等有关资料报送项目监理机构。专业监理工程师审核合格后予以签认。

对外委项目或外委试验，施工单位应填写试验室资格报审表，将拟委托试验室的营业执照、企业资质等级证书、委托试验内容等有关资料报送项目监理机构。专业监理工程师审核合格后，予以签认。

（4）专业监理工程师应按以下五个方面进行审核：

1）试验室的资质等级及其试验范围；

2）法定计量部门对试验设备出具的计量检定证明；

3）试验室的管理制度；

4）试验人员的资格证书；

5）本工程的试验项目及其要求。

5. 对拟进场工程材料、构配件和设备的报审要求

（1）工程材料报验

1）施工单位应对拟进场的工程材料、构配件和设备（包括建设单位采购的工程材料、构配件、设备）填写"工程材料/构配件/设备报验申请表"并附上相应的准用证明、出厂及复验质量证明等有关资料报项目监理机构审查、签认。对新材料、新产品，施工单位应报送经省级以上建设行政主管部门鉴定、确认的证明文件。

对进口材料、构配件和设备，施工单位应报送进口商检证明文件。

2）施工单位应对进场的工程材料按工程质量管理规定进行自检和复试，对构配件进行自检；对设备进行开箱检查，并将复试结果和检查结果报送项目监理机构审查、签认。

3）专业监理工程师应对进场的工程材料、构配件和设备，按照委托监理合同的约定和工程质量管理文件的规定，进行巡检、抽检、平行检测、见证取样试验。

4）对进口材料、构配件和设备，应按照事先约定，由建设单位、施工单位、供货单位、项目监理机构及其他有关单位进行联合检查。

5）经专业监理工程师审核，检查合格，签认《材料/构配件/设备报验申请表》。对未经监理工程师验收或验收不合格的工程材料、构配件、设备，监理工程师应拒绝签认，并应签发《监理工程师通知单》，书面通知施工单位限期运出现场。

6. 施工设备、计量设备报验要求

（1）凡直接影响工程质量的施工设备，应填写"进场设备报验申请表"，并附上有关技术说明、调试结果等资料，报项目监理机构审核。

（2）施工用的衡器、量具、计量装置等设备，施工单位还应向项目监理机构报审有关法定检测部门的检定证明。

（3）监理工程师应实地检查进场施工设备安装、调试情况，经审核、检查合格，签认"进场设备报验申请表"。

（4）在施工过程中，监理工程师应定期检查上述计量和测量设备的技术状况。

（5）对计量设备检查的要求

1）计量设备是指施工中使用的衡器、量具、计量装置等设备。

2）监理机构应定期检查施工单位的计量设备，以专业监理工程师和监理员为主进行检查。

3）检查的计量设备主要是指直接影响工程质量的衡器、量具、计量装置等。

7. 监理工作的检查、巡视、监督与旁站

（1）检查、巡视与监督：总监理工程师应督促监理人员经常地、有目的地对施工单位的施工过程进行巡视与检查。监理人员对发现的质量问题，应跟踪检查施工单位的纠正过程，验证纠正结果，以消除质量隐患。主要检查内容如下：

1）是否按照设计文件、施工规范和批准的施工方案施工；

2）是否使用合格的材料、构配件和设备；

3）施工单位施工现场管理人员，尤其是质检人员是否到岗到位；

4）施工操作人员的技术水平、操作条件是否满足工艺操作要求、特种操作人员是否持证上岗；

5）施工环境是否对工程质量产生不利影响；

6）已施工部位是否存在质量缺陷。

（2）旁站：对某些关键工序和重要部位的质量控制点进行旁站。如隐蔽工程的隐蔽过程、工序施工完成后难以检查的关键工艺或重点部位、工序，施工完成后存在质量问题难以返工或返工影响大的关键环节或重点部位等，专业监理工程师应安排监理员旁站，以及时了解、记录施工作业的状况和结果，及时纠正出现的质量问题。

（3）对施工过程中出现的较大质量问题或质量隐患，监理人员宜用文字记录或采用照相、摄影等手段予以记录。

8. 质量缺陷、质量隐患或质量事故的处理

（1）对施工过程中出现的质量缺陷，专业监理工程师必须及时下达监理工程师通知，要求施工单位整改，并检查整改结果。

（2）质量隐患或质量事故的处理

施工中出现下列情况之一者，总监理工程师有权下达"工程暂停指令"，要求施工单位停工整改或返工处理：

1）未经监理工程师审查同意，擅自变更设计或修改施工方案进行施工者；

2）未通过监理工程师审查的施工人员或经审查不合格的施工人员进入现场施工者；

3）擅自使用未经监理工程师审查认可的分包单位进入现场施工者；

4）使用不合格的或未经监理工程师检查验收的材料、构配件、设备或擅自使用未经审查认可的代用材料者；

5）工序施工完成后，未经监理工程师验收或验收不合格而擅自进行下一道工序施工者；

6）隐蔽工程未经监理工程师验收确认合格而擅自隐蔽者；

7）施工中出现质量异常情况，经监理工程师指出后，施工单位未采取有效改正措施或措施不力、效果不好仍继续作业者；

8）已发生质量事故迟迟不按监理工程师要求进行处理，或发生质量隐患、质量事故，如不停工则质量隐患、质量事故将继续发展，或已发生质量事故，施工单位隐瞒不报，私自处理者。

（3）总监理工程师下达停工指令和复工指令，要根据委托监理合同的授权或事先向建设单位报告或直接下达。

（4）对需要返工处理或加固补强的质量事故，总监理工程师应签发监理指令，要求施工单位报送工程质量事故报告、质量事故处理方案报审。质量问题的技术处理方案应由原设计单位提出，或由设计单位书面委托施工单位或其他单位提出，由设计单位签认，经总监理工程师批复，施工单位处理。总监理工程师（必要时请建设单位和设计单位参加）应组织监理人员对处理过程和结果进行跟踪检查和验收。

施工中发生的质量事故，施工单位应按国家有关规定上报；项目总监理工程师应书面报告监理单位。同时项目监理机构应将完整的工程质量事故和工程质量事故处理方案整理归档。

（5）工程质量的控制原则

1）施工中必须使用国家标准、规范；没有国家标准、规范但有行业标准、规范的，使用行业标准、规范；没有国家和行业标准、规范的，适用工程所在地的地方标准、规范。

2）以主动控制为重点，对工程项目实施全过程的质量控制及管理。

3）以督促施工单位建立、健全质量管理和质量保证体系为重点，对工程项目建设的人、机、料、法、环等生产要素实施全方位的质量控制。

4）未经监理工程师审核或经审核其分包资格不合格的施工单位、供货单位不得进行工程分包及工程供货任务。

5）未经监理工程师验收或经验收不合格的材料、构配件、设备不准在工程上使用。

6）未经监理工程师验收或经验收不合格的工序生产的工程产品监理工程师不予签认，且施工单位不准进入下一道工序施工。

（6）质量控制的方法和手段

1）质量控制的方法，应进行：审核有关技术文件、报告和报表；现场检查和监督；量测和试验；分析和报告。

2）质量控制手段包括：下达监理指令；拒绝签认；拒绝支付；建议撤换；下达停工

整改指令。

1.5.3 工程造价控制

1.5.3.1 项目监理机构的工程计量和付款签证

【原文】 第5.3.1条 项目监理机构应按下列程序进行工程计量和付款签证：

（1）专业监理工程师对施工单位在工程款支付报审表中提交的工程量和支付金额进行复核，确定实际完成的工程量，提出到期应支付给施工单位的金额，并提出相应的支持性材料。

（2）总监理工程师对专业监理工程师的审查意见进行审核，签认后报建设单位审批。

（3）总监理工程师根据建设单位的审批意见，向施工单位签发工程款支付证书。

【条文说明】 项目监理机构应及时审查施工单位提交的工程款支付申请，进行工程计量，并与建设单位、施工单位沟通协商一致后，由总监理工程师签发工程款支付证书。其中，项目监理机构对施工单位提交的进度付款申请应审核以下内容：

（1）截至本次付款周期末已实施工程的合同价款；

（2）增加和扣减的变更金额；

（3）增加和扣减的索赔金额；

（4）支付的预付款和扣减的返还预付款；

（5）扣减的质量保证金；

（6）根据合同应增加和扣减的其他金额。

项目监理机构应从第一个付款周期开始，在施工单位的进度付款中，按专用合同条款的约定扣留质量保证金，直至扣留的质量保证金总额达到专用合同条款约定的金额或比例为止。质量保证金的计算额度不包括预付款的支付、扣回以及价格调整的金额。

【原文】 第5.3.2条 工程款支付报审表应按本规范表B.0.11的要求填写，工程款支付证书应按本规范表A.0.8的要求填写。

【条文说明】 规范明确了工程款支付报审表和工程款支付证书的表式。

1.5.3.2 项目监理机构月完成工程量统计表的编制

【原文】 第5.3.3条 项目监理机构应建立月完成工程量统计表，对实际完成量与计划完成量进行比较分析，发现偏差的，应提出调整建议，并应在监理月报中向建设单位报告。

1.5.3.3 项目监理机构对竣工结算款的审核

【原文】 第5.3.4条 项目监理机构应按下列程序进行竣工结算款审核：

（1）专业监理工程师审查施工单位提交的工结算款支付申请，提出审查意见。

（2）总监理工程师对专业监理工程师的审查意见进行审核，签认后报建设单位审批，同时抄送施工单位，并就工程竣工结算事宜与建设单位、施工单位协商；达成一致意见的，根据建设单位审批意见向施工单位签发竣工结算款支付证书；不能达成一致意见的，应按施工合同约定处理。

【条文说明】 项目监理机构应按有关工程结算规定及施工合同约定对竣工结算进行审核。

1.5.3.4 工程造价控制要点

工程造价控制的主要工作是做好计量与计价，并按合同规定做好工程款支付审核与签认。控制要点为：

（1）对工程项目造价及时进行风险分析并制定防范对策，是监理工程师进行造价预控的重要工作内容。在施工过程中，经常会发生工程变更的情况，工程变更应经过建设单位、设计单位、施工单位和项目监理机构的签认，并通过项目总监理工程师下达变更指令后，施工单位方可进行施工。同时，施工单位应按照施工合同的有关规定，编制工程变更概算书，报送项目总监理工程师审核、确认，经建设单位、施工单位认可后，方可进入工程计量和工程款支付程序。

（2）对施工单位报送的工程款支付申请表进行审核时，应会同施工单位对现场实际完成情况进行计量，对验收手续齐全、资料符合验收要求并符合施工合同规定的计量范围内的工程量予以确认。

（3）工程款支付申请中包括合同内工作量、工程变更增减费用、批准的索赔费用、应扣除的预付款、保留金及合同中约定的其他费用，专业监理工程师应对工程款支付申请表中的各项应得和应扣除的工程款认真审查，提出审查意见报总监理工程师签认。

（4）涉及工程索赔的有关施工和监理资料应包括施工合同、协议、供货合同、工程变更、施工方案、施工进度计划、施工单位工、料、机动态记录（文字、照相等）、建设单位和施工单位的有关文件、会议纪要、监理工程师通知等。

1.5.3.5 工程造价控制实施综合说明

1. 工程造价控制内容与原则

工程造价控制其指导思想是将招投标确定的中标价的实际值（或工程量清单计价值），经分解后确认其定期计划值与相应的投资实际值逐项进行比较，如果发现有偏差（多指实际值超过计划值），则要分析产生偏差的原因，并采取相应的对策与措施。

投资（造价）控制是一个"计划值—实际值—比较—纠偏"的过程控制程序。造价控制的最终目的是不超过合同规定的投资计算范围，保证每一笔支付都是公平、合理的。其主要措施为：

（1）项目预算控制（项目总投资）：项目预算控制是监理工程师投资控制的基础，并应贯穿于工程实施的全过程，使其控制在合同规定的总投资内。

（2）直接费控制：直接费控制重点是材料费，即材料用量和价格；其次，人工费和机械费是否符合有关定额规定。每月应累计对比一次，从中发现支付中存在的问题，达到控制投资的目的。

（3）工程变更、洽商的投资控制：应严把工程变更关、工程变更发生的费用增加必须以变更手续为依据。

（4）结算审核：监理工程师进行结算审核，主要应注意容易超出造价的部分，审核必须保证公平合理。常见的超预算因素有：

1）实际工程量超过了工程量清单所列数量；

2）增加项目或提高标准；

3）材料设备调价的价差；

4）施工单位按监理指令进行日常工作超过了工程量清单的数量；

上述 1）～4）款均属合理超过中标价。

5）施工单位成功地提出了其他成本和费用要求。该条如果成立即说明建设单位或监理单位出现了问题。

2. 工程质量合格工程款的支付程序

（1）施工单位统计报送的工程量必须是经专业监理工程师质量验收合格的工程，才能按施工合同的约定填报工程量清单和工程款支付申请表。

（2）施工单位报送的工程量清单和工程款支付申请表，专业监理工程师必须按施工合同的约定进行现场计量复核，并报总监理工程师确认。

（3）施工单位每完成一项或一个分部（子分部）、分项工程必须经监理工程师签认，并确认其工程计量。

（4）每月应按确认的计量结果提出支付申请。监理工程师核实支付申请，由总监理工程师向建设单位提出月付款证书。

（5）总监理工程师签署工程款支付证书，并报建设单位。

（6）建设单位根据核实的付款证书，按时付款给施工单位。

监理工程师在投资控制中应注意保留一定的经济手段，以利于工程的完善与保修。

3. 项目监理机构应按下列程序进行竣工结算

（1）施工单位按施工合同规定填报竣工结算报表；

（2）专业监理工程师审核施工单位报送的竣工结算报表；

（3）总监理工程师审定竣工结算报告，与建设单位、施工单位协商一致后，签发竣工结算文件和最终的工程款支付证书报建设单位。

4. 工程造价目标的风险分析

专业监理工程师进行风险分析主要是找出工程造价最易突破部分（如施工合同中有关条款不明确而造成突破造价的漏洞，施工图设计中的问题易造成工程变更、材料和设备价格不确定等）以及最容易发生费用索赔的原因和部位（如因建设单位资金不到位、施工图纸不到位，建设单位供应的材料、设备不到位等），从而制定出防范性对策，书面报告总监理工程师，经其审核后向建设单位提交有关报告。

5. 工程变更时的造价确定方法

（1）发生工程变更，无论是由设计单位或建设单位或施工单位提出的，均应经过相关方和项目监理机构的签认，并通过总监理工程师下达变更指令后，施工单位方可进行施工。

（2）施工单位应按照施工合同的有关规定，编制工程变更概算书，报送总监理工程师审核、确认，经建设单位、施工单位认可后，即可进入工程计量和工程款支付程序。

6. 工程计量和工程款支付方法

（1）专业监理工程师对施工单位报送的工程款支付申请表进行审核时，应会同施工单位对现场实际完成情况进行计量，对验收手续齐全、资料符合验收要求并符合施工合同规定的计量范围内的工程量予以核定。

（2）工程款支付申请中包括合同内工作量、工程变更增减费用、经批准的索赔费用，应扣除的预付款、保留金及施工合同约定的其他支付费用。专业监理工程师应逐项审查后，提出审查意见报总监理工程师审核后签认。

（3）工程款支付应满足的条件主要有：

1）工程变更必须有监理工程师签发的工程变更指令。

2）计量结果必须符合施工图设计的内容，且计量结果已经确认。

3）必须有材料、机械、人工等的计算依据资料，计算方法符合合同规定。

4）属于索赔事项必须经总监理工程师签认。

5）工程款支付时，必须将合同规定"应在规定时间内扣除的工程预付款、保留金"等扣除。

（4）工程款支付内容

1）合同内的工作量：即工程量清单内的工程量，按企业报送单价的计算结果得到的工作量。

2）工程变更的增减费用，必须有监理工程师签认的工程变更指令。

3）经批准的索赔费用。

4）应扣除的工程预付款、保留金。

5）施工合同约定的其他支付费用。

7. 专业监理工程师应建立月完成工程量和工作量统计制度

（1）专业监理工程师应及时建立月完成工程量和工作量统计表制度；

（2）专业监理工程师应对实际完成量与计划完成量进行比较、分析，通过分析制定调整措施；并应在监理月报中向建设单位报告月完成工程量与工作量。

8. 投资控制的资料收集与整理

（1）专业监理工程师应及时收集、整理有关的施工和监理资料，为处理施工中的有关问题和费用索赔提供证据。

（2）收集内容：涉及工程索赔的有关施工和监理资料包括：施工合同、协议、供货合同、工程变更、施工方案、施工进度计划；施工单位工、料、机的动态记录（文字、照相等）、建设单位和施工单位的有关文件、会议纪要、监理工程师通知等。

9. 项目监理机构对竣工结算的协调

（1）项目监理机构应及时按施工合同的有关规定进行竣工结算的有关工作；

（2）工程竣工结算是一项较复杂的工作。由于施工合同的有关条款不明确，或未能及时办理工程变更，或未能及时准确记录造成工程的索赔，或工程延期（延误）的施工过程，或其他原因，在进行工程竣工结算时常会在建设单位与施工单位之间产生争论。因此，专业监理工程师要本着科学、客观、公正、合理的原则，深入核实有争论的内容，并和建设单位、施工单位就竣工结算价款总额等协商处理办法。若争论无法解决，可以由总监理工程师暂定结算余额，最后提交施工承包合同约定的有关部门裁定。

10. 拒绝计量和支付该部分工程款的要点说明

（1）未经监理人员质量验收合格的工程量拒绝计量和支付。

（2）不符合施工合同规定的工程量拒绝计量和支付。

1.5.4　工程进度控制

1.5.4.1　施工进度计划的审查与报送

【原文】　第5.4.1条　项目监理机构应审查施工单位报审的施工总进度计划和阶段性

施工进度计划，提出审查意见，并应由总监理工程师审核后报建设单位。

施工进度计划审查应包括下列基本内容：

（1）施工进度计划应符合施工合同中工期的约定。

（2）施工进度计划中主要工程项目无遗漏，应满足分批投入试运、分批动用的需要，阶段性施工进度计划应满足总进度控制目标的要求。

（3）施工顺序的安排应符合施工工艺要求。

（4）施工人员、工程材料、施工机械等资源供应计划应满足施工进度计划的需要。

（5）施工进度计划应符合建设单位提供的资金、施工图纸、施工场地、物资等施工条件。

【条文说明】　项目监理机构审查阶段性施工进度计划时，应注重阶段性施工进度计划与总进度计划目标的一致性。

1.5.4.2　施工进度计划检查与工期延误风险报告

【原文】　第5.4.3条　项目监理机构应检查施工进度计划的实施情况，发现实际进度严重滞后于计划进度且影响合同工期时，应签发监理通知单，要求施工单位采取调整措施加快施工进度。总监理工程师应向建设单位报告工期延误风险。

【条文说明】　在施工进度计划实施过程中，项目监理机构应检查和记录实际进度情况。发生施工进度计划调整的，应报项目监理机构审查，并经建设单位同意后实施。发现实际进度严重滞后于计划进度且影响合同工期时，项目监理机构应签发监理通知单、召开专题会议，督促施工单位按批准的施工进度计划实施。

1.5.4.3　施工进度计划的分析、预测及报送

【原文】　第5.4.4条　项目监理机构应比较分析工程施工实际进度与计划进度，预测实际进度对工程总工期的影响，并应在监理月报中向建设单位报告工程实际进展情况。

1.5.4.4　工程进度控制实施综合说明

1. 工程进度控制的程序与审核内容

（1）控制程序

1）总监理工程师审查施工单位报送的施工总进度计划、编制的年、季、月度施工进度计划；

2）专业监理工程师应对进度计划实施情况进行检查分析；

3）当实际进度符合计划进度时，应要求施工单位编制下一期进度计划；当实际进度滞后于计划进度时，专业监理工程师应书面通知施工单位采取纠偏措施并监督实施。

（2）施工进度计划审核的主要内容：

1）工程进度计划是否符合施工合同中开、竣工日期的规定；

2）工程进度计划中的主要工程项目是否有遗漏，分期施工是否满足分批动用的需要和配套动用的要求，总承包、分承包单位分别编制的各单项工程进度计划之间是否相协调；

3）施工顺序的安排是否符合施工工艺的要求；

4）工期是否进行了优化，进度安排是否合理；

5）劳动力、材料、构配件、设备及施工机具、水、电等生产要素供应计划是否能保证施工进度计划的需要，供应是否均衡。

对由建设单位提供的施工条件（资金、施工图纸、施工场地、采供的物资等），施工单位在施工进度计划中所提出的供应时间和数量是否明确、合理，是否有造成因建设单位违约而导致工程延期和费用索赔的可能。

2. 制定进度控制方案

（1）监理的进度控制方案由专业监理工程师负责制定；

（2）施工进度控制方案的主要内容包括：

1）编制施工进度控制目标分解图；

2）进行实现施工进度控制目标的风险分析；

3）明确施工进度控制的主要工作内容和深度；

4）制定监理人员对进度控制的职责分工；

5）制定进度控制工作流程；

6）制定进度控制方法（包括检查周期、数据采集方式、报表格式、统计分析方法等）；

7）制定进度控制的具体措施（包括组织、技术、经济措施及合同措施等）；

8）尚待解决的其他有关问题。

（3）编制和实施施工进度计划是施工单位的责任。施工进度计划经项目监理机构审查后，应当视为施工合同文件的一部分，是以后处理施工单位提出的工程延期和费用索赔的重要依据。监理工程师审查施工进度计划，主要目的是防止施工单位计划不当，为施工单位实现合同工期目标提供帮助，同时向建设单位提出相关的建设性意见，因此，项目监理机构对施工进度计划的审查，并不解除施工单位对施工进度计划的责任或义务。

3. 专业监理工程师实施进度控制的主要工作

（1）检查和记录实际进度完成情况；

（2）记录和分析劳动力、材料（构配件、设备）及施工机具、设备、施工图纸等生产要素的投入和施工管理、施工方案的执行情况；

（3）通过下达监理指令、召开工地例会、各种层次的专题协调会议，督促施工单位按期完成进度计划；

（4）当实际进度滞后进度计划要求时，监理工程师应签发监理工程师通知单指令施工单位采取调整措施。进度严重滞后时，由总监理工程师和建设单位采取其他有效措施；

（5）项目监理机构应通过工地例会和监理月报，定期向建设单位报告进度情况，特别是对因建设单位原因而可能导致工程延期和费用索赔的各种因素，要及时地提出建议。

4. 对总监理工程师月度进度控制的要求

（1）进度控制情况的汇报由总监理工程师在监理月报中向建设单位报告。

（2）报告内容一般包括：工程计划进度与工程实际进度的执行情况；进度控制措施的执行情况及存在问题；提出合理预防由建设单位原因导致的工程延期及其相关费用索赔的建议。

1.5.5　安全生产管理的监理工作

1.5.5.1　项目监理机构安全生产管理的监理工作

【原文】　第 5.5.1 条　项目监理机构应根据法律法规、工程建设强制性标准，履行建设工程安全生产管理的监理职责，并应将安全生产管理的监理工作内容、方法和措施纳入监理规划及监理实施细则。

1.5.5.2　项目监理机构对施工单位现场安全生产的审查

【原文】　第5.5.2条　项目监理机构应审查施工单位现场安全生产规章制度的建立和实施情况，并应审查施工单位安全生产许可证及施工单位项目经理、专职安全生产管理人员和特种作业人员的资格，同时应核查施工机械和设施的安全许可验收手续。

【条文说明】　项目监理机构应重点审查施工单位安全生产许可证及施工单位项目经理资格证、专职安全生产管理人员上岗证和特种作业人员操作证年检合格与否，核查施工机械和设施的安全许可验收手续。

1.5.5.3　项目监理机构对专项施工方案的审查

【原文】　第5.5.3条　项目监理机构应审查施工单位报审的专项施工方案，符合要求的，应由总监理工程师签认后报建设单位。超过一定规模的危险性较大的分部分项工程的专项施工方案，应检查施工单位组织专家进行论证、审查的情况，以及是否附具安全验算结果。项目监理机构应要求施工单位按已批准的专项施工方案组织施工。专项施工方案需要调整时，施工单位应按程序重新提交项目监理机构审查。

专项施工方案审查应包括下列基本内容：

（1）编审程序应符合相关规定。

（2）安全技术措施应符合工程建设强制性标准。

【原文】　第5.5.4　专项施工方案报审表应按本规范表B.0.1的要求填写。

1.5.5.4　项目监理机构对安全生产的巡检

【原文】　第5.5.5条　项目监理机构应巡视检查危险性较大的分部分项工程专项施工方案实施情况。发现未按专项施工方案实施时，应签发监理通知单，要求施工单位按专项施工方案实施。

1.5.5.5　项目监理机构发现工程安全事故隐患的报告

【原文】　第5.5.6条　项目监理机构在实施监理过程中，发现工程存在安全事故隐患时，应签发监理通知单，要求施工单位整改；情况严重时，应签发工程暂停令，并应及时报告建设单位。施工单位拒不整改或不停止施工时，项目监理机构应及时向有关主管部门报送监理报告。

【条文说明】　紧急情况下，项目监理机构通过电话、传真或者电子邮件向有关主管部门报告的，事后应形成监理报告。

1.5.5.6　安全生产管理监理实施综合说明

1. 安全措施的编制原则

（1）安全措施的编制应纳入企业的议事日程，由各级负责生产、技术的领导集体负责该项工作。

（2）应考虑必要与可能，掌握花钱少、效果大的原则。

（3）充分利用本企业的有利条件，制定出科学、先进、可靠、实用的安全措施计划。

（4）大型工程编制单位或分部、分项工程施工方案，应制定安全措施计划。

2. 安全措施的编制要求

（1）安全措施要在开工前编制，要经过审批。

（2）安全措施的编制要有针对性。

（3）要考虑全面、具体。

3.《建设工程安全生产管理条例》及相关规定对危险性较大的分部分项工程的要求

（1）危险性较大的分部分项工程施工前应编制专项施工方案。

（2）超过一定规模的危险性较大的分部分项工程，施工单位应当组织专家对专项施工方案进行论证。

（3）实行总承包施工的施工单位，专项施工方案应当由总承包施工的施工单位组织编制；起重机械安装拆卸工程、深基坑工程、附着式升降脚手架等专业工程实行分包的，其专项施工方案可由专业分包单位组织编制。

4. 项目监理机构对危险性较大的分部分项工程的检查

项目监理机构应检查施工单位组织专家进行论证、审查的情况以及是否附具安全验算结果，符合要求的，应由总监理工程师签认后报建设单位。不需要专家论证的专项施工方案，经施工单位审核合格后报项目监理机构，由项目总监理工程师签认后报建设单位。

5. 专项施工方案

（1）对达到一定规模的危险性较大的分部分项工程应编制专项施工方案，并附具安全验算结果，经企业技术负责人、总监理工程师签字后实施，由专职安全生产管理人员进行现场监督。

（2）危险性较大的工程主要包括：基坑支护与降水工程、土方开挖工程、模板工程、起重吊装工程、脚手架工程、拆除、爆破工程、国务院建设行政主管部门或者其他有关部门规定的其他危险性较大的工程。

（3）专项施工方案编制主要内容：编制依据、工程概况、作业条件、人员组成及职责、具体施工方法、受力计算和要求、安全技术措施、环境保护措施等内容组成。

6. 专家论证

（1）对于涉及深基坑支护方案、地下暗挖工程施工方案、高大模板工程施工方案、30m及其以上高空作业工程施工方案、大江、大河中深水作业的工程施工方案、城市房屋拆除爆破和其他土石大爆破工程施工方案等的专项施工方案，企业应按省级建设行政主管部门有关规定，组织专家进行论证、审查后，才能组织施工。

（2）对于涉及组织专家进行论证的深基坑、地下暗挖工程、高大模板工程由合同方的施工企业负责组织进行。

7. 专项施工方案的编制与签认

（1）专项施工方案应当由施工单位技术部门组织本单位施工技术、安全、质量等部门的专业技术人员进行审核，经审核合格的，由施工单位技术负责人签字；实行施工总承包的，专项施工方案应当由总包施工单位技术负责人及相关专业分包单位技术负责人签字。

（2）专项施工方案必须经施工单位技术负责人、项目总监理工程师、建设单位项目负责人签字后，方可组织实施。施工单位应当严格按照专项方案组织施工，不得擅自修改、调整专项方案。如因设计、结构、外部环境等因素发生变化确需修改的，修改后的专项方案应当按相关规定重新审核。对于超过一定规模的危险性较大工程的专项方案，施工单位应当重新组织专家进行论证。

（3）对不符合工程建设强制性标准，项目监理机构应拒绝签认。对于施工单位报审的安全技术措施违反工程建设强制性标准的，应要求其重新编制、报审。

附：施工现场重大危险源管理

重大危险源的确定与控制，按"危险源辨识、评价及重大危险源检测、监控管理"原则确定的为重大危险源清单进行控制。

附1 重大危险源清单

重 大 危 险 源 清 单　　　　　　　　　　　　　　附表1

单位：

序号	作业活动	危险源	风险级别	产生地点/工序	控制措施

编制　　　　　　　　　审核　　　　　　　　　日期

应用说明

危险源是指可能导致伤害或疾病、财产损失、工作环境破坏或这些情况组合的根源或状态。

（1）重大危险源清单是建设施工企业安全生产管理实施对重大危险源进行登记的记录册。该表的内容包括：单位、序号、作业活动、危险源、风险级别、产生地点/工序、控制措施等。

（2）施工现场危险源由于建筑施工活动，可能导致施工现场及周围社区人员伤亡、财产物质损坏、环境破坏等意外的潜在不安全因素。

（3）危险源的辨识

项目部应成立危险源辨识评价小组，项目经理任组长、由现场安全生产管理有关工程技术、质量、安全、材料、设备等职能人员组成。在工程开工前由危险源辨识评价小组对施工现场的主要和关键工序中的危险因素进行辨识。

（4）施工现场内的危险源

施工现场内的危险源主要与施工部位、分部分项（工序）工程、施工装置（设施、机械）及物质有关。如：脚手架（包括落地架、悬挑架、爬架、挂架等）、模板和支撑、塔式起重机、物料提升机、施工电梯安装与运行，基坑（槽）施工，局部结构工程或临时建筑（工棚、围墙等）失稳，造成坍塌、倒塌意外；

高度大于2m的作业面（包括高空、洞口、临边作业），因安全防护设施不符合或无防护设施、人员未配备劳动保护用品造成人员踏空、滑倒、失稳等意外；

焊接、金属切割、冲击钻孔（凿岩）等施工及各种施工电器设备的安全保护（如：漏电、绝缘、接地保护）、不符合，造成人员触电、局部火灾等意外；工程捌料、构件及设备的堆放与搬（吊）运等发生高空坠落、堆放散落、撞击人员等意外；

人工挖孔桩（井）、室内涂料（油漆）及粘贴等因通风排气不畅造成人员窒息或气体中毒重大危险源。施工用易燃易爆化学物品临时存放或使用不符合、防护不到位，造成火灾或人员中毒意外；

工地饮食因卫生不符合，造成集体中毒或疾病。

建筑施工企业的危险源大概可分为以下几类：高处坠落、物体打击、触电、坍塌、机械伤害、起重伤害、中毒和窒息、火灾和爆炸、车辆伤害、粉尘、噪声、灼烫、其他等。

主要从以下作业活动进行辨识：施工准备、施工阶段、关键工序、工地地址、工地内平面布局、建筑物构造、所使用的机械设备装置、有害作业部位（粉尘、毒物、噪声、振动、高低温）、各项制度（女工劳动保护、体力劳动强度等）、生活设施和应急、外出工作人员和外来工作人员。重点放在工程施工的基础、主体、装饰、装修阶段及危险品的控制及影响上，并考虑国家法律、法规的要求，特种作业人员、危险设施、经常接触有毒、有害物质的作业活动和情况、具有易燃、易爆特性的作业活动和情况、具有职业性健康伤害、损害的作业活动和情况、曾经发生或行业内经常发生事故的作业活动和情况。

（5）危险源识别的状态与时态

在对危险源进行识别时，应充分考虑正常、异常、紧急三种状态以及过去、现在、将来三种时态。

（6）风险评价的分级确定

风险评价是评估危险源所带来的风险大小及确定风险是否可容许的全过程，根据评价的结果对风险进行分级，按不同级别的风险有针对性地采取风险控制措施。

安全风险的大小可采用事故后果的严重程度与事故发生的可能性的乘积来衡量。

风险的评价分级确定表　　　　　　　　　　　　　　　　附表2

风险　　　级别 后果可能性	轻微伤害	一般伤害	严重伤害
不可能	5级	4级	3级
有可能	4级	3级	2级
可　能	3级	2级	1级

（7）风险控制原则

1级：作为重点的控制对象，制订方案实施控制。

2级：直至风险降低后才能开始工作。为降低风险有时必须配备大量资源。当风险涉及正在进行中的工作时，应采取应急措施。在方案和规章制度中制订控制办法，并对其实施控制。

3级：应努力降低风险，但应仔细测定并限定预防成本，在规章制度内进行预防和控制。

4级：是指风险减低到合理可行的，最低水平不需要另外的控制措施，应考虑投资效果更佳的解决方案或不增加额外成本的改进措施，需要监测来确保控制措施得以维持。

5级：无须采取措施且不必保留文件记录。

1.6　工程变更、索赔及施工合同争议

1.6.1　一般规定

1.6.1.1　项目监理机构对施工合同的管理

【原文】　第6.1.1条　项目监理机构应依据建设工程监理合同约定进行施工合同管

理，处理工程暂停及复工、工程变更、索赔及施工合同争议、解除等事宜。

【原文】 第6.1.2条 施工合同终止时，项目监理机构应协助建设单位按施工合同约定处理施工合同终止的有关事宜。

1.6.2 工程暂停及复工

1.6.2.1 工程暂停令的签发与检查处理

【原文】 第6.2.1条 总监理工程师在签发工程暂停令时，可根据停工原因的影响范围和影响程度，确定停工范围，并应按施工合同和建设工程监理合同的约定签发工程暂停令。

【原文】 第6.2.2条 项目监理机构发现下列情况之一时，总监理工程师应及时签发工程暂停令：

（1）建设单位要求暂停施工且工程需要暂停施工的。

（2）施工单位未经批准擅自施工或拒绝项目监理机构管理的。

（3）施工单位未按审查通过的工程设计文件施工的。

（4）施工单位未按批准的施工组织设计、（专项）施工方案施工或违反工程建设强制性标准的。

（5）施工存在重大质量、安全事故隐患或发生质量、安全事故的。

【条文说明】 总监理工程师签发工程暂停令，应事先征得建设单位同意。在紧急情况下，未能事先征得建设单位同意的，应在事后及时向建设单位书面报告。施工单位未按要求停工或复工的，项目监理机构应及时报告建设单位。

发生情况1时，建设单位要求停工，总监理工程师经过独立判断，认为有必要暂停施工的，可签发工程暂停令；认为没有必要暂停施工的，不应签发工程暂停令。

发生情况2时，施工单位擅自施工的，总监理工程师应及时签发工程暂停令；施工单位拒绝执行项目监理机构的要求和指令时，总监理工程师应视情况签发工程暂停令。

发生情况3、4、5时，总监理工程师均应及时签发工程暂停令。

【原文】 第6.2.3条 总监理工程师签发工程暂停令应征得建设单位同意，在紧急情况下未能事先报告的，应在事后及时向建设单位作出书面报告。

工程暂停令应按本规范附录A.0.5的要求填写。

【原文】 第6.2.4条 暂停施工事件发生时，项目监理机构应如实记录所发生的情况。

【原文】 第6.2.5条 总监理工程师应会同有关各方按施工合同约定，处理因工程暂停引起的与工期、费用有关的问题。

【原文】 第6.2.6条 因施工单位原因暂停施工时，项目监理机构应检查、验收施工单位的停工整改过程、结果。

1.6.2.2 工程暂停施工原因消失、具备复工条件的复工报审

【原文】 第6.2.7条 当暂停施工原因消失、具备复工条件时，施工单位提出复工申请的，项目监理机构应审查施工单位报送的复工报审表及有关材料，符合要求后，总监理工程师应及时签署审查意见，并应报建设单位批准后签发工程复工令；施工单位未提出复

工申请的，总监理工程师应根据工程实际情况指令施工单位恢复施工。

复工报审表应按本规范表 B.0.3 的要求填写，工程复工令应按本规范表 A.0.7 的要求填写。

【条文说明】 总监理工程师签发工程复工令，应事先征得建设单位同意

1.6.3 工程变更

1.6.3.1 项目监理机构处理工程变更的程序

【原文】 第 6.3.1 条 项目监理机构可按下列程序处理施工单位提出的工程变更：

（1）总监理工程师组织专业监理工程师审查施工单位提出的工程变更申请，提出审查意见。对涉及工程设计文件修改的工程变更，应由建设单位转交原设计单位修改工程设计文件。必要时，项目监理机构应建议建设单位组织设计、施工等单位召开论证工程设计文件的修改方案的专题会议。

（2）总监理工程师组织专业监理工程师对工程变更费用及工期影响作出评估。

（3）总监理工程师组织建设单位、施工单位等共同协商确定工程变更费用及工期变化，会签工程变更单。

（4）项目监理机构根据批准的工程变更文件监督施工单位实施工程变更。

【条文说明】 发生工程变更，无论是由设计单位或建设单位或施工单位提出的，均应经过建设单位、设计单位、施工单位和工程监理单位的签认，并通过总监理工程师下达变更指令后，施工单位方可进行施工。

工程变更需要修改工程设计文件，涉及消防、人防、环保、节能、结构等内容的，应按规定经有关部门重新审查。

【原文】 第 6.3.2 条 工程变更单应按本规范表 C.0.2 的要求填写。

1.6.3.2 项目监理机构对确定工程变更的计价原则、计价方法或价款的协商

【原文】 第 6.3.3 条 项目监理机构可在工程变更实施前与建设单位、施工单位等协商确定工程变更的计价原则、计价方法或价款。

【原文】 第 6.3.4 条 建设单位与施工单位未能就工程变更费用达成协议时，项目监理机构可提出一个暂定价格并经建设单位同意，作为临时支付工程款的依据。工程变更款项最终结算时，应以建设单位与施工单位达成的协议为依据。

【条文说明】 工程变更价款确定的原则如下：

1. 合同中已有适用于变更工程的价格，按合同已有的价格计算、变更合同价款。

2. 合同中有类似于变更工程的价格，可参照类似价格变更合同价款。

3. 合同中没有适用或类似于变更工程的价格，总监理工程师应与建设单位、施工单位就工程变更价款进行充分协商达成一致；如双方达不成一致，由总监理工程师按照成本加利润的原则确定工程变更的合理单价或价款，如有异议，按施工合同约定的争议程序处理。

1.6.3.3 项目监理机构对工程变更的评估与督促施工

【原文】 第 6.3.5 条 项目监理机构可对建设单位要求的工程变更提出评估意见，并应督促施工单位按会签后的工程变更单组织施工。

【条文说明】 项目监理机构评估后确实需要变更的，建设单位应要求原设计单位编制工程变更文件。

1.6.4 费用索赔

费用索赔是指根据施工合同的约定，合同一方因另一方原因造成本方经济损失，通过监理工程师向对方索取费用的活动。

1.6.4.1 项目监理机构对费用索赔提供证据的收集与整理

【原文】 第6.4.1条 项目监理机构应及时收集、整理有关工程费用的原始资料，为处理费用索赔提供证据。

【条文说明】 涉及工程费用索赔的有关施工和监理文件资料包括：施工合同、采购合同、工程变更单、施工组织设计、专项施工方案、施工进度计划、建设单位和施工单位的有关文件、会议纪要、监理记录、监理工作联系单、监理通知单、监理月报及相关监理文件资料等。

1.6.4.2 项目监理机构对处理费用索赔的主要依据

【原文】 第6.4.2条 项目监理机构处理费用索赔的主要依据应包括下列内容：

（1）法律法规。

（2）勘察设计文件、施工合同文件。

（3）工程建设标准。

（4）索赔事件的证据。

【条文说明】 处理索赔时，应遵循"谁索赔，谁举证"原则，并注意证据的有效性。

1.6.4.3 项目监理机构费用索赔的处理程序

【原文】 第6.4.3条 项目监理机构可按下列程序处理施工单位提出的费用索赔：

（1）受理施工单位在施工合同约定的期限内提交的费用索赔意向通知书。

（2）收集与索赔有关的资料。

（3）受理施工单位在施工合同约定的期限内提交的费用索赔报审表。

（4）审查费用索赔报审表。需要施工单位进一步提交详细资料时，应在施工合同约定的期限内发出通知。

（5）与建设单位和施工单位协商一致后，在施工合同约定的期限内签发费用索赔报审表，并报建设单位。

【条文说明】 总监理工程师在签发索赔报审表时，可附一份索赔审查报告。索赔审查报告内容包括受理索赔的日期，索赔要求、索赔过程，确认的索赔理由及合同依据，批准的索赔及其计算方法等。

【原文】 第6.4.4 费用索赔意向通知书应按本规范表C.0.3的要求填写；费用索赔报审表应按本规范表B.0.13的要求填写。

1.6.4.4 项目监理机构批准费用索赔需同时满足的条件

【原文】 第6.4.5条 项目监理机构批准施工单位费用索赔应同时满足下列条件：

1. 施工单位在施工合同约定的期限内提出费用索赔。

2. 索赔事件是因非施工单位原因造成，且符合施工合同约定。

3. 索赔事件造成施工单位直接经济损失。

1.6.4.5　费用索赔与工程延期相关联时的处理原则

【原文】　第6.4.6条　当施工单位的费用索赔要求与工程延期要求相关联时，项目监理机构可提出费用索赔和工程延期的综合处理意见，并应与建设单位和施工单位协商。

1.6.4.6　建设单位向施工单位提出费用索赔时的协商处理

【原文】　第6.4.7条　因施工单位原因造成建设单位损失，建设单位提出索赔时，项目监理机构应与建设单位和施工单位协商处理。

1.6.5　工程延期及工期延误

1.6.5.1　项目监理机构受理工程延期申请的职责

【原文】　第6.5.1条　施工单位提出工程延期要求符合施工合同约定时，项目监理机构应予以受理。

【条文说明】　项目监理机构在受理施工单位提出的工程延期要求后应收集相关资料，并及时处理。

1.6.5.2　工程临时延期和工程最终延期的审批程序与协商

【原文】　第6.5.2条　当影响工期事件具有持续性时，项目监理机构应对施工单位提交的阶段性工程临时延期报审表进行审查，并应签署工程临时延期审核意见后报建设单位。

当影响工期事件结束后，项目监理机构应对施工单位提交的工程最终延期报审表进行审查，并应签署工程最终延期审核意见后报建设单位。

工程临时延期报审表和工程最终延期报审表应按本规范表B.0.14的要求填写。

【原文】　第6.5.3条　项目监理机构在作出工程临时延期批准和工程最终延期批准前，均应与建设单位和施工单位协商。

【条文说明】　当建设单位与施工单位就工程延期事宜协商达不成一致意见时，项目监理机构应提出评估意见。

1.6.5.3　项目监理机构批准工程延期应同时满足的条件

【原文】　第6.5.4条　项目监理机构批准工程延期应同时满足下列条件：
（1）施工单位在施工合同约定的期限内提出工程延期。
（2）因非施工单位原因造成施工进度滞后。
（3）施工进度滞后影响到施工合同约定的工期。

1.6.5.4　施工单位因工程延期提出费用索赔时的处理原则

【原文】　第6.5.5条　施工单位因工程延期提出费用索赔时，项目监理机构可按施工合同约定进行处理。

【原文】　第6.5.6条　发生工期延误时，项目监理机构应按施工合同约定进行处理。

1.6.6　施工合同争议

1.6.6.1　项目监理机构处理施工合同争议时应进行的工作

【原文】　第6.6.1条　项目监理机构处理施工合同争议时应进行下列工作：

（1）了解合同争议情况。

（2）及时与合同争议双方进行磋商。

（3）提出处理方案后，由总监理工程师进行协调。

（4）当双方未能达成一致时，总监理工程师应提出处理合同争议的意见。

【条文说明】 项目监理机构可要求争议双方出具相关证据。总监理工程师应遵守客观、公平的原则，提出合同争议的处理意见。

【原文】 第6.6.2条 项目监理机构在施工合同争议处理过程中，对未达到施工合同约定的暂停履行合同条件的，应要求施工合同双方继续履行合同。

1.6.6.2 项目监理机构在施工合同争议中证据提供

【原文】 第6.6.3条 在施工合同争议的仲裁或诉讼过程中，项目监理机构应按仲裁机关或法院要求提供与争议有关的证据。

1.6.7 施工合同解除

1.6.7.1 项目监理机构因建设单位原因导致施工合同解除时的经济补偿

【原文】 第6.7.1条 因建设单位原因导致施工合同解除时，项目监理机构应按施工合同约定与建设单位和施工单位从下列款项中协商确定施工单位应得款项，并签认工程款支付证书：

（1）施工单位按施工合同约定已完成的工作应得款项。

（2）施工单位按批准的采购计划订购工程材料、构配件、设备的款项。

（3）施工单位撤离施工设备至原基地或其他目的地的合理费用。

（4）施工单位人员的合理遣返费用。

（5）施工单位合理的利润补偿。

（6）施工合同约定的建设单位应支付的违约金。

1.6.7.2 项目监理机构因施工单位原因导致施工合同解除时的经济补偿

【原文】 第6.7.2条 因施工单位原因导致施工合同解除时，项目监理机构应按施工合同约定，从下列款项中确定施工单位应得款项或偿还建设单位的款项，并应与建设单位和施工单位协商后，书面提交施工单位应得款项或偿还建设单位款项的证明：

（1）施工单位已按施工合同约定实际完成的工作应得款项和已给付的款项。

（2）施工单位已提供的材料、构配件、设备和临时工程等的价值。

（3）对已完工程进行检查和验收、移交工程资料、修复已完工程质量缺陷等所需的费用。

（4）施工合同约定的施工单位应支付的违约金。

1.6.7.3 项目监理机构因非建设单位、施工单位原因导致施工合同解除时的有关事宜

【原文】 第6.7.3条 因非建设单位、施工单位原因导致施工合同解除时，项目监理机构应按施工合同约定处理合同解除后的有关事宜。

1.7 设备采购与设备监造

本章明确了设备采购与设备监造的工作依据，明确了项目监理机构在设备采购、设备

监造等方面的工作职责、原则、程序、方法和措施。

1.7.1　一般规定

1.7.1.1　设备采购与设备监造设置项目监理机构要求

【原文】　第 **8.1.1** 条　项目监理机构应根据建设工程监理合同约定的设备采购与设备监造工作内容、配备监理人员，以及明确岗位职责。

【补充说明】　（1）设备采购与设备监造项目监理机构的设置、人员配备、岗位分工和相应的职责。

1）成立设备采购监理机构的依据是签订的委托监理合同；

2）设备采购监理机构实行总监理工程师负责制；

3）设备采购监理机构的人员配备应专业配套、人员数量满足监理工作需要。

（2）成立相应的设备采购阶段的项目监理机构，机构的监理人员应由熟悉采购工作程序的总监理工程师和专业监理工程师组成，并进行合理的人员选择和配置。合理的人员选择和配置包括以下几个方面：

1）合理的专业结构。采购设备具有多专业性，且专业性强及监理的范围和内容不尽相同的特点，项目监理机构人员的专业配置必须与之相适应。

2）合理的技术职务、职称结构。采购工作是一项高水平的技术性服务工作，对设备采购工作的不同需求和需要，监理人员技术职称的高级、中级、初级应有相应的比例。一般来说，设备采购监理人员具有中级及中级以上职称的人员应为多数。

3）合理的人员数量。人员的数量应根据采购工作的繁杂程度、工作量以及专业要求来配置，一般应从采购设备的种类、方式、数量、周期、专业技术要求等方面来进行合理的选配。

（3）设备采购监理机构，应有明确的分工和岗位职责（总监理工程师、专业监理工程师）。

（4）监理单位在设备采购阶段是作为建设单位设备采购的咨询服务单位开展工作，协助建设单位选择合适的设备供应单位和签订完整、有效的设备订货合同是本阶段委托监理合同的重要工作内容。

（5）监理机构应依据委托监理合同制定监理工作的程序、内容、方法和措施。

1.7.1.2　项目监理机构的设备采购与设备监造方案的编制

【原文】　第 **8.1.2** 条　项目监理机构应编制设备采购与设备监造工作计划，并应协助建设单位编制设备采购与设备监造方案。

【补充说明】　（1）项目监理机构应编制设备采购与设备监造工作计划，并协助建设单位编制设备采购与设备监造方案的职责要求。

（2）项目监理机构应根据工程项目总进度计划编制设备采购和设备监造工作计划，并报建设单位批准。

（3）设备采购和设备监造工作计划经建设单位批准后，项目监理机构应根据拟采购设备的数量、类型、质量要求、周期要求、市场供货情况、价格控制要求等因素协助建设单位（采购方）编制设备采购方案，并根据监理合同要求编制设备监造方案。设备监造方案应包括所监造设备的概况、监造工作的范围、内容、目标和依据、项目监造机构的组织形式、人员配备计划及岗位职责、分工、监造工作程序、实施监造工作的方法及措施、工作制度和监造设施的配备等内容。

1.7.2 设备采购

1.7.2.1 设备采购的招标、采购合同谈判等的监理工作

【原文】 第 8.2.1 条 采用招标方式进行设备采购时，项目监理机构应协助建设单位按有关规定组织设备采购招标。采用其他方式进行设备采购时，项目监理机构应协助建设单位进行询价。

【原文】 第 8.2.2 条 项目监理机构应协助建设单位进行设备采购合同谈判，并应协助签订设备采购合同。

【条文说明】 第 8.2.1 条、第 8.2.2 条建设单位委托设备采购服务的，项目监理机构的主要工作内容是协助建设单位编制设备采购方案、择优选择设备供应单位和签订设备采购合同。

总监理工程师应组织设备专业监理人员，依据建设工程监理合同制订设备采购工作的程序、方法和措施。

【补充说明】 （1）项目监理机构协助设备采购订货的监理工作。

项目监理机构在协助建设单位选择合格的设备制造单位、签订完整有效的设备采购订货合同的同时，应控制好设备的质量、价格和交货时间等重要环节。

1）采用招标方式进行设备采购的监理工作：

①掌握设计文件中对设备提出的要求，帮助建设单位起草招标文件，做好投标单位的资格预审工作。

②参加对投标单位的考察调研，提出意见或建议，协助建设单位拟定考察结论。

③参加招标答疑会、询标会。

④参加评标、定标会议。评标条件可以是投标报价的合理性、设备的先进性、可靠性、制造质量、使用寿命和维修的难易及备件的供应、交货时间、安装调试时间、运输条件，以及投标单位的生产管理、技术管理、质量管理、企业信誉、执行合同能力、投标企业提供的优惠条件等方面。

⑤协助建设单位起草合同，参加合同谈判，协助建设单位签署采购合同。使采购合同符合有关法律法规的规定，合同条款准确、无遗漏。

⑥协助建设单位向中标单位移交必要的技术文件。

2）设备采购的原则

设备采购的原则应包括：拟采购的设备应完全符合设计要求和有关的标准；设备的质量可靠，价格合理，交货期有保证等。

①向合格的供货厂商采购完全符合设计所确定的各项技术要求、标准规范的设备和配件；

②所采购设备的质量是可靠的，能保证整个项目生产或运行的稳定性；

③所采购设备和配件的价格是合理的，技术相对先进，交货及时，维修和保养能得到充分保障；

④符合国家对特定设备采购的政策法规。

3）设备采购的范围和内容

根据设计文件或委托监理合同中的要求，对需采购设备编制拟采购的设备表，以及相应的配件材料表，包括名称、型号、规格、数量，主要技术性能，要求的交货期，以及这些设备相应的图纸、数据表、技术规格、说明书、其他技术附件等，从而对拟采购设备情况有一个全面、完整的了解。

4）采用招标方式订购设备

招标文件应明确招标的标的，即设备名称、型号、规格、数量、技术性能，制造和安装验收标准，要求的交货时间及交货方式、地点，对设备的外购配套零件与元器件以及材料有专门要求时应在标书中明确。

设备招标是招标单位（建设单位、设备采购中介单位或施工总包单位或建筑安装施工单位）就采购设备的要求发出招标书，设备供货单位在自愿参加的基础上按招标书的要求作出自己的承诺并以书面的形式——投标书交给招标单位，招标单位按规定的程序并经仔细地比较分析后，从众多的投标单位中选取一个投标单位作为设备供货单位并签订设备订货合同。设备招标一般用于大型、复杂、关键设备和成套设备及生产线设备的订货上。

5）设备采购订货合同谈判、签订的监理工作

①项目监理机构应在确定设备供应单位后参与设备采购订货合同的谈判。

②协助建设单位起草及签订设备采购订货合同。

③设备采购和订货合同主要条款，一般应包括定义、使（适）用范围、技术规范或标准、专利权、包装、装运条件和装运通知、保险、支付、技术资料、价格、质量保证、检验、索赔、延期交货与核定损失额，不可抗力、税费、履约保证金、仲裁、违约终止合同、破产终止合同、变更指示、合同修改、转让与分包、使用法律、主导语言与计量单位、通知、合同文件资料的使用、合同生效和其他等。

（2）采用非招标方式进行设备采购，项目监理机构应协助建设单位进行设备询价、设备采购的技术及商务谈判等工作。

合同谈判前，应确定合同形式与价格构成，明确定价原则，并成立技术谈判组和商务谈判组，确定谈判成员名单及职责分工，明确工作纪律。在谈判工作结束后，应及时编写谈判报告，进行合同文件整理与会审。

会审时，技术与商务谈判组全体人员参与审查。进行合同会审和会签后，将合同报建设单位审批，审批后协助建设单位签订合同。

1.7.2.2 设备采购文件资料的主要内容

【原文】 第8.2.3条 设备采购文件资料应包括下列主要内容：

（1）建设工程监理合同及设备采购合同。

（2）设备采购招投标文件。

（3）工程设计文件和图纸。

（4）市场调查、考察报告。

（5）设备采购方案。

（6）设备采购工作总结。

【条文说明】 设备采购工作完成后，由总监理工程师按要求负责整理汇总设备采购文

件资料，并提交建设单位和本单位归档。

【补充说明】 （1）采购工作结束后，监理单位应向建设单位提交设备采购监理工作总结。

（2）设备采购总结由总监理工程师组织编写。

（3）设备采购监理工作总结一般应包括：采购设备的情况及主要技术性能要求；监理工作范围及内容；监理组织机构；监理人员组成及监理合同履行情况；监理工作成效；出现的问题和建议等。

1.7.3 设备监造

1.7.3.1 项目监理机构对质量管理体系、生产计划的审查

【原文】 第8.3.1条 项目监理机构应检查设备制造单位的质量管理体系，并应审查设备制造单位报送的设备制造生产计划和工艺方案。

【条文说明】 专业监理工程师应对设备制造单位的质量管理体系建立和运行情况进行检查，审查设备制造生产计划和工艺方案。审查合格并经总监理工程师批准后方可实施。

【补充说明】 （1）项目监理机构应对设备制造单位相关质量管理体系及设备生产计划和工艺方案进行审查。

（2）设备制造单位必须根据制造图纸和技术文件的要求，向项目监理机构申报生产计划和工艺方案，内容包括采用的生产计划安排、工艺技术与流程、生产管理的方法、加工设备、工艺装备、操作技术、检测手段和材料、能源、劳动力组织等情况。

（3）专业监理工程师应对设备制造单位的质量管理体系建立和运行情况进行检查，审查设备制造生产计划和工艺方案。审查合格并经总监理工程师批准后方可实施。

1.7.3.2 项目监理机构对设备制造的检验计划和检验要求的审查

【原文】 第8.3.2条 项目监理机构应审查设备制造的检验计划和检验要求，并应确认各阶段的检验时间、内容、方法、标准，以及检测手段、检测设备和仪器。

【补充说明】 （1）项目监理机构审查设备制造检验计划和检验要求之前，应熟悉图纸、合同、掌握标准、规范、规程，明确质量要求，明确设计制造过程的要求及质量标准。

（2）审查内容包括各阶段的检验时间、内容、方法、标准及检测手段、检测设备和仪器，符合要求后予以确认。

（3）检验工作内容包括对原材料进货、制造加工、组装、中间产品试验、除锈、强度试验、严密性试验、整机性能考核试验、油漆、包装直至完成出厂并具备装运条件的检验。另外，应对检验所配备的检测手段、设备仪器、试验方法、标准、时间、频率等进行审查。

1.7.3.3 专业监理工程师对设备制造用原材料、元器件等进行审查和签认

【原文】 第8.3.3条 专业监理工程师应审查设备制造的原材料、外购配套件、元器件、标准件，以及坯料的质量证明文件及检验报告，并应审查设备制造单位提交的报验资料，符合规定时应予以签认。

【条文说明】 专业监理工程师在审查质量证明文件及检验报告时，应审查文件及报告

的质量证明内容、日期和检验结果是否符合设计要求和合同约定，审查原材料进货、制造加工、组装、中间产品试验、强度试验、严密性试验、整机性能试验、包装直至完成出厂并具备装运条件的检验计划与检验要求，此外，应对检验的时间、内容、方法、标准以及检测手段、检测设备和仪器等进行审查。

【补充说明】　（1）专业监理工程师对设备制造用原材料、元器件等进行审查和签认。

（2）专业监理工程师在审查质量证明文件及检验报告时，应审查文件及报告的质量证明内容、日期和检验结果是否符合设计要求和合同约定，审查原材料进货、制造加工、组装、中间产品试验、强度试验、严密性试验、整机性能试验、包装直至完成出厂并具备装运条件的检验计划与检验要求，此外，应对检验的时间、内容、方法、标准以及检测手段、检测设备和仪器等进行审查。

1.7.3.4　项目监理机构对设备制造的监督、检查与抽检

【原文】　第8.3.4条　项目监理机构应对设备制造过程进行监督和检查，对主要及关键零部件的制造工序应进行抽检。

【条文说明】　项目监理机构对设备制造过程监督检查应包括以下主要内容：零件制造是否按工艺规程的规定进行，零件制造是否经检验合格后才转入下一道工序，主要及关键零件的材质和加工工序是否符合图纸、工艺的规定，零件制造的进度是否符合生产计划的要求。

【补充说明】　（1）项目监理机构对设备制造过程应实施监督、检验，对主要及关键零部件的制造工序进行控制。

（2）控制零件加工制造中每道工序的加工质量是零件制造的基本要求，也是设备整体质量的保证，所以在每道工序中都要进行加工质量的检验。检验是对零件制造的质量特性进行测量、检查、试验和计量，并将检验的数据与设计图纸或者工艺规程规定的数据比较，判断质量特性的符合性，从而鉴别零件是否合格，为每道工序把好关。同时，零件检验还要及时汇总和分析质量信息，为采取纠正措施提供依据。

零件是工序形成的产品，加工质量是形成设备整体质量的保证，所以必须加强对零件的加工工序监督和检查，对主要零部件及关键零部件的制造工序进行抽检。

（3）主要零部件及关键零部件由设计人员按产品质量特性分级划分的，应列出清单作为设计技术文件。如果没有清单，项目监理机构应会同设计人员共同协商确认主要及关键零部件的清单。根据主要关键零部件的清单，生产厂家的检验部门需向项目监理机构提交主要关键零部件的质量检验计划和检验要求，经审核批准后实施。项目监理机构应将主要零部件及关键零部件制造的工艺流程图，每道工序的质量特性值和质量控制要求，监理方式和抽检的数量和频率，验收标准等编入相应的监理方案。

（4）这种监督和检查包括监督零件加工制造是否按工艺规程的规定进行，零件制造是否经检验合格后才转入下一道工序。主要关键零件的材质和主要关键零件的关键工序以及它的检验是否严格执行图纸和工艺的规定，零件的加工制造进度是否符合生产计划的要求等。对重要零部件的重要工艺操作过程应实行旁站。

1.7.3.5　项目监理机构对设备制造过程的检验与审核

【原文】　第8.3.5条　项目监理机构应要求设备制造单位按批准的检验计划和检验要求进行设备制造过程的检验工作，并应做好检验记录。项目监理机构应对检验结果进行审

核，认为不符合质量要求时，应要求设备制造单位进行整改、返修或返工。当发生质量失控或重大质量事故时，应由总监理工程师签发暂停令，提出处理意见，并应及时报告建设单位。

【条文说明】 总监理工程师签发暂停制造指令时，应同时提出如下处理意见：

（1）要求设备制造单位进行原因分析。

（2）要求设备制造单位提出整改措施并进行整改。

（3）确定复工条件。

【补充说明】 （1）项目监理机构应对设备制造过程进行检验，同时项目监理机构应对不合格零件、质量失控或质量事故提出处理意见。

（2）检验是对零件的质量特性进行测量、检查、试验和计量，并将检验的数据与设计图纸或者工艺规程规定的数据比较，判断质量特性的符合性，从而鉴别零件是否合格。同时还要及时汇总和分析零件检验质量信息，为采取纠正措施提供依据。因此，检验是保证零件加工质量和设备制造质量的重要措施和手段。

（3）设备制造前，设备制造单位应根据设备采购供货合同、设计文件、标准规范等要求制定具体的检验计划和检验要求。总监理工程师应组织专业监理工程师对设备制造单位报审的检验计划和检验要求进行审查，符合要求后由总监理工程师签认，并报建设单位批准后实施。

（4）设备制造过程中，设备制造单位按批准的检验计划和检验要求对设备制造过程进行检验，并做好检验记录。项目监理机构依照设计文件、标准规范、监造方案、检验计划和检验要求、采购供货合同等要求，对设备制造单位的检验结果进行审核，认为不符合质量要求时，要求设备制造单位进行整改、返修或返工。

（5）专业监理工程师应明确整改或停工、返修或返工、因废品而重新投料补件等情况对制造进度造成的影响，督促设备制造单位采取合理的措施追上原定生产计划安排的进度。专业监理工程师还应掌握不合格零件的处置情况，了解返修和返工零件的情况，检查返修工艺和返修文件的签署，检查返修的质量是否符合要求。

（6）当发生质量失控或重大质量事故时，设备制造单位必须按程序及时上报，总监理工程师应签发暂停令，按要求提出处理意见，并及时报告建设单位。

1.7.3.6 项目监理机构对设备装配过程的检查和监督

【原文】 第8.3.6条 项目监理机构应检查和监督设备的装配过程。

【条文说明】 在设备装配过程中，专业监理工程师应检查配合面的配合质量、零部件的定位质量及连接质量、运动件的运动精度等装配质量是否符合设计及标准要求。

【补充说明】 （1）对设备装配过程的检查和监督是项目监理机构的职责。

（2）装配过程是指将合格的零件和外购配套件、元器件按设计图纸的要求和装配工艺的规定进行配合、定位和连接，使它们装在一起并调整零件之间的关系，使之形成具有规定的技术性能的设备。

整机总装（装配）是指将合格的零件和外购配套件、元器件按设计图纸的要求和装配工艺的规定进行定位和连接，装配在一起并调整模块之间的关系，使之形成具有规定的技术性能的设备。

（3）专业监理工程师应按设计文件、规范标准、施工计划、检验计划和检验要求等文件检查和监督整个设备的装配过程，检查模块和整机的装配质量、零部件的定位及连接质量、运动件的运动精度等，符合装配质量要求时予以签认。

1.7.3.7　设计变更的审核与相关事宜的协商

【原文】　第8.3.7条　在对原设计进行变更时，专业监理工程应进行审核，并督促办理相应的设计变更手续和移交修改函件或技术文件等。对可能引起的费用增减和制造工期的变化按设备制造合同约定协商确定。

【条文说明】　在对原设计进行变更时，专业监理工程应进行审核，并督促办理相应的设计变更手续和移交修改函件或技术文件等。对可能引起的费用增减和制造工期的变化按设备制造合同约定协商确定。

【补充说明】　（1）在设备制造过程中，如由于设备订货方、原设计单位、监造单位或制造单位对设备的设计文件提出修改时，都应经原设计单位签认并出具设计变更文件，并审查因变更引起的费用增减和制造工期的变化，并报建设单位。

（2）设计变更不应降低工程质量标准，在技术上可行、可靠，功能上满足使用要求、安全储备，对竣工后的运营与管理不产生不良影响。设计变更的审批应贯彻事前控制、事后监督、依据合同、界定责任、技术经济合理的原则。

（3）对原设计进行变更时，专业监理工程应进行审核，并督促办理相应的设计修改手续和移交修改函件或技术文件等。

1.7.3.8　项目监理机构对设备检测、调试的出厂验收与签认

【原文】　第8.3.8条　项目监理机构应参加设备整机性能检测、调试和出厂验收，符合要求后应予以签认。

【条文说明】　项目监理机构签认时，应要求设备制造单位提供相应的设备整机性能检测报告、调试报告和出厂验收书面证明资料。

【补充说明】　（1）设备整机性能检测、调试和出厂验收是项目监理机构的职责。

（2）设备的整机性能检测是设备制造质量的综合评定，是设备出厂前质量控制的重要阶段。设备制造单位生产的所有合同设备、部件（包括分包和外购部分），出厂前需进行部件或整机总装试验。所有试验和总装（装配）必须有正式的记录文件，作为技术资料的一部分存档。

（3）总监理工程师应组织专业监理工程师参加设备的调整测试和整机性能检测，记录数据，验证设备是否达到合同规定的技术指标和质量要求，符合要求后予以签认。项目监理机构签认时，应要求设备制造单位提供相应的设备整机性能检测报告、调试报告和出厂验收书面证明等质量记录资料。

1.7.3.9　项目监理机构对设备运往现场的检查

【原文】　第8.3.9条　在设备运往现场前，项目监理机构应检查设备制造单位对待运设备采取的防护和包装措施，并应检查是否符合运输、装卸、储存、安装的要求，以及随机文件、装箱单和附件是否齐全。

【条文说明】　检查防护和包装措施应考虑：运输、装卸、储存、安装的要求，主要应包括：防潮湿、防雨淋、防日晒、防振动、防高温、防低温、防泄漏、防锈蚀、须屏蔽及放置形式等内容。

【补充说明】　（1）对设备出厂、待运前防护和包装状态的检查是项目监理机构的工作

内容之一。

（2）在设备出厂前，专业监理工程师应检查设备制造单位对待运设备采取的防护和包装措施是否符合设计要求，并应检查是否符合运输、装卸、储存、安装的要求，以及随机文件、装箱单和附件是否齐全，符合要求后由总监理工程师签认后方可出厂。

为保证设备的质量，设备制造单位在设备运输前应做好包装工作，制订合理的运输方案。监理工程师要对设备包装质量进行检查、审查设备运输方案。

（3）设备运输前的有关工作

设备运输监理的目的是保障用经济合理的方法安全地将设备及时运到工地并作妥善的保管或交接。因此，设备运输前应做好包装工作和制订合理的运输计划。包装的基本要求是：

1）设备在运输过程中要经受多次装卸和搬运，为此，必须采取良好的防湿、防潮、防尘、防锈和防振等保护措施进行运输、包装，确保设备安全、无损、无腐运抵施工现场。

2）必须按照国家或国际包装标准及订货合同规定的某些特殊运输包装条款进行包装，满足验箱机构的检验。

3）运输前应对放置形式、装卸起重位置等进行标识。

4）运输前应核对、检查设备及其配件的相关随机文件、装箱单和附件等资料。

（4）设备出场运输的监理：

1）按合同及采购进度计划，审查设备运输计划，特别是对大型、关键设备运输计划的审查，包括运输前的准备工作，运输时间、运输方式、人员安排、起重和加固方案等。

2）对承运单位的审查，包括考察其承运实力、运费、运输条件及服务、信誉等。

3）审查办理海关、保险业务的情况。

4）审查运货台账、运输状态报告的准备情况。

5）运输安全措施。

（5）设备运输中重点环节的控制

1）检查整个运输过程是否按审批后的运输计划执行，督促运输措施的落实。

2）监督主要设备和进口设备的装卸工作并做好记录，若发现问题，应及时提出并会同有关单位做好文件签署手续。

3）检查运输过程中设备储存场所的环境和保存条件是否符合要求，督促设备保管部门定期检查和维护储存的设备。

4）在装卸、运输、储存过程中，检查是否根据包装标志的示意及存放要求处理。

1.7.3.10 项目监理机构对设备运到现场后的交接

【原文】 第8.3.10条 设备运到现场后，项目监理机构应参加由设备制造单位按合同约定与接收单位的交接工作。

【条文说明】 设备交接工作一般包括开箱清点、设备和资料检查与验收、移交等内容。

【补充说明】 运抵现场设备的清点、检查、验收、移交应由设备制造单位按合同规定与安装单位办理交接，开箱清点、检查、验收和移交。

（1）做好设备交接的准备工作

1) 设备制造单位应在发运前合同约定的时间内向建设单位发出通知。项目监理机构在接到发运通知后，及时组织有关人员做好现场设备接收的准备工作，包括通行道路、储存方案、场地清理、保管工作等。

2) 接到发运通知后，项目监理机构应督促做好设备卸下的准备工作。

3) 当由于建设单位或现场条件原因要求设备制造单位推迟设备发运时，项目监理机构应督促建设单位及时通知设备制造单位，建设单位应承担推迟期间的仓储费和必要的保养费。

(2) 做好设备运入现场后的检验工作

1) 设备到达目的地后，建设单位向设备制造单位发出到货检验通知，项目监理机构应与双方代表共同进行检验。

2) 设备清点。双方代表共同根据运单和装箱单对设备的包装、外观和件数进行清点。如果发现任何不符之处，经过双方代表确认属于设备制造单位责任后，由设备制造单位处理解决。

3) 开箱检验。设备运到现场后，项目监理机构应尽快督促建设单位与设备制造单位共同进行开箱检验，如果建设单位未通知设备制造单位而自行开箱或每一批设备到达现场后在合同规定的时间内不开箱，产生的后果由建设单位承担，双方共同检验设备的数量、规格和质量，检验结果及其记录，对双方有效，并作为建设单位向设备制造单位提出索赔的证据。

1.7.3.11　专业监理工程师对设备制造合同的审查与支付证书的签发

【原文】　第8.3.11条　专业监理工程师应按设备制造合同的约定审查设备制造单位提交的付款申请，提出审查意见，并应由总监理工程师审核后签发支付证书。

【条文说明】　专业监理工程师可在制造单位备料阶段、加工阶段、完工交付阶段控制费用支出，或按设备制造合同的约定审核进度付款，由总监理工程师审核后签发支付证书。

【补充说明】　(1) 项目监理机构对于设备制造单位相关费用的支付审核，应明确三方职责：

1) 设备制造商职责：按合同规定时间，向监理工程师提交付款申请报告，并附上有关单据及其他证明材料。

2) 项目监理机构职责：专业监理工程师对阶段性完成的制造工作工作量进行核实，核查相关资料是否符合合同要求，并签注审查意见；总监理工程师依据专业监理工程师审查意见，提出审核意见，并向建设单位报送付款申请书及相关支持材料；总监理工程师签发支付证书。

3) 建设单位职责：核定与批准付款申请书，并按期拨付相应款项。

(2) 监理人员可在制造单位备料阶段、加工阶段、完工交付阶段控制费用支出，或按合同规定审核按进度付款。

1.7.3.12　专业监理工程师对设备制造索赔文件的审查与签署

【原文】　第8.3.12条　专业监理工程师应审查设备制造单位提出的索赔文件，提出意见后报总监理工程师，并应由总监理工程师与建设单位、设备制造单位协商一致后签署意见。

【补充说明】 （1）项目监理机构处理索赔，监理工程师在收到设备制造单位提交的索赔文件后，应从法律法规、合同协议、工程量与计价三个方面，站在独立、公平、客观的立场上，对工程索赔进行审查和确认。

（2）专业监理工程师在审查设备制造单位提出的索赔文件，提出书面意见后报总监理工程师审核。

（3）索赔协调工作由总监理工程师和建设单位、设备制造单位协商。由总监理工程师协商一致后签署意见。

（4）不论建设单位、设备制造单位提出索赔，均应实事求是。

1.7.3.13 专业监理工程师对设备制造结算文件的审查与签署

【原文】 第8.3.13条 专业监理工程师应审查设备制造单位报送的设备制造结算文件，提出审查意见，并应由总监理工程师签署意见后报建设单位。

【条文说明】 结算工作应依据设备制造合同的约定进行。

【补充说明】 （1）对设备制造单位报审的设备制造结算文件进行审查是项目监理机构的工作内容之一。

（2）设备制造结算文件审查的主要依据包括国家有关法律法规、标准规范，设备采购供货合同，变更及索赔资料，设计文件，招标投标文件等。

（3）设备制造结算文件由专业监理工程师审核，提出意见后报总监理工程师，总监理工程师签署意见后报建设单位。

（4）设备制造结算由总监理工程师和建设单位、设备制造单位协商。

1.7.3.14 设备监造文件资料的主要内容

【原文】 第8.3.14条 设备监造文件资料应包括下列主要内容：

（1）建设工程监理合同及设备采购合同。

（2）设备监造工作计划。

（3）设备制造工艺方案报审资料。

（4）设备制造的检验计划和检验要求。

（5）分包单位资格报审资料。

（6）原材料、零配件的检验报告。

（7）工程暂停令、开工或复工报审资料。

（8）检验记录及试验报告。

（9）变更资料。

（10）会议纪要。

（11）来往函件。

（12）监理通知单与工作联系单。

（13）监理日志。

（14）监理月报。

（15）质量事故处理文件。

（16）索赔文件。

（17）设备验收文件。

（18）设备交接文件。

（19）支付证书和设备制造结算审核文件。

（20）设备监造工作总结。

【条文说明】 设备监造工作完成后，由总监理工程师按要求负责整理汇总设备监造资料，并提交建设单位和本单位归档。

【补充说明】 （1）设备监造文件资料包括（1）～（20）款，提送时不应缺漏。

（2）设备监造文件由总监理工程师组织编写。

（3）设备监造工作结束后，监理单位应向建设单位提交设备监造监理工作总结。

（4）设备监造监理工作总结一般应包括：制造设备的情况及主要技术性能指标；监理工作范围及内容；监理组织机构；监理人员组成及监理合同履行情况；监理工作成效；出现的问题和建议等。

1.8 相 关 服 务

1.8.1 一般规定

1.8.1.1 相关服务的范围及工作计划的编制

【原文】 第9.1.1条 工程监理单位应根据建设工程监理合同约定的相关服务范围，开展相关服务工作，以及编制相关服务工作计划。

【条文说明】 相关服务范围可包括工程勘察、设计和保修阶段的工程管理服务工作。建设单位可委托其中一项、多项或全部服务，并支付相应的服务费用。

相关服务工作计划应包括相关服务工作的内容、程序、措施、制度等。

【补充说明】 （1）工程监理单位相关服务范围。

1）相关服务有别于施工阶段的强制性监理，属于非强制性的管理咨询服务范畴。

2）在建设工程监理合同中，双方应约定相关服务的范围和内容，服务方式、人员要求、工作依据、双方责任和义务、成果形式、服务期限、服务酬金、质量要求等内容，避免导致漏项和歧义。《建设工程监理合同（示范文本）》有相关服务的内容。《建设工程监理与相关服务收费管理规定》提供了建设工程勘察、设计、保修等阶段相关服务收费标准，实际工作中可由合同双方约定。

（2）相关服务工作计划应包括的内容、程序、措施、制度。

1）相关服务工作内容：应与建设工程监理合同约定的内容相符。如协助建设单位编制勘察设计任务书、选择勘察设计单位、编制勘察成果评估报告等，并根据项目监理机构人员情况和项目情况将相关服务内容进行细分，便于进一步落实计划。

2）相关服务程序：可按管理工作的不同特性和具体任务进行编制，一般用工作流程图表示，以表示各任务或工作之间的逻辑关系。相关服务程序主要包括质量控制程序、进度控制程序、费用控制程序、合同管理程序等。

3）相关服务措施：针对相关服务内容和程序制定落实措施，包括内容、手段、工具及其他保障措施等。

4）相关服务制度：主要包括工作检查制度、计划执行制度、人员岗位职责、协调制度、考核制度等。

1.8.1.2　相关服务工作的文件（资料）的汇总整理

【原文】　第9.1.2条　工程监理单位应按规定汇总整理、分类归档相关服务工作的文件资料。

【补充说明】　（1）工程监理单位对相关服务的文件资料应进行整理、分类归档。相关服务文件资料管理应符合《建设工程监理规范》（GB/T 50319—2013）7.1节和7.3节的要求。

（2）相关服务的文件资料分类应根据服务的阶段和内容在相关服务工作计划中确定，一般应包括：

1）监理合同及补充协议；

2）相关服务工作计划；

3）相关服务的依据性文件；

4）相关服务的过程性文件（会议纪要、工作日志、检查和审核记录、通知和联系单、支付证书、月报、谈判纪要、调查和考察报告、来往文件等）；

5）工作成果或评估报告；

6）回访记录、工程质量缺陷检查及修复复查记录等；

7）相关服务工作总结。

1.8.2　工程勘察设计阶段的服务

1.8.2.1　对协助选择工程勘察设计单位的程序、工作任务和要求

【原文】　第9.2.1条　工程监理单位应协助建设单位编制工程勘察设计任务书和选择工程勘察设计单位，并应协助签订工程勘察设计合同。

【条文说明】　工程监理单位协助建设单位选择工程勘察设计单位时，应审查工程勘察设计单位的资质等级、勘察设计人员的资格以及工程勘察设计质量保证体系。

【补充说明】　协助建设单位选择工程勘察设计单位是工程监理单位按相关服务合同规定的工作内容之一。

（1）关于编制工程勘察设计任务书

1）明确勘察设计范围，包括工程名称、工程性质、拟建地点、相关政府部门对项目的限制条件等；

2）明确建设目标和建设标准；

3）提出对勘察设计成果的要求，包括提交内容、提交质量和深度要求、提交时间、提交方式等。

（2）选择工程勘察设计单位的方式与相关要求

1）选择方式。例如：是公开招标还是邀请招标；是国际招标还是国内招标；是设计竞赛还是方案征集等。当然，选择方式必须符合国家相关法律法规的要求；

2）拟委托的勘察设计任务的范围和内容。包括各阶段设计的深度，各阶段设计的设计者、优化者和相互间的衔接方式，与专业设计的关系和管理模式；

3）勘察设计单位的资质条件及信誉度；

4）团队经验和人员资格要求；

5）质量的保证措施和服务精神；

6）各阶段工作的进度要求；

7）费用预算和使用计划；

8）合同类型。

（3）工程勘察设计合同谈判、签订

1）根据勘察设计招标文件及任务书的要求，在合同谈判、订立过程中，进一步对工程勘察设计工作的范围、深度、质量、进度要求予以细化；

2）由于地质情况、政府审查或工程变化造成的工程勘察、设计范围变更，应在合同中界定工程勘察设计单位的相应义务；

3）明确勘察设计费用的包括范围，并根据工程特点来确定付款方式；

4）在合同中应明确工程勘察设计单位配合其他工程参与单位的义务；

5）强调限额设计，将施工图预算控制在项目概算中。鼓励设计单位采用价值工程。对设计方案优化，并以此制定奖励措施。

1.8.2.2　对审查勘察方案的程序、要求及报审用表

【原文】　第9.2.2条　工程监理单位应审查勘察单位提交的勘察方案，提出审查意见，并应报建设单位。变更勘察方案时，应按原程序重新审查。

勘察方案报审表可按表B.0.1的要求填写。

【补充说明】　（1）审查勘察方案是工程监理单位按相关服务合同规定的工作内容之一。勘察方案报审表的表式按《建设工程监理规范》（GB/T 50319—2013）表B.0.1的要求执行。

（2）工程监理单位在审查勘察单位提交的勘察方案前，应事先掌握工程特点、设计要求及现场地质概况，在此基础上运用综合分析手段，对勘察方案详细审查。审查重点包括以下几个方面：

1）勘察技术方案中工作内容与勘察合同及设计要求是否相符，是否有漏项或冗余；

2）勘察点的布置是否合理，其数量、深度是否满足规范和设计要求；

3）各类相应的工程地质勘察手段、方法和程序是否合理，是否符合有关规范的要求；

4）勘察重点是否符合勘察项目特点，技术与质量保证措施是否还需要细化，以确保勘察成果的有效性；

5）勘察方案中配备的勘察设备是否满足本项目勘察技术要求；

6）勘察单位现场勘察组织及人员安排是否合理，是否与勘察进度计划相匹配；

7）勘察进度计划是否满足工程总进度计划。

1.8.2.3　对现场、室内试验人员以及设备、仪器计量的审查

【原文】　第9.2.3条　工程监理单位应检查勘察现场及室内试验主要岗位操作人员的资格、所使用设备、仪器计量的检定情况。

【条文说明】　现场及室内试验主要岗位操作人员是指钻探设备操作人员、记录人员和室内试验的数据签字和审核人员。

【补充说明】　（1）对现场、室内试验人员以及设备、仪器计量的审查是工程监理单位按相关服务合同规定的工作内容之一。

（2）根据《建设工程勘察设计管理条例》的规定，国家对从事建设工程勘察、设计活

动的专业技术人员,实行执业资格注册管理制度。工程勘察企业应当确保仪器、设备的完好,钻探、取样的机具设备,原位测试,室内试验及测量仪器等应当符合有关规范、规程的要求。

(3) 勘察现场及室内试验主要岗位操作人员是指钻探设备机长、记录人员和室内试验的数据签字和审核人员。一般情况下,要求具有上岗证的操作人员包括岩土工程原位测试检测员、室内试验检测员和土工试验上岗人员等。工程监理单位应在工程勘察工作开始前,对勘察现场及室内试验主要岗位的主要操作人员进行审查,核对上岗证,并要求勘察作业时随身携带上岗证以备查验。

(4) 对于工程现场勘察所使用的设备、仪器计量,要求勘察单位做好设备、仪器计量使用及检定台账,并不定期检查相应的检定证书。发现问题时,应要求勘察单位停止使用不符合要求的勘察设备、仪器,直至提供相关检定证书后方可继续使用。

1.8.2.4 对勘察进度、费用控制和合同管理的审查程序

【原文】 第9.2.4条 工程监理单位应检查勘察进度计划执行情况、督促勘察单位完成勘察合同约定的工作内容、审核勘察单位提交的勘察费用支付申请表,以及签发勘察费用支付证书,并应报建设单位。

工程勘察阶段的监理通知单可按本规范表 A.0.3 的要求填写;监理通知回复单可应按本规范表 B.0.9 的要求填写;勘察费用支付申请表可按本规范表 B.0.11 的要求填写;勘察费用支付证书可按本规范表 A.0.8 的要求填写。

【补充说明】 (1) 对勘察进度、费用支付和合同管理是工程监理单位按相关服务合同规定的工作内容之一。

(2) 工程监理单位在检查勘察进度计划执行情况时的主要工作:

1) 审核勘察进度计划是否符合勘察合同的约定,是否与勘察设备方案相符;

2) 记录实际勘察进度,对不符合进度计划的现象或遗漏处予以分析,必要时下发通知,要求勘察单位进行调整;

3) 定期召开会议,及时解决勘察中存在的进度问题。

(3) 必须满足下列条件,工程监理单位方可签署勘察费用支付申请表及勘察费用支付证书:

1) 勘察成果进度、质量符合勘察合同及规范标准的相关要求;

2) 勘察变更内容的增补费用具有相应的文件,如补充协议、工程变更单、工作联系单和监理通知等;

3) 各项支付款项必须符合勘察合同支付条款的规定;

4) 勘察费用支付申请符合审批程序要求。

1.8.2.5 对勘察方案执行的检查与要求

【原文】 第9.2.5条 工程监理单位应检查勘察单位执行勘察方案的情况,对重要点位的勘探与测试应进行现场检查。

【条文说明】 重要点位是指勘察方案中工程勘察所需要的控制点、作为持力层的关键层和一些重要层的变化处。对重要点位的勘探与测试可实施旁站。

【补充说明】 (1) 对勘察方案执行情况的检查是工程监理单位按相关服务合同规定的工作内容之一。

（2）工程监理单位应对勘察现场进行巡查，对重要点位的勘探与测试必要时可实施旁站，并检查勘察单位执行勘察方案的情况。发现问题时，应及时通知勘察单位一起到现场进行核查。当工程监理单位与勘察单位对重大工程地质问题的认识不一致时，工程监理单位应提出书面意见供勘察单位参考，必要时可建议邀请有关专家进行专题论证，并及时上报建设单位。

（3）工程监理单位在检查勘察单位执行勘察方案的情况时，需重点检查以下内容：

1）工程地质勘察范围、内容是否准确、齐全；

2）钻探及原位测试等勘探点的数量、深度及勘探操作工艺、现场记录和勘探测试成果是否符合规范要求；

3）水、土、石试样的数量和质量是否符合要求；

4）取样、运输和保管方法是否得当；

5）试验项目、试验方法和成果资料是否全面；

6）检查物探方法的选择、操作过程和解释成果资料；

7）检查水文地质试验方法、试验过程及成果资料；

8）勘察单位操作是否符合有关安全操作规章制度；

9）勘察单位内业是否规范、符合要求。

1.8.2.6 对勘察成果审查、验收以及勘察成果评估报告的内容

【原文】 第9.2.6条 工程监理单位应审查勘察单位提交的勘察成果报告，并应向建设单位提交勘察成果评估报告，同时应参与勘察成果验收。

勘察成果评估报告应包括下列内容：

（1）勘察工作概况。

（2）勘察报告编制深度、与勘察标准的符合情况。

（3）勘察任务书的完成情况。

（4）存在问题及建议。

（5）评估结论。

【原文】 第9.2.7条，勘察成果报审表可按本规范表B.0.7的要求填写。

【补充说明】 （1）对勘察成果进行审查和验收是工程监理单位按相关服务合同规定的工作内容之一。

（2）勘察评估报告由总监理工程师组织各专业监理工程师编制，必要时可邀请相关专家参加。在评估报告编制过程中，应以项目的审批意见、设计要求、标准规范、勘察合同和监理合同等文件为依据，与勘察、设计单位保持沟通，在监理合同约定的时限内完成，并提交建设单位。

（3）勘察报告的深度及与勘察标准的符合情况是评估报告的重点。勘察报告深度应符合国家、地方及有关政府部门的相关文件要求，同时需满足工程设计和勘察合同相关约定的要求。

（4）勘察文件需符合国家有关法律法规和现行工程建设标准规范的规定，其中工程建设强制性标准必须严格执行。勘察文件深度的一般要求如下：

1）岩土工程勘察应正确反映场地工程地质条件、查明不良地质作用和地质灾害，并通过对原始资料的整理、检查和分析，提出资料完整、评价正确、建议合理的勘察报告。

2）勘察报告应有明确的针对性。详勘阶段报告应满足施工图设计的要求。

3）勘察报告一般由文字部分和图表构成。

4）勘察报告应采用计算机辅助编制。勘察文件的文字、标点、术语、代号、符号、数字均应符合有关规范、标准。

5）勘察报告应有完成单位的公章（法人公章或资料专用章），应有法人代表（或其委托代理人）和项目的主要负责人签章。图表均应有完成人、检查人或审核人签字。各种室内试验和原位测试，其成果应有试验人、检查人或审核人签字；当测试、试验项目委托其他单位完成时，受托单位提交的成果还应有该单位公章、单位负责人签章。

（5）勘察成果评估结论是对勘察成果质量及完成情况的总体性判断和结论性意见，是建设单位支付勘察款项的依据。工程监理单位的勘察成果评估结论一般包括：勘察成果是否符合相关规定；勘察成果是否符合勘察任务书要求；勘察成果依据是否充分；勘察成果是否真实、准确、可靠；存在问题汇总及解决方案建议；勘察成果是否可以验收等。

1.8.2.7 对各专业、各阶段设计进度计划的审查

【原文】 第9.2.8条 工程监理单位应依据设计合同及项目总体计划要求审查各专业、各阶段设计进度计划。

【补充说明】 （1）对各阶段设计进度计划进行事先控制是工程监理单位按相关服务合同规定的工作内容之一。

（2）工程监理单位审查设计各专业、各阶段进度计划的内容包括：

1）计划中各个节点是否存在漏项现象；

2）出图节点是否符合项目总体计划进度节点要求；

3）分析各阶段、各专业工种设计工作量和工作难度，并审查相应设计人员的配置安排是否合理；

4）各专业计划的衔接是否合理，是否满足工程需要。

1.8.2.8 对设计进度、费用控制和合同管理的监理职责及用表

【原文】 第9.2.9条 工程监理单位应检查设计进度计划执行情况、督促设计单位完成设计合同约定的工作内容、审核设计单位提交的设计费用支付申请表，以及签认设计费用支付证书，并应报建设单位。

工程设计阶段的监理通知单可按本规范表A.0.3的要求填写；监理通知回复单可按本规范表B.0.9的要求填写；设计费用支付报审表可按本规范表B.0.11的要求填写；设计费用支付证书可按本规范表A.0.8的要求填写。

【补充说明】 （1）对设计进度、设计费用支付和设计合同约定是工程监理单位的监理职责；同时规定工程设计阶段的监理通知单、监理通知回复单、设计费用支付申请表和设计费用支付证书的表式。

（2）工程监理单位在检查设计进度计划执行情况时的主要工作：

1）审查设计进度计划执行情况。各阶段设计进度是否符合设计进度计划、设计合同的约定和项目总体计划。发现问题时，及时通知设计单位采取措施予以调整，确保各阶段、各出图节点计划的完成，并及时向建设单位汇报。

2）审查各阶段专业设计进度完成情况，是否满足各阶段设计进度计划；对不符合的，要分析原因并采取措施。必要时下发通知，要求调整专业设计进度。

3）在各阶段设计完成时，要与设计单位共同检查本阶段设计进度完成情况，对照原计划进行分析、比较，商量制定对策，并调整下一阶段的进度计划。

4）定期召开会议，及时解决设计中存在的进度问题。

（3）必须满足下列条件，工程监理单位方可签署设计费用支付申请表及设计费用支付证书：

1）设计成果进度、质量符合设计合同及规范标准的相关要求；

2）设计变更内容的增补费用具有相应的文件，如补充协议、工程变更单、工作联系单和监理通知等；

3）各项支付款项必须符合设计合同支付条款的规定；

4）设计费用支付申请符合审批程序要求。

1.8.2.9 对设计成果的审查及其提出成果评估报告内容

【原文】 第9.2.10条 工程监理单位应审查设计单位提交的设计成果，并应提出评估报告。评估报告应包括下列主要内容：

（1）设计工作概况。

（2）设计深度、与设计标准的符合情况。

（3）设计任务书的完成情况。

（4）有关部门审查意见的落实情况。

（5）存在的问题及建议。

【条文说明】 审查设计成果主要审查方案设计是否符合规划设计要点，初步设计是否符合方案设计要求，施工图设计是否符合初步设计要求。

根据工程规模和复杂程度，在取得建设单位同意后，对设计工作成果的评估可不区分方案设计、初步设计和施工图设计，只出具一份报告即可。

【原文】 第9.2.11条 设计阶段成果报审表可按本规范表B.0.7的要求填写。

【补充说明】 （1）对设计成果进行审查和验收是工程监理单位按相关服务合同规定的工作内容之一。

（2）审查设计成果主要审查方案设计是否符合规划设计要点，初步设计是否符合方案设计要求，施工图设计是否符合初步设计要求。评估报告一般应包括以下内容：

1）对设计深度及与设计标准符合情况的评估。

2）对设计任务书完成情况的评估。包括：

①设计成果内容范围是否全面，是否有遗漏；

②设计成果的功能项目和设备设施配套情况是否符合设计任务书提出的关于工程使用功能和建设标准的要求；

③设计成果是否满足设计基础资料中的基本要求，如气象、地形地貌、水文地质、地震基本烈度、区域位置等；

④设计成果质量是否满足设计任务书要求，是否科学、合理、可实施，是否符合相关标准和规范，各专业设计文件之间是否存在冲突和遗漏；

⑤设计成果是否满足设计任务书中提出的相关政府部门对项目的限制条件，尤其是主要技术经济指标，如总用地面积、总建筑面积、容积率、建筑密度、绿地率、建筑高度等；

⑥设计概算、预算是否满足建设单位既定投资目标要求；

⑦设计成果提交的时间是否符合设计任务书要求。

3）对有关部门审查意见的落实情况的评估。一般是指对规划、国土资源、环保、卫生、交通、消防、抗震、水务、民防、绿化市容、气象等相关政府管理部门意见落实情况的评估。

4）存在的问题及建议。工程监理单位在评估报告最后需将各阶段设计成果审查过程中发现的问题和薄弱环节进行汇总，提交设计单位，在下阶段设计中予以调整或修改，以确保设计文件的质量。此外，工程监理单位还应根据自身经验、专家意见，针对项目特点及设计成果提出建议，以供建设单位决策。工程监理单位在评估报告中列出的存在问题宜分门别类，便于各方能有针对性地提出相关解决方案。

（3）工程监理单位提出的建议需从经济合理性、技术先进性、可实施性等多个方面进行综合考虑。在提供建议的同时，宜提出该建议对相应项目投资、进度、质量目标的影响程度，便于建设单位决策。

1.8.2.10 对设计单位提出的新材料、新工艺、新技术、新设备的审查

【原文】 第9.2.12条 工程监理单位应审查设计单位提出的新材料、新工艺、新技术、新设备在相关部门的备案情况。必要时应协助建设单位组织专家评审。

【条文说明】 审查工作主要针对目前尚未经过国家、地方、行业组织评审、鉴定的新材料、新工艺、新技术、新设备。

【补充说明】 （1）对设计单位提出的新材料、新工艺、新技术、新设备进行审查，是工程监理单位按相关服务合同规定的工作内容之一。

（2）根据《建设工程勘察设计管理条例》第二十九条，建设工程勘察、设计文件中规定采用的新技术、新材料，可能影响建设工程质量和安全，又没有国家技术标准的，应当由国家认可的检测机构进行试验、论证，出具检测报告，并经国务院有关部门或者省、自治区、直辖市人民政府有关部门组织的建设工程技术专家委员会审定后，方可使用。

（3）工程监理单位对设计单位提出的新材料、新工艺、新技术、新设备进行审查、报审备案时，需注意以下几个方面：

1）审查工作主要针对目前尚未经过国家、地方、行业组织评审、鉴定的新材料、新工艺、新技术、新设备；

2）审查设计中的新材料、新工艺、新技术、新设备是否受到当前施工条件和施工机械设备能力以及安全施工等因素限制。如有，则组织设计单位、施工单位以及相关专家共同研讨，提出可实施的解决方案；

3）凡涉及新材料、新工艺、新技术、新设备的设计内容宜提前向有关部门报审，避免影响后续工作。

1.8.2.11 对工程设计的投资控制要求

【原文】 第9.2.13条 工程监理单位应审查设计单位提出的设计概算、施工图预算，提出审查意见，并应报建设单位。

【补充说明】 （1）对工程设计进行投资控制是工程监理单位按相关服务合同规定的工作内容之一。

（2）审查设计概算和施工图预算，可将工程投资控制在投资目标内，防止投资规模扩

大或出现漏项现象，从而减少投资风险带来的负面影响。

（3）工程监理单位对设计概算和施工图预算审查中，应对项目的工程量、工料机价格、费用计取及编制依据的合法性、时效性、适用范围等各方面进行审核，确保概算和预算的准确性。当概算超估算时或预算超概算时，应仔细分析原因并采取相应措施，确保投资目标不被突破。如不可避免、确实需要增加投资，则在符合相关部门、建设单位的规定下，采用投资效益合理的设计调整方案。

（4）审查设计概算和施工图预算的内容如下：

1）工程设计概算和工程施工图预算的编制依据是否准确；

2）工程设计概算和工程施工图预算内容是否充分反映自然条件、技术条件、经济条件，是否合理运用各种原始资料提供的数据，编制说明是否齐全等；

3）各类取费项目是否符合规定，是否符合工程实际，有无遗漏或在规定之外的取费；

4）工程量计算是否正确，有无漏算、重算和计算错误，对计算工程量中各种系数的选用是否有合理的依据；

5）各分部分项套用定额单价是否正确，定额中参考价是否恰当。编制的补充定额，取值是否合理；

6）若建设单位有限额设计要求，则审查设计概算和施工图预算是否控制在规定的范围以内。

1.8.2.12　对可能发生的索赔事件进行预控要求

【原文】　第9.2.14条　工程监理单位应分析可能发生索赔的原因，并应制定防范对策。

【补充说明】　（1）对可能发生的索赔事件进行预先控制是工程监理单位按相关服务合同规定的工作内容之一。

（2）由于勘察设计合同都是事先签订，一旦发生未约定的工作、责任范围变化或工程内容、环境、法规等变化，势必导致相关方索赔事件的发生。因此，工程监理单位应对项目参与各方可能提出的索赔事件进行分析，在合同签订和履行过程中采取防范措施，尽可能减少索赔事件的发生，避免对后续工作造成影响。

（3）工程监理单位对勘察设计阶段索赔事件进行防范的对策包括：

1）协助建设单位编制符合工程特点及建设单位实际需求的勘察设计任务书、勘察设计合同等勘察设计依据性文件；

2）加强对工程设计勘察方案和勘察设计进度计划的审查；

3）协助建设单位及时提供勘察设计工作必须的基础性文件；

4）保持与工程勘察设计单位沟通，定期组织勘察设计会议，及时解决勘察设计单位提出的合理要求；

5）检查工程勘察设计工作情况，发现问题及时提出，减少错误；

6）及时检查勘察设计文件及勘察设计成果，并上报建设单位；

7）严格按照变更流程，谨慎对待变更事宜，减少不必要的工程变更。

1.8.2.13　协助建设单位对设计成果组织专家评审要求

【原文】　第9.2.15条　工程监理单位应协助建设单位组织专家对设计成果进行评审。

【补充说明】　（1）工程监理单位协助建设单位对设计成果组织专家进行评审是工程监

理单位按相关服务合同规定的工作内容之一。

（2）工程监理单位组织专家对设计成果评审可按以下程序实施：

1）事先建立评审制度和程序，并编制设计成果评审计划，列出预评审的设计成果清单；

2）根据设计成果特点，确定相应的专家人选；

3）邀请专家参与评审，并提供专家所需评审的设计成果资料、建设单位的需求及相关部门的规定等；

4）组织相关专家参加设计成果评审会议，收集各专家的评审意见；

5）整理、分析专家评审意见，提出相关建议或解决方案，形成纪要或报告，作为设计优化或下一阶段设计的依据，并报建设单位或相关部门。

1.8.2.14　对有关工程设计文件的报审

【原文】　第9.2.16条　工程监理单位可协助建设单位向政府有关部门报审有关工程设计文件，并应根据审批意见，督促设计单位予以完善。

【补充说明】　（1）设计文件报审及落实审批意见是工程监理单位的监理职责。

（2）为了保证各阶段设计文件的设计深度和设计质量，以及设计文件的完整性和合规性，相关政府部门需对设计方案、初步设计文件进行审查，并对施工图实行委托审查制度。设计文件由建设单位提交相关政府部门或机构审核，工程监理单位可协助建设单位进行报审，并督促设计单位按照相关政府审批意见进行完善，以确保设计文件的质量。

（3）工程监理单位协助建设单位向政府有关部门报审工程设计文件时，首先，需要了解政府设计文件审批程序、报审条件及所需提供的资料等信息，以做好充分准备；其次，提前向相关部门进行咨询，获得相关部门咨询意见，以提高设计文件质量；再次，应事先检查设计文件及附件的完整性、合规性；最后，及时与相关政府部门联系，根据审批意见进行反馈和督促设计单位予以完善。

1.8.2.15　对勘察设计延期、费用索赔等的处理及报审用表

【原文】　第9.2.17条　工程监理单位应根据勘察设计合同，协调处理勘察设计延期、费用索赔等事宜。勘察设计延期报审表可按本规范表B.0.14的要求填写，勘察设计费用索赔报审表可按本规范表B.0.13的要求填写。

【补充说明】　（1）处理勘察设计延期、费用索赔是工程监理单位的监理职责，同时规定了勘察设计延期报审表和勘察设计费用索赔报审表的表式。

（2）由于工程情况复杂，容易造成勘察设计工作任务、内容的变化，势必导致勘察设计单位对工作时间延误、费用增加等进行索赔。工程监理单位应根据勘察设计合同，妥善处理相关索赔事宜，以推动工程顺利开展。

（3）勘察设计的索赔原因一般包括：建设单位未及时提供设计工作所需的基础性资料；建设单位变更工程内容、功能需求；建设单位资金安排不当，影响设计工作；建设单位确认设计文件时间延迟；相关法律法规的重大变化；工程环境变化或不可抗力产生等。

（4）工程监理单位在处理索赔事件时，可借鉴施工阶段索赔处理的程序和方法，遵循"谁索赔，谁举证"原则，以签订的勘察设计合同为依据，并注意相关证据的有效性。工程监理单位可针对索赔事件出具相应的索赔审查报告，内容可包括受理索赔的日期、索赔要求、索赔过程，确认的索赔理由及合同依据，批准的索赔额及其计算方法等。

1.8.3　工程保修阶段服务

1.8.3.1　对工程保修阶段的定期回访要求

【原文】　第9.3.1条　承担工程保修阶段的服务工作时，工程监理单位应定期回访。

【条文说明】　由于工作的可延续性，工程保修阶段服务工作一般委托工程监理单位承担。工程保修期限按国家有关法律法规确定。工程保修阶段服务工作期限，应在建设工程监理合同中明确。

【补充说明】　（1）由于工作的可延续性，工程保修阶段服务工作一般宜委托同一家工程监理单位承担，但建设单位也可委托其他监理单位承担。保修期阶段相关服务范围和内容应在监理合同中明确，服务期限和服务酬金双方协商确定。注意与国家法定的建设工程保修期限的区别。

（2）工程监理单位履行保修期相关服务前，应制定保修期回访计划及检查内容，并报建设单位批准；保修期期间，应按保修期回访计划及检查内容开展工作，做好记录，定期向建设单位汇报；遇突发事件时应及时到场，分析原因和责任者并妥善处理，将处理结果报建设单位；保修期相关服务结束前，应组织建设单位、使用单位、勘察设计单位、施工单位等相关单位对工程进行全面检查，编制检查报告，作为保修期相关服务工作总结的内容一起报建设单位。

1.8.3.2　在工程保修期对处理工程质量缺陷的程序、内容和要求

【原文】　第9.3.2条　对建设单位或使用单位提出的工程质量缺陷，工程监理单位应安排监理人员进行检查和记录，并应要求施工单位予以修复，同时应监督实施，合格后应予以签认。

【条文说明】　工程监理单位宜在施工阶段监理人员中保留必要的专业监理工程师，对施工单位修复的工程进行验收和签认。

【补充说明】　（1）在工程保修期间处理工程质量缺陷的程序、工作内容是工程监理单位按相关服务合同规定的工作内容之一。

（2）工程监理单位对建设单位或使用单位提出的工程质量缺陷的处理，应考虑以下几个方面：

1）在检查过程中，对质量问题与缺陷原因进行详细分析，确定质量缺陷的事实和责任，及时做好记录；

2）对于一般工程质量缺陷，可由工程监理单位直接通知施工单位保修人员进行保修；

3）对于比较严重的质量缺陷或问题，则由工程监理单位组织建设单位、勘察设计单位、施工单位共同分析原因，确定修复处理方案。修复处理方案经总监理工程师审批后，由监理人员监督施工单位实施；

4）若修复处理方案不能得到及时实施，工程监理单位应书面通知建设单位，并建议建设单位委托其他施工单位完成，费用由责任者承担；

5）施工单位整改后，工程监理单位应对整改内容复查并做好复查记录。

1.8.3.3　对工程质量缺陷原因的调查、责任归属及其修复费用的签认与报送

【原文】　第9.3.3条　工程监理单位应对工程质量缺陷原因进行调查，并应与建设单

位、施工单位协商确定责任归属。对非施工单位原因造成的工程质量缺陷，应核实施工单位申报的修复工程费用并签认工程款支付证书，同时应报建设单位。

【条文说明】 对非施工单位原因造成的工程质量缺陷，修复费用的核实及支付证明签发，宜由总监理工程师或其授权人签认。

【补充说明】 （1）对工程质量缺陷原因调查及责任者确定是工程监理单位的监理职责。非施工单位原因造成的工程质量缺陷的处理由总监理工程师或其授权人签认。

（2）产生工程质量缺陷的原因较多，是施工单位原因造成的，则按照《建设工程监理规范》（GB/T 50319—2013）9.3.2处理，其修复费用由施工单位承担；非施工单位原因造成的，修复费用则由其他责任方承担，修复费用的核实及支付证明签发，宜由原总监理工程师或其授权人签认。

（3）工程监理单位对非施工单位原因造成的工程质量缺陷修复费用核实中，应注意以下几个方面：

1）修复费用核实应以各方确定的修复方案作为依据；

2）修复质量合格验收后，方可计取全部修复费用；

3）修复建筑材料费、人工费、机械费等价格应按正常的市场价格计取，所发生的材料、人工、机械台班数量一般按实结算，也可按相关定额或事先约定的方式结算。

2 监理文件资料应用与管理

2.1 一 般 规 定

【原文】 第7.1.1条 项目监理机构应建立完善监理文件资料管理制度，宜设专人管理监理文件资料。

【条文说明】 监理文件资料是实施监理过程的真实反映，既是监理工作成效的根本体现，也是工程质量、生产安全事故责任划分的重要依据，项目监理机构应做到"明确责任，专人负责"。

【原文】 第7.1.2条 项目监理机构应及时、准确、完整地收集、整理、编制、传递监理文件资料。

【条文说明】 监理人员应及时分类整理自己负责的文件资料，并移交由总监理工程师指定的专人进行管理，监理文件资料应准确、完整。

【原文】 第7.1.3条 项目监理机构宜采用信息技术进行监理文件资料管理。

2.2 监理文件（资料）内容

2.2.1 监理文件（资料）的主要内容

《建设工程监理规范》（GB/T 50319—2013）第7章监理文件资料管理第7.2.1条监理文件资料内容规定：监理文件资料应包括下列主要内容：

（1）勘察设计文件、建设工程监理合同及其他合同文件。

（2）监理规划、监理实施细则。

（3）设计交底和图纸会审会议纪要。

（4）施工组织设计、（专项）施工方案、施工进度计划报审文件资料。

（5）分包单位资格报审文件资料。

（6）施工控制测量成果报验文件资料。

（7）总监理工程师任命书，工程开工令、暂停令、复工令，开工或复工报审文件资料。

（8）工程材料、构配件、设备报验文件资料。

（9）见证取样和平行检验文件资料。

（10）工程质量检查报验资料及工程有关验收资料。

（11）工程变更、费用索赔及工程延期文件资料。

（12）工程计量、工程款支付文件资料。

（13）监理通知单、工作联系单与监理报告。

（14）第一次工地会议、监理例会、专题会议等会议纪要。

（15）监理月报、监理日志、旁站记录。

（16）工程质量或生产安全事故处理文件资料。

（17）工程质量评估报告及竣工验收监理文件资料。

（18）监理工作总结。

【条文说明】 合同文件、勘察设计文件是建设单位提供的监理工作依据。

项目监理机构收集归档的监理文件资料应为原件，若为复印件，应加盖报送单位印章，并由经手人签字、注明日期。

监理文件资料涉及的有关表格应采用《建设工程监理规范》（GB/T 50319—2013）统一表式，签字盖章手续完备。

【原文】 第7.2.2条 监理日志应包括下列主要内容：

（1）天气和施工环境情况。

（2）当日施工进展情况。

（3）当日监理工作情况，包括旁站、巡视、见证取样、平行检验等情况。

（4）当日存在的问题及协调解决情况。

（5）其他有关事项。

【条文说明】 总监理工程师应定期审阅监理日志，全面了解监理工作情况。

【原文】 第7.2.3条 监理月报应包括下列主要内容：

（1）本月工程实施情况。

（2）本月监理工作情况。

（3）本月施工中存在的问题及处理情况。

（4）下月监理工作重点。

【条文说明】 监理月报是项目监理机构定期编制并向建设单位和工程监理单位提交的重要文件。

监理月报应包括以下具体内容：

（1）本月工程实施概况：

1）工程进展情况，实际进度与计划进度的比较，施工单位人、机、料进场及使用情况，本期在施部位的工程照片。

2）工程质量情况，分项分部工程验收情况，工程材料、设备、构配件进场检验情况，主要施工试验情况，本月工程质量分析。

3）施工单位安全生产管理工作评述。

4）已完工程量与已付工程款的统计及说明。

（2）本月监理工作情况：

1）工程进度控制方面的工作情况。

2）工程质量控制方面的工作情况。

3）安全生产管理方面的工作情况。

4）工程计量与工程款支付方面的工作情况。

5）合同其他事项的管理工作情况。

6）监理工作统计及工作照片。

（3）本月工程实施的主要问题分析及处理情况：

1）工程进度控制方面的主要问题分析及处理情况。

2）工程质量控制方面的主要问题分析及处理情况。

3）施工单位安全生产管理方面的主要问题分析及处理情况。

4）工程计量与工程款支付方面的主要问题分析及处理情况。

5）合同其他事项管理方面的主要问题分析及处理情况。

（4）下月监理工作重点：

1）在工程管理方面的监理工作重点。

2）在项目监理机构内部管理方面的工作重点。

【原文】 第7.2.4条 监理工作总结应包括下列主要内容：

（1）工程概况。

（2）项目监理机构。

（3）建设工程监理合同履行情况。

（4）监理工作成效。

（5）监理工作中发现的问题及其处理情况。

（6）说明和建议。

【条文说明】 监理工作总结经总监理工程师签字后，报工程监理单位。

2.2.2 监理文件资料归档

【原文】 第7.3.1条 项目监理机构应及时整理、分类汇总监理文件资料，并应按规定组卷，形成监理档案。

【条文说明】 监理文件资料的组卷及归档应符合相关规定。

【原文】 第7.3.2条 工程监理单位应根据工程特点和有关规定，保存监理档案，并应向有关单位、部门移交需要存档的监理文件资料。

【条文说明】 工程监理单位应按合同约定向建设单位移交监理档案。工程监理单位自行保存的监理档案保存期，可分为永久、长期和短期三种。

2.3 勘 察 设 计 文 件

项目监理机构对勘察设计文件审查服务的主要工作。

2.3.1 勘察设计文件的程序性、政策性服务要点

2.3.1.1 程序性、政策性服务应遵守的规定

1. 依法实行施工图设计文件的审查

（1）项目监理机构服务完成后的勘察设计文件，其勘察设计文件需经当地行政主管部门批准的具有相应资质的施工图设计审查单位审查，并经签章认可。

（2）项目监理机构服务完成后的勘察设计文件，凡投资额在30万元及其以上或建筑面积在300平方米及其以上的各类新建、改建及扩建的房屋建筑和市政基础设施工程项目的施工图设计文件必须实施审查。

2. 项目监理机构完成服务的勘察设计文件、资料的质量要求

项目监理机构完成服务的勘察设计文件、资料和有关的证件，必须真实、可靠，文字、数字清楚、准确。

3. 提交审图机构审查前项目监理机构完成服务的勘察设计文件应进行的复查

（1）是否符合规划的批准要求；

（2）施工图设计文件的设计单位是否超出其勘察、设计资质等级和业务许可的范围；

（3）是否符合工程建设强制性标准，有无遗漏；

（4）地基、基础和主体结构安全的符合性；

（5）勘察设计单位的注册执业人员及其相关人员是否按照规定在施工图上加盖相应的图章并签字。

2.3.1.2 对设计单位的注册师执业及专业技术人员的从业审查

（1）一级注册建筑师、一级注册结构工程师的执业范围不受限制；二级注册建筑师、二级注册结构工程师只能从事三级及三级以下的工程项目设计。

（2）对民用建筑项目，项目负责人和建筑专业负责人应当由相应级别的注册建筑师担任，结构专业负责人由相应级别的注册结构工程师担任；对工业建筑项目，工程的项目负责人和结构专业负责人由相应级别的注册结构工程师担任，建筑专业负责人由相应级别的注册建筑师担任。

（3）市政工程的项目负责人和专业负责人由相关专业的具有高级职称人员承担，实行注册师制度后，按注册师的执业范围规定执行。

（4）工程勘察项目负责人、审核人、审定人及有关技术人员应具有注册土木工程师（岩土）资格或相应技术职称，其中项目负责人、审定人应为高级职称。勘察过程中各项作业资料包括原始记录应由项目负责人验收签字。

（5）注册师执业及专业技术人员应在一个单位从业，不准在两个及以上单位从业；不准私自挂靠承接勘察、设计业务，不准为其他单位施工图设计文件加盖执业印章或签字。

2.3.1.3 对施工图设计文件的规划许可审查

（1）应严格按照规划许可批准的项目名称、使用功能、间距、层高、总高度、建筑面积和相对位置等进行控制：

1）建筑面积不得超过规划许可的数量，规划许可的不同使用功能的建筑面积、地下空间面积等均应分别控制。

2）建筑物的层数、顶部高度、总高度应控制在规划许可范围内。

（2）应查验施工图设计文件是否符合规划主管部门批复的方案报批图纸和红线图，以确定建筑物平面尺寸、平面位置（建设地点）符合规划许可。

2.3.1.4 对施工图设计文件的建筑节能审查

（1）有节能设计要求的工程，施工图设计文件中必须有节能设计专篇，节能设计专篇除需明确主要控制指标外，还应写明达到的节能标准。

（2）项目监理机构完成服务的勘察设计文件的审查报告中，应有建筑节能专项审查的内容；综合结论意见中应说明设计采取的主要节能技术措施、主要节能技术参数、关键部位选用的材料和做法，注明建筑节能设计所达到的效果。

2.3.1.5 相关法律法规及其他规定的审查

法律、法规、规章中规定必须审查的内容指：勘察、设计应当遵守的经济政策、产业政策、质量安全技术保障、市场行为规范等内容：

（1）施工图设计文件选用的材料、设备、构配件应注明规格、型号、性能、材质等技术参数，不得指定生产厂家和供应商。

（2）涉及建筑主体和承重结构变动的装修工程，应有原设计单位或具备相应资质条件的设计单位提出设计方案；

工程设计变更必须由新设计单位负责的，需经原设计单位书面同意，建设单位方可委托其他具备资格的设计单位修改。

（3）设计单位应当考虑施工安全操作和防护的需要，对涉及施工安全的重点部位和环节应在设计文件中注明，提出防范施工生产安全事故的指导意见。

（4）采用新材料、新结构、新工艺的建设工程和特殊结构的工程，设计单位应提出保障施工作业安全和预防安全事故的措施。

没有国家技术标准的，应出具国家认可的检测机构的检测报告，并经省级人民政府建设行政主管部门的认定。

（5）经建设单位同意，总承包的勘察、设计单位可以将部分勘察、设计业务分包或实行二次设计，分包或二次设计应有合同，分包或二次设计的施工图设计文件应由总包勘察、设计单位审核。分包的勘察设计单位应具备和项目等级相应的资质。分包或二次设计应与主体勘察设计文件一并审查后出具审查结论。

2.3.2 岩土工程勘察文件服务要点

2.3.2.1 岩土工程勘察文件应遵守的规定

（1）各项工程建设在设计和施工之前，必须按基本建设程序进行岩土工程勘察。岩土工程勘察应按工程建设各勘察阶段的要求，正确反映工程地质条件，查明不良地质作用和地质灾害，精心勘察、精心分析，提出资料完整、评价正确的勘察报告。

（2）工程勘察文件一般应有文字及图表两部分构成。工程勘察文件的编制应符合《建筑工程勘察文件编制深度规定》、《岩土工程勘察规范》（GB 50021）及其他有关规范、技术标准的规定，特别是《工程建设标准强制性条文》的规定。

（3）勘察单位的法定代表人、总工程师、项目负责人、审核人、审定人等相关人员必须在勘察文件上签字或盖章，各种图件、室内试验和原位测试，其成果应有试验人、检查人或审核人签字。当测试、试验项目委托其他单位完成时（完成单位应具有相应资质），受托单位提交的成果还应有该单位公章、单位负责人签章。

（4）岩土工程的分析评价，应根据岩土工程勘察等级和地基基础设计等级区别进行，其勘察文件应提供下列资料：

1）地基基础设计等级为甲级的建筑物，应提供载荷试验指标、抗剪强度指标、变形参数指标和触探资料；

2）地基基础设计等级为乙级的建筑物，应提供抗剪强度指标、变形参数指标和触探资料；

3）地基基础设计等级为丙级的建筑物，应提供触探及必要的钻探和土工试验资料。

注：1）地基基础设计等级为甲级的建筑物，当采用复合地基或桩基时，天然地基持力层可不进行载荷试验，对复合地基或桩基应进行载荷试验；

2）触探包括动探、静探和标准贯入试验。

2.3.2.2　对工程勘察文件组成的基本要求

2.3.2.2-1　房屋建筑和构筑物工程

（1）房屋建筑和构筑物详细勘察主要应进行的勘察工作：

1）搜集附有坐标和地形的建筑总平面图，场区的地面整平标高，建筑物的性质、规模、荷载、结构特点、基础形式、埋置深度、地基允许变形等资料；

2）查明不良地质作用的类型、成因、分布范围、发展趋势和危害程度，提出整治方案的建议；

3）查明建筑范围内岩土层的类型、深度、分布、工程特性，分析和评价地基的稳定性、均匀性和承载力。对于岩质的地基，还应查明岩石坚硬程度、岩体完整程度、基本质量等级和风化程度；

4）对需进行沉降计算的建筑物，提供地基变形计算参数，预测建筑物的变形特征；

5）查明埋藏的河道、沟浜、墓穴、防空洞、孤石等对工程不利的埋藏物；

6）查明地下水的埋藏条件，提供地下水位（初见水位、稳定水位）及其变化幅度；

7）在季节性冻土地区，提供场地土的标准冻结深度；

8）判定水和土对建筑材料的腐蚀性；

9）对于抗震设防烈度等于或大于 6 度的场地，进行场地与地基的地震效应评价。

（2）房屋建筑和构筑物详细勘察的勘探点布置，应符合下列规定：

1）勘探点宜按建筑物周边线和角点布置，对无特殊要求的其他建筑物可按建筑物或建筑群的范围布置；

2）同一建筑范围内的主要受力层或有影响的下卧层起伏较大时，应加密勘探点，查明其变化；

3）重大设备基础应单独布置勘探点，重大的动力机器基础和高耸构筑物，勘探点不宜少于 3 个；

4）当需进行场地地震液化判别时，对判别液化而布置的勘探点不应少于 3 个，勘探孔深度应大于液化判别深度。

（3）详细勘察勘探点的间距应满足下表规定：

地基复杂程度等级	勘探点间距（m）	地基复杂程度等级	勘探点间距（m）
一级（复杂）	不应大于 15	三级（简单）	不应大于 50
二级（中等复杂）	不应大于 30		

（4）详细勘察的勘探深度自基础底面算起，应符合下列规定：

1）勘探孔深度应能控制地基主要受力层，当基础底面宽度不大于 5m 时，勘探孔的深度对条形基础不应小于基础底面宽度的 3 倍，对单独柱基不应小于 1.5 倍且不应小于 5m；

2）对高层建筑和需作变形计算的地基，控制性勘探孔的深度应超过地基变形计算深度；

3）对仅有地下室的建筑或高层建筑的裙房，当不能满足抗浮设计要求，需设置抗浮桩或锚杆时，勘探孔深度应满足抗拔承载力评价的要求；

4）当有大面积地面堆载或软弱下卧层时，应适当加深控制性勘探孔的深度；

5）在上述规定深度内当遇基岩或厚层碎石土等稳定地层时，勘探孔深度应根据情况进行调整；

6）当需进行地基整体稳定性验算时，控制性勘探孔深度应根据具体条件满足验算要求；

7）当需确定场地抗震类别而邻近无可靠的覆盖层厚度资料时，应布置波速测试孔，其深度应满足确定覆盖层厚度的要求；

8）对抗震设防类别为丁类建筑及层数不超过 10 层且高度不超过 30m 的丙类建筑，应有深度不小于 20m 的勘探孔。

（5）详细勘察采取土试样和进行原位测试应符合下列要求：

1）采取土试样和进行原位测试的勘探点数量，应根据地层结构、地基土的均匀性和设计要求确定，其数量不应少于勘探点总数的 1/3，对地基基础设计等级为甲级的建筑物每栋不应少于 3 个；

2）每个场地每一主要土层的原状土试样或原位测试数据不应少于 6 件（组）；

3）在地基主要受力层内，对厚度大于 0.5m 的夹层或透镜体，应采取土试样或进行原位测试；

4）当土层性质不均匀时，应增加取土数量或原位测试工作量；

5）当采用静力触探试验或标准贯入试验、动力触探试验、旁压试验时，单栋建筑物工程不应少于 3 个孔；其中对标准贯入试验进行数据统计分析时，单栋建筑物工程每一主要岩土层同一试验数据不应少于 6 个。

注：1）主要土层是指天然地基或桩基的持力层和主要压缩层；

2）可采取原状土试样的地层应提供土的室内试验指标，难以采取原状土试样的地层可采用原位测试数据；

3）原状土试样数是指可提供参与统计的试验指标的数量。

2.3.2.2-2　桩基工程

（1）桩基岩土工程勘察应包括下列内容：

1）查明场地各层岩土的类型、深度、分布、工程特性和变化规律；

2）当采用基岩作为桩的持力层时，应查明基岩的岩性、构造、岩面变化、风化程度，确定其坚硬程度、完整程度和基本质量等级，判定有无洞穴、临空面、破碎岩体或软弱岩层；

3）查明水文地质条件，评价地下水对桩基设计和施工的影响，判定水质对建筑材料的腐蚀性；

4）查明不良地质作用，可液化土层和特殊性岩土的分布及其对桩基的危害程度，并提出防治措施的建议；

5）评价成桩可能性，论证桩的施工条件及其对环境的影响。

（2）采用端承型桩基的建筑勘探点的平面布设应符合下列规定：

1）勘探点应按柱列线布设，其间距应能控制桩端持力层层面和厚度的变化，不应大于 24m；

2）在勘探过程中发现基岩中有断层破碎带，或桩端持力层为软、硬互层，或相邻勘探点所揭露桩端持力层层面坡度超过 10% 且单向倾伏时，钻孔应适当加密；荷载较大或复杂地基的一柱一桩工程，应每柱设置勘探点；

3）岩溶发育场地当以基岩作为桩端持力层时应按柱位布孔，同时应辅以各种有效的地球物理勘探手段，以查明拟建场地范围及有影响地段的各种岩溶洞隙和土洞的位置、规模、埋深、岩溶堆填物性状和地下水特征；

4）控制性勘探点不应少于勘探点总数的 1/3。

（3）采用摩擦型桩基的建筑勘探点的平面布设应符合下列规定：

1）勘探点应按建筑物周边或柱列线布设，其间距不应大于 35m，当相邻勘探点揭露的主要桩端持力层或软弱下卧层层位变化较大，影响到桩基方案选择时，应适当加密勘探点。带有裙房或外扩地下室的高层建筑，布设勘探点时应与主楼一同考虑；

2）勘探点数量应视工程规模大小而定，对于宽度大于 35m 的高层建筑，其中心应布置勘探点；

3）控制性的勘探点不应少于勘探点总数的 1/3。

（4）对于端承型桩，勘探孔的深度应符合下列规定：

1）当以可压缩地层（包括全风化和强风化岩）作为桩端持力层时，勘探孔深度应能满足沉降计算的要求，控制性勘探孔的深度深入预计桩端持力层以下不小于 5m 或 6d（d 为桩身直径或方桩的换算直径），一般性勘探孔的深度达到预计桩端下不小于 3m 或 3d；

2）对一般岩质地基的嵌岩桩，勘探孔深度钻入预计嵌岩面以下不小于 1d，对控制性勘探孔钻入预计嵌岩面以下不小于 3d，对质量等级为 Ⅲ 级以上的岩体，可适当放宽；

3）对花岗石地区的嵌岩桩，一般性勘探孔深度进入微风化岩不小于 3m，控制性勘探孔进入微风化岩不小于 5m；

4）对于岩溶、断层破碎带地区，勘探孔应穿过溶洞或断层破碎带进入稳定地层，进入深度要求应满足 3d，并不小于 5m；

5）具多韵律薄层状的沉积岩或变质岩，当基岩中强风化、中等风化、微风化岩呈互层出现时，对拟以微风化岩作为持力层的嵌岩桩，勘探孔进入微风化岩深度不应小于 5m。

（5）对于摩擦型桩，勘探孔的深度应符合下列规定：

1）一般性勘探孔的深度达到预计桩长以下不小于 3d（d 为桩径），且不得小于 3m；对大直径桩，不得小于 5m；

2）控制性勘探孔的深度应达群桩桩基（假想的实体基础）沉降计算深度以下 1～2m，群桩桩基沉降计算深度宜取桩端平面以下附加应力为上覆土有效自重压力 20% 的深度，或按桩端平面以下（1～1.5）b（b 为假想实体基础宽度）的深度考虑。

（6）对可能有多种桩长方案时，勘探孔的深度应根据最长桩方案确定。

（7）桩基勘察的岩（土）试样采取及原位测试工作应符合下列规定：

1）对桩基勘探深度范围内的每一主要土层，应采取土试样，并根据土质情况选择适当的原位测试，取土数量或测试次数不应少于 6 组（次）；

2）对嵌岩桩桩端持力层段岩层，应采取不少于 6 组的岩样进行天然和饱和单轴极限抗压强度试验。

2.3.2.2-3　基坑工程

（1）基坑工程勘察，应进行环境状况的调查，查明邻近建筑物和地下设施的现状、结构特点以及对开挖变形的承受能力。在城市地下管网密集分布区，可通过地理信息系统或其他档案资料了解管线的类别、平面位置、埋深和规模，必要时应采用有效方法进行地下管线探测。

（2）基坑工程勘察，应与高层建筑地基勘察同步进行。详细勘察阶段应在详细查明场地工程地质条件基础上，判断基坑的整体稳定性，预测可能破坏模式，为基坑工程的设计、施工提供基础资料，对基坑工程等级、支护方案提出建议。

（3）当场地水文地质条件复杂，在基坑开挖过程中需要对地下水进行治理（降水或隔渗）时，应进行专门的水文地质勘察。

（4）基坑工程勘探点的间距不应大于30m。

（5）对深厚软土层，控制性勘探孔应穿透软土层；为降水或截水设计需要，控制性勘探孔应穿透主要含水层进入隔水层一定深度；在基坑深度内，遇微风化基岩时，一般性勘探孔应钻入微风化岩层不小于1m，控制性勘探孔应超过基坑深度1～3m；控制性勘探点不少于勘探点总数的1/3。

（6）岩土不扰动试样的采取和原位测试的数量，应保证每一主要岩土层有代表性的数据分别不少于6组（个）。

2.3.2.2-4　湿陷性黄土地基工程

（1）在湿陷性黄土场地进行岩土工程勘察除满足现行的国家强制性标准的规定还应查明下列内容，并应结合建筑物的特点和设计要求，对场地、地基作出评价，对地基处理措施提出建议。

1）黄土地层的时代、成因；

2）湿陷性黄土层的厚度；

3）湿陷系数、自重湿陷系数和湿陷起始压力随深度的变化；

4）场地湿陷类型和地基湿陷等级的平面分布；

5）变形参数和承载力；

6）地下水等环境水的变化趋势；

7）建筑物分类及场地工程地质条件的复杂程度。

（2）勘探点的布置，应根据总平面和《湿陷性黄土地区建筑规范》（GB 50025—2004）第3.0.1条划分的建筑物类别以及工程地质条件的复杂程度等因素确定，应符合下列规定：

1）应按2.3.2.2-1　房屋建筑和构筑物工程中的（2）房屋建筑和构筑物详细勘察的勘探点布置的规定；

2）在单独的甲、乙类建筑场地内，勘探点不应少于4个；

3）采取不扰动土样和原位测试的勘探点不得少于全部勘探点的2/3，其中采取不扰动土样的勘探点不宜少于1/2；

4）取土勘探点中，应有足够数量的探井，其数量不少于取土勘探点总数的1/3，并不宜少于3个。

（3）勘探点的深度应大于地基压缩层的深度，并应大于基础底面以下 10m 或穿透湿陷性黄土层。

（4）采取不扰动土样，必须保持其天然的湿度、密度和结构，并应符合 Ⅰ 级土样质量的要求。采取不扰动土样的数量应满足 2.3.2.2-1 房屋建筑和构筑物工程中的（5）详细勘察采取土试样和进行原位测试的要求。

2.3.2.2-5 膨胀岩土地基工程

（1）详细勘察阶段主要应进行下列工作：

1）应查明建筑场地内膨胀土的分布及地形地貌条件，根据工程地质特征及土的自由膨胀率等指标综合评价，必要时尚应进行土的矿物成分鉴定及其他试验。

2）应详细查明各建筑物的地基土层及其物理力学性质，确定其胀缩等级，为地基基础设计、地基处理、边坡保护和不良地质地段的治理，提供详细的工程地质资料。

（2）详细勘察阶段勘探点宜结合地貌单元和微地貌形态布置；其数量应比非膨胀岩土地区适当增加。

（3）取土勘探点，应根据建筑物类别、地貌单元及地基土胀缩等级的分布布置，其数量不应少于勘探点总数的 1/2，并且每栋主要建筑物下不得少于 3 个取原状土勘探点。

（4）采取原状土样，应从地表下 1m 处开始，在 1m 至大气影响深度内每米取样 1 件；土层有明显变化处，宜加取土样。

（5）勘探孔的深度，除应满足基础埋深和附加应力的影响深度外，尚应超过大气影响深度；控制性勘探孔不应小于基础底面以下 8m，一般性勘探孔不应小于基础底面以下 5m。

2.3.2.2-6 软土地基工程

（1）软土勘察除应符合房屋建筑和构筑物详细勘察的勘察点布置规定外，尚应查明下列内容：

1）成因类型、成层条件、分布规律、层理特征、水平向和垂直向的均匀性；

2）地表硬壳层的分布与厚度、下伏硬土层或基岩的埋深和起伏；

3）必要时，说明固结历史、应力水平和土体结构扰动对强度和变形的影响；

4）微地貌形态和暗埋的塘、浜、沟、坑、穴的分布、埋深及其填土的情况；

5）开挖、回填、支护、工程降水、打桩、沉井等施工方法对周围环境的影响；

6）判定地基产生失稳和不均匀变形的可能性；当工程位于池塘、河岸、边坡附近时，应评价其稳定性；

7）当地的工程经验。

（2）软土地区详细勘察工作量的布置除应满足 2.3.2.2-1 房屋建筑和构筑物工程中的（2）房屋建筑和构筑物详细勘察的勘探点布置的规定外；还应符合下列要求：

1）应有静力触探原位测试手段相配合，测试孔布置原则与钻探孔相同，可部分单独布置或与钻探孔并列布置；饱和流塑黏性土应采用十字板剪切试验；

2）对于桩基工程，应根据建筑物的平面位置，将勘探点布置在柱列线上，对群桩基础应布置在建筑物的中心，角点和周边位置上，间距不大于 30m；并应有 1/2 控制性勘探孔，控制性钻孔位置应布置在有代表性的地段或布置在拟建建筑物中心和主要的剖面线上，其深度应达到压缩层计算深度；

3）取土试样和进行原位测试孔的数量，应按场地复杂程度，建筑物等级以及场地面积确定，不应少于勘探孔总数的 1/2；

4）软土取样应采用薄壁取土器，在地基的主要受力层内每隔 1～2m 采取试样 1 个（组）。

（3）详细勘察的勘探孔深度，应按地基计算类别确定：

1）对按承载力计算地基，确定勘探孔深度应以控制地基主要受力层作强度验算为原则。当基础短边长度不大于 5m，勘探孔的深度，条形基础为 4b、单独柱基为 2b；

2）对除按承载力计算外，尚需进行变形验算的勘探孔深度，宜取地基压缩层计算厚度以下 1～2m 或符合表 2.3.2.2-6 的规定。场地有大面积地面堆载或有更软弱下卧层时，应加深勘探孔深度；

3）箱形基础和筏形基础的控制性勘探孔的深度应超过压缩层的下限或在此范围内遇坚硬土层，其下又无软弱下卧层时终孔。一般性勘探孔的深度以控制主要受力层为原则。勘探孔深度可按下列公式计算：

$$z = d + m_c b$$

式中　z——勘探孔深度（m）；

　　　d——箱形基础或筏形基础的埋置深度（m）；

　　　b——基础底面宽度（m），对圆形或环形基础按最大直径考虑；

　　　m_c——与压缩层深度有关的经验系数，控制孔取 2.0，一般孔取 1.0。

4）在地震区有可液化土层时，勘探孔的深度不应小于 15m。

详细勘察勘探孔深度（m）　　　　　　　　　　　　表 2.3.2.2-6

基础宽度（m） 基础形式	1	2	3	4	5
条形基础	8	12	14	—	—
单独基础	8	11	13	14	—

注：1. 表内深度未考虑相邻基底荷载的影响；

　　2. 勘探孔深度系自基础底面算起。

2.3.2.2-7　地基处理工程

（1）地基处理的岩土工程勘察应满足下列要求：

1）针对可能采用的地基处理方案，提供地基处理设计和施工所需的岩土特性参数；

2）预测所选地基处理方法对环境和邻近建筑物的影响；

3）提出地基处理方案的建议；

4）地基处理除应满足工程设计要求外，尚应做到因地制宜、就地取材、保护环境和节约资源等。

2.3.2.2-8　地下水

（1）根据建筑的工程需要，详细勘察阶段对地下水的勘察应采用调查与现场勘察方法，查明地下水的性质和变化规律，提供水文地质参数；针对地基基础形式、基坑支护形式、施工方法等情况分析评价地下水对地基基础设计、施工和环境影响，预估可能产生的危害，提出预防和处理措施的建议。主要应包括下列内容：

1）查明地下水的埋藏条件、地下水位和主要含水层的分布规律，必要时提供承压水头、地下水位的变化幅度；

2）调查历史最高地下水位、近 3～5 年最高地下水位、水位变化趋势和主要影响因素；

3）判定水和土对建筑材料的腐蚀性；

4）需要进行抗浮验算的工程尚应提供地下水浮力的计算水位。

注：根据周围建筑经验，当场地土未遭受污染而又远离污染源并确认工程场地的土对建筑材料不具腐蚀性时，可不取样进行腐蚀性评价，但在勘察报告中应给予评价说明。

（2）水试样和土试样的采取和试验应符合下列规定：

1）水试样应能代表天然条件下的水质情况；

2）混凝土或钢结构处于地下水位以下时，应采取地下水试样和地下水位以上的土试样，并分别做腐蚀性试验；

3）混凝土或钢结构处于地下水位以上时，应采取土试样做土的腐蚀性试验；

4）混凝土或钢结构处于地表水中时，应采取地表水试样，做水的腐蚀性试验；

5）水和土的取样数量每个场地不应少于各 2 件，对建筑群不宜少于各 3 件；

6）水试样应及时试验，清洁水放置时间不宜超过 72h，稍受污染的水不宜超过 48h，受污染的水不宜超过 12h。

2.3.2.3 勘探、取样与原位测试

试样的采取与质量

土试样质量应根据试验目的，按表 2.3.2.3 分为四个等级。

土试样质量等级 　　　　　　　　　　　　表 2.3.2.3

级别	扰动程度	试 验 内 容
Ⅰ	不扰动	土类定名、含水量、密度、强度试验、固结试验
Ⅱ	轻微扰动	土类定名、含水量、密度
Ⅲ	显著扰动	土类定名、含水量
Ⅳ	完全扰动	土类定名

注：1. 不扰动是指原位应力状态虽已改变，但土的结构、密度和含水量变化很小，能满足室内试验各项要求；

2. 除地基基础设计等级为甲级的工程外，在工程技术允许的情况下可用Ⅱ级土试样进行强度和固结试验，但宜先对土试样受扰动程度作抽样鉴定，判定用于试验的适宜性，并结合地区经验使用试验成果。

2.3.2.4 室内试验的试验项目

（1）各类工程均应测定下列土的分类指标和物理性质指标：

砂土：颗粒级配、相对密度、天然含水量、天然密度、最大和最小密度。当工程需要时应进行水上、水下休止角试验。

粉土：颗粒级配、液限、塑限、相对密度、天然含水量、天然密度和有机质含量。

黏性土：液限、塑限、相对密度、天然含水量、天然密度和有机质含量。

膨胀土：除应测定土的常规指标外，尚应测定自由膨胀率及一定压力下的膨胀率（通常采用 50kPa）、收缩系数和膨胀力等指标，其试验方法和标准按《膨胀土地区建筑技术规范》（GB 50112—2013）执行。

湿陷性黄土：除应测定土的常规指标外，尚应测定黄土的湿陷系数、自重湿陷系数和湿陷起始压力，其试验方法和标准按《湿陷性黄土地区建筑规范》（GB 50025—2004）第4.3章执行。

注：1. 对砂土，如无法取得Ⅰ级、Ⅱ级、Ⅲ级土试样时，可只进行颗粒级配试验；

　　2. 目测鉴定不含有机质时，可不进行有机质含量试验。

2.3.2.5　岩土工程勘察报告的内容及深度

2.3.2.5-1　岩土工程勘察报告的内容

（1）详细勘察应按单体建筑物或建筑群提出详细的岩土工程资料和设计、施工所需的岩土参数；对建筑地基做出岩土工程评价，并对地基类型、基础形式、地基处理、基坑支护、工程降水和不良地质作用的防治等提出建议。

（2）岩土工程勘察报告应根据任务要求、勘察阶段、工程特点和地质条件等具体情况编写，并应包括下列内容：

1）勘察目的、任务要求和依据的技术标准；

2）拟建工程概况；

3）勘察方法和勘察工作布置；

4）场地地形、地貌、地层、地质构造、岩土性质及其均匀性；

5）各项岩土性质指标，岩土的强度参数、变形参数、地基承载力的建议值；

6）地下水埋藏情况、类型、水位及其变化；

7）土和水对建筑材料的腐蚀性；

8）可能影响工程稳定的不良地质作用的描述和对工程危害程度的评价；

9）场地稳定性和适宜性的评价。

（3）高层建筑岩土工程勘察详细勘察阶段报告，除应满足一般建筑详细勘察报告的基本要求外，尚应包括下列主要内容：

1）高层建筑的建筑、结构及荷载特点，地下室层数、基础埋深及形式等情况；

2）场地和地基的稳定性，不良地质作用、特殊性岩土和地震效应评价；

3）采用天然地基的可能性，地基均匀性评价；

4）复合地基和桩基的桩型和桩端持力层选择的建议；

5）地基变形特征预测；

6）地下水和地下室抗浮评价；

7）基坑开挖和支护的评价。

2.3.2.5-2　工程地质条件及地下水

（1）勘察报告在叙述场区地形、地貌和地质构造时，应包括下列内容：

1）场地地面高程、高差、坡度、倾斜方向；

2）场地地貌单元、微地貌形态、切割及自然边坡稳定情况；

3）不良地质作用及地质灾害的种类、分布、发育阶段、发展趋势及对工程的影响；

4）基岩面的起伏，出露基岩的产状，断层的性质、证据、类型。

（2）岩土分层应在检查、整理钻孔（探井）记录的基础上，结合工程地质测绘与调查资料、室内试验和原位测试成果进行。

（3）场地地下水的描述一般应包括下列内容：

1）地下水的类型、勘察时的地下水位（初见、稳定）及变化幅度；当存在对工程有影响的多层水时，其水位应分别提供；当存在对工程有影响承压水时，提供承压水头；

2）必要时提供历史最高水位、近3～5年最高地下水位，并说明地下水的补给、径流和排泄条件，地表水与地下水的补排关系，是否存在对地下水和地表水的污染源和污染程度；

3）在冻土地区，应评价地下水对土的冻胀和融陷的影响。

（4）地下水的物理、化学作用的评价应包括下列内容：

1）对地下水位以下的工程结构，应评价地下水对混凝土、金属材料的腐蚀性；

2）对软质岩石、强风化岩石、残积土、湿陷性土、膨胀岩土和盐渍岩土，应评价地下水的聚集和散失所产生的软化、崩解、湿陷、胀缩和潜蚀等有害作用。

（5）根据工程需要，应按下列内容评价地下水对工程的作用和影响：

1）对基础、地下结构物和挡土墙，应考虑在最不利组合情况下，地下水对结构物的上浮作用，原则上应按设计水位计算浮力；对节理不发育的岩石和黏土且有地方经验或实测数据时，可根据经验确定；有渗流时，地下水的水头和作用宜通过渗流计算进行分析评价；

2）验算边坡稳定时，应考虑地下水及其动水压力对边坡稳定的不利影响；

3）采取降水措施时在地下水位下降的影响范围内，应考虑地面沉降及其对工程的危害；当地下水位回升时，应考虑可能引起的回弹和附加的浮托力等；

4）在湿陷性黄土地区应考虑地下水位上升对湿陷性的影响；

5）当墙背填土为粉砂、粉土或黏性土，验算支挡结构物的稳定时，应根据不同排水条件，评价静水压力、动水压力对支挡结构物的作用；

6）在有水头压差的粉细砂、粉土地层中，应评价产生潜蚀、流砂、管涌的可能性；

7）在地下水位下开挖基坑或地下工程时，应根据岩土的渗透性、地下水补给条件，分析评价降水或隔水措施的可行性及其对基坑稳定和邻近工程的影响；

8）当基坑底下存在高水头的承压含水层时，应评价坑底土层的隆起或产生突涌的可能性。

2.3.2.5-3 场地和地基的地震效应

（1）勘察报告在说明和评价场地和地基的地震效应作用时，应包括下列内容：

1）抗震设防要求（抗震设防烈度、设计地震分组、设计基本地震加速度）；

2）划分对建筑有利、不利和危险的地段；

3）场地类别划分；

4）场地液化判别。

（2）抗震设防烈度必须按国家规定的权限审批、颁发的文件（图件）确定。

（3）在抗震设防烈度等于或大于6度的地区进行勘察时，应划分场地类别，划分对抗震有利、不利或危险的地段（划分标准见表2.3.2.5-3A）。对需要采用时程分析法补充计算的建筑，尚应根据设计要求提供土层剖面、场地覆盖层厚度和有关的动力参数（需采用时程分析法的建筑物见表2.3.2.5-3B）。

（4）建筑场地的类别划分，应以土层等效剪切波速和场地覆盖层厚度为准。

（5）建筑场地覆盖层厚度的确定，应符合下列要求：

1）一般情况下，应按地面至剪切波速大于 500m/s 的土层顶面的距离确定。

2）当地面 5m 以下存在剪切波速大于相邻上层土剪切波速 2.5 倍的土层，且其下卧岩土的剪切波速均不小于 400m/s 时，可按地面至该土层顶面的距离确定。

3）剪切波速大于 500m/s 的孤石、透镜体，应视同周围土层。

4）土层中的火山岩硬夹层，应视为刚体，其厚度应从覆盖土层中扣除。

有利、不利和危险地段的划分　　　　　　表 2.3.2.5-3A

地段类别	地质、地形、地貌
有利地段	稳定基岩，坚硬土，开阔、平坦、密实、均匀的中硬土等
不利地段	软弱土、液化土，条状突出的山嘴，高耸孤立的山丘，非岩质的陡坡，河岸和边坡的边缘，平面分布上成因、岩性、状态明显不均匀的土层（如故河道、疏松的断层破碎带、暗埋的塘浜沟谷和半填半挖地基）等
危险地段	地震时可能发生滑坡、崩塌、地陷、地裂、泥石流等及发震断裂带上可能发生地表位错的部位

注：1. 介于有利与不利之间的其他地段，宜划分为可进行建设的一般场地；
　　2. 同一栋建筑物跨越不同地质单元时，应按最不利因素考虑。

采用时程分析的房屋高度范围　　　　　　表 2.3.2.5-3B

烈度、场地类别	房屋高度范围（m）
8 度Ⅰ、Ⅱ类场地和 7 度	>100
8 度Ⅲ、Ⅳ类场地	>80
9 度	>60

（6）土层的等效剪切波速，应按下列公式计算：

$$v_{se}=d_0/t \qquad t=\sum_{i=1}^{n}(d_i/v_{si})$$

式中　v_{se}——土层等效剪切波速（m/s）；

　　　d_0——计算深度（m），取覆盖层厚度和 20m 两者的较小值；

　　　t——剪切波在地面至计算深度之间的传播时间；

　　　d_i——计算深度范围内第 i 土层的厚度（m）；

　　　v_{si}——计算深度范围内第 i 土层的剪切波速（m/s）；

　　　n——计算深度范围内土层的分层数。

（7）建筑的场地类别，应根据土层等效剪切波速和场地覆盖层厚度，按表 2.3.2.5-3C 划分为四类。

（8）存在饱和砂土和饱和粉土（不含黄土）的地基，除 6 度设防外，应进行液化判别；存在液化土层的地基，应根据建筑的抗震设防类别、地基的液化等级，结合具体情况采取相应的措施。

（9）场地地震液化判别应先进行初步判别，当初步判别认为有液化可能时，应再作进一步判别。液化的判别宜采用多种方法，综合判定液化可能性和液化等级。

（10）地震液化的进一步判别应在地面以下 15m 的范围内进行；对于桩基和基础埋深大于 5m 的天然地基，判别深度应加深至 20m。对判别液化而布置的勘探点不应少于 3 个，勘探孔深度应大于液化判别深度。

各类建筑场地的覆盖层厚度（mm） 表 2.3.2.5-3C

等效剪切波速 （m/s）	场地类别			
	Ⅰ	Ⅱ	Ⅲ	Ⅳ
$v_{se}>500$	0			
$500 \geqslant v_{se}>250$	<5	≥5		
$250 \geqslant v_{se}>140$	<3	3～50	>50	
$v_{se} \leqslant 140$	<3	3～15	>15～80	>80

注：同一栋建筑物跨越不同地质单元时，应按最不利地质条件划分场地土类型、场地覆盖层厚度和场地类别。

（11）当采用标准贯入试验判别液化时，应按每个试验孔的实测击数进行。在需作判定的土层中，试验点的竖向间距不应大于 1.5m，每层土的试验点数不宜少于 6 个。

注：1. 判别液化时的颗分及黏粒含量应取自液化判别点标准贯入器内的土试样；

2. 液化判别计算表应附在勘察报告中。

（12）凡判别为可液化的土层，应按现行国家标准《建筑抗震设计规范》（GB 50011）的规定确定其液化指数和液化等级。

勘察报告除应阐明可液化的土层、各孔的液化指数外，尚应根据各孔液化指数综合确定场地液化等级。

2.3.2.5-4 地基承载力及变形参数

（1）岩土工程勘察报告应提供岩土的变形参数和地基承载力的建议值。

地基承载力特征值可由载荷试验或其他原位测试、公式计算并结合工程实践经验等方法综合确定；土的压缩性指标可采用原状土室内压缩试验、原位浅层或深层平板载荷试验、旁压试验确定。

（2）建筑地基承载力特征值的确定应符合下列规定：

1）地基基础设计等级为丙级的建筑物，地基承载力特征值可根据触探试验、室内试验、现场鉴别，结合工程实践经验确定；

2）地基基础设计等级为乙级的建筑物，地基承载力特征值应根据原位测试、室内试验，结合理论计算和工程实践经验综合确定；

3）地基基础设计等级为甲级的建筑物，地基承载力特征值应根据载荷试验、其他原位测试、室内试验，结合理论计算和工程实践经验综合确定；

4）特殊土的地基承载力评价应根据特殊土的相关规范和地区经验进行。岩石地基应根据现行国家标准《岩土工程勘察规范》（GB 50021—2001）划分和评定岩石坚硬程度、岩体完整程度、风化程度和岩体基本质量等级，其承载力特征值应按现行国家标准《建筑地基基础设计规范》（GB 50007—2002）有关规定确定。

注：由经验理论公式计算时，勘察报告中应说明理论公式的出处和参数的取值。

（3）对需要做沉降变形验算的建筑物，报告中应提供基底以下土试样压缩曲线，当为均匀地基时，可提供基底以下各土层的综合压缩曲线。

2.3.2.6 附件及图表

1. 应附图表

（1）勘察报告的图表上应有图表名称、工程名称，应有完成人、检查人或审核人签字；勘察报告的图件应有图例（图例可在图中表示，也可单页表示）。

（2）勘察成果报告应将下列岩土参数分析统计表和工程分析评价计算表纳入相应章节：

1）勘探点主要数据一览表；

2）岩土的主要物理、力学性质指标分层统计表；

3）标准贯入（动力触探）试验指标分层统计表；

4）静力触探试验指标分层统计表；

5）岩石单轴抗压强度统计表；

6）液化判别计算表；

7）湿陷性黄土地基的湿陷量计算表和自重湿陷量计算表；

8）膨胀土地基的胀缩变形量计算表；

9）桩的极限侧阻力标准值（特征值）、极限端阻力标准值（特征值）的建议值一览表；

10）承载力建议值和压缩性指标；

11）水质分析成果表；

12）其他需要的分析统计表。

（3）勘察报告应附下列图表：

1）建筑物与勘探点平面位置图；

2）工程地质剖面图；

3）钻孔（探井）柱状图（未纳入工程地质剖面图的必须提供）；

4）原位测试成果图表；

5）室内试验成果图表；

6）其他根据工程需要的图表。

2. 平面图和剖面图

（1）建筑物与勘探点平面位置图应包括下列内容：

1）拟建建筑物的轮廓线及其与红线或已有建筑物的关系、层数（或高度）及其名称、编号，拟定的场地整平高程；

2）已有建筑物的轮廓线、层数及其名称；

3）勘探点及原位测试点的位置、类型、编号、高程和地下水位；

4）剖面线的位置和编号；

5）方向标、比例尺、必要的文字说明；

6）高程引测点应在平面图中明示或做出说明。

（2）工程地质剖面图应根据具体条件合理布置，主要应包括下列内容：

1）勘探孔（井）在剖面上的位置、编号、地面高程、勘探深度、勘探孔（井）间距，剖面方向（基岩地区）；

2）岩土图例符号（或颜色）、岩土分层编号、分层界线；

3）岩石分层、断层、不整合面的位置和产状；

4）溶洞、土洞、塌陷、滑坡、地裂缝、古河道、埋藏的湖滨、古井、防空洞、孤石及其他埋藏物；

5）地下水稳定水位高程（或埋深）；

　　6）取样位置，土样的类型（原状、扰动）或等级；

　　7）静力触探曲线（当无单独静力触探成果图表时）；

　　8）圆锥动力触探曲线或随深度的试验值；

　　9）标准贯入等原位测试的位置、测试成果；

　　10）比例尺、标尺；

　　11）地形起伏较大或工程需要时，标明拟建建筑的位置和场地整平高程；

　　12）图签。

　　（3）钻孔（探井）柱状图应包括下列内容：

　　1）工程名称、钻孔（探井）编号、孔（井）口高程、钻孔（探井）直径、钻孔（探井）深度、勘探日期等；

　　2）地层编号、年代和成因、层底深度、层底高程、层厚、柱状图、取样位置及编号、原位测试位置和编号及实测值、岩土描述、地下水位、测试成果、岩芯采取率或 RQD（对于岩石）、责任签署等。

3. 原位测试图表

　　（1）载荷试验应绘制荷载（p）与沉降（s）曲线，必要时绘制各级荷载下沉降（s）与时间（t）或时间对数（$\lg t$）曲线。应根据 p-s 曲线拐点，必要时结合 s-$\lg t$ 曲线特征，确定比例界限压力和极限压力。当 p-s 呈缓变曲线时，可取对应于某一相对沉降值（即 s/d，d 为承压板直径）的压力评定地基土承载力。

　　（2）静力触探试验应绘制深度与贯入阻力曲线。

　　（3）标准贯入试验成果 N 可直接标在工程地质剖面图上，也可绘制单孔标准贯入击数 N 与深度关系曲线或直方图。

　　（4）单孔连续圆锥动力触探试验应绘制锤击数与贯入深度关系曲线，也可直接绘在工程地质剖面图上。

　　（5）十字板剪切试验应提供单孔十字板剪切试验土的不排水抗剪峰值强度、残余强度、重塑土强度和灵敏度随深度的变化曲线，需要时绘制抗剪强度与扭转角度的关系曲线。

　　（6）旁压试验应对各级压力和相应的扩张体积（或换算为半径增量）分别进行约束力和体积的修正后，绘制压力与体积曲线，需要时可作蠕变曲线。

2.3.3 建筑工程设计文件服务要点

2.3.3.1 房屋建筑建筑专业

2.3.3.1-1 房屋建筑的建筑设计应遵守的规定

　　（1）建筑总平面应与经城市建设规划管理部门审批的总平面及审批意见一致。

　　（2）个体设计的项目名称、层数、建筑高度、建筑面积应与建筑工程规划许可证一致。

　　（3）建筑设计应以建筑通用规范和项目所属分类建筑设计规范为依据。规范、标准应为现行的有效版本。

　　（4）建筑设计应贯彻建筑节能国策，按国家和地方主管部门的有关规定和设计标准要求，做好围护结构热工设计。

（5）新建、扩建和改建房屋应按各类建筑的无障碍实施范围进行无障碍设计。

2.3.3.1-2　建筑施工图设计内容和深度

建筑施工图文件应符合《建筑工程设计文件编制深度规定》和《房屋建筑制图统一标准》的要求。

1. 总平面图

（1）总平面图的相关要求

1）场地四界的测量坐标或定位尺寸，道路红线、建筑控制线、用地红线等的位置；

2）场地四邻原有及规划道路、绿化带等的位置，以及主要建筑物的位置、名称、层数；

3）建筑物、构筑物（人防工程、地下车库等隐蔽工程以虚线表示）的名称、编号、层数、定位坐标或相互关系尺寸；

4）广场、停车场、运动场、道路、无障碍设施、排水沟、挡土墙、护坡的定位坐标或相互尺寸。

（2）竖向布置图的标示与关键标高：

1）场地四邻的道路、水面、地面的关键性标高；

2）建筑物室内外地面设计标高，地下建筑的顶板面标高及覆盖土高度限制；

3）道路的设计标高、纵坡度、纵坡距、关键性标高；广场、停车场、运动场地的设计标高，以及院落的控制性标高；

4）挡土墙、护坡或土坎顶部和底部主要标高及护坡坡度。

2. 建筑平面图

平面图应符合《建筑工程设计文件编制深度规定》对平面图的规定。

（1）凡是结构承重，并做有基础的墙、柱均应编轴线及轴线编号，内外门窗位置、编号及开启方向，房间名称应标示清楚。库房（储藏）需注明储存物品的火灾危险性类别。

（2）尺寸标注应清楚，外墙三道尺寸、轴线及墙身厚度、柱与壁柱的截面尺寸及其与轴线的关系尺寸都应标注清楚。

（3）楼梯、电梯及主要建筑构造部件的位置、尺寸和做法索引。

（4）变形缝的位置、尺寸及做法索引。

（5）楼地面预留孔洞和管线竖井、通气管道等位置、尺寸和做法索引，以及墙体预留洞的位置、尺寸和标高或高度。

（6）室内外地面标高、底层地面标高、各楼层标高、地下室各层标高。

（7）各层建筑平面中防火分区面积和防火分区分隔位置及安全出口位置示意。

（8）屋顶平面应表明女儿墙、檐口、天沟、屋脊（分水线）、坡度、坡向、雨水口、变形缝、屋面上人孔、楼梯间、水箱间、电梯机房、室外消防楼梯及其他构筑物，必要的详图索引号、标高等。

3. 建筑立面图

立面图应符合《建筑工程设计文件编制深度规定》对立面图的规定。

（1）每一立面应绘注两端的轴线编号，立面转折复杂时可用展开立面表示，并应绘制转角处的轴线编号。

（2）建筑立面图应表达立面投影方向可见的建筑外轮廓和建筑构造的位置，如女儿墙顶、檐口、柱勒脚、室外楼梯和垂直爬梯、门窗、阳台、雨篷、空调机搁板、台阶、坡道、花台、雨水管，以及其他装饰构件、线脚等。如遇前后立面重叠时，前部的外轮廓线宜加粗，以示立面层次。

（3）立面尺寸应标注建筑总高、楼层数和标高，以及平、剖面图未表示的屋顶、檐口、女儿墙、窗台及装饰构件、线脚等的标高或高度。特别是平屋面檐口上皮或女儿墙顶面的高度、坡屋面檐口及屋脊的高度须标注清楚。

（4）外装修用料、颜色应直接标注在立面图上。

（5）墙身详图的剖线索引应在立面图上标注。

4. 建筑剖面图

剖面图应符合《建筑工程设计文件编制深度规定》对剖面图的规定。

（1）剖面图的剖视位置应选在具有代表性的部位。应用粗实线画出所剖到的建筑实体切面（如：墙体、梁、板、地面、楼梯、屋面等），用细线画出投影方向可见的建筑构造和构配件（如：门、窗、洞口、室外花坛、台阶等）。

（2）剖面图应标注墙柱轴线和轴线编号。

（3）高度尺寸一般标注三道：第一道各层窗洞口高度及与楼面关系尺寸；第二道层高尺寸；第三道由室外地坪至平屋面檐口上皮或女儿墙顶面或坡屋面下皮总高度。坡屋面檐口至屋脊高度单注。屋面之上的楼梯间、电梯机房、水箱间等另加注其高度。

（4）标高应标注室外地坪、各层楼地面、屋顶结构板面、女儿墙顶面的相对标高、内部的隔断、门窗洞口、地坑等标高。

（5）标注节点构造详图索引。

5. 建筑详图

建筑详图应符合《建筑工程设计文件编制深度规定》对详图的规定。

（1）墙身详图一般以 1：20 绘制完整的墙身详图表达详细的构造做法，尤其要注意将外墙的节能保温构造交待清楚，并绘出墙身的防潮、地下室的防水层收头处理等。

（2）楼梯电梯详图平面应注明四周墙的轴线编号、墙厚与轴线关系尺寸，并标明梯段宽、梯井宽、平台宽、踏步宽及步数。剖面需注明楼层、休息平台标高和每梯段的踏步高乘踏步数的尺寸。所注尺寸应为建筑完成面尺寸。同时，要绘出扶手、栏杆轮廓，并标注详图索引号。

（3）卫生间及局部房间放大图，重点在内部设备、设施的定位关系尺寸、地面找坡及相关地沟、水池等详图。

（4）门窗、幕墙应绘制立面图，对开启扇和开启方式应表达清楚，并对其与主体结构的连接方式、用料材质、颜色作出规定。

（5）可采用标准图的各部构造和建筑配件、设施详图应索引清楚。

2.3.3.2 房屋建筑结构专业

2.3.3.2-1 房屋建筑的结构设计应遵守的规定

（1）施工图设计应依据《中华人民共和国建筑法》、《中华人民共和国防震减灾法》、《中华人民共和国节约能源法》、《建筑工程质量管理条例》、《建筑工程勘察设计管理条例》、建设部《房屋建筑和市政基础设施工程施工图设计文件审查管理办法》、《超限高层建筑工程抗震设防专项审查技术要点》（建质〔2006〕220 号）等国家法律法规的规定及关于地方法规、文件的规定。

（2）施工图结构设计的计算书、施工图、设计变更通知等的技术性要求：

1）勘察文件中工程设计所需的岩土技术参数的可靠性，勘察文件内容的完整性、适用性和可靠性。不允许在无"岩土工程勘察报告"的情况下进行地基基础设计，也不允许仅参照相邻建筑物的地质勘察报告进行地基基础设计。

2）建筑物地基基础和主体结构的安全性和合理性。

3）符合国家和地方法律、法规、政府文件等政策要求；符合相关主管部门批件的要求；符合业主设计任务书中的合法要求；应符合强制性标准、规范的要求。

4）采用计算软件进行计算的，其软件经过有关部门的鉴定，计算模型应与实际相符，计算输入数据准确，输出结果可靠。

5）达到国家规定的勘察、设计文件编制深度要求，计算书完整、正确。

6）勘察、设计单位和注册执业人员以及相关人员均按规定在勘察文件、计算书、施工图和设计变更上加盖相应的图章及签字。

7）超限高层应按《超限高层建筑工程抗震设防专项审查技术要点》（建质〔2006〕220号）文件为施工图设计依据。

8）钢结构图纸分设计图和施工详图两阶段，钢结构设计图部分应经审图机构审查。

9）设计变更的依据合法、合理，内容符合以上技术内容的要求。

2.3.3.2-2　结构设计文件的内容及深度

（1）施工图设计文件应包含图纸目录、设计说明、设计图纸及计算书。

（2）设计文件内容及深度按建设部《建筑工程设计文件编制深度规定》执行外，尚应符合下列要求：

1）基础、现浇梁、板、柱、墙、楼梯等有"平面整体表示法"国家标准图的，可按标准图确定的原则及相关规定制图，雨篷、过梁、水池、临空墙、门框墙等构件有国家标准图的可选国标图，并注意版本的有效性及适用性。

2）复合地基若由有专业资质的专业公司承担设计时，复合地基按主体设计方提出的对地基承载力特征值和变形值的控制要求设计，主体设计方应会签认可。

3）建筑幕墙若由有专业资质的专业公司承担设计时，主体结构设计设计人员应对幕墙与相连的主体结构的安全性进行了审查和书面认可；专业公司除提供幕墙相关计算书及详图外，还应补充幕墙预埋件的计算书、布置及详图。

2.3.3.2-3　结构计算书

（1）采用计算的结构计算书应完整、清楚，计算步骤要条理分明，引用数据有可靠依据，采用计算图表及不常用的计算公式，应注明其来源出处，并核实其正确性，构件编号、计算结果应与图纸一致。

（2）当采用计算机程序计算时，应在图纸阶段说明及计算书中注明所采用的计算程序名称、代号、版本及编制单位。所使用的软件必须经过有关部门鉴定，其计算假定和力学模型符合工程实际，电算结果应经分析认可，总体输入信息、计算模型、几何简图、荷载简图和结果输出应完整并整理成册。

（3）采用结构标准图或重复利用图时，应根据图集的说明，结合实际工程进行必要的核算工作，且应作为结构计算书的内容。

（4）荷载

1）永久荷载

结构自重标准值：常用材料及构件的自重可按《建筑结构荷载规范》(GB 50009—2012)附录 A 确定的自重标准值，未列入的应根据现场实际检测结果确定。

2）楼面和屋面荷载

①民用及工业建筑楼面均布活荷载标准值按《建筑结构荷载规范》(GB 50009—2012)规定执行。某些特殊用途的房屋须满足相关国家和行业标准的要求。

②屋面活荷载值按《建筑结构荷载规范》(GB 50009—2012)执行。

2.3.3.3 房屋建筑给水排水专业

2.3.3.3-1 给水排水设计应遵守的规定

（1）给水排水专业施工图设计所采用的设计标准应满足相应规范和使用要求。

（2）给水排水专业施工图设计必须符合强制性条文和有关法律、法规的规定。

（3）关于工程建设强制性条文的说明

工程建设强制性标准是指直接涉及工程质量、安全、卫生及环境保护等方面的工程建设标准工程建设强制性条文。工程建设强制性条文必须严格执行，不能以任何理由拒绝执行。

2.3.3.3-2 给水排水设计文件的内容和深度

1. 设计文件的组成

设计文件应当符合《建筑工程设计文件编制深度规定》的设计深度要求。具体内容如下：

（1）在施工图设计阶段，给水排水专业设计文件应包括图纸目录，施工图设计说明、设计图纸，主要设备材料表、计算书。

（2）图纸目录：先列新绘制图纸，后列选用的标准图纸或重复利用图纸。

2. 给排水工程的施工图设计

（1）平面图设计：在平面图中应标明各种管线的平面位置、水管位置及编号。引入管、排出管位置，水平横管上的阀门等组件（止回阀、水表、消防水泵接合器、倒流防止器、水流指示器、喷头、消火栓等）及建筑灭火器的位置。卫生间、厨房、设备间、水池水箱等设备管线较多的房间，应绘制局部放大平面图，并在图中绘出各种设备、卫生器具、给水排水管道及附件、阀门、水嘴、水表、地漏、清扫口等。绘出需保温（防结露、防结冰）的管段位置。平面图上应绘指北针。给水排水设计完全相同的层，可用一张平面图表示。平面图应完整，并标明各房间名称、轴线编号及主要定位尺寸和各层标高。给水排管线多而复杂时，可分成几张图绘制。凡在平面图中能表达清楚的有关工程建设强制性条文的设计内容，应在平面图中绘制清楚。

室外给水排水管线平面图中，应绘出建筑物、道路、构筑物，并标明其名称、标高。图上应绘指北针。图中应绘制全部给水排水管线平面位置并标明坐标或相对定位尺寸，标明管径、阀门井和检查井、消火栓、水表、倒流防止器及管道埋深（或标高）等。如果能把各种管线交叉处的各管线标高注明或绘制局部剖面图时，可不绘制管线剖面图和排水管道高程表。各给水管道上的阀门不能在阀门井处表示清楚时，应绘阀门井放大图。

（2）系统图设计：各种给水、排水管线均应绘制轴测图。轴测图中应标明管道走向、管径、阀门、仪表及其他组件、控制标高、各系统编号等。还应标明楼层线及各层标高。

（3）大样图设计：平面图、轴测图、展开原理图无法表示清楚且又无标准图可以利用时，应绘制安装、制造大样图。

3. 主要设备材料表

设计文件中应有主要设备材料表，表中应写明名称、型号、规格、主要技术参数、单位、数量及特殊要求。不能指定生产厂家和供应商。主要设备材料表也可列在总说明或相关图中。

4. 计算书

设计文件应有计算书。计算书应有设计和审校人员签字。施工图审查认为有必要时，设计单位应提供计算书。

2.3.3.4　房屋建筑采暖通风空调专业

2.3.3.4-1　采暖通风空调设计应遵守的规定

（1）设计所采用的室外气象参数的基础资料应正确、可靠。

（2）设计所采用的室内设计标准应满足相应规范和使用要求。

2.3.3.4-2　设计文件内容和深度

施工图阶段设计深度应以建设部《建筑工程设计文件编制深度规定》为准执行。

1. 详图：图纸设计深度应满足编制深度的规定。设备安装如果选用标准图，应注明图名、图号，不要使用作废标准图。

2. 暖通计算书内容视工程繁简程度，按国家有关规定、规范及技术措施进行计算。

（1）采暖工程计算书应包括以下内容：

1）列出主要围护结构的传热系数；

2）每一采暖房间热负荷计算及建筑物总热负荷计算；

3）散热器等采暖设备的选择计算；

4）采暖系统的管径及水力计算；

5）采暖系统设备、附件选择计算，如系统热源装置、循环水泵、补水与定压装置、伸缩器、疏水器等；

6）换热设备的选择计算，循环水泵的选择计算，热水循环水泵的耗电输热比的计算及判断结论。

（2）通风与防排烟计算书应包括以下内容：

1）通风量、防排烟风量计算；

2）通风量、防排烟风量系统阻力计算；

3）通风、防排烟系统的设备选型计算；

4）风机的单位风量耗功率的计算及判断结论。

（3）空调设计计算书应包括以下内容：

1）每个空调房间围护结构夏季、冬季的冷、热负荷计算（冷负荷按逐时计算）；

2）空调房间人体、照明、设备的散热、散湿量及新风负荷计算；

3）建筑物空调总冷/热负荷及单位面积冷/热指标；

4）空调系统末端设备（包括空气处理机组、新风机组、风机盘管、变制冷剂流量室内机、变风量末端装置、空气热回收装置、消声器等）、附件及风口的选型计算；

5）空调冷热水、冷却水系统的水力计算；

6）风系统阻力计算；

7）必要的气流组织设计与计算；

8）空调系统的冷（热）水机组、冷（热）水泵、冷却水泵、冷却塔、水箱、水池、空调机组、消声器等设备的选型计算；

9）输送能效比的计算及判断结论。

（4）采暖、通风、空调设计计算书应提供与负荷计算相对应的房间编号草图、水系统水力平衡计算草图、风系统水力平衡计算草图等。

2.3.3.4-3　采暖设计

1. 采暖热负荷计算

（1）采暖热负荷计算前，应先校核围护结构的传热系数满足相应节能标准：

1）居住建筑采暖设计应符合国家相关标准的规定。

2）公共建筑采暖设计应符合《公共建筑节能设计标准》（GB 50189—2005）的规定。

3）其他采暖建筑应在满足《民用建筑热工设计规范》（GB 50176）中关于保温、隔热和防潮要求的基础上，尽量节约采暖能耗。

（2）施工图设计阶段，建筑物的采暖设计热负荷应按《采暖通风与空气调节设计规范》（GB 50019）的有关规定逐个房间进行计算。

1）围护结构的耗热量，应包括基本耗热量和附加耗热量。基本耗热量应按（GB 50019）规范进行计算。围护结构的附加耗热量，应按其占基本耗热量的百分率确定。它包括：朝向修正率；风力附加率；外门附加率。

2）高度附加率：与上述三种附加耗热量不同，它应附加于围护结构的基本耗热量和其他附加耗热量之和的基础上。每高出 1m 应附加 2%，但最大附加率不应大于 15%。

3）围护结构的最小传热阻应按（GB 50019）规范相关公式计算确定。当相邻房间的温差大于 5℃时，应计算临室传热；当相邻房间的温差大于 10℃时，内围护结构的最小传热阻，也应通过计算确定。

2.3.3.5　房屋建筑电气专业

2.3.3.5-1　建筑电气设计应遵守的规定

相关强制性条文必须执行。

2.3.3.5-2　设计文件的内容和深度

1. 电气设计文件的深度要求

电气设计文件的深度要求，应符合《建筑工程设计文件编制深度的规定》的要求，设计文件齐全、无漏项，内容、深度应符合要求。

2. 电气设计文件的质量特性

（1）功能性

——供电方案应按照负荷等级、用电容量、工程特点和地区供电条件，合理确定。

——供配电系统设计应根据工程特点、规模和发展规划确定，做到远近期结合。

——主要设备选型经过比选和优化，选用效率高、能耗低、性能先进的电气产品。

——应选用国家认可的具有能效标志的节能型电控设备。

（2）安全性

——自然灾害（地震、洪涝、暴风、冰冻等）和人为灾害（火灾、爆炸、毒气、泄漏、静电、噪声、粉尘、放射性等）的防护措施和防护等级符合标准和规定。

——节能、消防、安全卫生等措施适当、有效、符合规定。

——偏离允许值或误操作时，有报警和联锁措施。

3. 单项设计

房屋建筑电气专业的供电系统设计、变配电室设计、低压配电设计、照明设计、防雷接地设计、消防设计、弱电设计和节能设计，应分别符合相关设计规范的规定。

2.4 建设工程监理合同及其他合同文件

2.4.1 建设工程监理合同

监理合同是依据有关法律规定，以书面形式订立的规定双方权利和义务以及法律责任的合同文件，是合同双方必须遵守的，因此项目监理机构的监理人员均必须熟悉、领会监理合同与施工合同文本中的有关内容和精神，以全面完成合同约定。

1 监理合同文件

建设工程委托监理合同：委托合同是委托人和受托人约定，由受托人处理委托人事务的合同。受托人应当按照委托人的指示处理委托事务。受托人应当亲自处理委托事务。受托人完成委托事务的，委托人应当向其支付报酬。有偿的委托合同，因受托人的过错给委托人造成损失的，委托人可以要求赔偿损失。无偿的委托合同，因受托人的故意或者重大过失给委托人造成损失的，委托人可以要求赔偿损失。受托人处理委托事务时，因不可归责于自己的事由受到损失的，可以向委托人要求赔偿损失。

建设工程委托监理合同
（GF—2000—0202）

中华人民共和国建设部
国家工商行政管理局制定

第一部分 建设工程委托监理合同

委托人_____与监理人_____经双方协商一致，签订本合同。

一、委托人委托监理人监理的工程（以下简称"本工程"）概况如下：

工程名称：

工程地点：

工程规模：

总 投 资：

二、本合同中的有关词语含义与本合同第二部分《标准条件》中赋予它们的定义相同。

三、下列文件均为合同的组成部分：

①监理投标书或中标通知书；

②本合同标准条件；

③本合同专用条件；

④在实施过程中双方共同签署的补充与修正文件。

四、监理人向委托人承诺，按照本合同的规定，承担本合同专用条件中议定范围内的监理业务。

五、委托人向监理人承诺按照本合同注明的期限、方式、币种，向监理人支付报酬。

本合同自____年__月__日开始实施，至____年__月__日完成。

本合同一式____份，具有同等法律效力，双方各执____份。

委托人：（单位公章）　　　　　　　监理人：（单位公章）

住　　　所：　　　　　　　　　　　住　　　所：

法定代表人：　　　　　　　　　　　法定代表人：

证 书 号：　　　　　　　　　　　证 书 号：

委托代理人：　　　　　　　　　　　委托代理人：

证 书 号：　　　　　　　　　　　证 书 号：

部门负责人：　　　　　　　　　　　部门负责人：

证 书 号：　　　　　　　　　　　证 书 号：

经 办 人：　　　　　　　　　　　经 办 人：

证 书 号：　　　　　　　　　　　证 书 号：

电　　话：　　　　　　　　　　　电　　话：

传　　真：　　　　　　　　　　　传　　真：

开 户 银 行：　　　　　　　　　　开 户 银 行：

账　　号：　　　　　　　　　　　账　　号：

邮 政 编 码：　　　　　　　　　　邮 政 编 码：

　　　　　　　　　　　　年　月　日　　　　　　　　年　月　日

建设行政主管：

部门备案意见：　　　　　　　　　工商行政主管：

经 办 人：　　　　　　　　　　部门鉴证意见：

证 书 号：　　　　　　　　　　经 办 人：

备 案 部 门：（公章）　　　　　　鉴 证 机 关：（公章）

备案登记第　　　　　号　　　　　鉴证第　　　　　号

　　　　　　　　　　　　年　月　日　　　　　　　　年　月　日

注：在"证书号"处，加盖全国统一的合同管理人员专用章，甲、乙双方各须三个人以上加盖专用章。
　　每个经办人，每年度限办理五份合同。各级建设局在合同备案工作中要严格审查，每个人要证、
　　章、手册三对照，符合要求后方可办理，并加盖专用章和公章。

第二部分　标准条件
词语定义、适用范围和法规

第一条　下列名词和用语，除上下文另有规定外，有如下含义：

（1）"工程"是指委托人委托实施监理的工程。

（2）"委托人"是指承担直接投资责任和委托监理业务的一方以及其合法继承人。

（3）"监理人"是指承担监理业务和监理责任的一方，以及其合法继承人。

（4）"监理机构"是指监理人派驻本工程现场实施监理业务的组织。

（5）"总监理工程师"是指经委托人同意，监理人派到监理机构全面履行本合同的全权负责人。

（6）"承包人"是指除监理人以外，委托人就工程建设有关事宜签订合同的当事人。

（7）"工程监理的正常工作"是指双方在专用条件中约定，委托人委托的监理工作范围和内容。

（8）"工程监理的附加工作"是指：①委托人委托监理范围以外，通过双方书面协议另外增加的工作内容；②由于委托人或承包人原因，使监理工作受到阻碍或延误，因增加工作量或持续时间而增加的工作。

（9）"工程监理的额外工作"是指正常工作和附加工作以外或非监理人自己的原因而暂停或终止监理业务，其善后工作及恢复监理业务的工作。

（10）"日"是指任何一天零时至第二天零时的时间段。

（11）"月"是指根据公历从一个月份中任何一天开始到下一个月相应日期的前一天的时间段。

第二条　建设工程委托监理合同适用的法律是指国家的法律、行政法规，以及专用条件中议定的部门规章或工程所在地的地方法规、地方规章。

第三条　本合同文件使用汉语语言文字书写、解释和说明。如专用条件约定使用两种以上（含两种）语文文字时，汉语应为解释和说明本合同的标准语言文字。

监 理 人 义 务

第四条　监理人按合同约定派出监理工作需要的监理机构及监理人员，向委托人报送委派的总监理工程师及其监理机构主要成员名单、监理规划，完成监理合同专用条件中约定的监理工程范围内的监理业务。在履行合同义务期间，应按合同约定定期向委托人报告监理工作。

第五条　监理人在履行本合同的义务期间，应认真、勤奋地工作，为委托人提供与其水平相适应的咨询意见，公正维护各方面的合法权益。

第六条　监理人使用委托人提供的设施和物品属委托人的财产。在监理工作完成或中止时，应将其设施和剩余的物品按合同约定的时间和方式移交给委托人。

第七条　在合同期内或合同终止后，未征得有关方同意，不得泄露与本工程、本合同业务有关的保密资料。

委 托 人 义 务

第八条　委托人在监理人开展监理业务之前应向监理人支付预付预付款。

第九条　委托人应当负责工程建设的所有外部关系的协调，为监理工作提供外部条件。根据需要，如将部分或全部协调工程委托监理人承担，则应在专用条件中明确委托的工作和相应的报酬。

第十条　委托人应当在双方约定的时间内免费向监理人提供与工程有关的为监理工作所需要的工程资料。

第十一条　委托人应当在专用条款约定的时间内就监理人书面提交并要求作出决定的一切事宜作出书面决定。

第十二条　委托人应当授权一名熟悉工程情况、能在规定时间内作出决定的常驻代表（在专用条款中约定），负责与监理人联系。更换常驻代表，要提前通知监理人。

第十三条 委托人应当将授予监理人的监理权利，以及监理人主要成员的职能分工、监理权限及时书面通知已选定的承包合同的承包人，并在与第三人签订的合同中予以明确。

第十四条 委托人应在不影响监理人开展监理工作的时间内提供如下资料：

（1）与本工程合同的原材料、构配件、设备等生产厂家名录。

（2）提供与本工程有关的协作单位、配合单位的名录。

第十五条 委托人应免费向监理人提供办公用房、通信设施、监理人员工地住房及合同专用条件约定的设施，对监理人自备的设施给予合理的经济补偿（补偿金额＝设施在工程使用时间占折旧年限的比例×设施原值＋管理费）。

第十六条 根据情况需要，如果双方约定，由委托人免费向监理人提供其他人员，应在监理合同专用条件中予以明确。

监 理 人 权 利

第十七条 监理人在委托人委托的工程范围内，享有以下权利：

（1）选择工程总承包人的建议权。

（2）选择工程分包人的认可权。

（3）对工程建设有关事项包括工程规模、设计标准、规划设计、生产工艺设计和使用功能要求，向委托人的建议权。

（4）对工程设计中的技术问题，按照安全和优化的原则，向设计人提出建议；如果拟提出的建议可能会提高工程造价，或延长工期，应当事先征得委托人的同意。当发现工程设计不符合国家颁布的建设工程质量标准或设计合同约定的质量标准时，监理人应当书面报告委托人并要求设计人更正。

（5）审批工程施工组织设计和技术方案，按照保质量、保工期和降低成本的原则，向承包人提出建议，并向委托人提出书面报告。

（6）主持工程建设有关协作单位的组织协调，重要协调事项应当事先向委托人报告。

（7）征得委托人同意，监理人有权发布开工令、停工令、复工令，但应当事先向委托人报告。如在紧急情况下未能事先报告时，则应在 24 小时内向委托人作出书面报告。

（8）工程上使用的材料和施工质量的检验权。对于不符合设计要求和合同约定及国家质量标准的材料、构配件、设备，有权通知承包人停止使用；对于不符合规范和质量标准的工序、分部、分项工程和不安全施工作业，有权通知承包人停工整改、返工。承包人得到监理机构复工令后才能复工。

（9）工程施工进度的检查、监督权，以及工程实际竣工日期提前或超过工程施工合同规定的竣工期限的签认权。

（10）在工程施工合同约定的工程价格范围内，工程款支付的审核和签认权，以及工程结算的复核确认权与否决权。未经总监理工程师签字确认，委托人不付工程款。

第十八条 监理人在委托人授权下，可对任何承包人合同规定的义务提出变更。如果由此严重影响了工程费用或质量或进度，则这种变更须经委托人事先批准。在紧急情况下未能事先报委托人批准时，监理人所做的变更也应尽快通知委托人。在监理过程中如发现工程承包人人员工作不力，监理机构可要求承包人调换有关人员。

第十九条 在委托的工程范围内，委托人或承包人对对方的任何意见和要求（包括索赔要求），均必须首先向监理机构提出，由监理机构研究处置意见，再同双方协商确定。当委托人和承包人发生争议时，监理机构应根据自己的职能，以独立的身份判断，公正地进行调解。当双方的争议由政府建设行政主管部门调解或仲裁机构仲裁时，应当提供作证的事实材料。

委 托 人 权 利

第二十条 委托人有选定工程总承包人，以及与其订立合同的权利。

第二十一条 委托人有对工程规模、设计标准、规划设计、生产工艺设计和设计使用功能要求的认定权，以及对工程设计变更的审批权。

第二十二条 监理人调换总监理工程师须事先经委托人同意。

第二十三条 委托人有权要求监理人提交监理工作月报及监理业务范围内的专项报告。

第二十四条 当委托人发现监理人员不按监理合同履行监理职责，或与承包人串通给委托人或工程造成损失的，委托人有权要求监理人更换监理人员，直到终止合同并要求监理人承担相应的赔偿责任或连带赔偿责任。

监 理 人 责 任

第二十五条 监理人的责任期即委托监理合同有效期。在监理过程中，如果因工程建设进度的推迟或延误而超过书面约定的日期，双方应进一步约定相应延长的合同期。

第二十六条 监理人在责任期内，应当履行约定的义务。如果因监理人过失而造成了委托人的经济损失，应当向委托人赔偿。累计赔偿总额（除本合同第二十四条规定以外）不应超过监理报酬总额（除去税金）。

第二十七条 监理人对承包人违反合同规定的质量要求和完工（交图、交货）时限，不承担责任。因不可抗力导致委托监理合同不能全部或部分履行，监理人不承担责任。但对违反第五条规定引的与之有关的事宜，向委托人承担赔偿责任。

第二十八条 监理人向委托人提出赔偿要求不能成立时，监理人应当补偿由于该索赔所导致委托人的各种费用支出。

委 托 人 责 任

第二十九条 委托人应当履行委托监理合同约定的义务，如有违反则应当承担违约责任，赔偿给监理人造成的经济损失。

监理人处理委托业务时，因非监理人原因的事由受到损失的，可以向委托人要求补偿损失。

第三十条 委托人如果向监理人提出赔偿的要求不能成立，则应当补偿由该索赔所引起的监理人的各种费用支出。

合同生效、变更与终止

第三十一条 由于委托人或承包人的原因使监理工作受到阻碍或延误，以致发生了附加工作或延长了持续时间，则监理人应当将此情况与可能产生的影响及时通知委托人。完成监理业务的时间相应延长，并得到附加工作的报酬。

第三十二条 在委托监理合同签订后，实际情况发生变化，使得监理人不能全部或部分执行监理业务时，监理人应当立即通知委托人。该监理业务的完成时间应予延长。当恢复执行监理业务时，应当增加不超过42日的时间用于恢复执行监理业务，并按双方约定的数量支付监理报酬。

第三十三条 监理人向委托人办理完竣工验收或工程移交手续，承包人和委托人已签订工程保修责任书，监理人收到监理报酬尾款，本合同即终止。保修期间的责任，双方在专用条款中约定。

第三十四条 当事人一方要求变更或解除合同时，应当在42日前通知对方，因解除合同使一方遭受损失的，除依法可以免除责任的外，应由责任方负责赔偿。

变更或解除合同的通知或协议必须采取书面形式，协议未达成之前，原合同仍然有效。

第三十五条 监理人在应当获得监理报酬之日起30日内仍未收到支付单据，而委托人又未对监理人提出任何书面解释时，或根据第三十一条及第三十二条已暂停执行监理业务时限超过六个月的，监理人可向委托人发出终止合同的通知，发出通知后14日内仍未得到委托人答复，可进一步发出终止合同的通知，如果第二份通知发出后42日内仍未得到委托人答复，可终止合同或自行暂停或继续暂停执行全部或部分监理业务。委托人承担违约责任。

　　第三十六条　监理人由于非自己的原因而停或终止执行监理业务，其善后工作以及恢复执行监理业务的工作，应当视为额外工作，有权得到额外的报酬。

　　第三十七条　当委托人认为监理人无正当理由而又未履行监理义务时，向监理人发出指明其未履行义务的通知。若委托人发出通知后 21 日内没有收到答复，可在第一个通知发出后 35 日内发出终止委托监理合同的通知，合同即行终止。监理人承担违约责任。

　　第三十八条　合同协议的终止并不影响各方应有的权利和应当承担的责任。

监 理 报 酬

　　第三十九条　正常的监理工作、附加工作和额外工作的报酬，按照监理合同专用条件中约定的方法计算，并按约定的时间和数额支付。

　　第四十条　如果委托人在规定的支付期限内未支付监理报酬，自规定之日起，还应向监理人支付滞纳金。滞纳金从规定支付期限最后一日起计算。

　　第四十一条　支付监理报酬所采取的货币币种、汇率由合同专用条件约定。

　　第四十二条　如果委托人对监理人提交的支付通知中报酬或部分报酬项目提出异议，应当在收到支付通知书 24 小时内向监理人发出表示异议的通知，但委托人不得拖延其他列异议报酬项目的支付。

其 他

　　第四十三条　委托的建设工程监理所必要的监理人员出外考察、材料、设备复试，其费用支出经委托人同意的，在预算范围内向委托人实报实销。

　　第四十四条　在监理业务范围内，如需聘用专家咨询或协助，由监理人聘用的，其费用由监理人承担；由委托人聘用的，其费用由委托人承担。

　　第四十五条　监理人在监理工作过程中提出的合理化建议，使委托人得到了经济效益，委托人应按专用条件中的约定给予经济奖励。

　　第四十六条　监理人驻地监理机构及其职员不得接受监理工作项目施工承包人的任何报酬或者经济利益。

　　监理人不得参与可能与合同规定的与委托人的利益相冲突的任何活动。

　　第四十七条　监理人在监理过程中，不得泄露委托人申明的秘密，监理人亦不得泄露设计人、承包人等提供并申明的秘密。

　　第四十八条　监理人对于由其编制的所有文件拥有版权，委托人仅有权为本工程使用或复制此类文件。

争 议 的 解 决

　　第四十九条　因违反或终止合同而引起的对对方损失和损害的赔偿，双方应当协商解决，如未能达成一致，可提交主管部门协调，如仍有达成一致时，根据双方约定提交仲裁，或向人民法院起诉。

第三部分　专 用 条 件

　　第二条　本合同适用的法律及监理依据：

　　第四条　监理范围和监理工作内容：

　　第九条　外部条件包括：

　　第十条　委托人应提供的工程资料及提供时间：

　　第十一条　委托人应在____天内对监理人书面提交并要求作出决定的事宜作出书面答复。

　　第十二条　委托人的常驻代表为_____。

第十五条　委托人免费向监理机构提供如下设施：

监理人自备的、委托人给予补偿的设施如下：

补偿金额＝

第十六条　在监理期间，委托人免费向监理机构提供＿＿＿名工作人员，由总监理工程师安排其工作，凡涉及服务时，此类职员只应从总监理工程师处接受指示。并免费提供＿＿＿名服务人员。监理机构应与此类服务的提供者合作，但不对此类人员及其行为负责。

第二十六条　监理人在责任期内如果失职，同意按以下办法承担责任，赔偿损失〔累计赔偿不超过监理报酬总数（扣税）〕：

赔偿金＝直接经济损失×报酬比率（扣除税金）

第三十九条　委托人同意按以下的计算方法、支付时间与金额，支付监理人的报酬：

委托人同意按以下的计算方法、支付时间与金额，支付附加工作报酬：（报酬＝附加工作日数×合同报酬/监理服务日）

委托人同意按以下的计算方法、支付时与金额，支付额外工作报酬：

第四十条　双方同意用＿＿＿＿＿＿＿＿支付报酬，按＿＿＿＿＿＿汇率计付。

第四十五条　奖励办法：

奖励金额＝工程费用节省额×报酬比率

第四十九条　本合同在履行过程中发生争议时，当事人双方应及时协商解决。协商不成时，双方同意由仲裁委员会仲裁（当事人双方不在本合同中约定仲裁机构，事后又未达成书面仲裁协议的，可向人民法院起诉）。

附加协议条款：

本合同所适用的国家标准、规范

序号	名　称	编　号
1	建设工程监理规范	GB/T 50319—2013
2	建筑工程施工质量验收统一标准	GB 50300—2013
3	建设工程项目管理规范	GB/T 50326—2006
4	钢结构工程施工质量验收规范	GB 50205—2001
5	通风与空调工程施工质量验收规范	GB 50243—2002
6	地下防水工程质量验收规范	GB 50208—2011
7	建筑给水排水及采暖工程施工质量验收规范	GB 50242—2002
8	混凝土结构工程施工质量验收规范	GB 50204—2002，2011 年版
9	建筑地基基础工程施工质量验收规范	GB 50202—2012
10	屋面工程质量验收规范	GB 50207—2012
11	电梯工程施工质量验收规范	GB 50310—2002
12	建筑电气工程施工质量验收规范	GB 50303—2002
13	砌体结构工程施工质量验收规范	GB 50203—2011
14	建筑地面工程施工质量验收规范	GB 50209—2010
15	木结构工程施工质量验收规范	GB 50206—2012
16	住宅装饰装修工程施工规范	GB 50327—2001
17	建筑装饰装修工程质量验收规范	GB 50210—2001

| 18 | 建设工程文件归档整理规范 | GB/T 50328—2001 |

注：国家新颁布的及现行有关规范、标准在施工中均执行。

建设工程委托监理合同词语浅释

（1）委托合同：是指当事人双方约定一方委托他人处理事务，他人同意为其处理事务的协议。委托合同的标的是劳务；委托合同是诺成、非要式合同，也就是说，委托合同的成立必须以受托人的承诺为条件，其承诺与否决定着委托合同是否成立。委托合同自承诺之时起生效，无须以履行合同的行为或者物的交换作为委托合同的成立的条件；委托合同是双务合同，委托人与受托人都要承担相应的义务；委托合同可以是有偿的，也可以是无偿的。

（2）标准条件：内容涵盖了合同中所用词语定义，适用范围和法规，签约双方的责任、权利和义务，合同生效、变更与终止，监理报酬，争议解决以及其他一些情况。标准条件是监理合同的通用文本，适用于各类工程建设监理委托，是所有签约工程都应遵守的基本条件。

（3）专用条件：是对标准条件中的某些条款进行的补充、修改。所谓"补充"是指标准条件中的某些条款明确规定，在该条款确定的原则下，在专用条件的条款中进一步明确具体内容，使两个条件中相同序号的条款共同组成一条内容完备的条款。所谓"修改"是指标准条件中规定的程序方面的内容，如果双方认为不合适，可以协议修改。

2.5 监理规划、监理实施细则

2.5.1 监理规划、监理实施细则的实施

监理规划、监理实施细则按 1.4 监理规划及监理实施细则的相关要求执行。

1. 监理规划

（1）监理规划应包括下列主要内容：

1）工程概况。

2）监理工作的范围、内容、目标。

3）监理工作依据。

4）监理组织形式、人员配备及进退场计划、监理人员岗位职责。

5）监理工作制度。

6）工程质量控制。

7）工程造价控制。

8）工程进度控制。

9）安全生产管理的监理工作。

10）合同与信息管理。

11）组织协调。

12）监理工作设施。

（2）在实施建设工程监理过程中，实际情况或条件发生变化而需要调整监理规划时，应由总监理工程师组织专业监理工程师修改，并应经工程监理单位技术负责人批准后报建设单位。

2. 监理实施细则

（1）监理实施细则的编制应依据下列资料：

1）监理规划。

2）工程建设标准、工程设计文件。

3）施工组织设计、（专项）施工方案。

（2）监理实施细则应包括下列主要内容：

1）专业工程特点。

2）监理工作流程。

3）监理工作要点。

4）监理工作方法及措施。

（3）在实施建设工程监理过程中，监理实施细则可根据实际情况进行补充、修改，并应经总监理工程师批准后实施。

2.6　设计交底和图纸会审会议纪要

2.6.1　设计交底

1. 资料表式

设计交底记录　　　　　　　　　　　　表 2.6.1

工程名称	
交底内容：	

交底人签名：　　　　　　　　　年　月　日

参加单位及人员	单 位 名 称	参 加 人 签 名

2. 应用说明

（1）本表为设计交底参考用表。也可用经当地建设行政主管部门批准的设计交底记录用表。

（2）市政基础设施工程的设计交底应包括工程的设计要求、地基基础、结构特点、构造做法与要求、抗震处理、设计图纸的轴线、标高、尺寸、预留孔洞、预埋件等具体细节，以及砂浆、混凝土、砖等材料和强度要求、使用功能要求等，做到掌握设计关键，认真按图施工。

（3）设计交底主要应将设计意图交待清楚，使施工人员清楚地完成设计意图。

2.6.2 图纸会审会议纪要

1. 资料表式

图纸会审会议纪要   表 2.6.2

工程名称			编 号	
			日 期	
设计单位			专业名称	
地 点			页 数	共 页，第 页
序 号	图 号	图纸问题	答复意见	
签字栏	建设单位	监理单位	设计单位	施工单位

注：施工单位整理汇总的图纸会审记录应一式五份，并应由建设单位、设计单位、监理单位、施工单位、城建档案馆各保存一份。表中设计单位签字栏应为项目专业技术负责人的签字，建筑单位、监理单位、施工单位签字栏应为项目技术负责人或相关专业负责人的签字。

图 纸 会 审 记 录   续页

记录内容：

记录人：

注：附：图纸会审记录表式可供参考选用。

2. 应用说明

（1）基本要求

1）工程开工前，建设单位应组织施工、监理等单位的相关人员对施工图进行会审。图纸会审应详细记录施工图设计审查中提出的问题。设计单位应在工程实施前进行设计交底。

2）提供的施工图设计会审（图纸会审）文件必须是经当地建设行政主管部门批准的专职审图机构审查同意并已签章的施工图设计文件。施工图设计文件会审（图纸会审）记录是对已正式批准并签署的设计文件施工前进行审查和会审，对提出的问题由原设计单位予以解决并予记录的技术文件。

施工图设计文件的会审，设计单位必须先交底后会审，重点工程应有设计单位对施工单位的工程技术交底记录，应有对重要部位的技术要求和施工程序要求等的技术交底资料。

3）工程开工前必须组织图纸会审。开工前图纸会审文件必须分发有关单位。施工图设计和有关设计技术文件资料，是施工单位赖以施工、带根本性的技术文件，必须认真地组织学习和会审。由建设单位组织，设计单位、监理单位、施工单位共同参加进行的图纸会审，将施工图设计中将要遇到的问题提前予以解决。

4）有关专业均应有专人参加会审，会审记录整理完整成文，参加人员本人签字，日期、地点填写清楚。

建设、设计、施工、监理单位均应参加会审并分别盖章为有效，参加单位签章，参加人员本人签字。

（2）会审目的

1）通过事先认真地熟悉图纸和说明书，以达到了解设计意图、工程质量标准，以及新结构、新技术、新材料、新工艺的技术要求，了解图纸间的尺寸关系、相互要求与配合等内存的联系，更能采取正确的施工方法去实现设计意图；

2）在熟悉图纸、说明书的基础上，通过有设计、建设、监理、施工单位相关的专业人员参加的会审，将有关问题解决在施工前，给施工创造良好条件。

凡参加该工程的建设、施工、监理各单位，均应参加图纸会审。各专业间对施工图设计应进行会审；总分包单位之间应按施工图的要求进行专业间的协作、配合等事项的会商与综合会审。

（3）会审方法

1）施工图设计文件会审（图纸会审）应由建设单位组织，设计单位交底，施工、监理单位参加。

2）会审可分两个阶段进行：一是内部预审，由施工单位的有关人员负责在一定期限内完成。提出施工图纸中存在问题，并进行整理归类；监理单位同时也应进行类似的工作，将会审中发现的问题进行整理归类，与施工方将提出的问题一并提出。二是会审，由建设单位组织、设计单位交底、施工、监理单位参加，对预审及会审中提出的问题要逐一解决。由设计单位应以文字形式给予答复。会签施工图设计会审纪要。加盖各参加单位的公章，参加会审人员本人签字，作为答复文件存档备查。

3）对提出问题的处理，一般问题设计单位同意的，可在施工图设计会审记录中注释进行修改，并办理手续，按此进行施工；较大的问题必须由建设（或监理）、设计和施工单位洽商，由设计单位修改，经监理单位同意后，向施工单位签发设计变更图或设计变更通知单方为有效；如果设计变更影响了建设规模和投资方向，要报请原批准初步设计的单位同意方准修改。

（4）图纸会审的内容

1）施工图设计文件是否齐全，责任签章是否完全；设计是否符合国家有关的经济和技术政策、规范规定，图纸总的做法说明（包括分项工程做法说明）是否齐全、清楚、明确，与平面、位置、线路、平面、立面、剖面、侧面、系统图、透视图、轴测图、工艺流程图等各方之间有无矛盾；设计图纸（平面、立面、剖面、构件布置，相关大样）之间相互配合的尺寸是否符合，分尺寸与总尺寸、大样图、小样图、平面、立面、剖面与结构图互相配合及尺寸是否一致，有无错误和遗漏；坐标、位置是否一致；设计标高是否可行。

2）道路工程的主要结构设计在强度、刚度、稳定性等方面相互有无矛盾，主要构造部位是否合理，设计能否保证工程质量和安全施工。

3）施工图设计与施工单位的施工能力、技术水平、技术装备可否顺利实施；采用新工艺、新技术，施工单位有无困难，所需特殊材料的品种、规格、数量能否解决，专用机械设备能否保证。

（5）几点说明

1）会审一般由建设单位主持或建设、设计单位共同主持，有几个人主持时，可以分别签记姓名。

2）会审记录由设计、施工的任一方整理，可在会审时协商确定。

（6）表列子项

1）图纸问题：指图纸会审中发现所有需要记录的内容。

2）答复意见：指会审中对提出意见的解决办法，应详细记录与说明。

3）签字栏：指表列单位参加会审的人员，应分别签记参加人姓名。

附：施工图设计文件会审记录表（供参考使用）

1. 资料表式

施工图设计文件会审记录表

首页

工程名称				
图纸会审部位		日　期		

会审中发现的问题：

处理情况：

参加会审单位及人员					
单位名称	姓　名	职　务	单位名称	姓　名	职　务

填表人：

施工图设计文件会审记录表

续页

记录内容：
记录人：

注：附：施工图设计文件会审记录表式可供参考选用。

2.7 施工组织设计、（专项）施工方案、施工进度计划报审文件资料

2.7.1 施工组织设计报审文件资料

1. 资料表式

施工组织设计/（专项）施工方案报审表

工程名称：　　　　　　　　　　　编号：　　　　　　　　　表 2.7.1

致：_____（项目监理机构）
我方已完成_____工程施工组织设计/（专项）施工方案的编制，并按规定已完成相关审批手续。请予以审查。
附：□施工组织设计
□专项施工方案
□施工方案
施工项目经理部（盖章）
项目经理（签字）
年　　月　　日
审查意见：
专业监理工程师（签字）
年　　月　　日
审核意见：
项目监理机构（盖章）
总监理工程师（签字、加盖执业印章）
年　　月　　日
审批意见（仅对超过一定规模的危险性较大分部分项工程专项方案）：
建设单位（盖章）
建设单位代表（签字）
年　　月　　日

注：本表一式三份，项目监理机构、建设单位、施工单位各一份。

2. 资料要求

（1）施工单位提送报审的施工组织设计（施工方案），文件内容必须具有全面性、针对性和可操作性。施工组织设计文本的编制人、施工单位技术负责人、项目经理均必须本人签字，施工项目经理部或施工单位必须加盖公章。

（2）施工组织设计/（专项）施工方案报审表中的施工项目经理部、项目监理机构、建设单位均必须加盖公章；项目经理、专业监理工程师、总监理工程师、建设单位代表均必须本人签字；总监理工程师必须加盖执业印章。

（3）施工组织设计或施工方案专业监理工程师先行审查后必须填写审查意见，填写审查日期。

（4）施工组织设计或施工方案经总监理工程师审查签认后，加盖项目监理机构章，经建设单位审批同意后，经由项目监理机构返回施工项目经理部。

（5）对有危险性较大分部、分项工程，应经建设单位审批，建设单位加盖公章，建设单位代表本人签字。

（6）施工组织设计或施工方案报审时间必须在工程项目开工前完成。

（7）对"文不对题"或敷衍抄袭提供的施工组织设计应退回，并令其重新编制并报审。

3. 应用说明

施工组织设计（施工方案）是施工单位根据承接工程特点编制的实施施工的方法和措施，提请项目监理机构报审的文件资料。

施工组织设计是针对工程项目施工过程的复杂性，用系统的思想并遵循技术经济规律，对拟建工程的各阶段、各环节所需的各种资源进行统筹安排的计划管理行为。通过科学、经济、合理的规划安排，以达到建设项目能够连续、均衡、协调进行施工，达到满足建设项目对工期、质量、投资和安全等方面的要求。

（1）施工组织设计编制的基本要求

1）施工单位在开工前必须编制施工组织设计，对涉及结构安全的重要分项、分部工程应编制专项施工方案。

2）施工组织设计中应包括的主要内容应满足施工图设计和相关规范、标准要求的应实施的有关施工工艺、质量标准、安全及环境保护等的要求与措施。

（2）施工组织设计应包括的主要内容

1）施工组织总设计

①编制依据：建设项目基础文件；工程建设政策、法规和规范资料；建设地区原始调查资料；类似施工项目经验资料。

②工程概况：工程构成情况；建设项目的建设、设计和施工单位；建设地区自然条件状况；工程特点及项目实施条件分析。

③施工部署和施工方案：项目管理组织；项目管理目标；总承包管理；工程施工程序；各项资源供应方式；项目总体施工方案。

④施工准备工作计划：施工准备工作计划具体内容；施工准备工作计划。

⑤施工总平面规划：施工总平面布置的原则；施工总平面布置的依据；施工总平面布置的内容；施工总平面图设计步骤；施工总平面管理。

⑥施工总资源计划：劳动力需用量计划；施工工具需要量计划；原材料需要量计划；成品、半成品需要量计划；施工机械、设备需要量计划；生产工艺设备需要量计划；大型临时设施需要量计划。

⑦施工总进度计划：施工总进度计划编制；总进度计划保证措施。

⑧降低施工总成本计划及保证措施。

⑨施工总质量计划及保证措施。

⑩职业安全健康管理方案。

⑪环境管理方案。

⑫项目风险总防范。

⑬项目信息管理规划。

⑭主要技术经济指标：施工工期；项目施工质量；项目施工成本；项目施工消耗；项目施工安全；项目施工其他指标。

⑮施工组织设计或施工方案编制计划。

2）单位工程施工组织设计

①工程概况：工程建设概况；工程建筑设计概况；工程结构设计概况；建筑设备安装概况；自然条件；工程特点和项目实施条件分析。

②施工部署：建立项目管理组织；项目管理目标；总承包管理；各项资源供应方式；施工流水段的划分及施工工艺流程。

③主要分部分项工程的施工方案。

④施工准备工作计划：施工准备工作计划具体内容；施工准备工作计划。

⑤施工平面布置：施工平面布置的依据；施工平面布置的原则；施工平面布置内容；设计施工平面图步骤；施工平面图输出要求；施工平面管理规划。

⑥施工资源计划：劳动力需用量计划；施工工具需要量计划；原材料需要量计划；成品、半成品需要量计划；施工机械、设备需要量计划；生产工艺设备需要量计划；测量装置需用量计划；技术文件配备计划。

⑦施工进度计划：编制施工进度计划依据；施工进度计划编制步骤；施工进度计划编制内容；制定施工进度控制实施细则。

⑧施工成本计划：施工成本计划；编制施工成本计划步骤；施工成本控制措施；降低施工成本技术措施计划。

⑨施工质量计划及保证措施：编制施工质量计划的依据；施工质量计划内容；质量保证措施。

⑩职业安全健康管理方案：施工安全计划内容；制定安全技术措施。

⑪环境管理方案：施工环保计划内容；施工环保计划编制的步骤；施工环保管理目标；环保组织机构；环保事项内容和措施。

⑫施工风险防范。

⑬项目信息管理规划。

⑭新技术应用计划。

⑮主要技术经济指标。

⑯施工方案编制计划。

（3）项目监理机构应审查施工单位报审的施工组织设计，符合要求时，应由总监理工程师签认后报建设单位。项目监理机构应要求施工单位按已批准的施工组织设计组织施工。施工组织设计需要调整时，项目监理机构应按程序重新审查。

施工组织设计审查应包括下列基本内容：

1）编审程序应符合相关规定。

2）施工进度、施工方案及工程质量保证措施应符合施工合同要求。

3）资金、劳动力、材料、设备等资源供应计划应满足工程施工需要。

4）安全技术措施应符合工程建设强制性标准。

5）施工总平面布置应科学、合理。

（4）施工组织设计报审的程序及要求

1）施工单位编制的施工组织设计经施工单位技术负责人审核签认后，与施工组织设计报审表一并，报送项目监理机构。

2）总监理工程师应及时组织专业监理工程师进行审查，需要修改的，由总监理工程师签发书面意见，退回修改；符合要求的，由总监理工程师签认。

3）已签认的施工组织设计由项目监理机构报送建设单位。

项目监理机构还应审查施工组织设计中的生产安全事故应急预案，重点审查应急组织体系、相关人员职责、预警预防制度、应急救援措施。

（5）表列子项

1）致：_____（项目监理机构）：指施工单位报送工程监理单位派驻施工现场的项目监理机构的名称，照实际填写。

我方已完成___Ⓐ处___工程施工组织设计/（专项）施工方案的编制，并按规定已完成相关审批手续。请予以审查：

Ⓑ处：应填写工程名称（按全称）。

2）附：可能为施工组织设计、专项施工方案或施工方案，可在选择方框内打"√"。

3）审核意见：指总监理工程师对施工组织设计（方案）内容的完整性、符合性、适应性、合理性、可操作性及实现目标的保证措施审查所得出的结论而填写的审核意见。

4）审批意见（仅对超过一定规模的危险性较大分部分项工程专项方案）：指建设单位代表对施工组织设计（方案）内容的完整性、符合性、适应性、合理性、可操作性及实现目标的保证措施审查所得出的结论而填写的审批意见。

5）责任制：

①施工项目经理部（盖章）：施工项目经理部加盖公章、项目经理本人签字，签注 年 月 日。

②专业监理工程师（签字）：专业监理工程师本人签字，签注 年 月 日。

③项目监理机构（盖章）：项目监理机构加盖公章、总监理工程师本人签字，并加盖执业印章，签注 年 月 日。

④建设单位（盖章）：建设单位加盖公章、建设单位代表本人签字，签注 年 月 日。

2.7.2 （专项）施工方案报审文件资料

2.7.2.1 危险性较大分部与分项工程施工方案

1. 资料表式

危险性较大工程安全专项施工方案论证审查报告　　　　表 2.7.2.1

工程名称	
施工企业	
专项方案名称	
论证审查意见	 年　月　日

签字	主任委员		副主任委员	
	委员			

2. 应用说明

（1）危险性较大分部与分项工程应编制专项施工方案。

（2）危险性较大分部与分项工程专项施工方案论证审查大纲的内容（供参考）。

1）概述

2）论证审查内容

①审查安全专项施工方案编制是否符合国家和行业有关的标准、规范；计算数据取值是否准确，计算是否正确。

②安全专项施工方案是否符合工程项目的具体情况，各项安全技术是否具有较强的针对性。

3）论证审查形式：可采用现场勘察、会议讨论审查。

4）论证审查依据：现行的国家和行业有关的安全生产法律、法规以及标准、规范。

5）论证审查组织：成立论证审查专家委员会，设主任委员、副主任委员和秘书长，由主任委员主持论证审查。由主任委员主持审查并对审查结果提出报告。

　　6）论证审查基本程序

　　①成立专家组，选定主任委员、副主任委员以及秘书长；

　　②专家组通过论证审查大纲；

　　③施工企业介绍工程概况、现场施工组织情况以及需要论证的危险性较大工程的具体情况；

　　④专家组成员勘察施工现场，查阅有关图纸及其资料；

　　⑤施工企业对需要论证的危险性较大工程安全专项施工方案作说明；

　　⑥专家组对施工方案予以评审；

　　⑦形成专家论证审查报告；

　　⑧宣读结果；

　　⑨专家签字。

2.7.3　施工进度计划报审文件资料

1. 资料表式

施工进度计划报审表

工程名称：　　　　　　　　　　　　　　　　　　　　编号：

致：＿＿＿＿＿＿＿＿＿＿＿＿＿＿＿＿＿＿＿＿＿＿＿（项目监理机构） 　　我方根据施工合同的有关规定，已完成＿＿＿＿＿＿＿＿＿＿＿＿＿＿＿工程施工进度计划的编制，并经我单位技术负责人审查批准，请予以审查。 　　附件：□施工总进度计划 　　　　　□阶段性进度计划   <div style="text-align:right">施工项目经理部（盖章） 项目经理（签字） 年　　月　　日</div>
审查意见：   <div style="text-align:right">专业监理工程师（签字） 年　　月　　日</div>
审核意见：   <div style="text-align:right">项目监理机构（盖章） 总监理工程师（签字） 年　　月　　日</div>

　　注：本表一式三份，项目监理机构、建设单位、施工单位各一份。

2. 资料要求

（1）本表由施工项目经理部填报，加盖公章，函件填写应正确，项目经理本人签字。

（2）施工单位提请施工进度计划报审，提供的附件资料、施工总进度计划或阶段性进度计划内容应齐全、真实。

（3）施工进度计划报审表，专业监理工程师先行审查后必须填写审查意见，专业监理工程师本人签字。

（4）施工单位必须加盖公章、项目经理本人签字；施工进度计划报审表经总监理工程师审核签认后，加盖项目监理机构章、总监理工程师本人签字。

3. 应用说明

施工进度计划报审表是施工单位根据施工组织设计总进度或单位工程进度计划要求，编制的施工进度计划报审表，提请项目监理机构审查、签认的应用表式。

（1）项目监理机构应审查施工单位报审的施工总进度计划和阶段性施工进度计划，提出审查意见，并应由总监理工程师审核后报建设单位。施工进度计划审查应包括下列基本内容：

1）施工进度计划应符合施工合同中工期的约定。

2）施工进度计划中主要工程项目无遗漏，应满足分批投入试运、分批动用的需要，阶段性施工进度计划应满足总进度控制目标的要求。

3）施工顺序的安排应符合施工工艺要求。

4）施工人员、工程材料、施工机械等资源供应计划应满足施工进度计划的需要。

5）施工进度计划应符合建设单位提供的资金、施工图纸、施工场地、物资等施工条件。

（2）项目监理机构审查阶段性施工进度计划时，应注重阶段性施工进度计划与总进度计划目标的一致性。

施工单位编制的施工总进度计划必须符合施工合同约定的工期要求，满足施工总工期的目标要求，阶段性进度计划必须与总进度计划目标相一致。将施工总进度计划分解成阶段性施工进度计划是为了确保总进度计划的完成，因此，阶段性进度计划更应具有可操作性。

项目监理机构收到施工单位报审的施工总进度计划和阶段性施工进度计划时，应对照审查应包括的基本内容进行审查，提出审查意见。发现问题时，应以监理通知单的方式及时向施工单位提出书面修改意见，并对施工单位调整后的进度计划重新进行审查，发现重大问题时应及时向建设单位报告。施工进度计划经总监理工程师审核签认，并报建设单位批准后方可实施。

（3）项目监理机构应检查和记录施工进度计划实施的实际进度情况，发现实际进度严重滞后于计划进度且影响合同工期时，应签发监理通知单，要求施工单位采取调整措施，加快施工进度。总监理工程师应向建设单位报告工期延误风险。

施工进度计划在实施过程中受各种因素的影响可能会出现偏差，项目监理机构应对施工进度计划的实施情况进行动态检查，对照施工实际进度和计划进度，判定实际进度是否出现偏差。发现实际进度严重滞后且影响合同工期时，应签发监理通知单、召开专题会议，要求施工单位采取调整措施，加快施工进度，并按督促施工单位调整后批准的施工进度计划实施。

总监理工程师应及时向建设单位报告可能造成工期延误的风险事件及其原因，采取的对策和措施等。

(4) 监理工程师的进度控制：

1) 检查工程进度情况，进行实际进度与计划进度的比较，分析延误原因，采取相应措施。

2) 修订进度计划。承包单位应根据工程实际进行修订，对不属于施工原因造成的工程延期，施工方有权得到补偿的额外付款。

3) 认真编制年、季、月、旬计划，分项工程施工计划、劳动力、机械设备、材料采购计划。

4) 监理工程师应及时对已经延误的工期及其原因做出分析，及时告知承包单位。

5) 承包单位及时提出合理的施工进度措施或方案，并应得到监理工程师批准。

6) 承包单位提交的施工进度计划，经监理工程师批准后，监理工程师应据此请其编制年、季、月度计划，并按此检查执行，对执行中不符合年、季、月度计划的部分应及时检查并提出警告或协商，以保证工程进度按计划实施。对不接受警告或协商者，监理工程师可以建议中止合同。

(5) 项目监理机构应比较分析工程施工实际进度与计划进度，预测实际进度对工程总工期的影响，并应在监理月报中向建设单位报告工程实际进展情况。

由于各种因素的影响，实际施工进度很难完全与计划进度一致，监理项目机构应比较工程施工实际进度与计划进度的偏差，分析造成进度偏差的原因，预测实际进度对工程总工期的影响，督促相关各方采取相应措施调整进度计划，力求总工期目标的实现。监理项目机构每月向建设单位报送监理月报时，要反映工程的实际进展情况。

监理项目机构可采用前锋线比较法、S曲线比较法和香蕉曲线比较法等比较分析实际施工进度与计划进度，确定进度偏差并预测该进度偏差对工程总工期的影响。

(6) 工程进度控制分析的几点说明

进度控制的分析方法主要有定量分析、定性分析和综合分析。定量分析是一种对进度控制目标进行定量计算分析，以数据说明问题的分析方法；定性分析是一种主要依靠文字描述进行总结、分析，说明问题的分析方法；综合分析法是在数据计算的基础上作深层的定性解剖，以数据所具有的准确性和定量的科学性使总结分析更加有力的一种分析方法。进度控制分析必须采用综合分析方法。进度控制分析中，应着重强调以下几点。

1) 在计划的编制和执行中，应大量积累资料，其中包括数据资料和实际情况记录。

2) 总结分析前应对已有资料进行初议，对已取得资料中没有的情况应进行调查和充实，要把问题摆透。做到总结分析应有提纲、有目标、有准备。

3) 建立总结分析制度，利用会议可经常性对执行计划进行阶段性分析，以提早发现进度执行中的问题。

4) 参加总结分析的人应当对进度控制情况了解，是进度控制的实践者，系内行。

5) 分析过程应对定量资料和其他经济活动资料进行对比分析，做到图表、数据、文字并用。

6) 充分利用计算机软件储存信息、数据处理等方法。

7）进度控制总结分析应在不同阶段分别进行，即应进行阶段性分析、专题分析和竣工后的全面分析。

8）进度控制总结分析结果应存入档案，供参考应用。

（7）进度控制注意事项

1）坚持实事求是的态度。一定要确定合理的施工工期，其依据是国家制定的工期定额。确定施工工期不能只按日历天数，应考虑到有效工期。

2）注意协调解决好建筑资金，保证按时拨付工程款。

3）落实旬、月计划。应注意资金、机具、材料、劳力等，资源保障体系一定要落实，外部协作条件要衔接。

4）注意保证检验批、分项工程质量合格。不发生质量事故。

（8）表列子项

1）致：＿＿＿＿＿＿＿（项目监理机构）：指施工单位报送工程监理单位派驻施工现场的项目监理机构的名称，照实际填写。

我方根据施工合同的有关规定，已完成工程施工进度计划的编制，并经我单位技术负责人审查批准，请予以审查：填写工程名称（按全称）。

2）附件：可能为施工总进度计划或阶段性进度计划，可在选择方框内打"√"。

3）审查意见及审核意见：审查意见或审核意见均必须注意工期应满足合同要求，相关工期管理符合国家有关规定。

4）责任制：

①施工项目经理部（盖章）：施工项目经理部加盖公章、项目经理本人签字，签注　年　月　日。

②专业监理工程师（签字）：专业监理工程师本人签字，签注　年　月　日。

③项目监理机构（盖章）：项目监理机构加盖公章、总监理工程师本人签字，签注　年　月　日。

2.7.3.1　工程进度控制实施综合说明

1. 工程进度控制的程序与审核内容

（1）控制程序

1）总监理工程师审查施工单位报送的施工总进度计划、编制的年、季、月度施工进度计划；

2）专业监理工程师应对进度计划实施情况进行检查分析；

3）当实际进度符合计划进度时，应要求施工单位编制下一期进度计划；当实际进度滞后于计划进度时，专业监理工程师应书面通知施工单位采取纠偏措施并监督实施。

（2）施工进度计划审核的主要内容：

1）工程进度计划是否符合施工合同中开工、竣工日期的规定；

2）工程进度计划中的主要工程项目是否有遗漏，分期施工是否满足分批动用的需要和配套动用的要求，总承包、分承包单位分别编制的各单项工程进度计划之间是否相协调；

3）施工顺序的安排是否符合施工工艺的要求；

4）工期是否进行了优化，进度安排是否合理；

5）劳动力、材料、构配件、设备及施工机具、设备、水、电等生产要素供应计划是否能保证施工进度计划的需要，供应是否均衡。

对由建设单位提供的施工条件（资金、施工图纸、施工场地、采供的物资等），施工单位在施工进度计划中所提出的供应时间和数量是否明确、合理，是否有造成因建设单位违约而导致工程延期和费用索赔的可能。

编制和实施施工进度计划是施工单位的责任。因此，监理工程师对施工进度计划的审查，并不解除施工单位对施工进度计划的责任和义务。

2. 制定进度控制方案

（1）监理的进度控制方案由专业监理工程师负责制定；

（2）施工进度控制方案的主要内容包括：

1）编制施工进度控制目标分解图；

2）进行实现施工进度控制目标的风险分析；

3）明确施工进度控制的主要工作内容和深度；

4）制定监理人员对进度控制的职责分工；

5）制定进度控制工作流程；

6）制定进度控制方法（包括检查周期、数据采集方式、报表格式、统计分析方法等）；

7）制定进度控制的具体措施（包括组织、技术、经济措施及合同措施等）；

8）尚待解决的其他有关问题。

（3）编制和实施施工进度计划是施工单位的责任。施工进度计划经项目监理机构审查后，应当视为施工合同文件的一部分，是以后处理施工单位提出的工程延期和费用索赔的重要依据。监理工程师审查施工进度计划，主要目的是防止施工单位计划不当，为施工单位实现合同工期目标提供帮助，同时向建设单位提出相关的建设性意见，因此，项目监理机构对施工进度计划的审查，并不解除施工单位对施工进度计划的责任或义务。

3. 专业监理工程师实施进度控制的主要工作

（1）检查和记录实际进度完成情况；

（2）记录和分析劳动力、材料（构配件、设备）及施工机具、设备、施工图纸等生产要素的投入和施工管理、施工方案的执行情况；

（3）通过下达监理指令、召开工地例会、各种层次的专题协调会议，督促施工单位按期完成进度计划；

（4）当实际进度滞后进度计划要求时，监理工程师应签发监理工程师通知单指令施工单位采取调整措施。进度严重滞后时，由总监理工程师和建设单位采取其他有效措施；

（5）项目监理机构应通过工地例会和监理月报，定期向建设单位报告进度情况，特别是对因建设单位原因而可能导致工程延期和费用索赔的各种因素，要及时地提出建议。

4. 对总监理工程师月度进度控制的要求

（1）进度控制情况的汇报由总监理工程师在监理月报中向建设单位报告。

（2）报告内容一般包括：工程计划进度与工程实际进度的执行情况；进度控制措施的执行情况及存在问题；提出合理预防由建设单位原因导致的工程延期及其相关费用索赔的建议。

2.8 分包单位资格报审文件资料

1. 资料表式

分包单位资格报审表

工程名称：   编号：

致：_____（项目监理机构）

经考察，我方认为拟选择的_____（分包单位）具有承担下列工程的施工或安装资质和能力，可以保证本工程按施工合同第_____条款的约定进行施工或安装。请予以审查。

分包工程名称（部位）	分包工程量	分包工程合同额
合　计		

附件：1. 分包单位资质材料

2. 分包单位业绩材料

3. 分包单位专职管理人员和特种作业人员的资格证书

4. 施工单位对分包单位的管理制度

施工项目经理部（盖章）

项目经理（签字）

年　　月　　日

审查意见：

专业监理工程师（签字）

年　　月　　日

审核意见：

项目监理机构（盖章）

总监理工程师（签字）

年　　月　　日

注：本表一式三份，项目监理机构、建设单位、施工单位各一份。

2. 资料要求

（1）本表由施工项目经理部填报，加盖公章，项目经理本人签字；经专业监理工程师审查提出意见并本人签字；由总监理工程师审核加盖项目监理机构公章，总监理工程师本人签字。

（2）对分包单位资格的审核应满足分包单位资格审查的"审查内容"要求。

（3）施工项目经理部提供的附件资料应齐全、真实。

（4）项目监理机构对分包单位的资格审查应提出意见，分包单位的资格审查必须在分包工程开工前完成。

3. 应用说明

分包单位资格报审是总包施工单位实施分包时，提请项目监理机构对其分包单位资质进行查检而提请报审的文件。

（1）分包工程开工前，项目监理机构应审核施工单位报送的分包单位资格报审表，专业监理工程师提出审查意见后，应由总监理工程师审核签认。分包单位资格审核应包括下列基本内容：

1）营业执照、企业资质等级让书。

2）安全生产许可文件。

3）类似工程业绩。

4）专职管理人员和特种作业人员的资格。

（2）分包单位的资格报审表和报审所附的分包单位有关资料的审查由专业监理工程师在分包工程开工前负责完成。

对符合分包资质的分包单位需经总监理工程师审查同意后签认。

上述分包单位的资格报审是在施工合同中未指明分包单位时，项目监理机构应对该分包单位资格进行审查。如在施工合同已明确且已经审查，则不再重新审查。

（3）施工分包管理说明

1）施工分包是指建筑业企业将其所施工的房屋建筑和市政基础设施工程中的专业工程或者劳务作业发包给其他建筑业企业完成的活动。施工分包分为专业工程分包和劳务作业分包。

专业工程分包，是指施工总施工企业（以下简称专业分包工程发包人）将其所施工工程中的专业工程发包给具有相应资质的其他建筑业企业（以下简称专业分包工程施工人）完成的活动；

劳务作业分包，是指施工总施工企业或者专业施工企业（以下简称劳务作业发包人）将其施工工程中的劳务作业发包给劳务分包企业（以下简称劳务作业施工人）完成的活动。

2）建设单位不得直接指定分包工程施工人。任何单位和个人不得对依法实施的分包活动进行干预。

3）专业工程分包除在施工总施工合同中有约定外，必须经建设单位认可。

4）分包工程发包人和分包工程施工人应当依法签订分包合同，并按照合同履行约定的义务。分包方式以及保证按期支付的相应措施，确保工程款和劳务工资的支付。

5）总包单位应对分包后的工程实施项目管理。

6) 分包工程发包人可以就分包合同的履行，要求分包工程施工人提供分包工程履约担保；分包工程施工人在提供担保后，要求分包工程发包人同时提供分包工程付款担保的，分包工程发包人应当提供。

7) 禁止将施工的工程进行违法分包。下列行为，属于违法分包：

①分包工程发包人将专业工程或者劳务作业分包给不具备相应资质条件的分包工程施工人的；

②施工总施工合同中未有，又未经建设单位认可，分包工程发包人将施工工程中的部分专业工程分包给他人的。

8) 分包人必须是具有相应资质的施工总施工或专业施工企业、受包人必须具有相应的专业施工或劳务施工资质，并在其资质等级许可的范围内承接业务。

建筑业企业的生产操作（劳务）人员必须取得相应岗位的职业资格证书，涉及国家财产和人民生命安全的关键岗位生产操作人员必须持有《建设职业技能岗位证书》上岗。持证上岗工种包括：木工、砖瓦工、抹灰工、石制作业、油漆工、钢筋、焊接工、混凝土、架子工、模板工、水暖工、电工、管道工、钣金工、架线工等。

9) 合同当事人应当依法履行合同约定的义务。

10) 分包人对其施工的工程应当设立项目管理机构，对该工程施工活动进行组织管理。项目管理机构应当具有与施工工程规模、技术复杂程度相适应的技术、经济管理人员，其中项目经理、技术负责人、项目核算负责人、质量管理人员、安全管理人员等必须是本单位的人员，不得外借。

11) 实施施工分包的建设工程项目，工程施工项目经理部的技术管理体系，质量保证体系、安全保证体系、进度控制体系、成本控制体系必须由受包人组成。

12) 对于分包工程发生质量、安全事故的，分包人和受包人根据有关规定及事故调查结果承担的责任。

对于转包、违法分包或者允许他人挂靠而发生质量、安全事故的，必须依法追究不包或者被挂靠人的责任，并由其承担全部赔偿责任。

(4) 关于转包、违法分包和挂靠的界定。

1) 转包：凡有下列行为之一的，均属于转包行为：

①不履行合同约定的责任和义务，将其施工的企业部工程转包给他人，或者将其施工：全部工程肢解后以分包的名义分别转包给他人的；

②分包人对其施工的工程未在施工现场派驻人员配套的项目管理机构，并未对该工程的施工活动进行组织管理的；

③法律、法规规定的其他转包行为；

④法律、法规规定的其他挂靠行为。

2) 违法分包：凡有下列行为之一的均履行违法分包：

①将专业工程或者劳务作业分包给不具备相应资条件的受包人的；

②将工程主体结构的施工分包给他人的（劳务作业除外）；

③在总施工合同中没有约定，又未经建设单位的认可，将施工的部分专业分包给他人的；

④受包人将其施工的分包工程再分包的；

⑤法律、法规规定的其他违法分包行为。

3）挂靠行为：凡有下列行为之一的，均属挂靠行为：

①转让、出借资质证书或者以其他方式允许他人的本企业名义承揽工程的；

②项目管理机构的项目经理，技术负责人、项目核算负责人、质量管理人员、安全管理人员等不是本单位人员，与本单位无合法的人事或劳动合同、工资福利及社会保险关系的；

③建设单位的工程款直接进入项目管理机构财务的。

（5）对分包单位而言一定要清楚，该分包单位是总包单位的一部分，一切受总包单位的管理，分包单位任何违约及存在的质量问题等均由总包单位负责，还是该分包单位是一个独立而又接受总包单位管理的分包单位。第一种情况监理单位应直接对总包单位下达指令，以此开展工作；第二种情况监理单位可直接向分包单位下达指令，开展工作。该项确定原则以总分包合同文本为据。

（6）表列子项

1）致：＿＿＿＿＿＿（项目监理机构）：指施工单位报送工程监理单位派驻施工现场的项目监理机构的名称，照实际填写。

经考察，我方认为拟选择的＿＿Ⓐ处＿＿（分包单位）具有承担下列工程的施工或安装资质和能力，可以保证本工程按施工合同第＿＿＿Ⓑ处＿＿＿条款的约定进行施工或安装。请予以审查：

Ⓐ处：应分别填写似选择的分包单位的名称和依据施工合同的条款。

Ⓑ处：应分别填写分包工程名称（部位）、分包工程量和分包工程合同额。照实际。

2）附件：施工单位提送的分包单位资格报审表应提供的附件材料：分包单位资质材料；分包单位业绩材料；分包单位专职管理人员和特种作业人员的资格证书；施工单位对分包单位的管理制度。

3）审查意见：由专业监理工程师填写审查意见并本人签字。

4）审核意见：由总监理工程师填写审核意见并本人签字。

5）责任制：

①施工单位的施工项目经理部加盖公章、项目经理本人签字，签注　　年　月　日。

②项目监理机构的专业监理工程师本人签字，签注　　年　月　日。

③项目监理机构的总监理工程师加盖项目监理机构公章，总监理工程师本人签字，签注　　年　月　日。

（7）填表说明：

1）分包单位资格报审控制要点是分包单位必须具有承揽该项任务的能力，以保证工程质量。

2）监理对分包单位审查除专业水平外主要是企业资质和企业业绩两个部分。应审查分包单位提供的资质等级证书、营业范围；审查分包单位提供的业绩材料，如业绩手册资料，该手册资料必须是经当地建设行政主管部门或建设行政主管部门委托的业绩审查单位签章的业绩手册资料。

3）分包单位资格报审项目监理机构应提出"为什么同意或不同意的具体意见"。

4）分包审批尚应核查分包合同，合同中应明确总包、分包的职责、权利和义务，安全监控的责任等。

2.9　施工控制测量成果报验文件资料

1. 资料表式

施工控制测量成果报验表

工程名称：　　　　　　　　　　　　　　　　　　　　　　　　　　　编号：

致：＿＿＿＿＿＿＿＿＿＿＿＿＿＿＿＿＿＿＿＿＿＿＿＿（项目监理机构）
我方已完成＿＿＿＿＿＿＿＿＿＿＿＿＿＿＿的施工控制测量，经自检合格。请予以查验。   　　　附：1. 施工控制测量依据资料   　　　　　　2. 施工控制测量成果表   　　　　　　　　　　　　　　　　　　　施工项目经理部（盖章）   　　　　　　　　　　　　　　　　　　　项目技术负责人（签字）   　　　　　　　　　　　　　　　　　　　　　　年　　月　　日
审查意见：   　　　　　　　　　　　　　　　　　　　项目监理机构（盖章）   　　　　　　　　　　　　　　　　　　　专业监理工程师（签字）   　　　　　　　　　　　　　　　　　　　　　　年　　月　　日

注：本表一式三份，项目监理机构、建设单位、施工单位各一份。

2. 资料要求

（1）本表由施工项目经理部填报并加盖公章，项目技术负责人本人签字，经专业监理工程师审查符合要求后，由专业监理工程师加盖项目监理机构章，专业监理工程师本人签字。

（2）施工控制测量成果报验应提送"施工控制测量依据资料和施工控制测量成果表"。

（3）资料内必须附图时，附图应简单易懂，且能全面反映附图质量。

3. 应用说明

施工控制测量成果报验文件资料是项目监理机构对施工工程或部位的测量成果进行的审查与签认。

（1）专业监理工程师应检查、复核施工单位报送的施工控制测量成果及保护措施，签署意见。专业监理工程师应对施工单位在施工过程中报送的施工测量放线成果进行查验。

施工控制测量成果及保护措施的检查、复核，应包括下列内容：

1）施工单位测量人员的资格证书及测量设备检定证书。

2）施工平面控制网、高程控制网和临时水准点的测量成果及控制桩的保护措施。

专业监理工程师应审核施工单位的测量依据、测量人员资格和测量成果是否符合规范及标准要求，符合要求的，由专业监理工程师予以签认。

（2）专业监理工程师应对施工单位报送的施工控制测量成果及保护措施进行检查、复核、查验，其内容和应符合的要求。

1）首先对施工测量、放线成果进行检查和签认

施工单位在测量放线完毕，应进行自检，合格后填写施工测量放线报验申请表。

①对交桩进行检查，交桩不论建设单位交桩，还是委托设计或监理单位交桩，一定要确保施工单位复测无误才可认桩。如有问题，须请建设单位处理。确认无误后，由施工单位建立施工控制网，并妥善保管。

②施工单位按"施工测量方案"对建设单位交给施工单位的红线桩、水准点进行校核复测，并在施工场地设置平面坐标控制网（或控制导线）及高程控制网后，填写《施工测量放线报验申请表》，并应附上相应放线的依据资料及测量放线成果表，供项目监理机构审查与查验。

施工单位实施施工测量较大工程应制定施工的测量方案，并将施工测量方案、专职测量人员的岗位证书及测量设备鉴定证书，报送项目监理机构审查。

③当施工单位对交验的桩位通过复测提出质疑时，应通过建设单位邀请当地建设行政主管部门认定的规划勘察部门或勘察设计单位复核红线桩及水准点引测的成果；最终完成交桩过程，并通过会议纪要的方式予以确认。

④专业监理工程师应实地查验放线精度是否符合规范及标准要求，施工轴线控制桩的位置、轴线和高程的控制标志是否牢靠、明显等。经审核、查验合格，签认施工测量报验申请表。

2）专业监理工程师应从施工单位的测量人员和仪器设备两个方面来检查、复核施工单位测量人员的资格证书和测量设备检定证书。根据相关规定，从事工程测量的技术人员应取得合法、有效的相关资格证书，用于测量的仪器和设备应具备有效的检定证书。专业监理工程师应按照相应测量标准的要求对施工平面控制网、高程控制网和临时水准点的测量成果及控制桩的保护措施进行检查、复核。例如，场区控制网点位，应选择在通视良好、便于施测、利于长期保存的地点，并埋设相应的标石，必要时还应增加强制对中装置。标石埋设深度，应根据地冻线和场地设计标高确定。施工中，当少数高程控制点标石不能保存时，应将其引测至稳固的建（构）筑物上，引测精度不应低于原高程点的精度等级。

（3）测量放线的专业测量人员资格（测量人员的资格证书）及测量设备资料（施工测量放线使用测量仪器的名称、型号、编号、校验资料等）应经项目监理机构确认。

测量依据资料及测量成果包括下列内容：

1）平面、高程控制测量：需报送控制测量依据资料、控制测量成果表（包含平差计算表）及附图。

2）定位放样：报送放样依据、放样成果表及附图。

（4）专业监理工程师应检查、复核施工单位报送的施工控制测量成果及保护措施，签

署意见。专业监理工程师应对施工单位在施工过程中报送的施工测量放线成果进行查验。

（5）施工控制测量成果及保护措施的检查、复核，应包括下列内容：

1）施工单位测量人员的资格证书及测量设备检定证书（应具有资质的计量鉴定单位出具的检定证书）。

2）施工平面控制网、高程控制网和临时水准点（包括水准点的引进地点及其偏号）的测量成果及控制桩的保护措施。

（6）测量成果的控制检查原则

1）施工控制测量成果报验文件资料必须报验，项目监理机构必须复查，未经报验及复测校核不得开工。

2）施工控制测量成果报验文件资料是确保建筑物位置、轴线、朝向、标高的关键环节，工程施工中施工测量必须进行初测、复测和报验三个环节。施工控制测量成果报验文件资料由专业监理工程师签认。

3）施工控制测量成果报验文件资料的复验结果必须符合设计要求。复测中不论产生何种疑问，都应协同施工单位认真核对，确保报验正确无误。

4）专业监理工程师审查意见的控制要点为：按照当地建设行政主管部门给定的水准点标高，正确无误地应用于工程。审查意见应明确说明查验结果，是合格还是纠正差错后再报。

5）施工控制测量成果报验文件资料的报验时间和项目监理机构复验时间必须填写清楚，并应填写复验人姓名。

（7）表列子项

1）致：_____（项目监理机构）：指施工单位报送工程监理单位派驻施工现场的项目监理机构的名称，照实际填写。

2）我方已完成_____的施工控制测量，经自检合格，请予以查验：应填写被施工控制测量的工程名称。

3）附件：施工项目经理部应提送"施工控制测量依据资料和施工控制测量成果表"。

4）审查意见：由专业监理工程师填写审查意见并本人签字。

5）责任制：

①施工单位的施工项目经理部加盖公章、项目技术负责人本人签字，签注　　年　月　日。

②项目监理机构的专业监理工程师加盖项目监理机构章，专业监理工程师本人签字，签注　　年　月　日。

（8）填表说明

1）施工单位的专职测量人员岗位证书：指承担本次测量工作的专职测量人员岗位证书及编号。

2）测量设备鉴定证书：指本次测量工作所用测量设备的法定检测部门的鉴定证书及编号。

3）施工单位提送报审的附件内容应齐全、真实，详细填报施工控制测量成果报验文件资料的部位名称、内容等。

2.10 总监理工程师任命书，工程开工令、 暂停令、复工令，开工或复工报审文件资料

2.10.1 总监理工程师任命书

1. 资料表式

总监理工程师任命书

工程名称： 　　　　　　　　　　　　　　　　　　编号：

致：_____（建设单位）

　　兹任命 _____（注册监理工程师注册号：_____）为我单位

_____项目总监理工程师。负责履行建设工程监理合同、主持项目监理机构工作。

　　　　　　　　　　　　　　　　　　　　工程监理单位（盖章）

　　　　　　　　　　　　　　　　　　　　法定代表人（签字）

　　　　　　　　　　　　　　　　　　　　　　　年　　月　　日

注：本表一式三份，项目监理机构、建设单位、施工单位各一份。

2. 资料要求

（1）总监理工程师任命书由工程监理单位的法定代表人本人签字，并加盖公章。

（2）致函中注册监理工程师的注册号必须填写。

（3）总监理工程师应人、证相一致，不应弄虚作假。

3. 应用说明

（1）工程监理单位在建设工程监理合同签订后，应及时将项目监理机构的组织形式、人员构成及对总监理工程师的任命，书面通知建设单位。

（2）工程监理单位调换总监理工程师时，应征得建设单位书面同意，应注意总监理工程师调换的前提是征得建设单位书面同意。

　　调换专业监理工程师时，总监理工程师应书面通知建设单位。

（3）工程监理单位更换、调整项目监理机构监理人员，应做好交接工作，保持建设工程监理工作的连续性。

（4）总监理工程师应是注册监理工程师。一名担任总监理工程师的注册监理工程师可同时担任多个项目总监理工程师的前提是，经建设单位同意，且最多只能同时担任三个项

目的总监理工程师。

（5）表列子项

1）致：_____（建设单位）：指与工程监理单位签订合同的建设单位名称，照实际填写。

兹任命_____ⒶⒶ处_____（注册监理工程师注册号：___Ⓑ处___）为我单位___Ⓒ处___项目总监理工程师。负责履行建设工程监理合同、主持项目监理机构工作：

Ⓐ处：应填写被任命为总监理工程师的姓名。

Ⓑ处：应填写被任命为总监理工程师人的注册监理工程师注册号。

Ⓒ处：应填写工程监理单位派驻施工现场的项目监理机构的名称。应填写全称。

2）责任制

工程监理单位加盖公章，法定代表人本人签字，签注　年　月　日。

2.10.2　工程开工令

1. 资料表式

工程开工令

工程名称：　　　　　　　　　　　　　　　　　　编号：

致：_____（施工单位）
经审查，本工程已具备施工合同约定的开工条件，现同意你方开始施工，开工日期为：_____年____月____日。 附件：开工报审表   　　　　　　　　　　　　　　　　项目监理机构（盖章） 　　　　　　　　　　　　　　　　总监理工程师（签字、加盖执业印章） 　　　　　　　　　　　　　　　　　　　年　　月　　日

注：本表一式三份，项目监理机构、建设单位、施工单位各一份。

2. 资料要求

（1）开工令应及时下达，应在开工日期7天前向施工单位发出。

（2）应由总监理工程师签发工程开工令。总监理工程师应加盖执业印章。

（3）应提附件资料开工报审表及其附属资料应齐全、真实。

3. 应用说明

（1）建设单位对开工报审表签署同意意见后，由总监理工程师签发工程开工令。

（2）工程开工必须具备其基本条件，是总监理工程师签发开工令的前提。开工令签发必须明确开工日期，工程开工令中的开工日期作为施工单位计算工期的起始日期。

（3）总监理工程师应组织专业监理工程师审查施工单位报送的开工报审表及相关资

料；同时，具备下列条件时，由总监理工程师签署审查意见，并报建设单位批准后，总监理工程师方可签发工程开工令：

1）设计交底和图纸会审已完成。

2）施工组织设计已由总监理工程师签认。

3）施工单位现场质量、安全生产管理体系已建立，管理及施工人员已到位，施工机械具备使用条件，主要工程材料已落实。

4）进场道路及水、电、通信等已满足开工要求。

（4）由于施工工期自总监理工程师发出的工程开工令中载明的开工日期为工期的起始日期，要求施工单位应在开工令下达后尽快施工。

（5）表列子项

1）致：_____（施工单位）：指填写与建设单位签订合同的施工单位名称，照实际填写。

经审查，本工程已具备施工合同约定的开工条件，现同意你方开始施工，开工日期为：_____年_____月_____日：指填写同意的开工日期。

2）附件：应提供开工报审表，开工报审应满足签发上述工程开工令的4项条件。

3）责任制

项目监理机构应加盖公章；总监理工程师本人签字，同时加盖执业印章，签注　　年　月　日。

2.10.3 工程暂停令

1. 资料表式

工程暂停令

工程名称：　　　　　　　　　　　　　　　　　　　　　　编号：

致：_____（施工项目经理部）

由 于 _____

_____原因，现通知你方于_____年_____月_____日时起，暂停_____部位（工序）施工，并按下述要求做好后续工作。

要求：

项目监理机构（盖章）
总监理工程师（签字、加盖执业印章）
年　月　日

注：本表一式三份，项目监理机构、建设单位、施工单位各一份。

2. 资料要求

（1）工程暂停指令办理必须及时、准确，通知内容正确、完整，技术用语规范，文字简练、明了。

（2）总监理工程师应根据暂停工程的影响范围和程度，按合同约定签发暂停令。签发工程暂停令时，应注明停工部位及范围。

（3）工程暂停指令项目监理机构必须加盖公章、总监理工程师本人签字，同时加盖执业印章。

（4）因试验报告单不符合要求可能造成工程质量重大缺陷而下达停工指令时，应注意在"指令"中说明试验编号，以备核对。

3. 应用说明

工程暂停令是指施工过程中某一个（或几个）部位工程质量不符合标准要求的质量水平，需要返工或进行其他处理，需暂时停止施工由项目监理机构下发的指令性文件。

（1）监理人员发现施工存在重大质量隐患，可能造成质量事故或已经造成质量事故时，监理人员应及时向总监理工程师提出工程暂停申请，转请与建设单位协商，经与建设单位协商同意后可，由总监理工程师签发工程暂停令。工程暂停令的签发权限，必须是总监理工程师签发。

（2）总监理工程师在签发工程暂停令时，可根据停工原因的影响范围和影响程度，确定停工范围，"确定停工范围"由总监理工程师负责。并应按施工合同和建设工程监理合同的约定，签发工程暂停令。

（3）项目监理机构发现下列情况之一时，总监理工程师应及时签发工程暂停令：

1）建设单位要求暂停施工且工程需要暂停施工的。

2）施工单位未经批准擅自施工或拒绝项目监理机构管理的。

3）施工单位未按审查通过的工程设计文件施工的。

4）施工单位未按批准的施工组织设计、（专项）施工方案施工或违反工程建设强制性标准的。

5）施工存在重大质量、安全事故隐患或发生质量、安全事故的。

6）隐蔽作业未经现场监理人员查验，而进行下道工序作业者，经查实可能造成工程质量、安全事故隐患的。

7）使用没有产品合格证明的材料或擅自替换、变更工程材料，造成影响工程质量者。

（4）总监理工程师签发工程暂停令，应事先征得建设单位同意。在紧急情况下，未能事先征得建设单位同意的，应在事后及时向建设单位书面报告。施工单位未按要求停工或复工的，项目监理机构应及时报告建设单位。

发生情况1）时，建设单位要求停工，总监理工程师经过独立判断，认为有必要暂停施工的，可签发工程暂停令；认为没有必要暂停施工的，不应签发工程暂停令。

发生情况2）时，施工单位擅自施工的，总监理工程师应及时签发工程暂停令；施工单位拒绝执行项目监理机构的要求和指令时，总监理工程师应视情况签发工程暂停令；

发生情况3）、4）、5）时，总监理工程师均应及时签发工程暂停令。

（5）暂停施工事件发生时，项目监理机构应如实记录所发生的情况，做到如实和详细。

由于建设单位要求暂停施工且工程需要暂停施工的情形，应对施工单位可能造成的损失重点记录，如施工单位的人工、设备在现场的数量和状态；

由于施工单位或施工存在重大质量、安全事故隐患或发生质量、安全事故时，应重点记录直接导致停工发生的原因。

（6）总监理工程师应会同有关各方按施工合同约定，处理因工程暂停引起的与工期、费用有关的问题。

工程暂停可能导致人员窝工、设备闲置等情况发生，暂停时间较长的可能造成施工单位退场和再进场损失。总监理工程师应就相关问题，与建设单位、施工单位及时协商解决。

（7）因施工单位原因暂停施工时，项目监理机构应检查、验收施工单位的停工整改过程、结果。督促施工单位为顺利进行后续施工做准备。

（8）签发停工指令要严格注意确定停工范围

1）确定停工范围依据根据停工原因对工程的影响范围和影响程度确定。

2）停工原因必须十分清楚，只有搞清楚是什么原因停工的，才能对其影响范围和程度有一个较为清楚的认识，才能确定是否应当签发停工指令和在什么范围内签发停工指令。谨慎对待非施工单位原因签发的停工指令。强调由于非施工单位的原因造成的停工损失要在签发工程暂停指令以前，将其有关工期和费用等事宜与施工单位协商。

（9）签发工程暂停施工指令时相关问题的处理

总监理工程师应会同有关各方按施工合同约定，处理因工程暂停引起的与工期、费用有关的问题。工程暂停可能导致人员窝工、设备闲置等情况发生，暂停时间较长的，可能造成施工单位退场和再进场损失。总监理工程师应就相关问题，与建设单位、施工单位及时协商解决。

1）当工程暂停是由于非施工单位的原因造成时，也就是建设单位的原因和应当由建设单位承担责任的风险或其他事件时，总监理工程师在与建设单位协商同意后，签发工程暂停令，并在签署复工申请前，要根据实际的工程延期和费用损失，给予施工单位工期和费用方面的补偿，主动就工程暂停引起的工期和费用补偿等，与施工单位、建设单位进行协商和处理，以免日后再来处理索赔，并应尽可能早地达成协议。

项目监理机构应如实记录所发生的该时间段的实际情况，以备查询和处理索赔用。

2）由于施工单位的原因导致工程暂停，施工单位申请复工时，除了填报工程复工报审表外，还应报送针对导致停工的原因而进行的整改工作等有关材料。

3）当引起工程暂停影响一方（尤其是施工单位）的利益时，总监理工程师应在签发暂停指令前，就工程暂停引起的工期和费用补偿等与施工单位、建设单位进行协商。

（10）表列子项：

1）致_____（施工项目经理部）：填写施工该单位工程的施工项目经理部名称，按全称填写。

由于_____Ⓐ处_____原因，现通知你方于_____Ⓑ处_____年__月__日时起，暂停_____Ⓒ处_____部位（工序）施工，并按下述要求做好后续工作：

Ⓐ处：应填写工程暂停的原因，词意表述明确、简练；

Ⓑ处：应填写暂停起始时间；

◎处：应填写暂停部位的名称。

2）要求：指工程暂停后要求施工单位所做的有关工作，如对停工工程的保护措施，针对工程质量问题的整改、预防措施等。

3）责任制：

项目监理机构（盖章）：项目监理机构加盖公章，总监理工程师本人签字，并加盖执业印章，签注 年 月 日。

（11）填表说明

1）工程暂停指令是项目监理机构在施工过程中对某一个（或几个）部位工程质量、安全不符合标准、规范要求时，需要返工或进行其他处理时，需暂时停止施工由项目监理机构下发的指令性文件。工程暂停指令办理应及时、准确，通知内容应正确、完整。

2）工程暂停指令应根据对确已违反规范、规程或标准的程度，在工程暂停指令的词意上要严格一些。

2.10.4 工程复工令

1. 实例表式

工程复工令

工程名称： 编号：

致： （施工项目经理部）

我方发出的编号为： 《工程暂停令》，要求暂停施工的 部位（工序），经查已具备复工条件，经建设单位同意，现通知你方于 年 月 日 时起恢复施工。

附件：工程复工报审表

项目监理机构（盖章）
总监理工程师（签字、加盖执业印章）
年 月 日

注：本表一式三份，项目监理机构、建设单位、施工单位各一份。

2. 资料要求

（1）施工单位提请复工报审时，提供的附件资料应满足具备复工条件的情况和说明，证明文件必须、齐全、真实，对任何形式的不符合复工报审条件的工程项目，施工单位不应提请报审，项目监理机构不予签认复工报审。

（2）施工单位提请复工报审时，应加盖施工项目经理部章，项目经理本人签字不盖章。

（3）工程复工报审，项目监理机构盖章，总监理工程师本人签字。建设单位加盖建设单位章，建设单位代表本人签字。

（4）签发复工令施工单位必须进行复工报审，复工报审必须在复工前完成。

3. 应用说明

（1）复工令必须是施工单位按项目监理机构下发的监理通知、工程质量整改通知或工程暂停指令等，提出的问题确已认真改正并具备复工条件时，项目监理机构签发的指令性文件。

（2）当暂停施工原因消失、具备复工条件时，施工单位提出复工申请的，项目监理机构应审查施工单位报送的复工报审表及有关材料，符合要求后，总监理工程师应及时签署审查意见，并应报建设单位批准后，签发工程复工令；施工单位未提出复工申请的，总监理工程师应根据工程实际情况，指令施工单位恢复施工。

（3）总监理工程师签发工程复工令，应事先征得建设单位同意。

（4）复工指令的签发原则

1）工程暂停是由于非施工单位原因引起的，签发复工报审表时，只需要看引起暂停施工的原因是否还存在，如果不存在，即可签发复工指令。

2）工程暂停是由于施工单位原因引起时，重点要审查施工单位的管理或质量或安全等方面的整改情况和措施，总监理工程师签认：施工单位在采取所报送的措施后，不再会发生类似的问题；否则，不应同意复工。对不同意复工的申请，应重新按此表再次进行报审。

3）另外，应当注意：根据施工合同范本，总监理工程师应当在48小时内答复施工单位书面形式提出的复工要求。总监理工程师未能在规定时间内提出处理意见，或收到施工单位复工要求后48小时内未给答复，施工单位可自行复工。这是应当提醒项目监理机构引起注意的。

（5）表列子项：

1）致_____（施工项目经理部）：填写施工该单位工程的施工项目经理部名称，按全称填写。

我方发出的编号为：____Ⓐ处____《工程暂停令》，要求暂停施工的____Ⓑ处____部位（工序），经查已具备复工条件，经建设单位同意，现通知你方于____Ⓒ处____年_月_日_时起恢复施工：

Ⓐ处：应填写工程暂停令编号及暂停令签发原因，词意表述明确、简练；

Ⓑ处：应填写暂停施工的部位（工序）的名称；

Ⓒ处：应填写恢复施工的年月日。

2）附件：必须提供"工程复工报审表"及其相关附件。

3）责任制：

项目监理机构（盖章）：项目监理机构加盖公章，总监理工程师本人签字，并加盖执业印章，签注　年　月　日。

2.10.5　开工报审文件资料

1. 资料表式

工程开工报审表

工程名称：　　　　　　　　　　　　　　　　　　　　　编号：

致：_____（建设单位） _____（项目监理机构） 　我方承担的_____工程，已完成相关准备工作，具备开工条件，申请于_____ 年_____月_____日开工，请予以审批。 　附件：证明文件资料 　　　　　　　　　　　　　　　　　　　　　　　施工单位（盖章） 　　　　　　　　　　　　　　　　　　　　　　　项目经理（签字） 　　　　　　　　　　　　　　　　　　　　　　　　　年　月　日
审核意见： 　　　　　　　　　　　　　　　　　　　　　　项目监理机构（盖章） 　　　　　　　　　　　　　　　　　　总监理工程师（签字、加盖执业印章） 　　　　　　　　　　　　　　　　　　　　　　　　年　月　日
审批意见：   　　　　　　　　　　　　　　　　　　　　　　建设单位（盖章） 　　　　　　　　　　　　　　　　　　　　建设单位代表（签字） 　　　　　　　　　　　　　　　　　　　　　　　　年　月　日

注：本表一式三份，项目监理机构、建设单位、施工单位各一份。

2. 资料要求

施工单位提请开工报审时，应加盖施工单位章，项目经理本人签字；项目监理机构提出审查意见，项目监理机构盖章，总监理工程师本人签字并加盖执业印章；建设单位提出审批意见，建设单位加盖公章，建设单位代表本人签字。

3. 应用说明

工程开工报审表是项目监理机构对施工单位施工的工程经自查已满足开工条件后提出申请开工且已经项目监理机构审核确已具备开工条件后的报审文件。

（1）施工单位提请开工报审时，提供的附件：证明文件资料应满足工程开工条件，证

128

明文件必须齐全、真实。对任何形式的不符合开工报审条件的工程项目，施工单位不得提请报审。开工必须在开工前完成报审。

（2）施工合同中有多个单位工程，但开工时间不一致，同时开工的单位工程可一次填报，分次开工可分次填报。

（3）总监理工程师应组织专业监理工程师审查施工单位报送的开工报审表及相关资料；同时，具备下列条件时，应由总监理工程师签署审查意见，并应报建设单位批准后，总监理工程师签发工程开工令：

1）设计交底和图纸会审已完成。

2）施工组织设计已由总监理工程师签认。

3）施工单位现场质量、安全生产管理体系已建立，管理及施工人员已到位，施工机械具备使用条件，主要工程材料已落实。

4）进场道路及水、电、通信等已满足开工要求。

（4）表中的证明文件系指证明已具备开工条件的相关资料。除应满足（3）款要求外，还应对以下事宜进行检查。诸如：

1）现场质量管理制度：图纸会审、质量例会、自检互检交接检、质量检评、质量事故处理、月评比和奖励等制度；

2）质量责任制：诸如岗位责任制、设计交底、技术交底、定期质量检查、挂牌制度；

3）主要专业工种操作上岗证书：测量工、钢筋工、起重工、电焊工、架子工等；

4）分包方资质与对分包单位的管理制度；

5）施工图审查情况：审查报告及审查批准书；

6）地质勘察资料：工程地质勘察报告；

7）施工技术标准：应准备模板、钢筋、混凝土浇筑、瓦工、焊接等工艺标准20多种；

8）工程质量检验制度：原材料、构配件试（检）验制度、施工试验制度等；

9）搅拌站及计量设置：管理制度和计量设施精确度及控制措施；

10）现场材料、设备存放与管理：钢材、砂、石、水泥、砖、玻璃、饰面板、地板砖等管理办法。

（5）表列子项

1）致：_____（建设单位）：指与工程监理单位签订合同的建设单位名称，照实际按全称填写。

____Ⓐ处____（项目监理机构）

我方承担的___Ⓑ处___工程，已完成相关准备工作，具备开工条件，申请于____Ⓒ处___年__月__日开工，请予以审批：

Ⓐ处：应填写项目监理机构的名称，按全称填写。

Ⓑ处：应填写施工合同中的工程名称，按全称；

Ⓒ处：应填写申请开工日期，按 年 月 日。

2）附件：证明文件资料见应用说明（4）。

3）审核意见：应对（3）、（4）中的相关事宜进行审核，并据实填写审核意见。

4）审批意见：应明确是否已取得施工许可证，根据对审核意见的复查，提出是否同意开工。

　　5）责任制：

　　①施工单位（盖章）：施工单位加盖公章、项目经理本人签字，签注　　年　月　日。

　　②项目监理机构（盖章）：项目监理机构加盖公章、总监理工程师本人签字，并加盖执业印章，签注　　年　月　日。

　　③建设单位（盖章）：建设单位加盖公章、建设单位代表本人签字，签注　　年　月　日。

2.10.6　复工报审文件资料

1. 资料表式

工程复工报审表

工程名称：　　　　　　　　　　　　　　　　　　　　编号：

致：＿＿＿＿＿＿＿＿＿＿＿＿＿＿＿＿＿＿＿＿＿＿＿（项目监理机构） 　　编号为＿＿＿＿＿＿＿＿＿＿＿＿＿（工程暂停令）所停工的＿＿＿＿＿＿＿＿＿部位（工序）现已满足复工条件，我方申请于＿＿＿＿＿年＿＿＿月＿＿＿日复工，请予以审批。 　　附件：□证明文件资料   　　　　　　　　　　　　　　　　　　　施工项目经理部（盖章） 　　　　　　　　　　　　　　　　　　　项目经理（签字） 　　　　　　　　　　　　　　　　　　　　年　　月　　日
审查意见：   　　　　　　　　　　　　　　　　　　　项目监理机构（盖章） 　　　　　　　　　　　　　　　　　　　总监理工程师（签字） 　　　　　　　　　　　　　　　　　　　　年　　月　　日
审批意见：   　　　　　　　　　　　　　　　　　　　建设单位（盖章） 　　　　　　　　　　　　　　　　　　　建设单位代表（签字） 　　　　　　　　　　　　　　　　　　　　年　　月　　日

注：本表一式三份，项目监理机构、建设单位、施工单位各一份。

2. 资料要求

（1）施工单位提请复工报审时，提供的附件资料应满足具备复工条件的情况和说明，证明文件必须齐全、真实，对任何形式的不符合复工报审条件的工程项目，施工单位不得提请报审。

（2）必须进行复工报审，复工报审必须在复工前完成。

（3）复工报审属于工程事故原因而停工时，且对结构安全和使用功能有影响时，证明文件中形成的测试和检验资料，必须由具有相应资质的试验部门出具，凡此，应会同建设、设计、监理、施工等部门共同会商，必须确保结构安全和使用功能。

3. 应用说明

（1）复工报审必须是施工单位按项目监理机构下发的监理通知、工程质量整改通知或工程暂停指令等，提出的问题确已认真改正并具备复工条件时，施工单位提出的复工报审文件资料。

（2）工程暂停施工文件中提出的问题必须进行逐一核查。以事论事，事事有交代，有改正内容、程度和措施，逐项解决方为暂停施工原因消失。

当暂停施工原因消失、具备复工条件时，施工单位提出复工申请的，项目监理机构应审查施工单位报送的复工报审表及有关材料，符合要求后，总监理工程师应及时签署审查意见，并应报建设单位批准；施工单位未提出复工申请的，总监理工程师应根据工程实际情况，指令施工单位恢复施工。

（3）另外应当注意：根据施工合同范本，总监理工程师应当在 48 小时内答复施工单位书面形式提出的复工要求。总监理工程师未能在规定时间内提出处理意见，或收到施工人复工要求后 48 小时内未给答复，施工人可自行复工。这一点应引起项目监理机构注意。

（4）表列子项

1）致：＿＿＿＿＿（项目监理机构）：应填写项目监理机构的名称，按全称填写。

编号为＿＿ⒶⒶ处＿＿（工程暂停令）所停工的＿＿Ⓑ处＿＿部位（工序）现已满足复工条件，我方申请于＿＿Ⓒ处＿＿年__月__日复工，请予以审批：

Ⓐ处：应填写工程暂停令编号及暂停令签发原因，词意表述明确、简练；

Ⓑ处：应填写暂停施工的部位（工序）的名称；

Ⓒ处：应填写恢复施工的　　年　月　日。

2）附件：证明文件资料应包括：相关检查记录、整改措施及其落实情况、会议纪要、影像资料等。

3）审核意见：应对报审内容进行审核，对影响结构安全和使用功能事项，应以保证工程质量为控制原则。明确提出是否符合复工条件，是否同意复工。

4）审批意见：通过对审核意见的复查，明确提出是否符合复工条件，是否同意复工。

5）责任制：

①施工项目经理部（盖章）：施工项目经理部加盖公章、项目经理本人签字，签注　年　月　日。

②项目监理机构（盖章）：项目监理机构加盖公章、总监理工程师本人签字，并加盖执业印章，签注　年　月　日。

③建设单位（盖章）：建设单位加盖公章、建设单位代表签字，签注　年　月　日。

2.11 工程材料、构配件、设备报验文件资料

1. 资料表式

工程材料、构配件、设备报审表

工程名称： 编号：

致：_____（项目监理机构）

于_____年____月____日进场的拟用于工程_____部位的_____，经

我方检验合格，现将相关资料报上，请予以审查。

附件：1. 工程材料、构配件或设备清单
2. 质量证明文件
3. 自检结果

施工项目经理部（盖章）

项目经理（签字）

年 月 日

审查意见：

项目监理机构（盖章）

专业监理工程师（签字）

年 月 日

注：本表一式二份，项目监理机构、施工单位各一份。

2. 资料要求

（1）本表由施工项目经理部填报并加盖公章，项目经理本人签字，专业监理工程师填写审查意见，并加盖项目监理机构章。

（2）施工单位提请工程材料、构配件、设备报验时提供的附件：工程材料、构配件或设备清单，质量证明文件，自检结果等均应齐全、真实，对任何不符合附件要求的资料，施工单位不得提请报审，项目监理机构不予审查工程材料、构配件、设备报审表。

（3）凡进行试验的材料有见证取样要求的，质量证明文件必须有见证取样证明。

3. 应用说明

工程材料、构配件、设备报审表是施工项目经理部向项目监理机构提请工程项目用材料、构配件、设备进行的审查、签认的文件。

（1）工程原材料、构配件、设备报验单由施工项目经理部提出、项目监理机构审查，未经报审不得用于工程。

（2）提请报审的原材料、构配件、设备等，施工项目经理部首先要组织自检自验，并

按有关规定进行抽样测试，确认合格后方可填写工程材料，构配件、设备报审表，连同出厂合格证、质量证明书、复试报告等，一并报项目监理机构进行审查。

（3）项目监理机构应审查施工单位报送的用于工程的材料、构配件、设备的质量证明文件，并应按有关规定、建设工程监理合同约定，对用于工程的材料进行见证取样、平行检验。

项目监理机构对已进场经检验不合格的工程材料、构配件、设备，应要求施工单位限期将其撤出施工现场。

（4）用于工程的材料、构配件、设备的质量证明文件包括出厂合格证、质量检验报告、性能检测报告以及施工单位的质量抽检报告等。工程监理单位与建设单位应在建设工程监理合同中，事先约定平行检验的项目、数量、频率、费用等内容。

（5）项目监理机构审查不合格的原材料、构配件和设备，应和施工项目经理部协商处理办法，如降级使用或进行技术处理后使用时，需征得设计、建设单位同意，总监理工程师签认。

（6）对进口材料、构配件和设备，施工单位应报送进口商检证明文件。

进口材料、构配件和设备应按照合同约定，由建设单位、施工单位、供货单位、项目监理机构及其他有关单位进行联合检查，检查情况及结果应形成记录，并由各方代表签字认可。

（7）由建设单位采购的设备则由建设单位、施工单位、项目监理机构等进行开箱检查，并由三方在开箱检查记录上签字。

（8）新材料、新产品、新型构配件、要在对其做出技术鉴定或制定出质量标准及操作规程后，才能在工程上使用。

凡采用无国家或省正式标准规范的新材料、新制品、新设备，均应有省级或其以上有关鉴定部门出具正式鉴定文件，否则不准用于工程。

（9）表列子项

1）致：_____（项目监理机构）：应填写项目监理机构的名称，按全称填写。

于____Ⓐ处____年__月__日进场的拟用于工程____Ⓑ处____部位的____Ⓒ处____，经我方检验合格，现将相关资料报上，请予以审查：

Ⓐ处：填写　年 月 日；

Ⓑ处：填写进场材料拟用于工程的部位名称；

Ⓒ处：填写用于该部位的材料、构配件或设备的名称。

2）附件：

①工程材料、构配件或设备清单：指实际提供的工程材料、构配件或设备清单。

②质量证明文件：是指生产单位提供的合格证、质量证明书、性能检测报告等证明资料。进口材料、构配件、设备应有商检的证明文件；新产品、新材料、新设备应有相应资质机构的鉴定文件。如无证明文件原件，需提供复印件，并应在复印件上加盖证明文件提供单位的公章。

③自检结果：指施工项目经理部对所购工程材料、构配件、设备和质量证明资料经审查后，对工程材料、构配件、设备实物及外部观感质量进行验收核实签认的结果。

3）责任制：

①施工项目经理部（盖章）：指施工项目经理部加盖公章、项目经理本人签字，签注
年　月　日。

②项目监理机构（盖章）：指项目监理机构填写审查意见并加盖公章、专业监理工程
师本人签字，签注　　　年　月　日。

2.12　见证取样和平行检验文件资料

2.12.1　见证取样文件资料

见证取样是指项目监理机构对施工单位进行的涉及结构安全的试块、试件及工程材料
现场取样、封样、送检工作的监督活动。

2.12.1.1　见证记录

为了保证建设工程质量检测工作的科学性、公正性和正确性，杜绝"仅对来样负责"
而不对"工程质量负责"的不规范检测报告，建设部规定在检测工作中执行见证取样、送
样制度。见证取送样制度是保证工程质量记录资料科学、公证和正确的必须执行的制度。
中华人民共和国建设部令第 141 号（2005 年 11 月 1 日施行）规定，具有相应资质的检测
单位对如下内容必须实行见证取样检测：

（1）水泥物理力学性能检验；

（2）钢筋（含焊接与机械连接）力学性能检验；

（3）砂、石常规检验；

（4）混凝土、砂浆强度检验；

（5）简易土工试验；

（6）混凝土掺加剂检验；

（7）预应力钢绞线、锚夹具检验；

（8）沥青、沥青混合料检验。

2.12.1.2　见证取样相关规定说明

（1）涉及结构安全的试块、试件和材料见证取样和送检的比例，不得低于有关技术标
准中规定应取样数量的 30%。

注：见证取样及送检的监督管理一般有当地建设行政主管部门委托的质量监督机构办理。

（2）见证取样必须采取相应措施，以保证见证取样具有公正性、真实性，应做到：

1）严格按照建设部建建〔2000〕211 号文确定的见证取样项目及数量执行；

2）按规定确定见证人员，见证人员应为建设单位或监理单位具备建筑施工试验知识
的专业技术人员担任，并通知施工、检测单位和质量监督机构；

3）见证人员应在试件或包装上做好标识、封志、标明工程名称、取样日期、样品名
称、数量及见证人签名；

4）见证人应保证取样具有代表性和真实性并对其负责。见证人应做见证记录并归档；

5）检测单位应保证严格按上述要求，对其试件确认无误后进行检测，其报告应科学、
真实、准确，签章应齐全。

2.12.1.3　见证取样与送检

见证取样送检见证人授权书见表 2.12.1.3，或按当地建设行政主管部门授权部门下

发的表式。

（1）见证人员应由建设单位或项目监理机构书面通知施工、检测单位和负责该项工程的质量监督机构。

（2）施工过程中，见证人员应按照见证取样和送检计划，对施工现场的取样和送检进行见证，并由见证人、取样人签字。见证人应制作见证记录，并归入工程档案。

见证取样送检见证人授权书　　　　　　　　　　表 2.12.1.3

_____（质量监督机构）

经研究决定授权_____同志任_____工程见证取样和

送检见证人。负责对涉及结构安全的试块、试样和材料见证取样和送检，施工单位、试验单位予以认可。

见证取样和送检印章	见证人签字手迹

监理（建设）单位（章）

年　　月　　日

2.12.1.4 见证取样试验委托单

(1) 见证取样试验委托单见表 2.12.1.4。

见证取样试验委托单　　　　　　　表 2.12.1.4

工程名称		使用部位	
委托试验单位		委托日期	
样品名称		样品数量	
产地（生产厂家）		代表数量	
合格证号		样品规格	
试验内容 及要求			
备　注			
取样人		见证人	

见证取样试验委托单以本表格式或当地建设行政主管部门授权部门下发的表式归存。

(2) 承担见证取样检测及有关结构安全检测的单位应具有相应资质。

相应资质是指经过管理部门确认其是该项检测任务的单位，具有相应的设备及条件，人员经过培训有上岗证；有相应的管理制度，并通过计量部门认可，不一定是当地的检测中心等检测单位，应考虑就近，以减少交通费用及时间。

2.12.1.5　见证取样送检记录（参考用表）

见证取样送检记录（参考用表）　　　　表 2.12.1.5

编号：_____

工程部位：_____

取样部位：_____

样品名称：_____取样数量：_____

取样地点：_____取样日期：_____

见证记录：

有见证取样和送检印章：

取样人签字：_____

见证人签字：_____

填制本记录日期：_____

2.12.1.6 见证试验检测汇总表

见证试验检测汇总表见表 2.12.1.6。

见证试验检测汇总表 表 2.12.1.6

工程名称：_____

施工单位：_____

建设单位：_____

监理单位：_____

见 证 人：_____

试验室名称：_____

试验项目	应送试总次数	有见证试验次数	不合格次数	备注

施工单位： 制表人：

注：此表由施工单位汇总填写，报当地质量监督总站（或站）。

填表说明：

（1）见证人：指已取得见证取样送检资质并对某一品种实际送试的见证人。填写见证人姓名。

（2）应送试总次数：指该试验项目，该品种根据标准规定应送检的代表批次的应送数量的总次数。

（3）有见证试验次数：指该试验项目，该品种按见证取样要求的实际送检批次数。

（4）不合格次数：指该试验项目，该品种按见证取样送检的批次中，按标准规定测试结果，不符合某标准规定的批次数。

2.12.2 平行检验文件资料

平行检验是项目监理机构在施工单位对工程质量自检的基础上，按照有关规定或建设工程监理合同约定独立进行的检测试验活动。

项目监理机构应依据建设工程监理合同约定，对材料、构配件和设备进行"平行检验"，同时要加强对建设工程的工序、检验批、分项工程、隐蔽工程的"平行检验"，在"平行检验"过程中，监理人员应该留下具体的记录（包括填表格、写小结、拍照片等），形成系统、完整、真实的平行检验资料。

2.13　工程质量检查报验资料及工程有关验收资料

2.13.1　工程质量检查报验资料

1. 资料表式

_____报审、报验表

工程名称：　　　　　　　　　　　　　　　　　　　　　　　编号：

致：_____（项目监理机构）

　　我方已完成_____工作，经自检合格，请予以审查或验收。

　　附件：□隐蔽工程质量检验资料
　　　　　□检验批质量检验资料
　　　　　□分项工程质量检验资料
　　　　　□施工试验室证明资料
　　　　　□其他

施工项目经理部（盖章）
项目经理或项目技术负责人（签字）
年　月　日

审查或验收意见：

项目监理机构（盖章）
专业监理工程师（签字）
年　月　日

　　注：本表一式两份，项目监理机构、施工单位各一份。

2. 用表说明

主要用于隐蔽工程、检验批、分项工程的报验，也可用于施工单位试验室等的报审。

有分包单位的，分包单位的报验资料应由施工单位验收合格后，向项目监理机构报验。

隐蔽工程、检验批、分项工程需经施工单位自检合格后，并附有相应工序和部位的工程质量检查记录，报送项目监理机构验收。

3. 应用说明

（1）项目监理机构应对施工项目经理部报验的隐蔽工程、检验批、分项工程和分部工程进行验收，对验收合格的应给予签认；对验收不合格的应拒绝签认，同时应要求施工项目经理部在指定的时间内整改并重新报验。

对已同意覆盖的工程隐蔽部位质量有疑问的，或发现施工项目经理部私自覆盖工程隐蔽部位的，项目监理机构应要求施工项目经理部对该隐蔽部位进行钻孔探测或揭开或其他方法进行重新检验。

（2）项目监理机构应按规定对施工项目经理部自检合格后报验的隐蔽工程、检验批、分项工程和分部工程及相关文件和资料进行审查和验收，符合要求的签署验收意见。检验批的报验按有关专业工程施工验收标准规定的程序执行。

项目监理机构可要求施工项目经理部对已覆盖的工程隐蔽部位进行钻孔探测或揭开进行重新检验的，经检验证明工程质量符合合同要求的，建设单位应承担由此增加的费用和（或）工期延误，并支付施工单位合理利润；经检验证明工程质量不符合合同要求的，施工单位应承担由此增加的费用和（或）工期延误。

（3）项目监理机构发现施工存在质量问题的，或施工单位采用不适当的施工工艺，或施工不当，造成工程质量不合格的，应及时签发监理通知单，要求施工单位整改。整改完毕后，项目监理机构应根据施工单位报送的监理通知回复对整改情况进行复查，提出复查意见。

应严格按本工序不合格，不得进入下道工序施工。

（4）对施工过程中出现的较大质量问题或质量隐患，监理人员宜用文字记录或采用照相、摄影等手段予以记录。

（5）对需要返工处理或加固补强的质量缺陷，项目监理机构应要求施工单位报送经设计等相关单位认可的处理方案，并应对质量缺陷的处理过程进行跟踪检查，同时应对处理结果进行验收。

处理方案应体现安全可靠、不留隐患、满足建筑物的功能和使用要求、技术可行、经济合理等原则。

根据《建筑工程施工质量验收统一标准》GB 50300 规定，经返工或加固处理的分项、分部工程，虽然改变外形尺寸但仍能满足安全使用要求，可按技术处理方案和协商文件进行验收。

（6）对需要返工处理或加固补强的质量事故，项目监理机构应要求施工单位报送质量事故调查报告和经设计等相关单位认可的处理方案，并应对质量事故的处理过程进行跟踪检查，同时应对处理结果进行验收。

项目监理机构应及时向建设单位提交质量事故书面报告，并应将完整的质量事故处理记录整理归档。

（7）项目监理机构向建设单位提交的质量事故书面报告的应包括下列主要内容：

1）工程及各参建单位名称。

2）质量事故发生的时间、地点、工程部位。

3）事故发生的简要经过、造成工程损伤状况、伤亡人数和直接经济损失的初步估计。

4）事故发生原因的初步判断。

5）事故发生后采取的措施及处理方案。

6）事故处理的过程及结果。

（8）根据有关事故等级划分标准，事故可分为特别重大事故、重大事故、较大事故和一般事故四个等级。在施工过程中，若发生质量事故，应按照相关程序和要求及时进行处理。

项目监理机构对质量事故的处理应及时、符合相关规范要求，包括及时向建设单位提交质量事故书面报告，处理程序应符合相关规定。事故处理结束后，应将完整的质量事故处理记录整理归档。

（9）表列子项

1）致：_____（项目监理机构）：应填写项目监理机构的名称，按全称填写。

我方已完成_____工作，经自检合格，请予以审查或验收：应填写施工项目经理部完成的隐蔽工程、检验批、分项工程的名称，按全称填写。

2）附件：应提送以下附件资料：

①隐蔽工程质量检验资料；

②检验批质量检验资料；

③分项工程质量检验资料；

④施工试验室证明资料；

⑤其他。

3）审查或验收意见：专业监理工程师应根据报审或报验的工程质量检查内容的检查实际如实填写。

4）责任制：

①施工项目经理部（盖章）：施工项目经理部加盖公章、项目经理或项目技术负责人本人签字，签注　　年　月　日。

②项目监理机构（盖章）：项目监理机构加盖公章、专业监理工程师本人签字，签注　　年　月　日。

2.13.2 分部工程报验表

1. 资料表式

分部工程报验表

工程名称： 　　　　　　　　　　　　　　　　　　　　　　编号：

致：_____（项目监理机构）

　　我方已完成_____（分部工程），经自检合格，请予以验收。

　　附件：分部工程质量资料

施工项目经理部（盖章）

项目技术负责人（签字）

年　月　日

验收意见：

专业监理工程师（签字）

年　月　日

验收意见：

项目监理机构（盖章）

总监理工程师（签字）

年　月　日

　　注：本表一式三份，项目监理机构、建设单位、施工单位各一份。

2. 应用说明

　　分部（子分部）工程质量验收，作为建设工程监理可能涉及的有建筑工程、城镇道路工程、桥梁工程、给水排水管道工程、构筑物工程等。不同工程的分部（子分部）工程构成是不同的，应按不同分部（子分部）工程构成的规范内容要求进行验收。

　　（1）建筑工程分部（子分部）工程

　　建筑工程按（GB 50300—2001）统一标准规定，共 10 个分部，包括：地基与基础（子分部工程 9 个）；主体结构（子分部工程 6 个）；建筑装饰装修（子分部工程 10 个）；

建筑屋面（子分部工程 5 个）；建筑给水排水与采暖（子分部工程 10 个）；建筑电气（子分部工程 7 个）；智能建筑（子分部工程 10 个）；通风与空调（子分部工程 7 个）；电梯（子分部工程 3 个）；节能工程分部。

（2）城镇道路工程分部（子分部）工程

城镇道路工程共 8 个分部，包括：土方路基；基层；面层（子分部工程 4 个）；广场与停车场；人行道；人行地道结构（子分部工程 3 个）；挡土墙（子分部工程 4 个）；附属构筑物工程分部。

（3）桥梁工程分部（子分部）工程

桥梁工程共 12 个分部，包括：地基与基础（子分部工程 6 个）；墩台（子分部工程 4 个）；盖梁分部子分部工程；支座分部子分部工程；索塔分部子分部工程；锚锭分部子分部工程；桥跨承重结构（子分部工程 10 个）；顶进箱涵分部子分部工程；桥面系分部子分部工程；附属结构分部子分部工程；装饰与装修分部子分部工程；引道分部子分部工程。

（4）给水排水管道工程分部（子分部）工程

给水排水管道工程共 3 个分部，包括：土方工程；管道主体结构（子分部工程 5 个）；附属结构工程。

（5）构筑物工程分部（子分部）工程

构筑物工程共 4 个分部，包括：地基与基础（子分部工程 2 个）；主体结构（子分部工程 4 个）；附属结构工程（子分部工程 3 个）；进水、出水管渠（子分部工程 2 个）。

（6）分部（子分部）工程质量应由总监理工程师（建设单位项目专业负责人）组织施工项目经理和有关勘察、设计单位项目负责人进行验收。

（7）分部（子分部）工程质量验收合格应符合下列规定：

1）分部（子分部）工程所含分项工程的质量均应验收合格。

2）质量控制资料应完整。

3）地基与基础、主体结构和设备安装等分部工程有关安全及功能的检验和抽样检测结果应符合有关规定。

4）观感质量验收应符合要求。

注：分部工程的验收在其所含各分项工程验收合格的基础上进行。

（8）作为建设工程监理工作，凡接受委托监理的工程对构成分部（子分部）工程均应进行报验。

《建设工程监理规范》（GB/T 50319—2013）规定：项目监理机构应对施工单位报验的隐蔽工程、检验批、分项工程和分部工程进行验收，对验收合格的应给予签认；对验收不合格的应拒绝签认，同时应要求施工单位在指定的时间内整改并重新报验。

对已同意覆盖的工程隐蔽部位质量有疑问的，或发现施工单位私自覆盖工程隐蔽部位的，项目监理机构应要求施工单位对该隐蔽部位进行钻孔探测或揭开，或其他方法进行重新检验。

（9）表列子项

1）致：_____（项目监理机构）：应填写项目监理机构的名称，按全称填写。

我方已完成_____（分部工程），经自检合格，请予以验收：应填写分部工程名称。

2）附件：分部工程质量资料指分部工程验收时应提供的附件资料。

3）验收意见：专业监理工程师根据分部工程质量资料检查及分部工程质量验收结果，按实际填写验收意见。

4）验收意见：总监理工程师根据专业监理工程师的验收意见和总监理工程师对分部工程质量验收结果，按实际填写验收意见。

5）责任制：

①施工项目经理部（盖章）：施工项目经理部加盖公章、项目技术负责人本人签字，签注　年　月　日。

②专业监理工程师（签字）：专业监理工程师本人签字，签注　年　月　日。

③项目监理机构（盖章）：项目监理机构加盖公章、总监理工程师本人签字，签注　年　月　日。

2.13.3　工程有关验收资料

工程质量验收对监理工作而言，通常涉及委托的监理工程可能是建筑工程、城镇道路工程、城市桥梁工程、给水排水管道工程、构筑物工程等，涉及面很广，不同专业的工程质量验收应按专业的验收规范执行。仅以建筑工程为例，其执行的标准与规范以及验收表式如下：

1. 执行的标准与规范

主要内容包括：按《建筑工程施工质量验收统一标准》（GB 50300—2013）和相关专业规范，计有：《土方与爆破工程施工及验收规范》（GB 50201—2012）；《建筑地基基础工程施工质量验收规范》（GB 50202—2002）；《砌体结构工程施工质量验收规范》（GB 50203—2011）；《混凝土结构工程施工质量验收规范》（GB 50204—2002，2011 年版）；《钢结构工程施工质量验收规范》（GB 50205—2001）；《木结构工程施工质量验收规范》（GB 50206—2012）；《屋面工程施工质量验收规范》（GB 50207—2012）；《地下防水工程施工质量验收规范》（GB 50208—2011）；《建筑地面工程施工质量验收规范》（GB 50209—2010）；《建筑装饰装修工程施工质量验收规范》（GB 50210—2001）；《建筑给水排水及采暖工程施工质量验收规范》（GB 50242—2002）；《通风与空调工程施工质量验收规范》（GB 50243—2002）；《建筑电气工程施工质量验收规范》（GB 50303—2002）；《电梯工程施工质量验收规范》（GB 50310—2002）；《智能建筑工程质量验收规范》（GB 50339—2013）；《建筑节能工程施工质量验收规范》（GB 50441—2007）。

注：建筑工程质量验收规范正在修订中，已完成修订的为：土方与爆破工程、砌体结构工程、混凝土结构工程、木结构工程、屋面工程、地下防水工程、建筑地面工程、智能建筑工程。

2. 验收表式

（1）分部（子分部）工程质量验收记录；

（2）分项工程质量验收记录；

（3）检验批质量验收记录；

（4）单位（子单位）工程质量控制资料核查记录；

（5）单位（子单位）工程安全和功能检验资料核查及主要功能抽查记录；

（6）单位（子单位）工程观感质量检查记录。

附：工程质量验收记录资料

工程质量验收记录文件资料表式与说明见 2.20 工程质量评估报告及竣工验收监理文件资料中的附：建筑工程竣工验收表式与说明。

2.14 工程变更、费用索赔及工程延期文件资料

2.14.1 工程变更文件资料

1. 资料表式

工程变更单

工程名称：　　　　　　　　　　　　　　　　　　　　编号：

致：_____	
由于 _____ 原因，兹提出	
_____工程变更，请予以审批。	
附件：	
□变更内容	
□变更设计图	
□相关会议纪要	
□其他	
	变更提出单位：
	负责人：
	年　月　日

工程数量增/减	
费用增/减	
工期变化	

施工项目经理部（盖章） 项目经理（签字）	设计单位（盖章） 设计负责人（签字）
项目监理机构（盖章） 总监理工程师（签字）	建设单位（盖章） 负责人（签字）

注：本表一式四份，建设单位、项目监理机构、设计单位、施工单位各一份。

2. 资料要求

(1) 本表由变更提出单位填报，分别如实填记工程数量增/减、费用增/减、工期变化，负责人本人签字；工程变更单需经施工项目经理部加盖公章，项目经理本人签字；项目监理机构加盖公章，总监理工程师本人签字；设计单位加盖公章，设计负责人本人签字；建设单位加盖公章，负责人本人签字。

(2) 变更提出单位提出的工程变更单，变更事项所需附件资料：变更内容、变更设计图、相关会议纪要、其他等应齐全、真实。应提资料可在方框处打"√"。

3. 应用说明

工程变更单是指由于建设、设计、监理、施工任何一方提出的工程变更，经有关方同意并确认其工程数量后，计算出的工程价款提请审批的文件。

(1) 项目监理机构可按下列程序处理施工单位提出的工程变更：

1) 总监理工程师组织专业监理工程师审查施工单位提出的工程变更申请，提出审查意见。对涉及工程设计文件修改的工程变更，应由建设单位转交原设计单位修改工程设计文件。必要时，项目监理机构应建议建设单位组织设计、施工等单位召开论证工程设计文件的修改方案的专题会议。

2) 总监理工程师组织专业监理工程师对工程变更费用及工期影响作出评估。

3) 总监理工程师组织建设单位、施工单位等共同协商确定工程变更费用及工期变化，会签工程变更单。

4) 项目监理机构根据批准的工程变更文件监督施工单位实施工程变更。

5) 发生工程变更，无论是由设计单位或建设单位或施工单位提出的，均应经过建设单位、设计单位、施工单位和工程监理单位的签认，并通过总监理工程师下达变更指令后，施工单位方可进行施工。

工程变更需要修改工程设计文件，涉及消防、人防、环保、节能、结构等内容的，应按规定经有关部门重新审查。

(2) 总监理工程师应根据实际情况、设计变更文件和其他有关资料，按照施工合同的有关条款，经专业监理工程师对提出的变更工程量、单价或总价审查后，对工程变更的费用和工期作出评估：

1) 确定工程变更项目与原工程项目之间的类似、差异和难易程度；

2) 经详细计算确定工程变更项目的工程量；

3) 按照地方实际确定工程变更的单价或总价。

总监理工程师应就工程变更费用及工期的评估情况与施工单位和建设单位进行协商。

工程变更费用的确定，项目监理机构应以公平的心态认真做好协调，促进复杂问题的解决。

(3) 项目监理机构对工程变更的评估原则

1) 工程变更应在保证生产能力和使用功能的前提下，以适用、经济、安全、方便生活、有利生产、不降低使用标准为出发点。

2) 工程变更应进行技术经济分析，必须保证在技术上可行、施工工艺上可靠、经济上合理，不增加项目投产后的经常性维护费用。

3) 凡属于重大的设计变更，如改变工艺流程、资源、水文地质、工程地质有重大变化引起设计方案的变动，设计方案的改变，增加单项工程、追加投资等，均应在建设单位批准后方可办理变更。

4）工程变更应在实施前进行，以避免和减少不必要的损失，并认真审核工程数量。

5）对工程变更要严肃、公正、完整，对必须变更的予以变更，同时要考虑由此影响工期和对施工单位造成的损失，应完整地向建设单位报告，以达到控制投资的目的。

6）工程变更要严格按程序进行，手续要齐全，有关变更的申请、变更的依据、变更的内容及图纸、资料、文件等清楚、完整和符合规定。

（4）项目监理机构可在工程变更实施前与建设单位、施工单位等协商确定工程变更的计价原则、计价方法或价款。

1）工程变更价款确定的原则：

①合同中已有适用于变更工程的价格，按合同已有的价格计算、变更合同价款。

②合同中有类似于变更工程的价格，可参照类似价格变更合同价款。

③合同中没有适用或类似于变更工程的价格，总监理工程师应与建设单位、施工单位就工程变更价款进行充分协商达成一致；如双方达不成一致，由总监理工程师按照成品加利润的原则确定工程变更的合理单价或价款；如有异议，按施工合同约定的争议程序处理。

2）施工单位应按照施工合同的有关规定，编制工程变更概算书，报送项目总监理工程师审核、确认，经建设单位、施工单位认可后，方可进入工程计量和工程款支付程序。

（5）建设单位与施工单位未能就工程变更费用达成协议时，项目监理机构可提出一个暂定价格并经建设单位同意，作为临时支付工程款的依据。工程变更款项最终结算时，应以建设单位与施工单位达成的协议为依据。

（6）对工程变更进行评估是项目监理机构的职责。项目监理机构对建设单位要求的工程变更提出评估意见，需要出具设计变更文件时，建设单位应要求原设计单位编制工程变更文件，项目监理机构应督促施工单位按工程变更单组织施工。

建设单位提出工程变更，可能是由于局部调整使用功能，也可能是方案阶段考虑不周，项目监理机构应对于工程变更可能造成的设计修改、工程暂停、返工损失、增加工程造价等进行全面评估，为建设单位正确决策提供依据，避免反复和不必要的浪费。

（7）表列子项

1）致：_____：应填写变更发出单位拟送单位名称，按全称填写。

由于____Ⓐ处____原因，兹提出____Ⓑ处____工程变更，请予以审批：

Ⓐ处：应填写工程变更原因；

Ⓑ处：应填写工程变更的名称或部位。

2）附件：填写应提附件资料，属该工程变更单的应提资料可在方框处打"√"。

□变更内容；

□变更设计图；

□相关会议纪要；

□其他。

3）责任制

①变更提出单位：填写变更提出单位名称，负责人本人签名，签注　年　月　日。

②施工项目经理部（盖章）：施工项目经理部加盖公章、项目经理本人签字，签注　年　月　日。

③设计单位（盖章）：设计单位加盖公章，设计负责人本人签名，签注　年　月　日。

④项目监理机构（盖章）：项目监理机构加盖公章、总监理工程师本人签字，签注　年　月　日。

⑤建设单位（盖章）：建设单位加盖公章，负责人本人签名，签注　年　月　日。

2.14.2　费用索赔文件资料

1. 资料表式

费用索赔报审表

工程名称：　　　　　　　　　　　　　　　　　　　　　　　　编号：

致：_____（项目监理机构）

根据施工合同_____条款，由于_____的原因，我方申请索赔金额（大写）_____请予批准。

索赔理由：_____

_____

_____

_____

附件：□索赔金额的计算

　　　□证明材料

施工项目经理部（盖章）

项目经理（签字）

年　月　日

审核意见：

□不同意此项索赔。

□同意此项索赔，索赔金额为（大写）_____。

同意/不同意索赔的理由：_____

_____

_____

_____

附件：□索赔审查报告

项目监理机构（盖章）

总监理工程师（签字、加盖执业印章）

年　月　日

审批意见：

建设单位（盖章）

建设单位代表（签字）

年　月　日

注：本表一式三份，项目监理机构、建设单位、施工单位各一份。

2. 资料要求

（1）施工项目经理部提请报审的费用索赔提供的附件：索赔金额的计算、证明材料应齐全、真实。

（2）项目监理机构的总监理工程师应认真审查施工项目经理部报送的附件资料，填写复查意见。审核意见应明确同意或不同意，同意时应大写计列索赔金额，同时填写同意或不同意的理由；应简明且技术用语规范，如提送附件索赔审查报告可在该处打"√"；项目监理机构加盖公章，总理理工程师本人签字，加盖执业印章。

（3）建设单位代表填写审批意见，建设单位加盖公章，建设单位代表本人签字。

3. 应用说明

费用索赔报审表是施工单位向建设单位提出索赔的报审，提请项目监理机构审查、确认和批复。包括工期索赔和费用索赔等。

（1）收集、整理有关工程费用的原始资料是项目监理机构的职责。项目监理机构应及时收集、整理有关工程费用的原始资料，为处理费用索赔提供证据。收集索赔证据应根据不同工程类别和项目本身特点，包括原始资料或照片及音像资料等。

（2）涉及工程费用索赔的有关施工和监理文件资料包括：施工合同、采购合同、工程变更单、施工组织设计、专项施工方案、施工进度计划、建设单位和施工单位的有关文件、会议纪要、监理记录、监理工作联系单、监理通知单、监理月报及相关监理文件资料等。

（3）项目监理机构处理费用索赔的主要依据应包括下列内容：

1）法律法规。

2）勘察设计文件、施工合同文件。

3）工程建设标准。

4）索赔事件的证据（核算数据应正确无误）。

项目监理机构要准确把握索赔成立条件，妥善受理、准确批准。处理索赔时，应遵循"谁索赔，谁举证"原则，并应注意证据的有效性。

（4）项目监理机构可按下列程序处理施工单位提出的费用索赔：

1）受理施工单位在施工合同约定的期限内提交的费用索赔意向通知书。

2）收集与索赔有关的资料。

3）受理施工单位在施工合同约定的期限内提交的费用索赔报审表。

4）审查费用索赔报审表。需要施工单位进一步提交详细资料时，应在施工合同约定的期限内发出通知。

5）与建设单位和施工单位协商一致后，在施工合同约定的期限内签发费用索赔报审表，并报建设单位。

（5）总监理工程师在签发索赔报审表时，可附一份索赔审查报告。其内容包括：

1）受理索赔的日期，工作概况，确认的索赔理由及合同依据，经过调查、讨论、协商而确定的计算方法及由此而得出的索赔批准额和结论。

2）总监理工程师对索赔评价，施工单位索赔报告及其有关证据、资料。

费用索赔的处理应注意"时效"，索赔意向和索赔报审都要在施工合同约定的期限内完成。

费用确定要依据施工合同所确定的原则和工程量清单，并与相关方通过协商取得一致。

（6）项目监理机构批准施工单位费用索赔应同时满足下列条件：

1）施工单位在施工合同约定的期限内提出费用索赔。

2）索赔事件是因非施工单位原因造成，且符合施工合同约定。

3）索赔事件造成施工单位直接经济损失。

（7）索赔审查要点

1）查证索赔原因。监理工程师首先应看到施工单位的索赔申请是否有合同依据，然后查看施工单位所附的原始记录和账目等，与专业监理工程师所保存的记录核对，以了解以下情况：

①工程遇到怎样的情况减慢或停工的；

②需要另外雇用多少人才能加快进度，或停工已使多少人员闲置；

③怎样另外引进所需的设备，或停工已使多少设备闲置；

④监理工程师曾经采取哪些措施。

2）核实索赔费用的数量。施工单位的索赔费用数量计算一般包括：

①所列明的数量；

②所采用的费率。在费用索赔中，施工单位一般采用的费率为：

A. 采用工程量清单中有关费率或从工程量清单里有关费率中推算出费率；

B. 重新计算费率。

原则上，施工单位提出的所有费用索赔均可不采用工程量清单中的费率而重新计算。监理工程师在审核施工单位提出的费用索赔时应注意：索赔费用只能是施工单位实际发生的费用，而且必须符合工程项目所在地的有关法律和规定。另外，绝大部分的费用索赔是不包括利润的，只涉及直接费和管理费。只有遇到工程变更时，才可以索赔到费用和利润。

（8）项目监理机构批准施工单位费用索赔应同时满足下列条件：

1）施工单位在施工合同约定的期限内提出费用索赔。

2）索赔事件是因非施工单位原因造成，且符合施工合同约定。

3）索赔事件造成施工单位直接经济损失。

（9）施工单位向建设单位提出索赔，可能的内容及原因有：

1）施工单位向建设单位提出索赔，可能的内容有：

①索赔事件造成了施工单位直接经济损失；

②索赔事件是由于非施工单位的责任发生的；

③施工单位已按照施工合同规定的期限和程序提出费用索赔申请表，并附索赔凭证材料。

2）施工单位向建设单位提出索赔，可能的原因有：

①合同文件内容出错引起的索赔；

②由于图纸延迟交出造成索赔；

③由于不利的实物障碍和不利的自然条件引起索赔；

④由于监理工程师提供的水准点、基线等测量资料不准确造成的失误与索赔；

⑤施工单位根据监理工程师指示，进行额外钻孔及勘探工作引起索赔；

⑥由建设单位风险所造成的损害的补救和修复所引起的索赔；

⑦施工中施工单位开挖到化石、文物、矿产等物品，需要停工处理引起的索赔；

⑧由于需要加强道路与桥梁结构以承受"特殊超重荷载"而引起的索赔；

⑨由于建设单位雇用其他施工单位的影响，并为其他施工单位提供服务提出的索赔；

⑩由于额外样品与试验而引起索赔；

⑪由于对隐蔽工程的揭露或开孔检查引起的索赔；

⑫由于工程中断引起的索赔；

⑬由于建设单位延迟移交土地引起的索赔；

⑭由于非施工单位原因造成了工程缺陷需要修复而引起的索赔；

⑮由于要求施工单位调查和检查缺陷而引起的索赔；

⑯由于工程变更引起的索赔；

⑰由于变更使合同总价格超过有效合同价而引起的索赔；

⑱由特殊风险引起的工程被破坏和其他款项支出提出的索赔；

⑲因特殊风险使合同终止后引起的索赔；

⑳因合同解除后引起的索赔；

㉑建设单位违约引起工程终止等引起的索赔；

㉒由于物价变动引起的工程成本的增减的索赔（合同允许）；

㉓由于后继法规的变化引起的索赔；

㉔由于货币及汇率变化引起的索赔（合同允许）等。

（10）当施工单位的费用索赔要求与工程延期要求相关联时，项目监理机构可提出费用索赔和工程延期的综合处理意见，并应与建设单位和施工单位协商。

费用索赔与工期索赔有时候会相互关联，在这种情况下，建设单位可能不愿给予工程延期批准或只给予部分工程延期批准，此时的费用索赔批准不仅要考虑费用补偿还要给予赶工补偿。所以，总监理工程师要综合全面情况，作出费用索赔和工程延期的批准决定。

（11）因施工单位原因造成建设单位损失，建设单位提出索赔时，项目监理机构应公正地与建设单位和施工单位协商处理。

（12）表列子项

1）致：_____（项目监理机构）：指施工单位报送工程监理单位派驻施工现场的项目监理机构的名称，照实际填写。

根据施工合同____Ⓐ处____条款，由于____Ⓑ处____的原因，我方申请索赔金额（大写）____Ⓒ处____请予批准：

Ⓐ处：应填写施工合同所属的条款；

Ⓑ处：应填写索赔原因，词意表述明确、简练；

Ⓒ处：应填写索赔金额，应为大写。

2）索赔理由：应较详细地填写"索赔理由"，文字应简练、真实。

3）附件：应提供索赔金额的计算和证明材料的原件。

□索赔金额的计算；

□证明材料：应包括：索赔意向书、索赔事项的相关证明材料。

4）责任制

①施工项目经理部（盖章）：施工项目经理部加盖公章，项目经理本人签字，签注　年　月　日。

②项目监理机构（盖章）：项目监理机构加盖公章，总监理工程师填写审核意见、同意/不同意索赔的理由并本人签字、加盖执业印章，签注　　年　月　日。

③建设单位（盖章）：建设单位加盖公章，建设单位代表填写审批意见本人签字，签注　　年　月　日。

2.14.2.1　索赔意向通知书

1. 资料表式

索赔意向通知书

工程名称：　　　　　　　　　　　　　　　　　　　　　　　　编号：

致：＿＿＿＿＿＿＿＿＿＿＿＿＿＿＿＿＿＿＿＿＿＿＿＿＿＿＿

　　根据施工合同＿＿＿＿＿＿＿＿＿＿＿＿＿＿＿＿＿＿＿＿＿＿＿＿（条款）的约定，由于发生了＿＿＿＿＿＿＿＿＿＿＿＿＿＿＿事件，且该事件的发生非我方原因所致。为此，我方向＿＿＿＿＿＿＿＿＿（单位）提出索赔要求。

　　附件：索赔事件资料

提出单位（盖章）
负责人（签字）
年　　　月　　　日

2. 应用说明

（1）由于索赔事项具有一方的意愿，索赔可能成立，也可能不成立，故发生某项索赔事项时，要求索赔方应填写索赔意向通知书。

（2）表列子项

1）致：＿＿＿＿＿＿＿：应填写"索赔意向通知书"拟送单位名称，按全称填写。

根据施工合同＿＿Ⓐ处＿＿（条款）的约定，由于发生了＿＿Ⓑ处＿＿事件，且该事件的发生非我方原因所致。为此，我方向＿＿＿Ⓒ处＿＿＿（单位）提出索赔要求：

Ⓐ处：应填写该索赔意向符合的施工合同的条和款，应填写清楚；

Ⓑ处：应填写发生索赔意向事件的名称，该索赔意向事件应属于非提出单位原因所致。

Ⓒ处：应填写被索赔意向的单位名称，按全称填写。

2）附件：指提供的索赔事件资料，索赔事件资料应完整、真实。

3）责任制

提出单位（盖章）：提出单位加盖公章，提出单位的负责人本人签字，签注　　年　月　日。

2.14.3 工程延期文件资料

1. 资料表式

工程临时/最终延期报审表

工程名称：　　　　　　　　　　　　　　　　　　　　编号：

致：＿＿＿＿＿＿＿＿＿＿＿＿＿＿＿＿＿＿＿＿＿＿＿（项目监理机构）

　　根据施工合同＿＿＿＿＿＿＿＿＿＿＿＿＿＿（条款），由于＿＿＿＿＿＿＿＿＿原因，我方申请工程临时/最终延期＿＿＿＿＿＿（日历天），请予批准。

　　附件：

　　1. 工程延期依据及工期计算

　　2. 证明材料

施工项目经理部（盖章）

项目经理（签字）

年　　月　　日

审核意见：

　　□同意临时/最终延长工期＿＿＿＿＿＿＿＿＿＿＿（日历天）。工程竣工日期从施工合同约定的＿＿＿＿＿＿年＿＿＿＿月＿＿＿＿日延迟到＿＿＿＿＿年＿＿＿＿月＿＿＿＿日。

　　□不同意延期，请按约定竣工日期组织施工。

项目监理机构（盖章）

总监理工程师（签字、加盖执业印章）

年　　月　　日

审批意见：

建设单位（盖章）

建设单位代表（签字）

年　　月　　日

注：本表一式三份，项目监理机构、建设单位、施工单位各一份。

2. 资料要求

（1）本表由施工项目经理部填报，加盖公章，项目经理本人签字。提供的附件资料"工程延期依据及工期计算"、"证明材料"应齐全、真实、准确。

（2）项目监理机构盖章，总监理工程师填写审核意见并本人签字、加盖执业印章；建设单位盖章，建设单位代表填写审批意见并本人签字。

3. 应用说明

工程临时/最终延期报审表是指项目监理机构依据施工单位提请报审的工程临时/最终延期的签认，建设单位批准的报审文件。

（1）施工单位提出工程延期要求符合施工合同约定时，项目监理机构应予以受理。项目监理机构在受理施工单位提出的工程延期要求后应收集相关资料，并及时处理。项目监理机构受理施工单位提出的工程延期要求的条件是"符合施工合同约定"。

（2）当影响工期事件具有持续性时，项目监理机构应对施工单位提交的阶段性工程临时延期报审表进行审查，先审核工程临时/最终延期报审，当影响工期事件结束后，再审核工程最终延期报审，审核完成并签署工程临时/最终延期审核意见后，报建设单位。

（3）在确定各影响工期事件对工期或区段工期的综合影响程度时，可按下列步骤进行：

1）以事先批准的详细的施工进度计划为依据，确定假设工程不受影响工期事件影响时应完成的工作或应达到的进度；

2）详细核实受该影响工期事件影响后，实际完成的工作或实际达到的进度；

3）查明因受该影响工期事件的影响而受到延误的作业工种；

4）查明实际的进度滞后是否还有其他影响因素，并确定其影响程度；

5）最后确定该影响工期事件对工程竣工时间或区段竣工时间的影响值。

（4）项目监理机构在作出工程临时延期批准和工程最终延期批准前，均应与建设单位和施工单位协商。做好协商工作是项目监理机构有能力的表现。

施工单位因工程延期提出费用索赔时，项目监理机构可按施工合同约定进行处理，提出处理意见，并与建设单位协商处理。

当建设单位与施工单位就工程延期事宜协商达不成一致意见时，项目监理机构应提出评估意见。

（5）项目监理机构批准工程延期应同时满足下列条件：

1）施工单位在施工合同约定的期限内提出工程延期。

2）因非施工单位原因造成施工进度滞后。

3）施工进度滞后影响到施工合同约定的工期。

（6）表列子项

1）致：_____（项目监理机构）：应填写工程监理单位派驻施工现场的项目监理机构的名称，照全称填写。

根据施工合同____Ⓐ处____（条款），由于____Ⓑ处____原因，我方申请工程临时/最终延期____Ⓒ处____（日历天），请予批准：

Ⓐ处：应填写施工合同所属的条款；

Ⓑ处：应填写工程延期的原因，词意表述明确、简练；

Ⓒ处：应填写申请工程临时/最终延期的日历天数。

2）附件：指应提供的工程延期依据及工期计算和证明材料的原件，应正确、真实。

工程延期依据及工期计算；

证明材料。

3）责任制

①施工项目经理部（盖章）：施工项目经理部加盖公章，项目经理本人签字，签注 年 月 日。

②项目监理机构（盖章）：项目监理机构加盖公章，总监理工程师填写审核意见、同意或不同意临时/最终延长工期并本人签字、加盖执业印章，签注 年 月 日。

③建设单位（盖章）：建设单位加盖公章，建设单位代表填写审批意见本人签字，签注 年 月 日。

（7）填表说明

1）工程延期的依据及工期计算：工程延期依据是指非施工单位引起的工程延期的原因或理由，以及施工单位提出的延期意向通知，工期计算是指根据工程延期的依据、所列延长时间的计算方式及过程。

2）施工合同约定：指建设单位与施工单位签订的施工合同中确定的竣工日期。

3）申请延长竣工日期：指包括已指令延长的工期加上本期申请延长工期后的竣工日期。

4）证明材料：指本期申请延长的工期所有能证明非施工单位原因致工程延期的证明材料。

工程临时/最终延期构成可能的基本条件：诸如工程变更指令导致的工程量增加；合同中涉及的任何可能造成的工程延期的原因；异常恶劣的气候条件；由建设单位造成的任何延误、干扰或障碍等；施工单位自身外的其他原因。

2.15 工程计量、工程款支付文件资料

2.15.1 工程款支付报审表

1. 资料表式

工程款支付报审表

工程名称：　　　　　　　　　　　　　　　　　　　编号：

致：＿＿＿＿＿＿＿＿＿＿＿＿＿＿＿＿＿＿＿＿＿＿（项目监理机构）
根据施工合同约定，我方已完成＿＿＿＿＿＿＿＿＿＿＿＿＿工作，建设单位应在＿＿＿＿＿年＿＿＿＿月＿＿＿＿日前支付该项工程款共（大写）＿＿＿＿＿＿＿＿＿＿＿＿（小写：＿＿＿＿＿＿＿＿＿＿），请予以审核。 附件： □已完成工程量报表 □工程竣工结算证明材料 □相应支持性证明文件 <div align="right">施工项目经理部（盖章） 项目经理（签字） 年　　月　　日</div>
审查意见： 　1. 施工单位应得款为： 　2. 本期应扣款为： 　3. 本期应付款为： 附件：相应支持性材料 <div align="right">专业监理工程师（签字） 年　　月　　日</div>
审核意见： <div align="right">项目监理机构（盖章） 总监理工程师（签字、加盖执业印章） 年　　月　　日</div>
审批意见： <div align="right">建设单位（盖章） 建设单位代表（签字） 年　　月　　日</div>

注：本表一式三份，项目监理机构、建设单位、施工单位各一份；工程竣工结算报审时本表一式四份，项目监理机构、建设单位各一份、施工单位两份。

2. 资料要求

（1）本表由施工项目经理部填报，加盖公章，项目经理本人签字。提供的附件资料"已完成工程量报表"、"工程竣工结算证明材料"、"相应支持性证明文件"应齐全、真实、准确。

（2）专业监理工程师签署审核意见，并本人签字。

（3）项目监理机构加盖公章，总监理工程师填写审核意见并本人签字、加盖执业印章；建设单位加盖公章，建设单位代表填写审批意见并本人签字。

3. 应用说明

工程款支付报审表是根据项目监理机构对施工单位自验合格后的检验批、分项工程，经工程计量报审、签认，对其应收工程款的报审和签认。

（1）工程款支付报审的一般程序：

检验批验收合格→施工项目经理部报审工程计量→监理工程师审核计量→施工项目经理部提出工程款支付报审→项目监理机构审查支付报审→总监理工程师审核支付报审→建设单位审批工程款支付报审→总监理工程师签发支付证书→向施工单位付款。

注：各环节中的审批，凡未获同意，均需说明原因重新报审。

（2）项目监理机构应按下列程序进行工程计量和付款签证：

1）专业监理工程师对施工项目经理部在工程款支付报审表中提交的工程量和支付金额进行审查，确定实际完成的工程量，提出到期应支付给施工项目经理部的金额，并提出相应的支持性材料。

2）总监理工程师对专业监理工程师的审查意见进行审核，签认后报建设单位审批。

3）总监理工程师根据建设单位的审批意见，向施工单位签发工程款支付证书。

（3）项目监理机构应及时审查施工单位提交的工程款支付报审，进行工程计量，并与建设单位、施工单位沟通协商一致后，由总监理工程师签发工程款支付证书。其中，项目监理机构对施工单位提交的工程款支付报审应审核以下内容：

1）截至本次付款周期末已实施工程的合同价款；

2）增加和扣减的变更金额；

3）增加和扣减的索赔金额；

4）支付的预付款和扣减的返还预付款；

5）扣减的质量保证金；

6）根据合同应增加和扣减的其他金额。

项目监理机构应从第一个付款周期开始，在施工单位的进度付款中，按专用合同条款的约定扣留质量保证金，直至扣留的质量保证金总额达到专用合同条款约定的金额或比例为止。质量保证金的计算额度不包括预付款的支付、扣回以及价格调整的金额。

（4）项目监理机构对工程量及工程款支付报审的实施与要求。

1）项目监理机构应全面了解所监理工程的施工合同文件、施工投标文件、工程设计文件、施工进度计划等内容，熟悉合同价款的计价方式、施工投标报价及组成、工程预算等情况，依据监理规划、施工组织设计、进度计划以及相关的设计、技术、标准等文件编制造价控制监理实施细则，明确工程造价控制的目标和要求、制定造价控制的流程、方法和措施，以及针对工程特点制定工程造价控制的重点和目标值。

2）专业监理工程师具体负责对施工项目经理部在工程款支付报审表中提交的工程量和支付金额进行审查，包括进行现场计量以确定实际完成的合格工程量，进行单价或价格的审查等，提出到期应支付给施工单位的金额，并附上工程变更、工程索赔等相应的支持性材料。专业监理工程师在审查过程中应及时、客观地与施工项目经理部进行沟通和协商，对施工项目经理部提交的工程量和支付金额申请的审查情况最终形成审查意见，提交总监理工程师审核。

3）总监理工程师应该充分熟悉和了解施工合同约定的工程量计价规则和相应的支付条款，对专业监理工程师的审查、复核工作进行指导和帮助，对专业监理工程师的审查意见提出自己的审核意见，同意签认后报建设单位审批。

4）项目监理机构应根据施工合同和监理合同的相应条款协助建设单位审核工程款。建设单位根据总监理工程师的审核意见及建议最终合理确定工程款的支付金额。

5）总监理工程师应根据建设单位审批确定的工程款支付金额签发工程款支付证书。

（5）项目监理机构应建立月完成工程量统计表，对实际完成量与计划完成量进行比较分析，发现偏差的，应提出调整建议，并应在监理月报中向建设单位报告。

（6）工程竣工结算款支付报审

1）施工单位按施工合同规定填报工程竣工结算款支付报审表；

2）专业监理工程师审查施工单位报送的工程竣工结算款支付报审表；

3）总监理工程师审核工程竣工结算款支付报审表，与建设单位、施工单位协商一致后，签发工程款支付证书。

（7）建设工程施工合同关于工程款（进度款）支付

1）在确认计量结果后14天内，发包人应向承包人支付工程款（进度款）。按约定时间发包人应扣回的预付款，与工程款（进度款）同期结算。

2）本通用条款第23条确定调整的合同价款，第31条工程变更调整的合同价款及其他条款中约定的追加合同价款，应与工程款（进度款）同期调整支付。

注：通用条款第23条：指合同价款与支付中的合同价款与调整；第31条：指工程变更中的确定为更价款。可分别参见建设工程施工合同文本。

3）发包人超过约定的支付时间不支付工程款（进度款），承包人可向发包人发出要求付款的通知，发包人收到承包人通知后仍不能按要求付款，可与承包人协商签订延期付款协议，经承包人同意后可延期支付。协议应明确延期支付的时间和从计量结果确认后第15天起计算应付款的贷款利息。

4）发包人不按合同约定支付工程款（进度款）双方又未达成延期付款协议，导致施工无法进行，承包人可停止施工，由发包人承担违约责任。

（8）工程计量依据

①施工图设计。计量的几何尺寸均以施工图设计为准，专业监理工程师对于施工

单位超出设计图纸要求而增加的工程量和自身原因造成的返工而计入的工程量不予计量。

工程计量原则为：以施工图设计及设计变更文件为依据，实事求是地进行计量。

②经专业监理工程师验收合格并已签字的工程部位应予计量，未经验收合格的工程不予计量。

③工程计量应按国家颁发的预概算定额中的工程量计算办法执行。

（9）建设工程施工合同关于工程量的确认

①承包人应按专用条款约定的时间，向工程师提交已完工程量的报告。工程师接到报告后 7 天内，按设计图纸核实已完工程量（以下称计量），并在计量前 24 小时通知承包人，承包人为计量提供便利条件并派人参加。承包人收到通知后不参加计量，计量结果有效，作为工程价款支付的依据。

②工程师收到承包人报告后 7 天内未进行计量，从第 8 天起，承包人报告中开列的工程量即视为被确认，作为工程价款支付的依据。工程师不按约定时间通知承包人，致使承包人未能参加计量，计量结果无效。

③对承包人超出设计图纸范围和因承包人原因造成返工的工程量，工程师不予计量。

（10）表列子项

1）致：_____（项目监理机构）：指施工单位报送工程监理单位派驻施工现场的项目监理机构的名称，照实际填写。

根据施工合同约定，我方已完成_____Ⓐ处_____工作，建设单位应在_____Ⓑ处_____年_____月_____日前支付该项工程款共（大写）_____©处_____（小写：_____），请予以审核：

Ⓐ处：应填写已完成的工作实名，填写全名；

Ⓑ处：填写支付该项工程款的 年 月 日；

©处：填写支付工程款的数据（按大、小写分别列记）。

2）附：应附资料包括：已完成工程量报表、工程竣工结算证明材料、相应支持性证明文件，应齐全、真实。

3）责任制

①施工项目经理部（盖章）：施工项目经理部加盖公章，项目经理本人签字，应提供的附件资料齐全、正确。签注 年 月 日。

②专业监理工程师（签字）：专业监理工程师对申报的应支付工程款填写审查意见，应分别填记施工单位应得款、本期应扣款、本期应付款数额，并本人签字，签注 年月 日。

③项目监理机构（盖章）：项目监理机构加盖公章，总监理工程师填写审核意见，应明确填写对专业监理工程师审查结果的正确性，并本人签字、加盖执业印章，签注 年月 日。

④建设单位（盖章）：建设单位加盖公章，建设单位代表填写审批意见本人签字，应明确填写同意或不同意，如同意应大写填记工程款支付数额。签注 年 月 日。

工程款支付证书

1. 资料表式

工程款支付证书

工程名称：　　　　　　　　　　　　　　　　　　　　　编号：

致：＿＿＿＿＿＿＿＿＿＿＿＿＿＿＿＿＿＿＿＿＿＿（建设单位）

　　根据施工合同约定，经审核编号为＿＿＿＿＿＿＿＿工程款支付报审表，扣除有关款项后，同意本期支付工程款共计（大写）＿＿＿＿＿＿＿＿＿＿＿＿＿＿＿＿＿＿＿＿＿＿＿＿（小写：＿＿＿＿＿＿＿）。

其中：

1. 施工单位申报款为：

2. 经审核施工单位应得款为：

3. 本期应扣款为：

4. 本期应付款为：

附件：工程款支付报审表及附件

项目监理机构（盖章）
总监理工程师（签字、加盖执业印章）
年　月　日

注：本表一式三份，项目监理机构、建设单位、施工单位各一份。

2. 资料要求

（1）工程款支付证书的办理必须及时、准确，内容填写完整，注文简练、明了。

（2）工程款支付证书由项目监理机构加盖公章、总监理工程师对"施工单位申报款、经审核施工单位应得款、本期应扣款、本期应付款"及其附件"工程款支付报审表及附件"审核无误后，本人签字，并加盖执业印章。

3. 应用说明

工程款支付证书是施工单位根据合同规定，对已完工程或其他与工程有关的付款事宜，填报的工程款支付申请，经项目监理机构审查确认工程计量和付款额无误后，由项目监理机构向建设单位转呈的支付证明书。

（1）本表由项目监理机构签发。

（2）项目监理机构应根据施工单位提请报审的工程款支付报审表的审查结果，经建设单位审批同意后，签发工程款支付证书。

（3）表列子项

1）致：＿＿＿＿＿＿（建设单位）：指与工程监理单位签订合同的建设单位名称，照实

际填写。

根据施工合同约定，经审核编号为 ____A处____ 工程款支付报审表，扣除有关款项后，同意本期支付工程款共计（大写） ____B处____ （小写：_____）：

A处：应填写已经审核的编号及工程款支付报审表的名称；

B处：应填写"同意本期支付工程款的数额（按大、小写分别列记）"。应分别按其中的"施工单位申报款、经审核施工单位应得款、本期应扣款、本期应付款"，分别按小写填记款项的数额。

2）附件：应提送的附件资料为"工程款支付报审表及其附件"。

3）责任制

项目监理机构（盖章）：项目监理机构加盖公章，总监理工程师填写支付证书表列事项，本人签字，加盖执业印章，签注   年 月 日。

2.16 监理通知单、工作联系单与监理报告

2.16.1 监理通知单

1. 资料表式

监理通知单

工程名称：   编号：

致：_____（施工项目经理部）

事由：_____

_____

_____

_____

内容：_____

_____

_____

_____

_____

项目监理机构（盖章）

总/专业监理工程师（签字）

年   月   日

注：本表一式三份，项目监理机构、建设单位、施工单位各一份。

2. 资料要求

（1）监理通知单的办理必须及时、准确，通知内容完整，技术用语规范，文字简练、明了；

（2）监理通知单项目监理机构必须加盖公章和总监理工程师/专业监理工程师本人签字，由专业监理工程师或总监理工程师填写：事由和内容。

（3）监理通知单需附图时，附图应简单易懂且能反映附图的内容。

3. 应用说明

监理通知单是指项目监理机构认为，在工程实施过程中需要告知施工项目经理部的事项而发出的监理文件。

（1）监理通知单的下发由于所处的地位不同，认识也不同，因此，监理通知单下发前，对容易引起不同看法的"通知内容"应事先和施工项目经理部协商。监理通知单用词要恰当，处理不好会起负作用。监理通知单施工项目经理部应认真办理。

（2）在监理工作中，项目监理机构应按委托监理合同授予的权限，对施工单位提出要求，属项目监理机构的告知类文件均可采用此表。监理工程师现场发出的口头指令及要求，也采用此表，但应在规定的时间内予以确认。

（3）监理通知单一般包括如下内容：

1）建设单位组织协调确定的事项，需由项目监理机构告知施工项目经理部实施的事宜。

2）监理在旁站、巡视过程中，发现需要及时纠正的事宜，通知应将发现事宜的工程部位、地段、发现时间、问题性质、需要处理的程度等，告知清楚。

3）季节性天气预报的通知。

4）工程计量的通知；试验结果需要说明或指正的内容等。

5）其他属项目监理机构告知施工项目经理部的有关事宜。

（4）表列子项

1）致_____（施工项目经理部）：填写施工项目经理部的名称，按全称填写。

2）事由：指通知事项的主题。

3）内容：指通知事项的详细说明和对施工项目经理部的工作要求。照实际通知内容逐条填写，应字迹清楚，技术用语规范、正确，表达清晰、简练。

4）责任制

项目监理机构（盖章）：项目监理机构加盖公章，总/专业监理工程师本人签字，签注年　月　日。

2.16.2　工作联系单

1. 资料表式

工作联系单

工程名称：　　　　　　　　　　　　　　　　　　编号：

致：_____   　　　　　　　　　　　　　　　　　发文单位 　　　　　　　　　　　　　　　　　负责人（签字） 　　　　　　　　　　　　　　　　　　年　月　日

2. 资料要求

（1）工作联系单的办理必须及时、准确；联系单内容完整、齐全，技术用语规范，文字简练明了。

（2）工作联系单发文单位的负责人本人签名。

3. 应用说明

工程联系单是指各方进行工作协调时用表。与参与工程各方需要在工程实施过程中进行联系时发出的联系文件，是联系单，具有协商性质。应及时、准确、内容完整，技术用语规范，文字简练明了，且应认真办理。处理每一个问题应注意不要遗留容易引起纠纷的未了事项。

（1）可能开展工作联系的内容一般包括：

1）召开某种会议的时间、地点安排；

2）建设单位向项目监理机构提供的设施、物品及项目监理机构在监理工作完成后，向建设单位移交设施及剩余物品；

3）为便于今后开展工作建设单位向项目监理机构提供的与本工程合作的原材料、构配件、机械设备生产厂家名录以及与本工程有关的协作单位、配合单位的名录；

4）按《建设工程委托监理合同》监理单位权利中需向委托人书面报告的事项；

5）监理单位调整总监理工程师及其他监理人员；

6）建设单位要求监理单位更换监理人员；

7）监理合同的变更与终止；

8）项目监理机构提出合理化建议需报告时；

9）相关方认为不合理的事宜需要协商提出修改意见时；

10）紧急情况下无法与专业监理工程师联系时，项目经理在采取保证人员生命和财产安全的紧急措施，并在采取措施后48小时内，向专业监理工程师提交的报告；

11）对不能按时开工提出延期开工理由和要求时；

12）可调价合同发生实体调价的情况时，施工单位向专业监理工程师发出的调整原因、金额的书面联系文件；

13）发生不可抗力事件，施工单位向专业监理工程师通报受害损失情况，施工单位提出使用专利技术和特殊工艺，向专业监理工程师提出的书面报告及专业监理工程师的认可；

14）在施工中发现的文物、地下障碍物向专业监理工程师提出的书面汇报等其他各方需要联系的事宜。

（2）责任制：

①发文单位：指提出工作联系事项的单位，如建设单位、监理单位、施工单位等。

②负责人：指发文单位的负责人本人签名。如建设单位驻工地代表、项目监理机构的总监理工程师、施工项目经理部的项目经理、其他单位为联系单事项单位的主管负责人。

2.16.3 监理报告

1. 资料表式

监 理 报 告 表 2.16.3

工程名称：   编号：

致：_____（主管部门）

由_____（施工单位）施工的_____（工程部位），存
在安全事故隐患。我方已于_____年_____月_____日发出编号为：_____的《监理通知
单》/《工程暂停令》，但施工单位未整改/停工。

特此报告。

附件：□监理通知单
□工程暂停令
□其他

项目监理机构（盖章）

总监理工程师（签字）

年 月 日

注：本表一式四份，主管部门、建设单位、工程监理单位、项目监理机构各一份。

2. 应用说明

（1）项目监理机构发现工程存在安全事故隐患，发出《监理通知单》或《工程暂停
令》后，施工单位拒不整改或者不停工的，可用该表及时向政府有关主管部门报告，同时
应附相应《监理通知单》或《工程暂停令》等证明监理人员所履行安全生产管理职责的相
关文件资料。

（2）表列子项

1）致：_____（主管部门）：填写上级主管部门的单位名称，按全称
填写。

由_____Ⓐ处_____（施工单位）施工的_____Ⓑ处_____（工程部位），存在安全事故隐患。
我方已于_____Ⓒ处_____年_____月_____日发出编号为：_____Ⓓ处_____的《监理通知

单》/《工程暂停令》，但施工单位未整改/停工：

 Ⓐ处：填写建设与施工单位订立合同的施工单位名称，按全称填写；

 Ⓑ处：填写施工工程的名称及其工程部位；

 Ⓒ处：填写发出监理通知的时间按　年　月　日填写；

 Ⓓ处：填写发出监理通知单的编号及名称。

 2）附件：指应提送的监理通知单、工程暂停令及其他。

 3）责任制

项目监理机构（盖章）：项目监理机构加盖公章，总监理工程师本人签字，签注年　月　日。

 附：专题报告说明

（1）专题报告是施工过程中，项目监理机构就某项工作、某一问题、某一任务或某一事件向建设单位所做的报告。

（2）专题报告应用标题点明报告的事由和性质，主体内容应详尽地阐述报告事项的事实、问题和建议或效果结论。

（3）专题报告由报告人、总监理工程师签字，并加盖项目监理机构公章。

（4）施工过程中的合同争议、违约处理等，可采用专题报告（总结），并附有关记录。

2.17 第一次工地会议、监理例会、专题会议等会议纪要

2.17.1 第一次工地会议会议纪要

 应用说明

第一次工地例会是项目监理机构正式接触施工单位和全面开展监理工作的起点。

（1）工程开工前，监理人员应参加由建设单位主持召开的第一次工地会议，会议纪要应由项目监理机构负责整理、起草，与会各方代表应会签。必要时，可邀请设计等相关单位参加第一次工地例会。

（2）由建设单位主持召开的第一次工地会议是建设单位、工程监理单位和施工单位对各自人员及分工、开工准备、监理例会的要求等情况进行沟通和协调的会议。总监理工程师应介绍监理工作的目标、范围和内容、项目监理机构及人员职责分工、监理工作程序、方法和措施等。

（3）第一次工地会议应包括的主要内容：

1）建设单位、施工单位和工程监理单位分别介绍各自驻现场的组织机构、人员及其分工。

2）建设单位介绍工程开工准备情况。

3）施工单位介绍施工准备情况。

4）建设单位代表和总监理工程师对施工准备情况提出意见和要求。

5）总监理工程师介绍监理规划的主要内容。

6）研究确定各方在施工过程中参加监理例会的主要人员，召开监理例会的周期、地点及主要议题。

7）其他有关事项。

（4）对第一次工地会议提出的问题，应制定解决办法，该办法应具体、具有可行性和可操作性，并应在第一次工地会议纪要中明确。

2.17.2 监理例会会议纪要

应用说明

（1）项目监理机构应定期召开监理例会，并组织有关单位研究解决与监理相关的问题。项目监理机构可根据工程需要，主持或参加专题会议，解决监理工作范围内工程专项问题。诸如：工程质量、造价、进度、合同管理、安全生产等事宜。

监理例会以及由项目监理机构主持召开的专题会议的会议纪要，应由项目监理机构负责整理，与会各方代表应会签。

（2）监理例会应包括的主要内容：

1）检查上次例会议定事项的落实情况，分析未完事项原因。

2）检查分析工程项目进度计划完成情况，提出下一阶段进度目标及其落实措施。

3）检查分析工程项目质量、施工安全管理状况，针对存在的问题提出改进措施。

4）检查工程量核定及工程款支付情况。

5）解决需要协调的有关事项。

6）其他有关事宜。

（3）项目监理机构召开监理例会，必要时项目监理机构可邀请设计单位、设备供应厂商等相关单位参加。

（4）监理例会由总监理工程师或其授权的专业监理工程师主持。专题会议是由总监理工程师或其授权的专业监理工程师主持或参加，为解决监理过程中的工程专项问题而不定期召开的会议。专题会议纪要的内容包括会议主要议题、会议内容、与会单位、参加人员及召开时间等。

注：为解决监理工作范围内工程专项问题，项目监理机构可根据需要主持召开专题会议，并可邀请建设单位、设计单位、施工单位、设备供应厂商等相关单位参加。项目监理机构也可根据需要，参加由建设单位、设计单位或施工单位等相关单位召集的专题会议。

2.17.3 专题会议会议纪要

应用说明

（1）专题会议是为解决监理工作范围内工程的专项问题召开的会议，并应汇整专题会议会议纪要。专题会议与会各方应认真做好会前准备。

（2）为解决监理工作范围内工程专项问题，项目监理机构可根据需要主持召开专题会议，并可邀请建设单位、设计单位、施工单位、设备供应厂商等相关单位参加。项目监理机构也可根据需要，参加由建设单位、设计单位或施工单位等相关单位召集的专题会议。

（3）专题会议是由总监理工程师或其授权的专业监理工程师主持或参加的，为解决监理过程中的工程专项问题而不定期召开的会议。专题会议纪要的内容包括会议主要议题、会议内容、与会单位、参加人员及召开时间等。

2.18 监理月报、监理日志、旁站记录

2.18.1 监理月报

监理月报是在工程施工过程中项目监理机构就工程实施情况和监理工作定期每月定时向建设单位所作的报告。是建设单位了解工程情况及对重大问题做出决策的重要依据。

监理月报必须按月按规定的时间编制报送，监理月报汇报的监理工作内容应全面、真实；监理工作中存在问题不论是已解决或已有解决办法者应一一列出，不留未了事项。

1. 应用说明

（1）监理月报应包括下列主要内容：

1）本月工程实施情况。

2）本月监理工作情况。

3）本月施工中存在的问题及处理情况。

4）下月监理工作重点。

（2）监理月报是项目监理机构定期编制并向建设单位和工程监理单位提交的重要文件。

监理月报应包括以下具体内容：

1）本月工程实施概况：

①工程进展情况，实际进度与计划进度的比较，对进度完成情况及采取措施效果的分析。施工单位人、机、料进场及使用情况，本期在施部位的工程照片。

②工程质量情况，分项分部工程验收情况，工程材料、设备、构配件进场检验情况，主要施工试验情况，本月采取的工程质量措施及效果，对本月工程质量的分析。

③施工单位安全生产管理工作评述。

④已完工程量与已付工程款的统计及说明。

2）本月监理工作情况：

①工程进度控制方面的工作情况。

②工程质量控制方面的工作情况。

③安全生产管理方面的工作情况。

④工程计量与工程款支付方面的工作情况，诸如：A. 工程量审核情况；B. 工程款审批情况及月支付情况；C. 工程款支付情况分析；D. 本月采取的措施及效果。

⑤合同其他事项的管理工作情况，诸如：A. 工程变更；B. 工程延期；C. 费用索赔。

⑥监理工作统计及工作照片。

3）本月工程实施的主要问题分析及处理情况：

①工程进度控制方面的主要问题分析及处理情况。

②工程质量控制方面的主要问题分析及处理情况。

③施工单位安全生产管理方面的主要问题分析及处理情况。

④工程计量与工程款支付方面的主要问题分析及处理情况。

⑤合同其他事项管理方面的主要问题分析及处理情况。

4）下月监理工作重点：

①在工程管理方面的监理工作重点。

②在项目监理机构内部管理方面的工作重点。

2.18.2 监理日志

1. 资料表式

监 理 日 志

表 2.18.2

日期：　　年　　月　　日　　气象：　　风力：　　温度：

施工记录
主要事项记载：   　　　　　　　　　　　　　　　　　　　　　　　　　　　　记录人： <div align="center">（页码）</div>

注：本表为参考用表，也可采用当地建设行政主管部门批准的地方通用的监理日志表式。

2. 资料要求

（1）监理日志必须及时记录、整理，应做到记录内容齐全、详细、准确，真实反映当天的工程具体情况。技术用语规范，文字简练、明了；重要事项要于当日专题书面报告总监理工程师。记录人签章。

（2）总监理工程师应定期审阅监理日志，全面了解监理工作情况。

3. 应用说明

（1）监理日志是项目监理机构对被监理工作施工期间每日记录气象、施工记录、监理工作及有关事项的日志，是一项重要的信息档案资料。

注：1. 日志：是指记录每天所遇到、感受到和所做的多指非个（私）人的事情。

　　2. 气象记录是判别是否遇有"异常恶劣气象条件"时的重要的参考资料，故应详细记录天气状况。

　　3. 监理日志记录不全或不准确，是项目监理机构对监理工作的失职。

（2）监理日志应包括下列主要内容：

1）天气和施工环境情况。

2）当日施工进展情况。

3）当日监理工作情况，包括旁站、巡视、见证取样、平行检验等情况。

4）当日存在的问题及协调解决情况。

5）其他有关事项。

（3）监理日志以单位工程为记录对象，从工程开工之日始至工程竣工日止，由专人或相关人逐日记载，记载内容应保持连续和完整。

（4）监理日志应使用统一制式的《监理日志》，每册封面应标明工程名称、册号、记录时间段及建设、设计、施工、监理单位名称，并由总监理工程师签字。

（5）监理人员巡检、专检或工作后，应及时填写监理日记并签字。

（6）监理日记不得补记，不得隔页或扯页，以保持其记录的原始性。

总监理工程师原则上应每天阅示一次监理日志。

（7）监理工作在工程巡检中的监理日记记录内容：

监理日志是监理资料中重要的组成部分，是监理服务工作量和价值的体现，是工程实施过程中最真实的工作证据，也是监理人员素质和技术水平的体现。

（8）表列子项：

1）施工记录：指施工单位参与施工的施工人数、作业内容及部位，使用的主要施工设备、材料等；对主要的分部、分项工程开工、完工做出标记。

2）主要事项记载：指记载当日的下列监理工作内容和有关事项：

①施工过程巡视检查和旁站监理、见证取样、平行检验；

②施工测量放线、工程报验情况及验收结果；

③材料、设备、构配件和主要施工机械设备进场情况及进场验收结果；

④施工单位资质报审及审查结果；

⑤施工图交接、工程变更的有关事项；

⑥所发监理通知（书面或口头）的主要内容及签发、接收人；

⑦建设单位、施工单位提出的有关事宜及处理意见；

⑧工地会议议定的有关事项及协调确定的有关问题；

⑨工程质量事故（缺陷）及处理方案；

⑩异常事件（可能引发索赔的事件）及对施工的影响情况；

⑪设计人员到工地及处理、交待的有关事宜；

⑫质量监督人员、有关领导来工地检查、指导工作情况及有关指示；

⑬其他重要事项。

2.18.3 旁站记录

1. 资料表式

旁 站 记 录

表 2.18.3

工程名称：   编号：

旁站的关键部位、关键工序		施工单位	
旁站开始时间	年 月 日 时 分	旁站结束时间	年 月 日 时 分
旁站的关键部位、关键工序施工情况：			
发现的问题及处理情况：			
		旁站监理人员（签字） 年　月　日	

注：本表一式一份，项目监理机构留存。

2. 资料要求

（1）旁站监理必须坚决执行并记录。记录应及时、真实、准确；内容完整，书写工整、清晰，全面反映旁站监理有关情况，技术用语规范，文字简练、明了。

（2）旁站监理的工程验收后，应将旁站监理记录作为监理文件资料管理内容存档。

3. 应用说明

（1）旁站是项目监理机构对关键部位和关键工序的施工质量进行的监督活动，是实施监理工作的方式之一。旁站监理必须责任心强，严肃认真。旁站是项目监理机构应尽的职责。

旁站与巡检是不同的，巡检是监理人员进行的一项日常工作。旁站是对工程的关键部位或关键工序进行的监督活动。

（2）旁站是监理工作保证工程质量的措施之一，旁站的对象是监理人员在施工现场针对工程的关键部位或关键工序进行的监理工作，旁站一定要到位、认真。

（3）关键部位、关键工序应根据工程类别、特点及有关规定确定，原则上应在监理实施细则中明确。

（4）项目监理机构在编制监理规划时，应当制定旁站监理方案，明确旁站监理的范围、内容、程序和旁站监理人员的职责等。旁站监理人员应在专业监理工程师指导下开展监理工作，发现问题及时指出，并向专业监理工程师报告。旁站监理必须会同施工单位的质检员一起旁站，旁站工作完成后，双方需要在旁站监理记录表上共同签字。

（5）旁站监理的主要任务

1) 旁站监理人员应当认真履行职责，对需要实施旁站监理的关键部位、关键工序在施工现场跟班监督，及时发现和处理旁站监理过程中出现的质量问题。见证整个被施单项产品质量的形成过程，因此必须注意记录齐全，发现问题必须及时解决；

2) 监督施工单位严格按照设计和规范要求施工。旁站监理时，发现施工企业违反工程建设强制性条文行为的，有权责令其立即改正。发现其施工活动已经或者可能危及工程质量的，应当及时向监理工程师或总监理工程师报告，由总监理工程师下达局部暂停施工指令或其他应急措施。

(6) 旁站监理的范围：

《房屋建筑工程施工旁站监理管理办法（试行）》规定：施工阶段监理中，对房屋建筑工程的关键部位、关键工序的施工质量实施全过程现场跟班监督活动。

旁站监理对重要工序间的检查必须严格执行，重要工序间未经监理人员检查不得进行下道工序施工。例如：基槽、基坑开挖完成后，未经验槽和量测标高、尺寸，不得浇筑垫层混凝土；模板完成后未经检验，不得进行钢筋安装；钢筋架立完成未经检验（含隐蔽验收），不得浇筑混凝土等等。

关键部位：是指建筑工程分布于所在工程的该部位质量的好坏，直接影响到结构安全或使用功能的部位，也称重要部位。

关键工序：是指建筑工程施工该过程段，鉴于工程本身的特点，加上操作过程中人、机、料、环境等因素直接影响工程质量的环节（过程段），称为关键工序。

重要部位与关键工序的质量控制，不同结构类型的工程，其控制内容是不同的。

在地基基础工程方面包括：土方回填、混凝土灌注桩浇筑、地下连续墙、土钉墙、后浇带、其他结构混凝土、防水混凝土浇筑、卷材防水细部构造处理、钢结构安装。

在主体结构方面包括：梁柱节点钢筋隐蔽过程、混凝土浇筑、预应力张拉。若配式结构安装、钢结构安装、网架结构安装、索膜安装。

凡是主体结构部位，有可能涉及结构安全的部位，以及这些部位的关键工序，隐蔽工程的隐蔽过程、下道工序施工完成后难以检查的重点部位，都必须实行旁站监理。

(7) 旁站监理工作程序：

1) 检查用于工程的材料、半成品、构配件和商品混凝土试（检）验报告，质量证明文件是否经过检验是否合格。资料必须齐全、真实。

2) 施工方的质量管理人员、质量检查人员，必须在岗并定期进行检查。检查特殊工种的上岗操作证书，无证不准上岗。

3) 检查施工机械、设备运行是否正常。运转不正常的施工机械应修理或更换。

4) 检查施工环境是否对工程质量产生不利影响。

5) 按批准执行的施工方案、操作工艺检查操作的人员的资质及技术水平，操作条件是否达到卫生标准要求，是否经过技术交底。

6) 检查施工是否按技术标准、规范、规程和批准的设计文件、施工组织设计、"工程建设标准强制性条文"施工。

7) 对已施工的工程进行检查，看其是否存在质量和安全隐患，如发现问题应及时上报。

8) 做好监理的有关资料填报、整理、签审、归档等工作。

（8）旁站记录应记内容要点

旁站应记录：旁站的关键部位、关键工序；施工单位；旁站开始时间 年 月 日时 分；旁站结束时间 年 月 日 时 分；旁站的关键部位、关键工序施工情况；发现的问题及处理情况。

（9）旁站监理必须进行考核，其主要内容包括：

1）旁站监理的时间考核，必须保证全过程监理。

2）旁站监理的工程质量考核，必须保证旁站监理的工程质量符合设计和规范规定的质量标准。

3）旁站监理的绩效考核，保证旁站监理的质量效果达到100%。

（10）表列子项

1）旁站的关键部位、关键工序：应填写该旁站的关键部位、关键工序名称。

2）旁站的关键部位、关键工序施工情况：应按实际施工的旁站的关键部位、关键工序的施工实际情况填写，应真实。

3）发现的问题及处理情况：照实际填写。

4）旁站监理人员（签字）：旁站监理人员本人签字，签注 年 月 日。

2.19 工程质量或生产安全事故处理文件资料

2.19.1 工程质量事故报告单

1. 资料表式

工程质量事故报告单　　　　　　　　　表2.19.1

工程名称：　　　　　　　　　　　　　　　　　　　　编号：

致＿＿＿＿＿＿＿＿＿＿＿＿＿＿＿＿＿＿＿＿＿＿＿（项目监理机构）
＿＿＿＿＿年＿＿＿＿月＿＿＿＿日＿＿＿＿时，在＿＿＿＿＿＿＿＿发生 ＿＿＿＿＿＿＿＿＿＿＿＿工程质量事故，报告如下：
经过情况、原因、初步分析及处理意见：
施工单位（章）：＿＿＿＿＿＿＿＿＿＿ 项目经理：＿＿＿＿＿＿＿＿ 年 月 日

本表一式五份，建设、施工、设计单位各一份、监理单位两份。

2. 资料要求

（1）事故内容及拟进行的处理方法应填写具体、清楚。

（2）质量事故日期、处理日期应按　年　月　日　时分别填写。

3. 应用说明

（1）凡因工程质量不符合规定的质量标准、影响使用功能或设计要求的质量事故，在初步调查的基础上所填写的事故报告。

凡因工程质量不符合规定的质量标准、影响使用功能或设计要求的，都叫质量事故。造成质量事故的原因主要包括：设计错误、施工错误、材料设备不合格、指挥不当等等。

1）工程质量事故的内容及处理建议应填写具体、清楚。注明日期（质量事故日期、处理日期），有当事人及有关领导的签字及附件资料。

2）事故经过及原因分析应实事求是、尊重科学。

3）事故产生的原因可分为指导责任事故和操作责任事故。事故按其情节性质，分为一般事故和重大事故。不论一般事故还是重大事故，均应填报《工程质量事故记录》。

4）关于《工程建设重大事故报告和调查程序规定》有关问题的说明：

①该"规定"系指工程建设过程中发生的重大质量事故；

②由于勘察设计、施工等过失造成工程质量低劣，而在交付使用后发生的重大质量事故；

③因工程质量达不到合格标准，而需加固补强、返工或报废且经济损失额达到重大质量事故级别的。

5）事故发生后，事故发生单位应当在 24 小时内写出书面的事故报告，逐级上报，书面报告应包括以下内容：

①事故发生的时间、地点、工程项目、企业名称；

②事故发生的简要经过、伤亡人数和直接经济损失的初步估计；

③事故发生原因的初步判断；

④事故发生后采取的措施及事故控制的情况；

⑤事故报告单位。

6）工程质量事故报告和事故处理方案及记录，要妥善保存，任何人不得随意抽撤或毁损。

7）一般事故每月集中汇总，上报一次。

（2）对工程质量事故报告的基本要求

工程质量事故报告应及时报告有关单位，报告应详细填写事故发生的时间、地点、工程项目、单位名称；事故发生的简要经过、伤亡人数和直接经济损失的初步估计；事故发生原因的初步判断；事故发生后采取的措施及事故控制的情况；事故报告单位等。

事故报告应对事故的程度分析清晰、正确，应注意事故的复杂性、严重程度、可变性和多发性。

应注意分析事故性质、事故原因、事故评估和设计、施工以及使用单位对处理事故的意见和要求。

工程质量事故报告应真实，文字简练。

（3）表列子项

1) 致：_____（项目监理机构）：指施工单位报送工程监理单位派驻施工现场的项目监理机构的名称，照实际填写。

____Ⓐ处____ 年__月__日__时，在____Ⓑ处____ 发生____Ⓒ处____ 工程质量事故，报告如下：

Ⓐ处：填写质量事故发生的时间（按年、月、日、时）；

Ⓑ处：填写质量事故发生的地点；

Ⓒ处：应填写质量事故的名称。

经过情况、原因、初步分析及处理意见：指质量事故发生的经过、现行状况和是否已稳定，事故发生后采取的措施及事故的控制情况，事故发生原因的初步判断及初步处理方案、报告。

工程质量事故分析，一定要注意事故发生的复杂性、严重性和可变性，从而公正进行分析和提出准确的处理建议。

2) 施工单位（章）：施工单位加盖公章，项目经理本人签字，签注　年　月　日。

2.19.2 工程质量事故处理方案报审表

1. 资料表式

工程质量事故处理方案报审表　　　　　　表 2.19.2

工程名称：　　　　　　　　　　　　　　　　　　　编号：

致_____（监理单位）

_____年_____月_____日_____时，在_____，发生_____的工程质量事故，已于_____年_____月_____日提出《工程质量事故报告单》，现报上处理方案，请予审查。

　　附件：1. 工程质量事故调查报告；
　　　　　2. 工程质量事故处理方案。

施工单位（章）：_____

项目经理：_____ 日期：_____

设计单位意见：	总监理工程师批复意见：
设计单位（章）_____ 设计人：_____ 日期：_____	项目监理机构：_____ 总监理工程师：_____ 日期：_____

本表一式五份，建设、施工、设计单位各一份、监理单位两份。

2. 资料要求

（1）事故处理方案应稳妥可靠。

（2）事故处理方案必须是原工程设计单位提供，或原设计单位委托同意的其他设计单位，提出的设计方案需经原设计单位同意并签署意见。

（3）事故处理方案必须经建设、设计、监理、施工各方同意并签章。

3. 应用说明

工程质量事故处理方案报审表是有关方对工程质量事故处理，提出处理方案后报请项目监理机构进行的审查和签认。

（1）事故调查是保证事故处理的基础，工程质量事故调查报告一般包括以下内容：

1）质量事故的情况：包括发生的时间、地点、事故情况、有关的现场记录、发展变化趋势、是否已趋稳定等；

2）事故性质：应区分是结构性问题还是一般问题，是内在的实质性问题还是表面性问题，是否需要及时处理，是否采取保护性措施；

3）事故原因：阐明造成质量事故的主要原因，并应附有说服力的资料、数据说明；

4）事故评估：应阐明该质量事故对于建筑物功能使用要求、结构承受力性能及施工安全有何影响，并应附有实测、验算数据和试验资料。

5）质量事故涉及的人员与主要责任者的情况等。

（2）工程质量事故处理方案实施：

1）技术处理原则：应做到认真负责、实事求是、尊重科学、公正无私、谦虚谨慎、积极沟通、以理服人。

①工程（产品）质量事故的部位、原因必须查清，必要时应委托法定工程质量检测单位进行质量鉴定或请专家论证。

②技术处理方案，必须依据充分、可靠、可行，确保结构安全和使用功能；技术处理方案应委托原设计单位提出，由其他单位提供技术方案的，需经原设计单位同意并签认。设计单位在提供处理方案时，应征求建设单位意见。

③施工单位必须依据技术处理方案的要求，制定可行的技术处理施工措施，并做好原始记录。

④技术处理过程中关键部位的工序，应会同建设单位（设计单位）进行检查认可，技术处理完工，应组织验收，有关单位的签证、处理过程中的各项施工记录、试验报告、原材料试验单等相关资料应完整配套归档。

2）技术处理依据：国家相关政策、法律、法规、规范、标准、条例、规定等。

3）技术处理结果：应达到公平、符合政策、当事人心悦诚服。

4）工程质量事故技术处理方案：按设计或施工单位根据事故特点提供并经监理单位同意的工程质量事故技术处理方案，作为施工技术文件依序提供汇整。

5）属于特别重大事故者，其报告、调查程序，执行国务院发布的《特别重大事故调查程序暂行规定》及有关规定。

6）工程质量事故处理方案应由原设计单位出具或签认，并经建设、监理单位审查同意后，方可实施。

注：事故造成永久缺陷情况是指事故的类别，事故造成的永久性缺陷程度对原设计的影响程度（包括：质量和安全两个方面的情况与分析）。

（3）工程质量事故处理方案：质量事故处理方案应在正确分析和判断事故原因的基础上进行。处理方案应体现安全可靠、不留隐患、满足建筑物的功能和使用要求、技术可行、经济合理等原则，一般有以下四类性质的处理方案：

1）修补处理；

2）返工处理；

3）限制使用；

4）不做处理。

（4）监理人员发现施工存在重大质量隐患，可能造成质量事故或已经造成质量事故时，应通过总监理工程师及时下达工程暂停指令，要求施工单位停工整改。整改完毕并经专业监理工程师复查，符合规定要求后，总监理工程师应及时签署工程复工报审表。总监理工程师下达工程暂停指令和签署工程复工报审表，宜事先向建设单位报告。

（5）对需要返工处理或加固补强的质量事故，总监理工程师应签发监理指令，要求施工单位报送工程质量事故报告、工程质量事故处理方案。质量事故的技术处理方案应由原设计单位提出，或由设计单位书面委托施工单位或其他单位提出，由设计单位签认，经总监理工程师批复施工单位处理。总监理工程师（必要时请建设单位和设计单位参加）应组织监理人员，对处理过程和结果进行跟踪、检查和验收。

（6）表列子项

1）致_____（监理单位）：指施工单位报送工程监理单位派驻施工现场的项目监理机构的名称，照实际填写。

____A处____年_月_日_时，在____B处____，发生____C处____的工程质量事故，已于____D处____年_月_日提出《工程质量事故报告单》，现报上处理方案，请予审查。

A处：填写事故发生的时间；

B处：填写发生事故的地点；

C处：填写发生事故的名称；

D处：填写工程质量事故报告单的报告时间。

2）附件：包括工程质量事故调查报告和工程质量事故处理方案。

3）设计单位意见：质量事故的技术处理方案应由原设计单位提出，或由设计单位书面委托施工单位或其他单位提出，由设计单位签认。无论设计单位提出或设计单位委托施工单位或其他单位提出的处理方案，设计单位均应签署是否同意的意见。

4）设计单位：指承担该项工程设计的单位，按设计图注中"设计单位"的名称填写。

5）设计人：指承担该项工程设计的负责人。

6）总监理工程师批复意见：针对施工单位提交的"工程质量事故调查报告"及"工程质量事故处理方案"，总监理工程师应组织设计、施工、建设单位等各方进行充分的研究论证，以确认报告及方案的正确合理性；如无意见，签署"同意施工单位按此方案处理"的批复意见；如不同意或部分不同意，应责令施工单位另报。

对重大质量事故的处理方案，应请专家进行评议和确认。

2.20　工程质量评估报告及竣工验收监理文件资料

2.20.1　工程质量评估报告文件资料

工程质量评估报告是项目监理机构对被监理工程的单位（子单位）工程施工质量进行竣工资料及实物全面检查、验收合格后，进行总体评价的技术性文件。监理单位应在工程完成且与验收评定后一周内完成。

1. 应用说明

（1）工程竣工预验收合格后，项目监理机构应编写工程质量评估报告，并应经总监理工程师和工程监理单位技术负责人审核签字后，报建设单位。

（2）工程质量评估报告应包括以下主要内容：

1）工程概况。

2）工程各参建单位。

3）工程质量验收情况。

4）工程质量事故及其处理情况。

5）竣工资料审查情况。

6）工程质量评估结论。

（3）工程质量评估报告编写的主要依据：

1）坚持独立、公正、科学的准则；

2）以平时质量验收并经各方签认的质量验收记录；

3）建设、监理、施工单位竣工预验收汇总整理的：单位（子单位）工程质量竣工验收记录、单位（子单位）工程质量控制资料核查记录、单位（子单位）安全和功能资料核查及主要功能抽查记录、单位（子单位）工程观感质量检查记录。

（4）评估报告中基础、主体等的质量验收应包括的主要内容：

1）天然地基施工：地基验槽与地基钎探情况；地基局部处理情况；地基处理中设计参数的满足程度；地基处理中混合料的配比材质、铺筑、夯实等情况；取样检验情况等。

2）复合地基施工：复合地基用材料质量、配比及试验、成孔、分层夯填及夯实情况；复合地基用水泥土、灰土、砂、砂石等的测试结果及评价；复合地基总体检测结果与评价，满足设计及规范要求情况。

3）桩基础施工：灌注桩成孔（孔径、深度、清淤、垂直度等）质量；灌注桩钢筋笼检查；灌注桩混凝土浇筑（计量、坍落度、灌注时间等）；试块取样数量及试验；打入桩桩身质量、贯入锤击数试验、打入等满足设计情况；接桩（电焊或硫磺胶泥）施工情况；静压桩的最终试验结果及满足设计情况。

4）主体工程的总体质量评价。

按相关建筑安装工程施工质量验收规范所列主体分部内的主要检验批、分项工程质量实施评定结果，分别进行质量评价。

5）幕墙材料与安装质量实施验收结果的总体评价。

6）装饰工程装质量实施验收结果的总体评价。

7）建筑材料质量实施验收结果的总体评价。

8）对建筑设备安装工程中需要进行功能试验的工程项目，包括单机试车和无负荷试车等。

9）质量控制资料验收情况。

10）工程所含分部工程有关安全和功能的检测验收情况及检测资料的完整性核查情况。

（5）竣工资料核查情况。

（6）观感质量验收情况。

（7）施工过程质量事故及处理结果。

（8）对工程施工质量验收意见的建议。

2.20.2　竣工验收监理文件资料

1. 资料表式

单位工程竣工验收报审表

工程名称：　　　　　　　　　　　　　　　　　　　　编号：

致：＿＿＿＿＿＿＿＿＿＿＿＿＿＿＿＿＿＿＿＿＿＿＿（项目监理机构）

　　我方已按施工合同要求完成＿＿＿＿＿＿＿＿＿＿＿＿＿工程，经自检合格，现将有关资料报上，请予以预验收。

　　附件：1. 工程质量验收报告
　　　　　2. 工程功能检验资料

施工单位（盖章）

项目经理（签字）

年　月　日

预验收意见：

　　经预验收，该工程合格/不合格，可以/不可以组织正式验收。

项目监理机构（盖章）

总监理工程师（签字、加盖执业印章）

年　月　日

注：本表一式三份，项目监理机构、建设单位、施工单位各一份。

2. 应用说明

（1）项目监理机构应审查施工单位提交的单位工程竣工验收报审表及竣工资料，组织工程竣工预验收。存在问题的，应要求施工单位及时整改；合格的，总监理工程师应签认单位工程竣工验收报审表。

工程预验收是工程完工后、正式竣工验收前需要进行的一项重要工作。预验收由项目总监理工程师主持，施工单位和项目监理机构参加，也可以邀请建设单位、设计单位参加，有时甚至可以邀请质量监督机构参加，目的是为了更好地发现问题、解决问题，为工程正式竣工验收创造条件。

工程竣工预验收合格后，项目监理机构应编写工程质量评估报告，并应经总监理工程师和工程监理单位技术负责人审核签字后，报建设单位。

（2）项目监理机构收到工程竣工验收报审表后，总监理工程师应组织专业监理工程师对工程实体质量情况及竣工资料进行全面检查。需要进行功能试验（包括单机试车和无负荷试车）的，项目监理机构应审查试验报告单。

项目监理机构应督促施工单位，做好成品保护和现场清理。

（3）工程竣工验收由建设单位组织，项目监理机构应参加竣工验收，对于验收中提出的整改问题，应督促施工单位及时整改直至工程质量符合要求后，总监理工程师在竣工验收报告中应签署监理意见。

工程竣工验收一般应具备的条件：

①完成建设工程设计和合同规定的各项内容；

②有工程使用的主要建筑材料、建筑构配件和设备的进场验收资料或报告；

③有完整的技术档案和施工管理资料；

④有勘察、设计、施工、监理等单位签署的质量合格文件；

⑤有施工单位签署的工程保修书；

⑥规划行政主管部门、公安消防、环保等部门出具的认可文件或者准许使用文件。

（4）项目监理机构应参加由建设单位组织的竣工验收，对验收中提出的整改问题，应督促施工单位及时整改。工程质量符合要求的，总监理工程师应在工程竣工验收报告中签署意见。

（5）表列子项：

1）致：_____（项目监理机构）：指施工单位报送工程监理单位派驻施工现场的项目监理机构的名称，照实际填写。

我方已按施工合同要求完成_____工程，经自检合格，现将有关资料报上，请予以预验收：应填写工程的名称（按全称）。

2）附件：应提供工程质量验收报告和工程功能检验资料。

3）预验收意见：

经预验收，该工程合格/不合格，可以/不可以组织正式验收：应填写预验工程的验收结果，应明确提出合格或不合格。

4）责任制：

①施工单位（盖章）：施工单位加盖公章，项目经理本人签字，签注　　年　月　日。

②项目监理机构（盖章）：项目监理机构加盖公章、总监理工程师本人签字，并加盖

执业印章，签注　　年　月　日。

附：建筑工程竣工验收表式与说明
附1：单位（子单位）工程质量竣工验收记录与说明
1. 资料表式

单位（子单位）工程质量竣工验收 　　　　　　表1

工程名称		结构类型		层数/建筑面积	
施工单位		技术负责人		开工日期	
项目经理		项目技术负责人		竣工日期	

序号	项　目	验　收　记　录	验　收　结　论
1	分部工程	共　　分部，经查　　分部 符合标准及设计要求　．　分部	
2	质量控制资料核查	共　项，经审查符合要求　项， 经核定符合规范要求　　项	
3	安全和主要使用功能核查及抽查结果	共核查　　项，符合要求　项， 共抽查　　项，符合要求　　项， 经返工处理符合要求　　项	
4	观感质量验收	共抽查　　项，符合要求　项， 不符合要求　　项	
5	综合验收结论		

参加验收单位	建设单位	监理单位	施工单位	设计单位
	（公章） 单位（项目）负责人 年　月　日	（公章） 总监理工程师 年　月　日	（公章） 单位负责人 年　月　日	（公章） 单位（项目）负责人 年　月　日

注：1. 本表是建设单位组织竣工验收时用表。

2. 在工程质量验收评定阶段，"统一标准"规定验收记录由施工单位填写，验收结论由监理（建设）单位填写，综合验收结论由参加验收各方共同商定，建设单位填写。

3. 施工单位按验收评定结果填写完成验收记录和表头部分的一般情况后，该表可以作为施工单位的工程竣工验收报告。

2. 应用说明

（1）单位（子单位）工程质量验收合格应符合下列规定：

1）单位（子单位）工程所含分部（子分部）工程的质量均应验收合格。

2）质量控制资料应完整。试验及检验资料符合相应标准的规定。

3）单位（子单位）工程所含分部工程有关安全和功能的检测资料应完整。

4）主要功能项目的抽查结果应符合相关专业质量验收规范的规定。

5）观感质量验收应符合要求。

（2）单位（子单位）工程质量竣工验收

施工单位将已经验收合格的分部（子分部）工程以及在分部（子分部）工程验收合格的经审查无误的技术资料编制完整的基础上，按单位（子单位）工程质量竣工验收表式所列的分部工程、质量控制资料核查、安全和主要使用功能核查及抽查结果、观感质量验收结果，经整理将其验收结果分别填写在"验收记录"项下。将填写完成的该表报监理（建设）单位审查同意，监理单位填写验收结论后，由施工单位向建设单位提交工程竣工报告和完整的工程技术资料，报请建设单位审查同意后，组织勘察、设计、施工、监理和施工图审查机构等各方参加在质监部门监督下的工程竣工验收。经各方验收同意质量等级达到合格后，由建设单位填写"综合验收结论"，并对工程质量是否符合设计和规范要求及总体质量水平作出评价。

附 2：分部（子分部）工程质量验收记录与说明

1. 资料表式

分部（子分部）工程质量验收记录 表 2

工程名称		结构类型		层数	
施工单位		技术部门负责人		质量部门负责人	
分包单位		分包单位负责人		分包技术负责人	

序号	分项工程名称	检验批数	施工单位检查评定	验 收 意 见
1				
2				
3				
4				
5				
6				
质量控制资料				
安全和功能检验（检测）报告				
观感质量验收				

验 收 单 位	分包单位		项目经理	年 月 日
	施工单位		项目经理	年 月 日
	勘察单位		项目负责人	年 月 日
	设计单位		项目负责人	年 月 日
	监理（建设）单位	总监理工程师 （建设单位项目专业负责人） 年 月 日		

2. 应用说明

分部（子分部）工程质量验收合格应符合下列规定：

（1）分部（子分部）工程所含分项工程的质量均应验收合格。

（2）质量控制资料应完整。

（3）地基与基础、主体结构和设备安装等分部工程有关安全及功能的检验和抽样检测结果应符合有关规定。

（4）观感质量验收应符合要求。

注：1. 分部工程的验收在其所含各分项工程验收的基础上进行。

2. 观感质量验收分部工程必须进行。观感质量验收往往难以定量，可以人的主观印象判断，不评合格或不合格，只综合验出质量评价。检查方法、内容、结论应在相应分部工程的相应部分中阐述。

附3：分项工程质量验收记录与说明

1. 资料表式

分项工程质量验收记录 表3

工程名称			结构类型		检验批数	
施工单位			项目经理		项目技术负责人	
分包单位			分包单位负责人		分包项目经理	

序号	检验批部位、区段	施工单位检查评定结果	监理（建设）单位验收结论
1			
2			
3			
4			
5			
6			
7			
8			
9			
10			
11			
12			
13			
14			
15			
16			
17			
18			

检查结论	项目专业技术负责人： 年 月 日	验收结论	监理工程师 （建设单位项目专业技术负责人） 年 月 日

2. 应用说明

分项工程质量验收合格应符合下列规定：

（1）分项工程所含的检验批均应符合合格质量的规定。

（2）分项工程所含的检验批的质量验收记录应完整。

注：分项工程质量的验收应在检验批验收合格的基础上进行。

附4：检验批质量验收记录与说明

1. 资料表式

检验批质量验收记录 表4

工程名称			分项工程名称		验收部位	
施工单位					项目经理	
施工执行标准名称及编号					专业工长	
分包单位			分包项目经理		施工班组长	
检控项目	序号		质量验收规范规定	施工单位检查评定记录		监理（建设）单位验收记录
主控项目	1					
	2					
	3					
	4					
	5					
	6					
	7					
	8					
	9					
一般项目	1					
	2					
	3					
	4					
施工单位检查评定结果	专业工长（施工员）			施工班组长		
	项目专业质量检查员： 年 月 日					
监理（建设）单位验收结论	专业监理工程师： （建设单位项目专业技术负责人）： 年 月 日					

2. 应用说明

检验批合格质量应符合下列规定：

（1）主控项目和一般项目的质量经抽样检验合格（计数检验合格点率达100%）。

（2）具有完整的施工操作依据、质量检查记录。

注：1. 检验批是工程验收的最小单位，检验批是施工过程中条件相同并有一定数量材料、构配件或安装项目，质量基本均匀一致，故可作为检验的基本单位，并按批验收。

2. 检验批质量合格的条件，共两个方面：资料检查、主控项目和一般项目检验。检验批的合格质量主要取决于对主控项目和一般项目的检验结果。主控项目的检验项目必须全部符合有关专业工程验收规范的规定。主控项目的检查具有否决权。

附5：单位（子单位）工程质量控制资料核查记录与说明

1. 资料表式

单位（子单位）工程质量控制资料核查记录　　　　　　　　表5

工程名称		施工单位		
序号	资 料 名 称	份数	检查意见	核查人
	建筑与结构			
1	图纸会审、设计变更、洽商记录			
2	工程定位测量、放线记录			
3	原材料出厂合格证书及进场检（试）验报告			
4	施工试验报告及见证检测报告			
5	隐蔽工程验收表			
6	施工记录			
7	预制构件、预拌混凝土合格证			
8	地基、基础、主体结构检验及抽样检测资料			
9	分项、分部工程质量验收记录			
10	工程质量事故及事故调查处理资料			
11	新材料、新工艺施工记录			
	给水排水与采暖			
1	图纸会审、设计变更、洽商记录			
2	材料、配件出厂合格证及进场检（试）验报告			
3	管道、设备强度试验、严密性试验记录			
4	隐蔽工程验收表			
5	系统清洗、灌水、通水、通球试验记录			
6	施工记录			
7	分项、分部工程质量验收记录			
	建筑电气			
1	图纸会审、设计变更、洽商记录			
2	材料、设备出厂合格证书及进场检（试）验报告			
3	设备调试记录			
4	接地、绝缘电阻测试记录			
5	隐蔽工程验收表			
6	施工记录			
7	分项、分部工程质量验收记录			
	通风与空调工程			
1	图纸会审、设计变更、洽商记录			
2	材料、设备出厂合格证书及进场检（试）验报告			
3	制冷、空调、水管道强度试验、严密性试验记录			
4	隐蔽工程验收表			
5	制冷设备运行调试记录			
6	通风、空调系统调试记录			
7	施工记录			
8	分项、分部工程质量验收记录			

工程名称		施工单位			
序号	资　料　名　称		份数	检查意见	核查人
电梯					
1	土建布置图纸会审、设计变更、洽商记录				
2	设备出厂合格证书及开箱检验记录				
3	隐蔽工程验收表				
4	施工记录				
5	接地、绝缘电阻测试记录				
6	负荷试验、安全装置检查记录				
7	分项、分部工程质量验收记录				
建筑智能化					
1	图纸会审、设计变更、洽商记录、竣工图及设计说明				
2	材料、设备出厂合格证及技术文件及进场检(试)验报告				
3	隐蔽工程验收表				
4	系统功能测定及设备调试记录				
5	系统技术、操作和维护手册				
6	系统管理、操作人员培训记录				
7	系统检测报告				
8	分项、分部工程质量验收记录				
建筑节能					
1	图纸会审、设计变更、洽商记录				
2	材料、设备出厂合格证及技术文件及进场检(试)验报告				
3	材料、设备等检(试)验报告				
4	施工记录				
5	隐蔽工程验收表				
6	系统试运转及调试记录				
7	系统的投入、监控、报警、控制的功能测试记录				
8	分项、分部工程质量验收记录				

结论：

总监理工程师

施工单位项目经理　　　　年　月　日　　　　　　　（建设单位项目负责人）　　年　月　日

注：表内建筑节能内容系依据（GB 50300—2013）统一标准、（GB 50411—2007）规范的规定及检验方法等汇整
　　示列，仅供参阅。

2. 应用说明

（1）工程质量控制资料是反映建筑工程施工过程中各环节工程质量的基本数据和原始
记录，反映已完工程项目的测试结果和记录完整性，是评定工程质量的重要依据。

（2）单位（子单位）工程质量控制资料核查记录

工程质量控制资料，应按照标准规定的应检目次，即根据《建筑工程施工质量验收统

一标准》（GB 50300—2013）中单位（子单位）工程质量控制资料核查记录进行。见表 5。

附 6：单位（子单位）工程安全和功能检验资料核查及主要功能抽查记录与说明

1. 资料表式

单位（子单位）工程安全和功能检验资料核查及主要功能抽查记录　　　　表 6

工程名称		施工单位			
序号	资 料 名 称		份数	检查意见	核查人
	单位(子单位)工程安全和功能检验资料检查及主要功能抽查记录				
	建筑与结构				
1	屋面淋水试验记录				
2	地下室防水效果检查记录				
3	有防水要求的地面蓄水试验记录				
4	建筑物垂直度、标高、全高测量记录				
5	抽气（风）道检查记录				
6	幕墙及外窗气密性、水密性、耐风压检测报告				
7	建筑物沉降观测测量记录				
8	节能、保温测试记录				
9	室内环境检测报告				
	给水排水与采暖				
1	给水管道通水试验记录				
2	暖气管道、散热器压力试验记录				
3	卫生器具满水试验记录				
4	消防管道、燃气管道压力试验记录				
5	排水干管通球试验记录				
	电气				
1	照明全负荷试验记录				
2	大型灯具牢固性试验记录				
3	避雷接地电阻测试记录				
4	线路、插座、开关接地检验记录				
	通风与空调				
1	通风、空调系统试运行记录				
2	风量、温度测试记录				
3	洁净室洁净度测试记录				
4	制冷机组试运行调试记录				
	电梯				
1	电梯运行记录				
2	电梯安全装置检测报告				
	智能建筑				
1	系统试运行记录				
2	系统电源及接地检测报告				
	建筑节能				
1	综合控制系统功能检测				
2	能源管理系统功能检测				

结论：

　　　　　　　　　　　　　　　　　　　　　　　　总监理工程师

施工单位项目经理　　　年　月　日　　　　　（建设单位项目负责人）　　年　月　日

注：表内建筑节能内容系依据（GB 50300—2013）统一标准、（GB 50411—2007）规范的规定及检验方法等汇整示列，仅供参阅。

2. 应用说明

工程安全和主要使用功能检验资料核查及主要功能抽查记录是指直接影响工程安全和主要使用功能的检验资料。按（GB 50300—2013）统一标准内容应检查的主要功能抽查的结果填写。

使用功能检查是对建筑工程和设备安装工程最终质量的综合检验，也是用户最关心的内容。单位（子单位）工程安全和功能检验资料核查及主要功能抽查记录见表6。

附7：单位（子单位）工程观感质量检查记录与说明

1. 资料表式

单位（子单位）工程观感质量检查记录表　　　　　表7

工程名称			施工单位								
序号		项目	抽查质量状况							质量评价		
										好	一般	差
1	建筑与结构	室外墙面										
2		变形缝										
3		水落管、屋面										
4		室内墙面										
5		室内顶棚										
6		室内地面										
7		楼梯、踏步、护栏										
8		门窗										
1	给水排水与采暖	管道接口、坡度、支架										
2		卫生器具、支架、阀门										
3		检查口、扫除口、地漏										
4		散热器、支架										
1	建筑电气	配电箱、盘、板										
2		接线盒										
3		设备器具、开关、插座										
4		防雷、接地										
1	通风与空调	风管、支架										
2		风口、风阀										
3		风机、空调设备										
4		阀门、支架										
5		水泵、冷却塔										
6		绝热										
1	电梯	运行、平层、开关门										
2		层门、信号系统										
3		机房										
1	智能建筑	机房设备安装及布局										
2		现场设备安装										
3												
观感质量综合评价												
检查结论	施工单位项目经理　　年 月 日			总监理工程师（建设单位项目负责人）　　　　　年 月 日								

注：质量评价为差的项目，应进行返修。

2. 应用说明

（1）单位（子单位）观感质量验收。验收时只给出好、一般、差，不评合格或不合格。对差的应进行返修处理。

（2）观感质量验收应完成的工作

1）核实质量控制资料；

2）核查分项、分部工程验收的正确性；

3）在分部工程中不能检查的项目或没有检查到的项目在观感质量检查时进行检查；

4）查看不应出现裂缝情况、地面空鼓、起砂、墙面空鼓粗糙、门窗开关不灵、关闭不严格等，以及分项、分部无法测定或不便测定的项目，如建筑物全高垂直度、上下窗口位置偏移、线角不顺直等。

2.21　工程竣工验收与备案

工程竣工验收与备案由建设单位负责组织实施。工程竣工验收及备案分三步进行：工程竣工验收前的准备工作→工程竣工验收→工程竣工验收备案。

我国多数建设单位，由于对基本建设程序与管理缺乏必须的竣工验收基本知识，工程竣工验收或实施备案时有一定困难，由于委托了工程监理，故一般情况下该项工作多由监理单位协助建设单位完成工程竣工验收与备案。因此，项目监理机构必须对工程竣工验收与备案工作十分熟悉，才能真正协助建设单位做好该项工作。

工程竣工验收与备案的技术文件属建设单位收集整理的文件内容，建设单位收集整理的文件内容包括：决策立项文件资料（A1）；建设用地、征地、拆迁文件（A2）；勘察、测绘、设计文件（A3）；招投标文件（A4）；开工审批文件（A5）；工程质量监督手续（A6）；财务文件（A7）；工程竣工验收与备案文件（A8）。

按常规工程技术文件的编序建设单位用 A 字打头编号、监理单位用 B 字打头编号、施工单位用 C 字打头编号。

2.21.1　工程竣工验收文件的组成

2.21.1.1　工程概况表

1. 资料表式

工程概况表　　　　　　　　　表 2.21.1.1

一般情况	工程名称		建设单位	
	建设用途		设计单位	
	建设地点		监理单位	
	总建筑面积		施工单位	
	开工日期	年　月　日	竣工日期	年　月　日
	结构类型		基础类型	
	层数（地上/地下）		建筑檐高	
	地上面积		地下室面积	
	人防等级		抗震等级	

构造特征	地基与基础	
	柱、内外墙	
	梁板楼盖	
	外墙装饰	
	楼地面装饰	
	屋面防水	
	内墙装饰	
	防火装备	
机电系统简要描述		
建设单位：（章）		制表：

2. 工程概况表填表说明

（1）一般情况：

1）工程名称：应填写工程名称的全称，应与合同或招投标文件中的工程名称相一致。

2）建设单位：填写合同文件中的甲方，单位名称也应填写全称，与合同签章上的单位名称相同。

3）建设用途：按可行性研究或初步设计文件界定的建设用途填写。

4）设计单位：填写设计合同中签章单位的全称，其全称应与印章上的名称一致。

5）建设地点：按施工图设计总平面图标注的建设位置的地点填写。

6）监理单位：填写监理单位全称，应与合同或协议书中的名称一致。

7）总建筑面积：按施工图设计根据建筑面积计算规定计算的单位工程或单项工程的建筑面积。

8）施工单位：填写施工合同中签章单位的全称，与签章上的名称一致。

9）开工日期：按当地建设行政主管部门批准发给的施工许可证（开工证）的开工日期填写或按经项目监理机构核准的各单位工程的开工日期。按年、月、日填写。

10）竣工日期：按施工合同约定的各单位工程的竣工日期填写，或按经项目监理机构核准的竣工日期。按年、月、日填写。

11）结构类型：按施工图设计标注的各单位工程的结构类型填写。如砖混、框架、框-剪、框筒等。

12）基础类型：按施工图设计标注的各单位工程的基础类型填写。如条形基础、筏形基础、箱形基础等。

13）层数（地上/地下）：按施工图设计标注的各单位工程的建筑层数填写。分别填写地上/地下的层数。

14）建筑檐高：按施工图设计标注的各单位工程的建筑物的檐高填写。

15）地上面积：按施工图设计根据建筑面积计算规定计算的单位工程或单项工程的地上建筑面积。

16）地下室面积：按施工图设计根据建筑面积计算规定计算的单位工程或单项工程的

地下室的建筑面积。

17）人防等级：按施工图设计标注的各单位工程的建筑物的人防等级填写。

18）抗震等级：按施工图设计标注的各单位工程的建筑物的抗震等级填写。

（2）构造特征：指建筑物承受内力的各单位工程的构架形式构成的构造特征。按实际填写。

1）地基与基础：指竣工验收工程的各单位工程的地基和基础形式。地基，如天然地基、复合地基、桩基、箱形基础等；基础，如条形基础、筏形基础、箱形基础等。

2）柱、内外墙：指竣工验收工程的各单位工程的柱、内外墙的构造作法。如框架柱、预制柱等；内外墙如砖墙、混凝土墙、加气混凝土墙等。

3）梁板楼盖：指竣工验收工程的各单位工程的梁板楼盖的构造作法。如现浇钢筋混凝土梁板楼盖、预制钢筋混凝土梁板楼盖等。

4）外墙装饰：指竣工验收工程的各单位工程内的外墙装饰作法。

5）楼地面装饰：指竣工验收工程的各单位工程内的楼地面装饰作法。

6）屋面防水：指竣工验收工程的各单位工程的屋面防水作法。

7）内墙装饰：指竣工验收工程的各单位工程内的内墙装饰作法。

8）防火装备：指竣工验收工程的各单位工程内的防火装备。

（3）机电系统简要描述：按施工图设计标注的各单位工程的建筑物的人防等级填写。

（4）建设单位（章）：指合同文件中甲方的单位名称，应加盖公章。

2.21.1.2　工程竣工总结

工程竣工总结指工程竣工验收后，由建设单位组织编制的工程竣工总结报告。

2.21.1.3　单位（子单位）工程的质量验收

单位（子单位）工程的质量验收表式与说明详见附1。

2.21.1.4　单位（子单位）工程质量控制资料核查记录

单位（子单位）工程质量控制资料核查记录表式与说明详见附5。

单位（子单位）工程质量控制资料核查记录是对施工质量控制资料进行汇总，供竣工验收时核查。

2.21.1.5　单位（子单位）工程安全和功能检验资料核查及主要功能抽查记录

单位（子单位）工程安全和功能检验资料核查及主要功能抽查记录表式与说明详见附6。

单位（子单位）工程安全和功能检验资料核查及主要功能抽查记录是对工程安全和功能施工记录及核查和抽查的汇总，是对工程质量的综合检验，并供竣工验收时核查和检查。

2.21.1.6　单位（子单位）工程观感质量检查记录

单位（子单位）工程观感质量检查记录表式与说明详见附7。

单位（子单位）工程观感质量检查记录的汇总，供竣工验收时共同确定是否通过验收。由总监理工程师组织验收，施工单位认可。

2.21.1.7 建设工程竣工验收报告

1. 资料表式

<table>
<tr><td>封页</td></tr>
<tr><td>

建设工程竣工验收报告

×××建设厅制
</td></tr>
</table>

填 报 说 明

1. 竣工验收报告由建设单位负责填写。

2. 竣工验收报告一式四份，一律用钢笔书写，字迹要清晰、工整。建设单位、施工单位、城建档案管理部门、建设行政主管部门或其他有关专业工程主管部门各存一份。

3. 报告内容必须真实、可靠，如发现虚假情况，不予备案。

4. 报告须经建设、设计、施工图审查机构、施工、工程监理单位法定代表人或其委托代理人签字，并加盖单位公章后方为有效。

竣工项目审查　　　　　　　　　　　　　　　　　　表1

工程名称		工程地址			
建设单位		结构形式			
勘察单位		层　数		栋数	
设计单位		工程规模			
施工图审查机构		开工日期		年　月　日	
监理单位		竣工日期		年　月　日	
施工单位		施工许可证号		总造价	
审查项目及内容			审查情况		
一、完成设计项目情况 　1. 基础、主体、室内外装饰工程 　2. 给水排水工程、燃气工程、消防工程 　3. 建筑电气安装工程 　4. 通风与空调工程 　5. 电梯、电扶梯安装工程 　6. 室外工程					

189

二、完成合同约定情况 　　1. 总包合同约定 　　2. 分包合同约定 　　3. 专业施工合同约定	
三、技术档案和施工管理资料 　　1. 建设前期、施工图设计审查等技术档案 　　2. 监理技术档案和管理资料 　　3. 施工技术档案和管理资料	
四、试验报告 　　1. 主要建筑材料 　　2. 构配件 　　3. 设备	
五、质量合格文件 　　1. 勘察单位 　　2. 设计单位 　　3. 施工图审查单位 　　4. 施工单位 　　5. 监理单位	
六、工程质量保修书 　　1. 总包、分包单位 　　2. 专业施工单位	
审查结论 　　　　　　　　　　建设单位工程负责人： 　　　　　　　　　　　　　　　　　　　　　　年　　月　　日	

竣工项目审查填表说明：

工程名称：应填写工程名称的全称，应与合同或招投标文件中的工程名称相一致。

工程地址：按施工图设计总平面图标注的建设位置的地点填写。

建设单位：填写合同文件中的甲方，单位名称也应填写全称，与合同签章上的单位名称相同。

结构形式：按施工图设计标注的各单位工程的结构类型填写。如砖混、框架、框-剪、框筒等。

勘察单位：填写勘察合同中签章的勘察单位全称，其全称应与印章上的名称一致。

层　　数：按施工图设计标注的各单位工程的建筑层数填写。

栋　　数：按施工总平面图设计标注的各单位工程的建筑栋数的合计数填写。

设计单位：填写设计合同中签章的设计单位全称，其全称应与印章上的名称一致。

工程规模：按设计文件界定的建设工程规模填写。

施工图审查机构：指经省级建设行政主管部门批准的施工图审查机构。填写施工图审查机构全称。

开工日期：按当地建设行政主管部门批准发给的施工许可证（开工证）的开工日期填写或按经项目监理机构核准的单位工程的开工日期。按年、月、日填写。

监理单位：填写监理合同中签章的监理单位全称，应与合同或协议书中的名称一致。

竣工日期：按施工合同约定的单位工程的竣工日期填写，或按经项目监理机构核准的竣工日期。按年、月、日填写。

施工单位：填写施工合同中签章单位的全称，与签章上的名称一致。

施工许可证号：填写当地建设行政主管部门批准发给的施工许可证（开工证）的编号。

总造价：按施工图设计根据预算定额计算规定计算的单位工程或单项工程的总造价。

审查项目及内容：指表列一～六项所列的项目及内容。

审查情况：指表列一～六项所列内容的审查情况。

一、完成设计项目情况：指下列1～6项所列单位工程内的分部工程完成设计项目的情况。

1. 基础、主体、室内外装饰工程：按完成的基础、主体、装饰工程的实际填写。例如，是全部完成还是有遗留项目等。

2. 给水排水工程、燃气工程、消防工程：按完成的给水排水工程、燃气工程、消防工程的实际填写。例如，是全部完成还是有遗留项目等。

3. 建筑电气安装工程：按完成的建筑电气安装工程实际填写。例如，是全部完成还是有遗留项目等。

4. 通风与空调工程：按完成的通风与空调工程实际填写。例如，是全部完成还是有遗留项目等。

5. 电梯、电扶梯安装工程：按完成的电梯、电扶梯安装工程实际填写。例如，是全部完成还是有遗留项目等。

6. 室外工程：按完成的室外工程实际填写。例如，是全部完成还是有遗留项目等。

二、完成合同约定情况：指下列1～3项所列合同单位的完成合同约定情况。

1. 总包合同约定：指总包合同单位完成总包合同约定情况。

2. 分包合同约定：指分包合同单位完成的分包合同约定情况。

3. 专业施工合同约定：指专业施工合同单位完成专业施工合同约定情况。

应在审查情况栏内填写：已按合同约定期限完成了设计文件规定的内容。

三、技术档案和施工管理资料：指下列1～3项所列内容的技术档案和施工管理资料。

1. 建设前期、施工图设计审查等技术档案：指建设单位提交的建设前期、施工图设计审查等的技术档案。

2. 监理技术档案和管理资料：指监理单位提交的监理技术档案和管理资料。

3. 施工技术档案和管理资料：指施工单位提交的施工技术档案和管理资料。

应在审查情况栏内填写：建设单位、监理单位和施工单位已按标准要求提交了合格的技术档案和管理资料。

四、试验报告：指下列1～3项所列内容的试验报告。

1. 主要建筑材料：指施工单位提供的主要建筑材料的试验报告。

2. 构配件：指施工单位提供的构配件试验报告。

3. 设备：指施工单位提供设备的试验报告。

应在审查情况栏内填写：施工单位按标准要求提供了主要建筑材料试验报告

份；构配件的试验报告　　　份；设备的试验报告　　　份。

五、质量合格文件：指下列 1～5 项所列单位的质量合格文件。

1. 勘察单位：指勘察单位已经提交了质量检查合格文件。

2. 设计单位：指设计单位已经提交了质量检查合格文件。

3. 施工图审查单位：指施工图审查单位已经提交了质量检查合格文件。

4. 施工单位：指施工单位已经提交了竣工报告、自检质量合格文件。

5. 监理单位：指监理单位已经提交了质量评估报告，工程质量等级达到合格。

应在审查情况栏内填写：勘察、设计、施工图审查、施工、监理单位均已分别按要求提供了质量合格文件、竣工报告、质量评估报告。

六、工程质量保修书：指下列 1～2 项所列单位的工程质量保修书。

1. 总、分包单位：指总包施工单位和与总包施工单位签订分包合同的分包单位提交了工程质量保修书。

2. 专业施工单位：指专业施工施工单位提交了工程质量保修书。

应在审查情况栏内填写：总、分包单位、专业施工单位均已分别提交了各自的工程质量保修书。

审查结论：指竣工项目审查表中所列审查项目及内容的审查结论意见。

建设单位工程负责人：应填合同书上签字人或签字人以文字形式委托的代表——工程的项目负责人。工程完工后竣工验收备案表中的单位项目负责人应与此一致。

工程质量评定（一）

分部工程评定	质量保证资料	观感质量评定
共　　分部 其中符合要求　　分部 地基与基础分部质量情况 主体分部质量情况 装饰分部质量情况 安装主要分部　　项	共核查　　项 其中符合要求　　项 经鉴定符合要求　　　项	好 一般 差
单位工程评定等级 　　　　　建设单位负责人：　　　　（公章） 　　　　　　　　　　　　　　　年　　月　　日		
存在问题：		

工程质量评定（一）填表说明：

分部工程评定：指单位工程内的各分部工程的质量评定情况。

共　　分部：指单位工程内的分部工程数量。

其中符合要求　　分部：指单位工程内的分部工程数量内的符合要求分部的数量。

地基与基础分部质量情况：指单位工程内的地基与基础分部工程验收的质量情况。

主体分部质量情况：指单位工程内的主体分部工程验收的质量情况。

装饰分部质量情况：指单位工程内的装饰分部工程验收的质量情况。

安装主要分部质量情况：指单位工程内的安装主要分部工程验收的质量情况。

质量保证资料：指单位工程内的质量保证资料（即工程质量控制资料核查和工程安全和功能检验资料核查及主要功能抽查记录）的评定情况。

共核查　　　　项：指单位工程内的质量保证资料（即工程质量控制资料核查和工程安全和功能检验资料核查及主要功能抽查记录）总计核查的项数。

其中符合要求　　项：指单位工程内的质量保证资料（即工程质量控制资料核查和工程安全和功能检验资料核查及主要功能抽查记录）总计核查项数中符合要求的项数。

经鉴定符合要求　　　项：指单位工程内的质量保证资料（即工程质量控制资料核查和工程安全和功能检验资料核查及主要功能抽查记录）总计核查项数中经鉴定符合要求的项数。

观感质量评定：指单位工程观感质量验收的评定情况。

单位工程评定等级：指被验收单位工程的质量评定等级，应达到合格等级及其以上。

建设单位负责人：应填合同书上签字人或签字人以文字形式委托的代表——工程的项目负责人。工程完工后，竣工验收备案表中的单位项目负责人应与此一致。

存在问题：指被验收的单位工程质量存在的问题。

工程质量评定（二）

各专业工程名称	评定等级	质量保证资料	观感质量评定
道路工程			
桥梁工程			
给水工程			
电力工程		共核查　　　　项，其中符合要求　　　　项，经鉴定符合要求　　　项	好
电信工程			一般
路灯工程			差
燃气工程			
灯光工程			

单位工程评定等级	
	（公章） 建设单位负责人：　　　年　　月　　日
存在问题：	

执行标准	道路工程	
	桥梁工程	
	给水、排水工程	
	电力、电信工程	
	路灯、灯光工程	
	燃气工程	

工程质量评定（二）填表说明：

各专业工程名称：指表列项下的道路、桥梁、给水、排水、电力、电信、路灯、燃气、灯光等的工程名称。

评定等级：指表列项下的道路、桥梁、给水、排水、电力、电信、路灯、燃气、灯光等的工程质量的评定等级。

质量保证资料：指专业工程内的质量保证资料的评定情况。

共核查　　　项：指单位工程内的质量保证资料总计核查的项数。

其中符合要求　　　项：指单位工程内的质量保证资料总计核查项数中符合要求的项数。

经鉴定符合要求　　　项：指单位工程内的质量保证资料总计核查项数中经鉴定符合要求的项数。

观感质量评定：指专业工程观感质量验收的评定情况。

建设单位负责人：应填合同书上签字人或签字人以文字形式委托的代表——工程的项目负责人。工程完工后，竣工验收备案表中的单位项目负责人应与此一致。

存在问题：指被验收的单位工程质量存在的问题。

执行标准：指被验收的道路、桥梁、给水、排水、电力、电信、路灯、灯光、燃气工程施工质量验收的执行标准。

竣工验收情况

一、验收机构

1. 领导层

主　任	
副主任	
成　员	

2. 各专业组

验收专业组	组　长	组　员
建　筑　工　程		
给水排水、燃气工程		
建筑电气安装工程		
通风与空调工程		
室　外　工　程		

注：建设、监理、设计、施工及施工图审查机构等单位的专业人员均必须参加相应的验收专业组

二、验收组织程序

1. 建设单位主持验收会议

2. 施工单位介绍施工情况

3. 监理单位介绍监理情况

4. 各验收专业组核查质保资料，并到现场检查

5. 各验收专业组总结发言，建设单位做好记录

竣工验收结论：				
建设单位法人： 项目负责人： （章）	设计单位法人： 设计负责人： （章）	施工图审查 单位法人： 审查负责人： （章）	监理单位： 法　　人： 总监理 工程师： （章）	施工单位法人： 技术负责人： （章）
20年　月　日	20　年　月　日	20　年　月　日	20　年　月　日	20　年　月　日

竣工验收情况填表说明：

一、验收机构：

1. 领导层：指竣工验收领导层成员主任、副主任、成员的人员姓名。应分别填写。

2. 各专业组：指竣工验收各专业组（验收专业组、建筑工程、给水排水工程、燃气工程、建筑电气安装工程、通风与空调工程、室外工程）的组长和组员姓名。应分别填写。

二、验收组织程序：应按下列验收组织程序进行。

1. 建设单位主持验收会议

2. 施工单位介绍施工情况

3. 监理单位介绍监理情况

4. 各验收专业组核查质保资料，并到现场检查

5. 各验收专业组总结发言，建设单位做好记录

竣工验收结论：指验收机构按验收专业组的实际验收结果填写。结论应填写被验收工程是否合格。

建设单位法人：指建设单位与施工（或设计、监理）单位签订的施工合同中建设单位的法人姓名。

项目负责人：指建设单位与施工（或设计、监理）单位签订的施工合同中建设单位的项目负责人姓名。

设计单位法人：指建设单位与设计（或施工、监理）单位签订的设计合同中设计单位的法人姓名。

设计负责人：指建设单位与设计（或施工、监理）单位签订的设计合同中设计单位的设计负责人姓名。

设计负责人姓名。

施工图审查单位法人：指施工图审查单位的法人姓名。

审查负责人：指施工图审查单位的审查负责人姓名。

监理单位法人：指建设单位与监理（或设计、施工）单位签订的监理委托合同中监理单位的法人姓名。

总监理工程师：填写由监理单位法定代表人授权，全面负责委托监理合同的履行、主持项目监理机构工作的监理工程师的姓名。

施工单位法人：指施工单位与建设单位签订的施工合同中施工单位的法人姓名。

技术负责人：指施工单位与建设单位签订的施工合同中施工单位的技术负责人姓名。

附件 1：地质勘察、设计、施工图审查单位工程验收质量检查报告

附 1-1 地质勘察单位工程验收质量检查报告

1. 资料表式

地质勘察单位工程验收质量检查报告

工程名称		工程地址	
建设单位			
勘察单位		地基承载力标准值	

项目负责人（签字）：   法定代表人（签字）：

技术负责人（签字）：   地质勘察单位（章）：

                                                               日期：

2. 应用说明

工程地质勘察单位工程质量检查报告是工程地质勘察单位收到建设单位的工程竣工验收通知后，依据工程地质勘察的法律、法规、工程建设强制性标准，对工程项目进行质量验收的书面意见书。

（1）地质勘察单位工程验收质量检查报告是工程地质勘察单位通过对已建成工程实际的验收，依据勘察技术文件提供的有关土工数据、土层描述及图示、地质剖面层示、内外业对工程地质的评价等，通过对比分析提出的工程验收质量检查报告。

（2）地质勘察单位工程验收质量检查报告应说明验收的工程地质的地层状况、持力层地质条件的选择是否正确、下卧层深度分析、工程地质是否存在质量隐患、地基承载力等状况如何，与原工程地质勘察报告结论是否一致。

（3）地质勘察单位工程验收质量检查报告应有明确的结论，工程质量是否存在问题、合格还是不合格、施工结果符合还是不符合工程地质勘察技术文件的要求、同意还是不同意验收。

（4）对地基验槽采取的手段及方法，验槽量测的有关数据进行评价。

（5）当地基土需要处理时，处理结果的检测数据是否满足设计要求。

（6）从工程地质勘察角度分析，工程的地基土或地基处理是否存在问题。

（7）表列子项

1）工程名称：填写工程名称的全称，应与合同或招投标文件中的工程名称相一致。

2）工程地址：指委托工程地质勘察的工程所在地，按路、街名称及其方位填写。

3）建设单位：填写合同文件中的甲方，建设单位名称也应填写全称，应与合同签章上的建设单位名称相同。

4）勘察单位：填写勘察合同中签章单位的勘察单位名称，其全称应与印章上的名称一致。

5）地基承载力标准值：指工程地质勘察报告给定的地基承载力标准值。

6）项目负责人（签字）：应是勘察合同书中签字人或签字人以文字形式委托的该项目的负责人，工程完工后竣工验收备案表中的单位项目负责人也应与此一致，签字有效。

7）法定代表人（签字）：应是勘察合同书中法人签字人或法人签字人以文字形式委托的该项目的负责人，工程完工后竣工验收备案表中的法定代表人也应与此一致，签字有效。

8）技术负责人（签字）：是指勘察单位的技术负责人，签字有效。

9）地质勘察单位（章）：加盖合同文件中的地质勘察单位名称章。

10）日期：指报告签发日期。按实际日期填写。

附1-2 设计单位工程验收质量检查报告

1. 资料表式

设计单位工程验收质量检查报告

工程名称		工程地址	
建设单位			
设计单位		设计合理使用年限	
项目负责人（签字）：	法定代表人（签字）：		
技术负责人（签字）：	设计单位（章）：		
		日期：	

2. 应用说明

设计单位工程验收质量检查报告是设计单位收到建设单位的工程竣工验收通知后，依据有关设计方面的法律、法规、工程建设强制性标准，对设计文件的实施结果进行质量验收的书面意见书。

（1）设计单位工程验收质量检查报告是设计单位依据经过施工图审查单位审查要求修改后的施工图设计。依据设计技术文件提供的包括：建筑、结构、防火、抗震设防、水暖、通风与空调、建筑电气、电梯等设计技术文件与验收工程相应部分的有关技术要求及实施结果，根据对已建成工程实际的验收，通过对比分析提出的工程质量验收检查报告。

（2）设计单位工程验收质量检查报告应说明验收的工程内容是否齐全、是否严格按设计文件施工、工程质量是否合格、质量控制资料核查、安全和主要使用功能核查及抽查结果、观感质量验收等是否满足设计要求。

（3）设计单位工程验收质量检查报告应有明确的结论，工程质量是否存在问题、合格还是不合格、施工结果符合还是不符合设计技术文件的要求、同意还是不同意验收。

（4）对设计文件进行的图纸会审记录的有关内容、设计变更等是否通过施工图审查单位的批准。

（5）有无因施工图设计原因造成的工程质量问题。

（6）表列子项

1）工程名称：填写工程名称的全称，应与合同或招投标文件中的工程名称相一致。

2）工程地址：指委托工程地质勘察的工程所在地，按路、街名称及其方位填写。

3）建设单位：填写合同文件中的甲方，建设单位名称也应填写全称，应与合同签章上的建设单位名称相同。

4）设计单位：填写设计合同中签章单位的设计单位名称，其全称应与印章上的名称一致。

5）设计合理使用年限：指施工图设计文件按标准规定的设计使用年限填写。

6）项目负责人（签字）：应是设计合同书中签字人或签字人以文字形式委托的该项目的负责人，工程完工后竣工验收备案表中的单位项目负责人也应与此一致，签字有效。

7）法定代表人（签字）：应是设计合同书中法人签字人或法人签字人以文字形式委托的该项目的负责人，工程完工后竣工验收备案表中的法定代表人也应与此一致，签字有效。

8）技术负责人（签字）：是指设计单位的技术负责人，签字有效。

9）设计单位（章）：加盖合同文件中的设计单位名称章。

10）日期：指报告签发日期，按实际日期填写。

附 1-3 施工图审查机构工程验收质量检查报告

1. 资料表式

施工图审查机构工程验收质量检查报告

工程名称		工程地址	
建设单位			
勘察单位			
设计单位			
地基承载力标准值		设计合理使用年限	
项目负责人（签字）： 技术负责人（签字）：		法定代表人（签字）： 审查机构（章）： 日期：	

2. 应用说明

施工图审查机构工程验收质量检查报告是施工图审查机构收到建设单位的工程竣工验收通知后，依据有关设计方面的法律、法规、工程建设强制性标准，对施工图设计审查的实施结果进行质量验收的书面意见书。

（1）施工图审查机构工程验收质量检查报告是施工图审查机构对已审查的施工图设计的实施结果进行核查，对已建成的工程在实施中是否依据审查后的施工图设计进行施工，有无违背。该验收工程是否有违强制性标准、施工图设计、工程地质勘察报告的有关技术要求。

（2）施工图审查机构工程验收质量检查报告应有明确的结论，工程质量是否存在问题、合格还是不合格、施工结果符合还是不符合经施工图审查机构批准的设计技术文件的要求、同意还是不同意验收。

（3）按审查后施工图设计的实施结果，是否符合有关设计规范和工程建设强制性标准要求。

（4）应检查是否有因施工图审查原因造成的工程质量问题。

（5）表列子项

1）工程名称：填写工程名称的全称，应与合同或招投标文件中的工程名称相一致。

2）工程地址：指委托工程地质勘察的工程所在地，按路、街名称及其方位填写。

3）建设单位：填写合同文件中的甲方，建设单位名称也应填写全称，应与合同签章

199

上的建设单位名称相同。

4）勘察单位：填写勘察合同中签章单位的勘察单位名称，其全称应与印章上的名称一致。

5）设计单位：填写设计合同中签章单位的设计单位名称，其全称应与印章上的名称一致。

6）地基承载力标准值：指工程地质勘察报告给定的地基承载力标准值。

7）设计合理使用年限：指施工图设计文件按标准规定的设计使用年限填写。

8）项目负责人（签字）：是指施工图审查单位的项目负责人，签字有效。

9）法定代表人（签字）：应是施工图审查单位的法定代表人，签字有效。

10）技术负责人（签字）：是指施工图审查单位的技术负责人，签字有效。

11）审查机构（章）：加盖施工图审查单位名称章。

12）日期：指报告签发日期，按实际日期填写。

附件2：建设工程专项验收报告

附2-1　建设工程规划验收合格证

1. 资料表式

建设工程规划验收合格证　　　　　　　　　　　　　　　　　（封页）

中华人民共和国

建设工程规划验收合格证

编号：

　　根据《中华人民共和国城市规划法》第三十二条规定，经审定，该建设工程符合城市规划要求。

　　特发此证

　　　　发证机关

　　　　日期：　　　　年　　　月　　　日

（内页）

建设单位	
建设项目名称	
建设位置	
建设规模	

附图及附件名称

遵守事项：

1. 本证是城市规划区内，经城市规划行政主管部门审定，许可建设各类工程的法律凭证。

2. 凡未取得本证或不按本证规定建设，均属违法建设。

3. 本证附图与附件由发证机关依法确定，与本证具有同等法律效力。

4. 本证不得涂改。

2. 应用说明

规划管理部门收到建设单位的工程竣工验收申请后，依据《城市规划法》及规划设计审批文件和有关政策规定，对工程进行规划验收并确认符合规划要求后签发的建设工程规划验收合格证。

（1）建设工程规划验收合格证签发必须符合《中华人民共和国城市规划法》第三十二条规定。

（2）对规划验收结果存在问题及其处理意见应详尽、具体，存在问题未按处理意见完成前，不得签发建设工程规划验收合格证。

（3）表列子项

1）建设单位：填写施工合同文件中的甲方，建设单位名称应填写全称，应与合同签章上的建设单位名称相一致。

2）建设项目名称：按建设单位与施工单位合同书中的工程名称或施工图设计图注的工程名称，按全称填写。

3）建设位置：按施工图设计总平面图标注的建设位置的地点填写。

4）建设规模：按可行性研究或初步设计或施工图设计标注的建设规模填写。

5）附图及附件名称：指申报规划验收时必须的附图及附件名称。照实际填写。

附 2-2 建设工程公安消防验收意见书

1. 资料表式

建设工程公安消防验收意见书

工程名称		工程地址	
建设单位			
设计单位			
施工单位			

验收人（签字）：　　　　　　　　　单　位（签字）：

技术负责人（签字）：　　　　　　　法定代表人（章）：

　　　　　　　　　　　　　　　　　　　　　　　　　日期：

2. 应用说明

建设工程公安消防审批机构收到建设单位的工程竣工验收申请后，依据国家消防技术标准及消防工程审查意见，对工程进行消防验收签发的书面意见书。

（1）建设工程公安消防验收意见书是公安消防审批机构对已审查批准的施工图设计的实施结果进行核查，对已建成的工程在实施中是否依据审查后的施工图设计中有关进行施工，有无违背。该验收工程是否有违消防强制性标准的有关技术要求。

（2）验收结论意见必须明确说明是否符合消防设计要求，能否满足消防使用功能。

（3）对消防验收不合格的，验收机构必须明确指出存在的问题和所依据的技术规范，并应提出复验要求。

（4）建设工程公安消防验收意见书应有明确的结论，工程质量是否存在问题、合格还是不合格、施工结果符合还是不符合消防的有关要求、同意还是不同意验收。

（5）表列子项

1）工程名称：填写工程名称的全称，应与合同或招投标文件中的工程名称相一致。

2）工程地址：指委托工程地质勘察的工程所在地，按路、街名称及其方位填写。

3）建设单位：填写合同文件中的甲方，建设单位名称也应填写全称，应与合同签章上的建设单位名称相同。

4）设计单位：填写设计合同中签章单位的设计单位名称，其全称应与印章上的名称一致。

5）施工单位：填写合同书中的施工单位名称。照实际填写。

6）验收人（签字）：是指公安消防审批单位参加消防验收人员姓名，签字有效。

7）单位（章）：加盖公安消防审批单位章。

8）技术负责人（签字）：是指公安消防审批单位的技术负责人，签字有效。

9）法定代表人（签字）：是指公安消防审批单位的法定代表人，签字有效。

10）日期：指报告签发日期。按实际日期填写。

附2-3 环保验收合格证

1. 资料表式

（封页）

市环境保护局

小型（非生产性）建设项目验收意见书

编号：　　　　　　　　　　　　　　　（内封）

项目名称				联系人	×××
建设单位				电　话	
建设地点				项目性质	新□改□扩□
项目总投资（万元）		建设面积（m²）		占地面积（m²）	
环评分类	报告书□ 报告表□ 登记表□			审批时间	
施工单位				申请验收时间	
工程情况概述：					
存在问题及整改措施：					
验收意见： 经办人（签字）：				市环境保护局（章） 2001 年 10 月 20 日 　负责人（签字）：	
备注					

本表只适用与小型填报环境影响登记表的非生产性建设项目，填报环境影响报告表和环境影响报告书的应另附环保设施监测报告和建设项目环境保护设施竣工验收申请报告。本表一式三份。

2. 应用说明

环保验收合格证是环保监督管理部门收到建设单位验收通知后，依据《中华人民共和国环境保护法》的要求，对建设工程项目，环境质量评价的书面意见。

（1）环保验收合格证是环保监督管理部门对已审查批准的施工图设计的实施结果进行

核查，对已建成的工程在实施中是否依据审查后的施工图设计中有关进行施工，有无违背。该验收工程是否有违环保强制性标准的有关技术要求。

（2）环保验收的主要内容

1）应填写内页表内的一般工程概况，如建设地点、项目性质、项目总投资、建筑面积、环保分类、施工单位、申请验收时间等。

2）工程情况概述，应说明环保工程的地点、规模、用途、环保名称、环保目标值等。

3）存在问题及整改措施，应说明验收后的环保工程存在的问题和整改建议及措施。

4）验收意见应写明：

①工程项目对大气环境、水环境的影响情况；

②工程项目对水土流失、生态环境的影响情况；

③工程项目所产生的噪声对声环境的影响程度；

④工程项目使用后产生的固体垃圾对周围环境的影响程度。

（3）验收结论意见必须明确说明是否符合环保要求，能否满足环保使用功能。

（4）对消防验收不合格的，验收机构必须明确指出存在的问题和所依据的技术规范，并应提出复验要求。

（5）建设工程公安消防验收意见书应有明确的结论，工程质量是否存在问题、合格还是不合格、施工结果符合还是不符合消防的有关要求、同意还是不同意验收。

（6）表列子项

项目名称：指验收的环保项目的名称。

建设单位：填写施工合同文件中的甲方，建设单位名称应填写全称，应与合同签章上的建设单位名称相一致。

建设地点：指委托工程地质勘察的工程所在地，按路、街名称及其方位填写。

项目性质：指验收的环保项目的使用类别。照实际填写。

项目总投资（万元）：指验收的环保项目的项目总投资。

建设面积（m²）：指验收的环保项目的项目建设面积。

占地面积（m²）：指验收的环保项目的项目占地面积。

环评分类（报告书□ 报告表□ 登记表□）：指验收的环保项目评议的类别，可在报告书、报告表、登记表处画√。

审批时间：指验收的环保项目的审批时间。

施工单位：填写建筑工程施工合同书中的施工单位名称。照实际填写。

申请验收时间：指验收的环保项目的申请验收时间。

工程情况概述：是指环保工程的地点、规模、用途、环保名称、环保目标值等。

存在问题及整改措施：是指验收后的环保工程存在的问题和整改建议及措施。

验收意见：是指验收的环保项目的验收意见，应明确说明是否符合环保要求，能否满足环保使用功能。

市环境保护局（章）：指环保验收单位加盖的公章。

经办人（签字）：指验收环保项目时的具体经办人。填写经办人姓名，本人签字有效。

负责人（签字）：指验收环保项目时的负责人。填写负责人姓名，本人签字有效。

备注：指需要说明的其他事宜。

附 2-4 人防工程验收报告

1. 资料表式

人防工程验收报告

工程名称		建设单位	
建设地点		施工单位	
建筑面积		设计单位	
工程类别		开工时间	
防护标准		竣工时间	
结构形式		验收时间	
战时用途		地面建筑面积	
平时用途		未建设原因	
出入口		验收情况	
工程总造价		存在问题	
人防工程 验收情况			
存在的主要 问　　题			
整改要求			
验收组 意　见		人防办公室 意　　见	

2. 应用说明

人防工程的竣工验收报告是人民防空主管部门收到建设单位的工程竣工验收申请通知后,按照国家人民防空工程建设的法律、法规、工程建设强制性标准、设计文件进行验收的书面意见书。

(1) 人防工程验收报告的主要内容:

1) 应填写人防工程验收报告表内的工程名称、建设单位、建设地点、施工单位、建筑面积、设计单位、工程类别、开工时间、防护标准、竣工时间、结构形式、验收时间、战时用途、地面建筑面积、平时用途、未建设原因、出入口数量、验收情况、工程总造价、存在问题等。

2) 人防工程验收情况应说明:工程中人防部分的防护标准,结构形式是否符合设计及有关规定的要求;工程中的人防部分的防火、战时、平时用途、防水、通风、给水排水、电气、空调、采暖等是否符合设计及有关规定的要求。

3) 存在主要问题:应指出不符合人防要求的部分,违反了国家及有关部门规定的哪些具体条款。

4) 整改要求:应指出人防工程验收后需要整改的问题,应说明问题性质,提出整改要求。

5）验收意见：应有明确的结论，工程质量是否存在问题、合格还是不合格、施工结果符合还是不符合人防设计技术文件的要求、同意还是不同意验收。

6）人防办公室意见：对发出的人防工程验收报告及验收意见是同意还是不同意，为什么。

（2）表列子项

1）工程名称：填写工程名称的全称，应与合同或招投标文件中的工程名称相一致。

2）建设单位：填写合同文件中的甲方，建设单位名称也应填写全称，应与合同签章上的建设单位名称相同。

3）建设地点：指委托工程的工程所在地，按路、街名称及其方位填写。

4）施工单位：填写合同书中的施工单位名称。照实际填写。

5）建筑面积：指人防工程实际施工的建筑面积。

6）设计单位：填写设计合同中签章单位的设计单位名称，其全称应与印章上的名称一致。

7）工程类别：指人防工程的建设用途。

8）开工时间：指建设单位与施工单位签订的施工合同中确定的开工时间。

9）防护标准：按人防工程设计标定的防护标准填写。

10）竣工时间：指建设单位与施工单位签订的施工合同中确定的竣工时间或经专业监理工程师批准工程延期后的实际竣工时间。

11）结构形式：指人防工程设计的结构形式。

12）验收时间：按实际人防工程的验收时间填写（年、月、日）。

13）战时用途：指人防工程设计标注的战时用途。

14）地面建筑面积：指人防工程设计或经修改后的人防工程施工图的占地面积。

15）平时用途：指人防工程设计标注的平时用途。

16）未建设原因：（略）

17）出入口：指人防工程设计的出入口数量或经修改后的人防工程建成的实际出入口。照实际填写。

18）工程总造价：指人防工程建成后的工程总造价。

19）存在问题：应指出不符合人防要求的部分，违反了国家及有关部门规定的哪些具体条款。

20）人防工程验收情况：应说明工程中人防部分的防护标准，结构形式是否符合设计及有关规定的要求；工程中的人防部分的防火、战时、平时用途、防水、通风、给水排水、电气、空调、采暖等是否符合设计及有关规定的要求。

21）整改要求：应指出人防工程验收后需要整改的问题，应说明问题性质，提出整改要求。

22）验收组意见：应有明确的结论，工程质量是否存在问题、合格还是不合格、施工结果符合还是不符合人防设计技术文件的要求、同意还是不同意验收。

23）人防办公室意见：对发出的人防工程验收报告及验收意见是同意还是不同意，简要说明为什么。

附 2-5　建筑节能专项验收报告

1. 资料表式

建筑节能专项验收报告

工程名称		工程地址	
建设单位		施工单位	

验收人（签字）：　　　　　　单　位（签字）：

　　　　　　　　　　　　　　　　　　　　　　　　　日期：

2. 应用说明

建筑节能专项验收机构收到建设单位的工程竣工验收申请后，依据国家建设工程的法律、法规、强制性标准和建筑节能技术要求，对工程进行建筑节能验收的书面意见书。

（1）建筑节能专项验收报告是建筑节能审批单位对已审查批准的有关建筑节能部分的施工图设计的实施结果进行核查，对已建成的工程在实施中是否依据审查后的施工图设计进行施工，有无违背。该验收工程是否有违背建筑节能强制性标准的有关技术要求。

（2）建筑节能专项验收报告应有明确的结论，建筑节能工程质量是否存在问题、合格还是不合格、施工结果符合还是不符合经建筑节能审查机构批准的设计技术文件的要求、同意还是不同意验收。

（3）建筑节能的核查说明

1）县级以上地方人民政府建设行政主管部门负责本行政区域内民用建筑节能的管理与监督；建设行政主管部门根据实际工作需要，可以委托建筑节能机构负责建筑节能的日常工作。

2）建设行政主管部门或者其委托的设计审查单位，在进行施工图设计审查时，应当审查节能设计的内容，并签署意见。

3）建筑节能设计是建筑工程施工图设计文件的一个不可分割的组成部分，建筑节能设计审查是建筑工程施工图设计文件审查的重要组成内容之一，建筑工程施工图设计文件审查已经包含了建筑节能设计审查。

4）民用建筑节能审查与工程施工图设计文件审查一并进行。由建设行政主管部门委托具备有施工图设计文件审查资格的单位进行审查，审查结果须由审查负责人签字并加盖建筑节能设计审查专用章，未加盖建筑节能设计审查专用章的，不得出具建筑工程施工图设计文件审查报告。

（4）施工单位应按照节能设计进行施工，保证工程施工质量。对未加盖节能审查专用章的施工设计图，施工单位应向建设单位提出，并向当地建设行政主管部门报告。

（5）建设工程质量监督机构应将建筑节能纳入工程质量监督的必要内容，对工程项目执行节能设计标准的情况，应在质量监督文件中予以注明。

（6）实行节能产品认证和淘汰制度。

（7）表列子项

1）工程名称：填写工程名称的全称，应与合同或招投标文件中的工程名称相一致。

2）工程地址：指委托工程的工程所在地，按路、街名称及其方位填写。

3）建设单位：填写合同文件中的甲方，建设单位名称也应填写全称，应与合同签章上的建设单位名称相同。

4）施工单位：填写合同书中的施工单位名称。照实际填写。

5）验收人（签字）：是指建筑节能办公室建筑节能专项验收时的参加建筑节能的验收人员姓名，签字有效。

6）单位（章）：加盖建筑节能办公室建筑节能专项验收审批单位章。

7）日期：指报告签发日期。按实际日期填写。

附 2-6　建设工程档案专项验收认可书

建设工程档案专项验收申请表 封页

×××建设厅制

申报单位（盖章）　　　　　　　　　　　　　　　　　　　内封

项目名称		工程地址	
单位工程名称		工程规模	
勘察单位		规划许可证号	
设计单位		施工许可证号	
施工单位		施工合同	
		监理合同	
监理单位		合同类别	
开工日期		竣工日期	
建设单位建设工程档案自验情况			
＿＿＿＿＿＿＿城建档案管理机构： 　本建设工程档案经我单位自行验收，认为符合有关规定，报请进行工程档案专项验收。 　城建档案员：×××　　　工程技术负责人：××× 　　　　　　　　　工程总监理师：×××			

　　　　　　　　　　　　　　　　　　　　　　　填报日期：　　年　月　日

档案总计数量	
综合文件 材料情况	
施工类文件 材料情况	
监理类文件 材料情况	
竣工图	

建设工程档案专项验收意见书

工程项目名称	
单位工程名称	
验收意见	
备　注	

验收单位：

验收人：

验收组长：

验收日期：　　年　月　日

填报说明：

1. 建设工程档案专项验收申请表由建设单位负责填写，一式四份，建设单位、城建档案管理机构、建设工程竣工备案部门及有关部门各存一份。

2. 建设工程档案专项验收合格后，方可进行竣工验收。

3. 建设单位在工程竣工验收合格后，应在六个月内向城建档案管理机构移交一套完整、准确、齐全的建设工程档案。

4. 表列子项：

1）工程地址：指工程项目的建设地点或征地地址。应按区（县）、街道（乡、路）、门牌号填写；外地工程应填写省、市（县）、街道（路）名。

2）规划许可证号：是指当地城市规划主管部门对该建设工程核发的建设工程规划许可证的编号。

3）施工许可证号：是指当地建设行政主管部门对该建设工程项目核发的施工许可

209

证号。

建设工程档案专项验收认可书

冀（　　）城档认字第　　号

_____：

你单位_____建设工程档案经审查验收，符合国家、省有关工程档案规定，现予认可。

_____城建档案馆（处）

经办人：

核准人：

签发日期：　　　　年　　月　　日

附 2-7　电梯合格证

1. 应用说明

电梯合格证是电梯监管部门收到建设单位电梯分部（子分部）工程验收通知后，对电梯工程进行专项检验测试合格后颁发的书面认可文件。

（1）电梯检验的主要内容：

1）电梯档案审查情况：应提供的电梯设备、安装技术文件资料必须齐全、真实。

2）机房布置情况：应满足施工图设计要求。

3）电梯安全装置检查情况：应检查的电梯安全装置必须全数检查。

4）电梯负荷运行试验情况：电梯负荷运行试验应达到运行平稳、制动可靠、连续运行无故障。不论是电力驱动电梯或液压电梯，均必须按产品设计规定的每小时启动次数运行 1000 次（每天不少于 8h）。

5）电梯负荷运行试验曲线图（确定平衡系数）情况：各类电梯的平衡系数应为 40%～50%。

6）电梯噪声测试情况：电力驱动电梯或液压电梯均必须满足规范对噪声控制的要求。

7）电梯加减速度和轿厢运行的垂直、水平振动速度试验情况：电梯加减速度和轿厢运行的垂直、水平振动速度应满足产品设计和规范的规定。

8）曳引机检查与试验情况：曳引机检查与试验应满足产品设计和规范的规定。

9）限速器试验情况：限速器检查与试验应满足产品设计和规范的规定。

10）安全钳试验情况：安全钳必须与其型式试验证书相符；限时式安全钳或渐进式安全钳试验的检查与试验应满足产品设计和规范的规定。

11）缓冲器试验情况：缓冲器必须与其型式试验证书相符；蓄能性（弹簧）缓冲器或耗能式（液压）缓冲器的检查与试验应满足产品设计和规范的规定。

12）层门和开门机械试验情况：不论是机械强度试验、门运行试验、滑动门保护装置试验，均应满足规范规定的运行功能试验要求。

13）门锁试验情况：门锁试验应满足层门强迫关门装置必须动作正常；层门锁钩必须动作灵活，在证实锁紧的电气安全装置动作前，锁紧元件的最小啮合长度为 7mm。

14）绳头组合拉力试验情况：绳头组合拉力试验应满足产品设计和规范的规定。

15）选层器钢带试验情况：选层器钢带试验应满足产品设计和规范的规定。

16）轿厢试验情况：轿厢试验应进行轿厢顶刚度试验（记录变形情况和数据）和轿厢过载装置试验（记录过载信号在轿厢内加多载荷时产生）。

17）控制屏试验情况：控制屏试验应进行绝缘试验、耐压试验和控制功能试验。控制柜屏的安装位置应符合电梯土建布置图中的要求。

18）电源及布线情况：电源及布线应符合施工图设计的要求。

19）井道复核情况：井道复核结果应满足电梯安装的需要。导轨及支架必须满足设计和保证安装结果符合 GB 7588 的有关规定。

附 2-8 锅炉验收合格证

应用说明

锅炉合格证是锅炉安全生产监管部门收到建设单位供热锅炉子分部工程验收通知后，对供热锅炉工程进行专项检验测试合格后颁发的书面认可文件。

（1）锅炉验收应由当地劳动局所属的安全检查部门进行。

（2）锅炉在烘炉、煮炉合格后，应进行 48h 的带负荷连续试运行，同时进行安全阀的热状态定压检验和调整。

（3）锅炉的工作压力、试验压力、烘炉时间、烘炉方法、煮炉时间、煮炉方法等，均应符合锅炉试验等规范的有关规定。

2.21.2 建设工程竣工验收备案组成

2.21.2.1 建设工程竣工验收备案表

1. 资料表式

封页

建设工程竣工验收备案表

×××建设厅制

建设工程竣工验备案表

编号：

工　程　名　称			
建　设　单　位		申报人	
施　工　单　位			
设　计　单　位			
施工图审查单位			
监　理　单　位			
规　划　许　可　证　号		施工许可证号	
所需文件审核情况（并将资料原件附后）			
文　件　名　称	编　号	核发机关、日期	
竣工验收报告			
规划验收认可文件			
消防验收意见书			
环保验收合格证			
工程档案验收许可书			
工程质量保修书			
住宅使用说明书			
以下由建设行政主管部门填写			
验收监督报告			
备　案　情　况	已备案： 经办人（签字）：		负责人（签章）

建设工程竣工验收备案以本表格式形式或当地建设行政主管部门授权部门下发的表式归存。

2.21.2.2 建设工程竣工验收备案证明书

1. 资料表式

建设工程竣工验收备案证明书

（正本）

根据国务院《建设工程质量管理条例》和建设部《房屋建筑工程和市政基础设施工程竣工验收备案管理暂行办法》，_____工程，经建设单位_____于_____年_____月_____日组织设计、施工、工程监理和有关专业工程主管部门验收，并于_____年_____月_____日备案。

特此证明。

备案机关：

日   期：   年   月   日

建设工程竣工验收备案证明书以本表格式直接归存。

2.21.2.3 工程竣工验收备案的实施说明

建设工程竣工验收报告、竣工验收备案表式、竣工验收备案证明书，是指建设工程按设计要求经施工单位自检质量验收合格并经监理单位复验合格后，由建设单位组织的建设工程竣工验收。

1. 建设单位应当在建设工程竣工验收合格后 15 日内，向建设工程所在地县级以上建设行政主管部门进行备案。省建设行政主管部门对备案机关另有规定的，从其规定。建设单位向建设行政主管部门申请备案，应提交下列资料：

（1）备案表一份；

（2）建设工程竣工验收报告；

（3）规划部门出具的工程规划验收认可文件；

（4）公安消防部门出具的《建设工程消防验收意见书》；

（5）环保部门出具的建设工程环保验收认可文件；

（6）城建档案管理部门出具的建设工程档案验收认可文件；

（7）施工单位签署的工程质量保修书；

（8）法律、法规、规章规定的其他材料。

商品住宅还应提交《住宅质量保证书》和《住宅使用说明书》。

2. 建设工程竣工验收备案按照下列程序进行：

（1）建设单位向主管部门领取《建设工程竣工验收备案表》；

（2）建设单位持加盖单位公章和法定代表人签名的《建设工程竣工验收备案表》及本说明第 9 条规定的材料，向建设行政主管部门备案；

（3）建设行政主管部门在收齐、验证备案材料后 15 日内，出具《××省建设工程竣工验收备案证明书》。

3. 建设行政主管部门发现建设单位在竣工验收过程中有违反质量管理规定行为的，应当在收讫竣工验收备案文件 15 日内，责令建设单位停止使用，重新组织竣工验收，重新办理备案手续，并依法给予行政处罚。

4. 建设单位将未经验收的工程擅自交付使用，或将不合格的工程作为合格的工程擅自交付使用，或将备案机关责令停止使用，重新组织竣工验收的工程擅自继续使用给他人造成损失的，由建设单位依法承担赔偿责任。

5. 建设工程竣工验收合格后建设单位应当在 6 个月内，向城建档案管理部门移交一套完整的工程建设档案。

6. 竣工验收备案文件齐全，备案机关及其工作人员不办理备案手续的，由有关机关责令改正，对直接责任人员给予行政处分。

7. 建设工程竣工验收备案应提交的资料，各方应分别签章齐全、有效。

2.21.3　工程竣工专项验收鉴定书

指政府有关部门对规划、公安消防、环保等进行的专项验收认可，表式按有关部门规定用表。

1. 规划验收认可文件（A8-10-1）
2. 公安消防验收意见书（A8-10-2）
3. 环保验收合格证（A8-10-3）
4. 人防工程验收报告（A8-10-4）
5. 建筑节能专项验收报告（A8-10-5）
6. 建设工程档案专项认可书（A8-10-6）
7. 其他专项验收认可证明（A8-10-7）
（1）电梯专项验收报告（A8-10-7-1）
（2）锅炉专项验收报告（A8-10-7-2）

2.21.4　工程开工、施工、竣工录音、录像、照片资料

指工程开工、施工、竣工过程中录音、录像、照片等资料。按声像、缩微、电子档案整理归类存档。

2.21.5　交付使用财产总表和财产明细表资料

指建设单位竣工验收后，经审查核实施工单位交付使用工程项目的财产总表和财产明细表资料。

2.22 监 理 工 作 总 结

1. 应用说明

监理工作总结是指监理单位对履行委托监理合同情况及监理工作的综合性总结。监理工作总结由总监理工程师组织项目监理机构有关人员编写。

（1）监理工作总结应包括下列主要内容：

1）工程概况。

2）项目监理机构。

3）建设工程监理合同履行情况。

4）监理工作成效。

5）监理工作中发现的问题及其处理情况。

6）说明和建议。

（2）项目竣工后，项目监理机构应对监理工作进行总结。

1）监理工作总结是指监理单位对履行委托监理合同情况及监理工作的综合性总结。监理工作总结由总监理工程师组织项目监理机构有关人员编写。

监理工作总结经总监理工程师签字后，报工程监理单位。

2）监理工作总结应能客观、公正、真实地反映工程监理的全过程；对监理效果进行综合描述，正确评价工程的主要质量状况、结构安全、投资控制及进度目标实现的情况。

（3）监理工作总结的主要内容包括：工程概况；项目监理机构；建设工程监理合同履行情况；监理工作成效；监理工作中发现的问题及其处理情况；说明和建议。

1）工程概况主要包括：工程名称（填写全称）；工程地址（填写详细地址）；工程项目的单位工程数量；不同单位工程的结构类型；不同单位工程的建筑层数及高度；不同单位工程的建筑面积；开工时间、竣工时间和施工总天数；工程质量、进度、投资的总体状况等。

2）项目监理机构主要包括：建设项目监理机构设置与实际变化过程。包括不同时间在监理现场的：总监：姓名、职务、职称；各专业监理工程师：姓名、职务、职称、专业；监理员：姓名、职务、职称、专业；监理工作运作过程中的人员实际变化过程概况：姓名、职务、职称、专业、变化时间。

3）建设工程监理合同履行情况主要包括：投资、质量、进度控制与合同管理的措施与方法。

监理工作的投资、质量、进度控制和合同管理，组织协调是监理工作的基本内容。总结应讲明采取的措施、实现措施的技术保证，应以数据予以说明。

①投资控制：月度工程量计量控制和签证情况，月度工程量计量总合数应等于其工程量的总计数；月度工程款签认情况，工作量计算结果应符合该段工程量预算结果合计数；工程决算的审查控制；工程决算与工程预算的对比及其原因分析；如何进行投资预控管理；投资控制的成效和存在问题。合同变更与设计变更控制成效。

②质量控制：对施工单位质保体系控制；质量目标的控制结果；地基处理的质量控制情况；不同结构类型的质量控制要点（砖混、框架、框架-剪力墙、框筒等）及监控结果；质量控制的成效及存在问题。施工试验及旁站监理情况。工程质量验收后的质量等级。

③进度控制：进度控制总目标的控制简况；按合同要求如何强化和细化进度监督与控制，采取何种控制方法细化进度监控；进度控制成效及进度控制存在问题。

④合同管理：建设、监理、施工三方执行合同情况；公正处理各种纠纷情况（数量和方法）；协调建设、设计、施工等单位各方关系情况，各方的索赔情况。

⑤材料报验和工程报验情况（报验的数量和质量）

A. 材料报验（含材料、设备、构配件等）：主要材料、设备、构配件报验的名称和数量，主要包括：土建材料的设备、构配件；电气材料与设备；水暖、热力、燃气、通风空调材料与设备；电梯材料与设备的名称与数量。

B. 工程报验：分项（检验批）工程报验数量、质量等级及存在问题；分部（子分部）工程报验数量、质量等级及存在问题；单位工程报验情况及存在问题。

C. 工程报验评定结果：分项（检验批）工程验收结果；分部（子分部）工程验收结果；单位工程验收的结果。

D. 混凝土、砂浆试验报告的报验与评定：混凝土试验报告的报验数量及评定结果是否满足标准要求。评定按（GB/T 50107—2010）进行（分别按标准要求应执行的评定方法：统计方法即标准差已知、标准差未知或非统计方法进行）；砂浆试验报告的报验数量与评定结果是否满足标准要求。评定按《砌体结构工程施工质量验收规范》（GB 50203—2011）进行。

4）监理工作成效主要包括：

①监理工作情况：监理工作制度化、标准化、规范化的开展情况；

②监理工作是如何开展的；

③如何提高人员素质（监理、施工单位）；

④如何取得业主的信任。业主方的总体信任度及评价。

监理工作应做到和有关方配合默契、互相信任、以诚相待，这是做好监理工作的基础。

5）监理工作中发现的问题及其处理情况主要包括：监理工作存在问题；对监理工作的建议。

6）说明和建议主要包括：监理工作总结可按各个阶段、竣工后分别进行总结和报告。应注意总结应在总监理工程师和专业监理工程师在小结的基础上进行归纳和编制，内容应翔实、公正、准确。

（4）监理工作总结总监理工程师、专业监理工程师和全体监理工作人员均应认真进行总结，总结内容应翔实、公正、准确。经总监理工程师签字并加盖工程监理单位公章后，报送建设单位。

2.23 设备采购与设备监造文件资料

2.23.1 设备采购文件资料

1. 应用说明

（1）设备采购文件资料应包括下列主要内容：

1）建设工程监理合同及设备采购合同。

2）设备采购招投标文件。

3）工程设计文件和图纸。

4）市场调查、考察报告。

5）设备采购方案。

6）设备采购工作总结。

设备采购文件资料应按设备采购监理形成的上列名目，依序对其资料进行汇整、报送。

（2）设备采购文件资料可根据项目监理机构进行的：采购设备情况的调查，编制的设备采购方案，设备的采购计划，采购的设备供货厂家调查，设备的招标采购监理工作，设备的采购订货合同谈判、签订等从事的监理工作，按照设备采购文件资料应包括的主要内容，编制设备采购文件资料。

（3）设备采购工作完成后，由总监理工程师按要求负责整理汇总设备采购文件资料，并提交建设单位和本单位归档。

（4）设备采购监理工作总结一般应包括：采购设备的情况及主要技术性能要求；监理工作范围及内容；监理组织机构；监理人员组成及监理合同履行情况；监理工作成效；出现的问题和建议等。

2.23.2　设备监造文件资料

1. 应用说明

（1）设备监造文件资料应包括下列主要内容：

1）建设工程监理合同及设备采购合同。

2）设备监造工作计划。

3）设备制造工艺方案报审资料。

4）设备制造的检验计划和检验要求。

5）分包单位资格报审资料。

6）原材料、零配件的检验报告。

7）工程暂停令、开工或复工报审资料。

8）检验记录及试验报告。

9）变更资料。

10）会议纪要。

11）来往函件。

12）监理通知单与工作联系单。

13）监理日志。

14）监理月报。

15）质量事故处理文件。

16）索赔文件。

17）设备验收文件。

18）设备交接文件。

19）支付证书和设备制造结算审核文件。

20）设备监造工作总结。

（2）设备监造工作完成后，由总监理工程师按要求负责整理汇总设备监造资料，并提交建设单位和本单位归档。

设备监造文件资料包括1）～20）款，提送时不应缺漏。合理缺项除外。

（3）设备监造文件资料可根据项目监理机构进行的：项目监理机构的组成与进驻，设备监造的熟悉图纸、标准、合同等情况，设备监造规划编制，设备生产计划与工艺方案报审，设备制造分包单位报审，检验计划报审，设备监造生产人员岗位资格检查，设备制作、用料检查，设备监造过程的控制与检验，设备制造检验计划的执行检查，设备装配过程控制与检查，设计变更的处理，设备的调试与整机性能检验，设备进场前的检查，现场设备清点、检查、验收与移交，设备制造的付款报审与签认，设备制造的索赔处理等从事的监理工作按照设备监造文件资料应包括的主要内容编制设备监造文件资料。

（4）设备监造文件由总监理工程师组织编写。

（5）设备监造工作结束后，监理单位应向建设单位提交设备监造监理工作总结。

（6）设备监造工作总结一般应包括：制造设备的情况及主要技术性能指标；监理工作范围及内容；监理组织机构；监理人员组成及监理合同履行情况；监理工作成效；出现的问题和建议等。

2.24　相关服务的勘察设计评估报告

2.24.1　勘察评估报告

1. 应用说明

（1）工程监理单位应审查勘察单位提交的勘察成果报告，并应向建设单位提交勘察成果评估报告，同时应参与勘察成果验收。

勘察成果评估报告应包括下列内容：

1）勘察工作概况。

2）勘察报告编制深度、与勘察标准的符合情况。

3）勘察任务书的完成情况。

4）存在问题及建议。

5）评估结论。

（2）对勘察成果进行审查和验收，是工程监理单位按相关服务合同规定的工作内容之一。

勘察评估报告由总监理工程师组织各专业监理工程师编制，必要时可邀请相关专家参加。在评估报告编制过程中，应以项目的审批意见、设计要求，标准规范、勘察合同和监理合同等文件为依据，与勘察、设计单位保持沟通，在监理合同约定的时限内完成，并提交建设单位。

（3）勘察报告的深度及与勘察标准的符合情况是评估报告的重点。勘察报告深度应符合国家、地方及有关政府部门的相关文件要求，同时需满足工程设计和勘察合同相关约定的要求。

（4）勘察文件需符合国家有关法律法规和现行工程建设标准规范的规定，其中工程建设强制性标准必须严格执行。勘察文件深度的一般要求如下：

1）岩土工程勘察应正确反映场地工程地质条件、查明不良地质作用和地质灾害，并通过对原始资料的整理、检查和分析，提出资料完整、评价正确、建议合理的勘察报告。

2）勘察报告应有明确的针对性。详勘阶段报告应满足施工图设计的要求。

3）勘察报告一般由文字部分和图表构成。

4）勘察报告应采用计算机辅助编制。勘察文件的文字、标点、术语、代号、符号、数字，均应符合有关规范、标准。

5）勘察报告应有完成单位的公章（法人公章或资料专用章），应有法人代表（或其委托代理人）和项目的主要负责人签章。图表均应有完成人、检查人或审核人签字。各种室内试验和原位测试，其成果应有试验人、检查人或审核人签字，当测试、试验项目委托其他单位完成时，受托单位提交的成果还应有该单位公章、单位负责人签章。

（5）勘察成果评估结论是对勘察成果质量及完成情况的总体性判断和结论性意见，是建设单位支付勘察成果的依据。工程监理单位的勘察成果评估结论一般包括：勘察成果是否符合相关规定；勘察成果是否符合勘察任务书要求；勘察成果依据是否充分；勘察成果是否真实、准确、可靠；存在问题汇总及解决方案建议；勘察成果是否可以验收等。

2.24.2　设计评估报告

1. 应用说明

（1）工程监理单位应审查设计单位提交的设计成果，并应提出评估报告。评估报告应包括下列主要内容：

1）设计工作概况。

2）设计深度、与设计标准的符合情况。

3）设计任务书的完成情况。

4）有关部门审查意见的落实情况。

5）存在的问题及建议。

（2）审查设计成果主要审查方案设计是否符合规划设计要点，初步设计是否符合方案设计要求，施工图设计是否符合初步设计要求。

根据工程规模和复杂程度，在取得建设单位同意后，对设计工作成果的评估可不区分方案设计、初步设计和施工图设计，只出具一份报告即可。

（3）对设计成果进行审查和验收是工程监理单位按相关服务合同规定的工作内容之一。

（4）审查设计成果主要审查方案设计是否符合规划设计要点，初步设计是否符合方案设计要求，施工图设计是否符合初步设计要求。评估报告一般应包括以下内容：

1）对设计深度及与设计标准符合情况的评估。

2）对设计任务书完成情况的评估。包括：

①设计成果内容范围是否全面，是否有遗漏；

②设计成果的功能项目和设备设施配套情况是否符合设计任务书提出的关于工程使用

功能和建设标准的要求；

③设计成果是否满足设计基础资料中的基本要求，如气象、地形地貌、水文地质、地震基本烈度、区域位置等；

④设计成果质量是否满足设计任务书要求，是否科学、合理、可实施，是否符合相关标准和规范，各专业设计文件之间是否存在冲突和遗漏；

⑤设计成果是否满足设计任务书中提出的相关政府部门对项目的限制条件，尤其是主要技术经济指标，如总用地面积、总建筑面积、容积率、建筑密度、绿地率、建筑高度等；

⑥设计概算、预算是否满足建设单位既定投资目标要求；

⑦设计成果提交的时间是否符合设计任务书要求。

3) 对有关部门审查意见的落实情况的评估。一般是指对规划、国土资源、环保、卫生、交通、消防、抗震、水务、民防、绿化市容、气象等相关政府管理部门意见的落实情况的评估。

4) 存在的问题及建议。工程监理单位在评估报告最后需将各阶段设计成果审查过程中发现的问题和薄弱环节进行汇总，提交设计单位，在下阶段设计中予以调整或修改，以确保设计文件的质量。此外，工程监理单位还应根据自身经验、专家意见，针对项目特点及设计成果提出建议，以供建设单位决策。工程监理单位在评估报告中列出的存在问题，宜分门别类，便于各方能有针对性地提出相关解决方案。

（5）工程监理单位提出的建议需从经济合理性、技术先进性、可实施性等多个方面进行综合考虑。在提供建议的同时，宜提出该建议对相应项目投资、进度、质量目标的影响程度，便于建设单位决策。

3 常用材料标准

3.1 钢材标准与性能

3.1.1 钢筋

3.1.1.1 《钢筋混凝土用钢 第1部分:热轧光圆钢筋》(GB 1499.1—2008/XG1-2012)(摘选)

(1) 热轧光圆钢筋的公称横截面面积与理论重量见表1。

表1

公称直径/mm	公称横截面面积/mm²	理论重量/(kg/m)
6 (6.5)	28.27 (33.18)	0.222 (0.260)
8	50.27	0.395
10	78.54	0.617
12	113.1	0.888
14	153.9	1.21
16	201.1	1.58
18	254.5	2.00
20	314.2	2.47
22	380.1	2.98

注：表中理论重量按密度为 7.85g/cm³ 计算。公称直径 6.5mm 的产品为过渡性产品。

(2) 钢筋牌号及化学成分（熔炼分析）应符合表2的规定。

表2

牌 号	化学成分（质量分数,%）不大于				
	C	Si	Mn	P	S
HPB300	0.25	0.55	1.50	0.045	0.050

注：1. 钢中残余元素铬、镍、铜含量应各不大于 0.30%，供方如能保证可不作分析。
2. 钢筋的成品化学成分允许偏差应符合 GB/T 222 的规定。

(3) 钢筋的屈服强度 R_{eL}、抗拉强度 R_m、断后伸长率 A、最大力总伸长率 A_{gt} 等力学性能特征值应符合表3的规定。弯曲性能：按表3规定的弯芯直径弯曲180°后，钢筋受弯曲部位表面不得产生裂纹。

表3

牌 号	R_{eL} /MPa	R_m /MPa	A /%	A_{gt} /%	冷弯试验 180° d—弯芯直径 a—钢筋公称直径
	不小于				
HPB300	300	420	25.0	10.0	$d=a$

（4）每批钢筋的检验项目，取样方法和试验方法应符合表 4 的规定。

表 4

序 号	检验项目	取样数量	取样方法	试验方法
1	化学成分（熔炼分析）	1	GB/T 20066	GB/T 223 GB/T 4336
2	拉伸	2	任选两根钢筋切取	GB/T 228、本部分 8.2
3	弯曲	2	任选两根钢筋切取	GB/T 232、本部分 8.2
4	尺寸	逐支（盘）	本部分 8.3	
5	表面	逐支（盘）	目视	
6	重量偏差	本部分 8.4		本部分 8.4

注：对化学分析和拉伸试验结果有争议时，仲裁试验分别按 GB/T 223、GB/T 228 进行。

（5）组批规则

1）钢筋应按批进行检查和验收，每批由同一牌号、同一炉罐号、同一尺寸的钢筋组成。每批重量通常不大于 60t。超过 60t 的部分，每增加 40t（或不足 40t 的余数），增加一个拉伸试验试样和一个弯曲试验试样。

2）允许由同一牌号、同一冶炼方法、同一浇注方法的不同炉罐号组成混合批。各炉罐号含碳量之差不大于 0.02%，含锰量之差不大于 0.15%。混合批的重量不大于 60t。

3.1.1.2 《钢筋混凝土用钢　第 2 部分：热轧带肋钢筋》（GB 1499.2—2007）（摘选）

（1）钢筋的公称横截面面积与理论重量列于表 1。

表 1

公称直径/mm	公称横截面面积/mm²	理论重量/（kg/m）
6	28.27	0.222
8	50.27	0.395
10	78.54	0.617
12	113.1	0.888
14	153.9	1.21
16	201.1	1.58
18	254.5	2.00
20	314.2	2.47
22	380.1	2.98
25	490.9	3.85
28	615.8	4.83
32	804.2	6.31
36	1018	7.99
40	1257	9.87
50	1964	15.42

注：表 5 中理论重量按密度为 7.85g/cm³ 计算。

（2）钢筋牌号及化学成分和碳当量

1）钢筋牌号及化学成分和碳当量（熔炼分析）应符合表 2 的规定。根据需要，钢中还可加入、V、Nb、Ti 等元素。

钢筋牌号及化学成分和碳当量（熔炼分析） 表2

| 牌 号 | 化学成分（质量分数）%，不大于 | | | | | |
	C	Si	Mn	P	S	Ceq
HRB335 HRBF335	0.25	0.80	1.60	0.045	0.045	0.52
HRB400 HRBF400	0.25	0.80	1.60	0.045	0.045	0.54
HRB500 HRBF500	0.25	0.80	1.60	0.045	0.045	0.55

2）碳当量 Ceq（百分比）值可按下式计算

$$Ceq = C + Mn/6 + (Cr - V + Mo)/5 + (Cu + Ni)/15$$

钢的氮含量应不大于 0.012%。供方如能保证可不作分析。钢中如有足够数量的氮结合元素，含氮量的限制可适当放宽。

钢筋的成品化学成分允许偏差应符合 GB/T 222 的规定，碳当量 Ceq 的允许偏差为 +0.03%。

（3）力学性能

1）钢筋的屈服强度 R_{eL}、抗拉强度 R_m、断后伸长率 A、最大力总伸长率 A_{gt} 等力学性能特征值应符合表3的规定。

热轧带肋钢筋的力学性能 表3

| 编 号 | $A_{gt}/\%$ | R_{eL}/MPa | R_m/MPa | $A/\%$ |
		不 小 于		
HRB335 HRBF335	7.5	335	455	17
HRB400 HRBF400	7.5	400	540	16
HRB500 HRBF500	7.5	500	630	15

2）直径 28～40mm 各牌号钢筋的断后伸长率 A 可降低 1%；直径大于 40mm 各牌号钢筋的断后伸长率 A 可降低 2%。

3）有较高要求的抗震结构适用牌号为：在《钢筋混凝土用钢 第2部分：热轧带肋钢筋》（GB 1499.2—2007）表1中已有牌号后加 E（例如：HRB400E、HRBF400E）的钢筋。该类钢筋应满足以下的要求。

钢筋实测抗拉强度与实测屈服强度之比 R_m^0/R_{eL}^0 不小于 1.25。钢筋实测屈服强度与表7规定的屈服强度特征值之比 R_{eL}^0/R_{eL} 不大于 1.30。

钢筋的最大力总伸长率 A_{gt} 不小于 9%。

注：R_m^0 为钢筋实测抗拉强度；R_{eL}^0 为钢筋实测屈服强度。

4）对于没有明显屈服强度的钢，屈服强度特征值 R_{eL} 应采用规定非比例延伸强

度 $R_{p0.2}$。

（4）工艺性能

1）弯曲性能按表 4 规定的弯芯直径弯曲 180°后，钢筋受弯曲部位表面不得产生裂纹。

热轧带肋钢筋的弯曲性能 表 4

牌　　　号	公称直径 d （mm）	弯曲试验弯心直径
HRB335 HRBF335	6～25	3d
	28～40	4d
	>40～50	5d
HRB400 HRBF400	6～25	4d
	28～40	5d
	>40～50	6d
HRB500 HRBF500	6～25	6d
	28～40	7d
	>40～50	8d

2）反向弯曲性能：

反向弯曲试验的弯芯直径比弯曲试验相应增加一个钢筋公称直径。

反向弯曲试验：先正向弯曲 90°后再反向弯曲 20°。两个弯曲角度均应在去载之前测量。经反向弯曲试验后，钢筋受弯曲部位表面不得产生裂纹。

（5）检验规则

1）每批钢筋的检验项目，取样方法和试验方法应符合表 5 的规定。

表 5

序号	检验项目	取样数量	取样方法	试验方法
1	化学成分（熔炼分析）	1	GB/T 20066	GB/T 223、GB/T 4336
2	拉伸	2	任选两根钢筋切取	GB/T 228、本部分 8.2
3	弯曲	2	任选两根钢筋切取	GB/T 232、本部分 8.2
4	反向弯曲	1		YB/T 5126、本部分 8.2
5	疲劳试验		供需双方协议	
6	尺寸	逐支		本部分 8.3
7	表面	逐支		目视
8	重量偏差		本部分 8.4	本部分 8.4
9	晶粒度	2	任选两根钢筋切取	GB/T 6394

注：对化学分析和拉伸试验结果有争议时，仲裁试验分别按 GB/T 223、GB/T 228 进行。

2）组批规则

①钢筋应按批进行检查和验收，每批由同一牌号、同一炉罐号、同一规格的钢筋组成。每批重量通常不大于 60t。超过 60t 的部分，每增加 40t（或不足 40t 的余数），增加一个拉伸试验试样和一个弯曲试验试样。

②允许由同一牌号、同一冶炼方法、同一浇注方法的不同炉罐号组成混合批，但各炉罐号含碳量之差不大于 0.02%，含锰量之差不大于 0.15%。混合批的重量不大于 60t。

3）检验结果：各检验项目的检验结果应符合（GB 1499.2—2007）标准中尺寸、外形、重量及允许偏差和技术要求的规定。

3.1.1.3　《碳素结构钢》(GB/T 700—2006)（摘选）

1. 技术要求

（1）钢的牌号和化学成分（熔炼分析）应符合表 1 的规定。

表 1

牌号	统一数字代号[a]	等级	厚度（或直径）/mm	脱氧方法	化学成分（质量分数）/%，不大于				
					C	Si	Mn	P	S
Q195	U11952	—	—F、Z		0.12	0.30	0.50	0.035	0.040
Q215	U12152	A	—F、Z		0.15	0.35	1.20	0.045	0.050
	U12155	B							0.045
Q235	U12352	A	—	F、Z	0.22	0.35	1.40	0.045	0.050
	U12355	B		F、Z	0.20[b]				0.044
	U12358	C		Z	0.17			0.040	0.040
	U12359	D		TZ				0.035	0.035
Q275	U12752	A	—	F、Z	0.24	0.35	1.50	0.45	0.050
	U12755	B	≤40	Z	0.21			0.045	0.045
			>40		0.22				
	U12758	C	—	Z	0.20			0.040	0.040
	U12759	D		TZ				0.035	0.035

a　表中为镇静钢、特殊镇静钢牌号的统一数字，沸腾钢牌号的统一数字代号如下：

Q195 F—U11950；

Q215AF—U12150，Q215BF—U12153；

Q235AF—U12350，Q235BF—U12353；

Q275AF—U12750。

b　经需方同意，Q235B 的碳含量可不大于 0.22%。

（2）力学性能

钢材的拉伸和冲击试验结果应符合表 2 的规定，弯曲试验结果应符合表 3 的规定。

表 2

牌号	等级	屈服强度[a]R_{eH}/（N/mm²），不小于						抗拉强度[b]R_m/（N/mm²）	断后伸长率 A/%，不小于					冲击试验（V 形缺口）	
		厚度（或直径）/mm							厚度（或直径）/mm					温度/℃	冲击吸收功（纵向）/J 不小于
		≤16	>16~40	>40~60	>60~100	>100~150	>150~200		≤40	>40~60	>60~100	>100~150	>150~200		
Q195	—	195	185	—	—	—	—	315~430	33	—	—	—	—	—	—
Q215	A	215	205	195	185	175	165	335~450	31	30	29	27	26	—	—
	B													+20	27
Q235	A	235	225	215	215	195	185	370~500	26	25	24	22	21	—	—
	B													+20	27[c]
	C													0	
	D													−20	
Q275	A	275	265	255	245	225	215	410~540	22	21	20	18	17	—	—
	B													+20	27
	C													0	
	D													−20	

a　Q195 的屈服强度值仅供参考，不作交货条件。

b　厚度大于 100mm 的钢材，抗拉强度下限允许降低 20N/mm²。宽带钢（包括剪切钢板）抗拉强度上限不作交货条件。

c　厚度小于 25mm 的 Q235B 级钢材，如供方能保证冲击吸收功值合格，经需方同意，可不作检验。

表 3

牌 号	试样方向	冷弯试验180° $B=2a^a$	
		钢材厚度（或直径）[b]/mm	
		≤60	>60～100
		弯心直径 d	
Q195	纵	0	—
	横	0.5a	
Q215	纵	0.5a	1.5a
	横	a	2a
Q235	纵	a	2a
	横	1.5a	2.5a
Q215	纵	1.5a	2.5a
	横	2a	3a

a B 为试样宽度，a 为试样厚度（或直径）。

b 钢材厚度（或直径）大于 100mm 时，弯曲试验由双方协商确定。

2. 检验规则

钢材应成批验收，每批由同一牌号、同一炉号、同一质量等级、同一品种、同一尺寸、同一交货状态的钢材组成。每批重量应不大于 60t。

3.1.1.4 《环氧树脂涂层钢筋》（JG 3042—1997）（摘选）

1. 技术要求

（1）材料

1）用于制作环氧树脂涂层的钢筋，其质量应符合有关现行国家标准的规定，却其表面不得有尖角、毛刺或其他影响涂层质量的缺陷，并应避免油、脂或漆等的污染。

2）环氧涂层材料必须采用专业厂家的产品，其性能应符合附录 C 中 C1 的规定。

注：涂层钢筋生产厂家应向用户提交有关涂层材料的书面的合格证，说明在全部定货中所用每批涂层材料的编号、数量、生产厂家及厂址、生产日期以及涂层材料的性能等。

3）涂层修补材料必须采用专业厂家的产品，其性能必须与涂层材料兼容、在混凝土中呈惰性，且应符合附录 C 中 C1 的规定。

注：涂层钢筋生产厂家应向用户提交涂层修补材料。

（2）涂层制作

1）在制作环氧树脂涂层前，必须对钢筋表面进行净化处理，其质量应达到 GB 8923—88 规定的目视评定除锈等级 Sa2.5 级，并应根据附录 A 的要求，对净化后的钢筋表面质量进行检验，对符合要求的钢筋方可进行涂层制作。

2）应使用专用设备对净化处理后的钢筋表面质量进行检测。净化后的钢筋表面不得附着有氯化物，表面清洁度不应低于 95%；净化后的钢筋表面应具有适当的粗糙度，其波峰至波谷间的幅值应在 0.04～0.10 之间。

3）涂层制作应尽快在净化后清洁的钢筋表面上进行。钢筋净化处理后至制作涂层时的间隔时间不宜超过 3h，且钢筋表面不得有肉眼可见的氧化现象发生。

4）涂层应采用环氧树脂粉末以静电喷涂方法在钢筋表面制作，并根据涂层材料生产厂家的建议对涂层给予充分养护。

（3）涂层要求

1）固化后的涂层厚度应为 0.18～mm。在每根被测钢筋的全部厚度记录值中，应有不少于 90％的厚度记录值在上述范围内，且不得有低于 0.13mm 厚度记录值。

注：对涂层厚度的要求，不包括由于涂层缺陷或破损而修补的区域。

2）养护后的涂层应连接，不应有空洞、空隙、裂纹或肉眼可见的其他涂层缺陷；涂层钢筋在每米长度上的微孔（肉眼不可见之针孔）数目平均不应超过三个。

3）涂层钢筋必须具有良好的可弯性。在涂层钢筋弯曲试验中，在被弯曲钢筋的外半圆范围内，不应有肉眼可见的裂纹或失去粘着的现象出现。

4）钢筋混凝土结构用环氧树脂钢筋应符合附录 D 的规定。

2. 检验规则

（1）出厂检验

1）出厂检验可由生产厂家的质量检验部门在日常生产中进行；也可以由用户指定的第三方代理机构进行。生产厂家的质量检验部门或第三方代理机构应出具每批产品的检验报告，作为该批产品出厂的质量依据。

注：当用户指定第三方代理机构进行出厂检验时，生产厂家的质检部门仍应对产品进行检验。

2）出厂检验的检验项目应包括涂层的厚度、连续性和可弯性的检验等。

（2）批量划分与试样数量

1）钢筋应分批进行检验。每一检验批由同一条生产线在不超过 4h 且不间断的生产过程中生产出的同一尺寸的钢筋组成。

2）每一检验批钢筋的试验样品应在生产线上随机抽取，其数量可按下列要求确定：

①涂层厚度的检验应至少两根；

②涂层连续性的检验应至少两根；

③涂层可弯性的检验应至少一根。

（3）判定规则和复验

1）涂层钢筋的涂层厚度、连续性和可弯性的检测结果应记录于附录 B 所示的检测记录表中。

2）当全部检验项目均符合本标准规定时，试样所代表的检验批环氧涂层钢筋为合格产品。

3）当检验中有不符合本标准规定的技术要求的检验项目时，应在同一检验批钢筋中，随机抽取双倍数量盼试样，对该项目进行重复检验。如重复检验的结果全部达到本标准规定的技术要求，该检验批环氧涂层钢筋仍为合格产品。

4）当对检验批钢筋重复检验的结果仍至少有一项不符合本标准规定的技术要求时，该检验批环氧涂层钢筋为不合格产品。

3. 涂层修补

（1）当涂层有空洞、空隙、裂纹及肉眼可见的其他缺陷时，必须进行修补。允许修补的涂层缺陷的面积最大不超过每 0.3m 长钢筋表面积的 1％。

（2）在生产和搬运过程中造成的钢筋涂层破损，应予以修补。

（3）当涂层钢筋在加工过程中受到剪切、锯割或工具切断应予修补。

（4）当涂层和钢筋之间存在不粘着现象时，不粘着的涂层应予以除去，影响区域应被净化处理，再用修补材料修补。

（5）涂层修补应按照修补材料生产厂家的建议进行。

注：在涂层钢筋经过弯曲加工后，若加工区段仅有发丝裂缝，涂层和钢筋之间没有可察觉的粘着损失，可不必修补。

附录 A

（标准的附录）

净化处理后钢筋表面质量的检验

净化处理后钢筋的表面质量，应符合标准 4.2.1 和 4.2.2 的规定，并应根据本附录要求进行检验。

A1 · 氯化物的检验

A1.1 本检验用于检测净化后钢筋表面上的磨砂介质中可能存在的氯化物。

A1.2 检测设备包括涂铁氰化钾的纸条、蒸馏水、塑料袋、塑料喷雾瓶、橡胶手套、镊子以及氯化物试纸法检测的目视标准等。

铁氰化钾试纸条应存放在密封的塑料袋中，并应避免光照，该试纸应呈黄色。

A1.3 检测步骤

A1.3.1 在生产线上取一根刚刚净化但尚未制作涂层的钢筋，长度不少于 1m；用蒸馏水浸湿试纸直到饱和，可将多余的水挤掉；轻轻地将试纸贴在钢筋表面，并保持接触 30s，揭开试纸并翻转过来，观察颜色的改变，蓝色指示存在可溶性氯化亚铁。

当检测磨砂介质中的氯化物时，将该介质撒在湿的试纸上，直到盖满为止，再保持在试纸上 30s。避免试纸与手指接触，以免出现错误的结果。

A1.3.2 将试纸条与图 A1 氯化物试纸法检测的目视标准进行对照，确定氯化物的浓度。

A1.3.3 在钢筋试样的另两个区段重复上述检测步骤。

A1.4 如果在净化后的钢筋表面上或抹砂介质中发现存在氯化物，应另取样品进行检测，如发现新样品仍存在氯化物，应停止生产，寻找和清除污染源，并经重新检测合格后方可继续生产。

A2 洁净度的检验

A2.1 本检验用于检测净化后钢筋表面的洁净度。

A2.2 检测设备包括无水硫酸铜、蒸馏水、用于配制溶液的干净的玻璃瓶、滴管、30 倍放大镜或显微镜以及硫酸铜检测的目视标准等。

A2.3 检测步骤

A2.3.1 将硫酸铜溶于蒸馏水，配制浓度为 5% 的硫酸铜溶液；在生产线上取一根刚刚经过净化但尚未制作涂层的钢筋，长度不少于 1m；将少许硫酸铜溶液在净化后的钢筋表面上，并允许放置 1min。洁净的钢筋表面则呈铜黄色，而钢筋表面附着的磨料碎屑、灰尘或残留的铁锈等的部分不起变化。

A2.3.2 用 30 倍放大镜或显微镜观察涂有硫酸铜溶液的钢筋表面，并于图 A2 硫酸铜检测的目视标准进行对照，确定钢筋表面的洁净度。

A2.3.3 在与受检钢筋测试位置相对的钢筋的另一侧,至少应再进行一次洁净度检测。

A2.3.4 如钢筋的洁净度不符合本标准 4.2.2 的规定,应停止生产,检查喷砂机,并经重新检测合格后方可继续生产。

A3 粗糙度的检验

A3.1 本检验用于检测净化钢筋表面的粗糙度。

A3.2 应采用专用设备对净化处理后的每批钢筋进行表面粗糙度的检验。

A3.3 净化处理后钢筋表面的粗糙度,应符合本标准 4.2.2 的要求。

附录 B
环氧涂层钢筋涂层厚度、连续性和可弯性检测记录表

环氧涂层钢筋涂层厚度、连续性和可弯性检测记录表

委托人   钢筋直径: mm

工程: 钢筋长度: m

检测人: 日 期:

检测标准: 台 班:上午/下午

涂层厚度	1	上部										
		下部										
		平均值	低于 130 的点数				180~300 (%)					
	2	上部										
		下部										
		平均值	低于 130 的点数				180~300 (%)					
微孔数量	编号		上部		下部			总计				
	个				个			个				
	个				个			个				
弯曲试验	编号		弯曲直径 (mm)		弯曲角度 (°)			弯曲速率 (r/min)				
					180							
	观察结果		在弯曲钢筋的外半圆范围内,有/无肉眼可见的裂纹,有/无失去粘着的现象									
结论			厚度		连续性			可弯性				
			合格/不合格		合格/不合格			合格/不合格				
			合格/不合格									

附录 C

（提示的附录）

对环氧涂层材料的要求

C1　对涂层材料的要求

C1.1　抗化学腐蚀性

涂层的抗化学腐蚀性应按照 SYJ 39 进行评定。将无微孔及含有人为缺陷孔的涂层钢筋样品浸泡于下列各溶剂中：蒸馏水、$3MCaCl_2$ 水溶液、$3MNaOH$ 水溶液以及 $Ca(OH)_2$ 饱和溶液。人为缺陷孔应穿透涂层，其直径应为 6mm；检验溶液的温度应为 $24\pm2℃$，试验最短时间应为 45d；在这段时间内，涂层不得其泡、软化、失去粘着性或出现微孔，人为缺陷孔周围的涂层也不应发生凹陷。

C1.2　阴极剥离

C1.2.1　应根据以下条件及 SYJ 37 的规定进行阴极剥离试验：

　　a）阴极应是一根长为 250mm 的涂层钢筋；

　　b）阳极应是一根长 150mm、直径为 1.6mm 的纯铂电极或直径为 3.2mm 的镀铂金属丝；

　　c）参比电极应使用甘汞电极；

　　d）电解液应是将 NaCl 溶于蒸馏水配制的 3％NaCl 溶液；

　　e）电解液温度应为 $24\pm2℃$；

　　f）涂层人为缺陷孔的直径应为 3mm；

　　g）应施以 1.5V 的电压；

　　h）试验应持续 168h。

应量测在 $0°$、$90°$、$180°$ 及 $270°$ 处人为缺陷孔的涂层剥离半径并计算其平均值。当从人为缺陷孔的边缘起始进行量测时，三根钢筋的涂层剥离半径的平均值不应超过 4mm。

C1.2.2　在第一个小时的试验中涂层不应发生损坏，即不应在阴极上生成氢气或在阳极上生成铁的腐蚀产物。

C1.2.3　试验应进行 30d 并应记录下出现第一批微孔所经过的时间。在试验过程中出现的任何微孔附近不应发生涂层的凹陷。如果 30d 后没有出现微孔，就应在阴极和阳极处各做一个直径为 6mm 的人为缺陷孔并再进行 24h 试验，其间不应发生涂层凹陷。

C1.3　盐雾试验

涂层对热湿环境腐蚀的抵抗性应通过盐雾试验评定。沿每根试验钢筋的一侧制作三个直径为 3mm 且穿透涂层的人为缺陷孔，孔心应位于肋间、孔距应大致均匀。将包含人为缺陷孔的长度为 250mm 涂层钢筋暴露在由 NaCl 和蒸馏水配制成的浓度为 5％NaCl 溶液所形成的盐雾中 $800\pm20h$，溶液的温度应为 $35\pm2℃$；涂层钢筋水平放置在试验箱中，缺陷点朝向箱边（$90°$）；在三根试验钢筋的 9 个人为缺陷孔中，当从缺陷的边缘起始进行量测时，其剥离半径的平均值不应超过 3mm。

C1.4 氯化物渗透性

应检测具有使用中规定的最小厚度的已固化涂层对氯化物渗透性。试验应在 24±2℃ 条件下做 45d，通过涂层渗透的氯离子的累积浓度应小于 $1×10^{-4}$ M。

C1.5 涂层的可弯性

C1.5.1 涂层的可弯性应通过弯曲试验评定。弯曲试验在弯曲试验机上进行，将三根涂层钢筋围绕直径为 100mm 的心轴弯曲达 180°（回弹后），弯曲应以均匀的速率在 15s 内完成；弯曲钢筋的两条纵肋应被置于垂直于心轴半径的平面内，试样应处于 24±2℃ 的热平衡状态下。

C1.5.2 在三根经过弯曲的钢筋中，任何一根的弯曲段外半圆涂层不应有肉眼可见的裂缝出现。

C1.6 涂层钢筋的粘结强度

C1.6.1 钢筋和混凝土的粘结强度试验，应符合 GB 50152 的有关规定，涂层钢筋的粘结强度不应小于无涂层钢筋粘结强度的 80%。涂层的耐磨性可按照 GB/T 1768—79（89）规定的方法进行测定，涂层的耐磨性应达到 1kg 负载下 1000 周涂层的重量损失不超过 100mg。

C1.7 冲击试验

涂层钢筋的抗机械损伤能力应有落锤试验确定。试验应在 24±2℃ 温度下进行，可采用 SYJ 40 所述的试验器械及一个锤头直径 16mm、质量 1.8kg 的重锤，冲击在涂层钢筋的横肋与脊之间，在 9N·m 的冲击能量下，除了由重锤冲击引起永久变形的区域，涂层不应发生破碎、裂缝或粘结损失。

C2 涂层材料验收试验

C2.1 试验机构

涂层材料验收试验应由涂层材料生产厂家的试验机构进行，当需委托代理机构进行时，应由用户接受的试验机构进行。

C2.2 试验材料

试验材料应包括 0.5kg 重的涂层材料样品以及 1L 与涂层材料相容且在混凝土中呈惰性的涂层修补材料，并应说明涂层材料的成分和特征（诸如红外光谱及热分析方法等）。

C2.3 试验样品

C2.3.1 试验样品至少应包括下列各项：

a）具有所要求的涂层厚度、长为 1.2m，直径为 20mm 的带肋涂层钢筋 10 根；

b）与涂层钢筋取自同一批但未涂装且未经表面处理的长为 1.2m，直径为 20mm 的带肋钢筋 2 根；

c）与涂层钢筋取自同一批并经相同的表面处理过程但未做涂层的长为 1.2m，直径为 20mm 的带肋钢筋 2 根；

d）带有中孔的厚为 1.3mm、大小为 100mm 见方的具有 0.25±0.05mm 厚涂层的钢板 4 块，用于涂层耐磨性试验；

e）厚度约为 180mm、大小至少为 100 见方的涂层薄膜 4 片；

f）具有所要求涂层厚度的长为 0.25m、两端用修补材料封涂的直径为 0.25mm 的带肋涂层钢筋 12 根。

C2.3.2 以上钢筋涂层和涂层薄膜不应有孔洞、空隙、污损、裂缝、破损区域和微孔。应采用 SYJ 0063—92 中的方法 A 进行涂层微孔检测，并报告出微孔总数。

C2.3.3 钢筋的涂装应均匀，涂层厚度对平均厚度的偏差不应超过±0.05mm。涂层厚度要在钢筋横肋与纵肋之间的钢筋体上进行量测。

C2.3.4 涂层材料生产厂家应规定钢筋表面处理的方法、等级以及对试验样品及涂层钢筋的涂装工艺。

C2.4 合格证书

提供给涂层钢筋生产厂家的涂层材料合格证书应给出涂层材料的特征和成分说明、涂层修补材料的产品名称和使用说明、涂层钢筋的涂装工艺，并应综述所有的试验结果和具有试验机构的签名。

附录 D
（提示的附录）
钢筋混凝土结构用环氧树脂涂层钢筋

D1 适用范围

D1.1 环氧涂层钢筋适用于处在潮湿环境或侵蚀性介质中的工业与民用房屋、一般构筑物及道路、桥梁、港口、码头等的钢筋混凝土结构中。

注：当用于工业建筑防腐工程时，尚应符合有关专业标准的规定。

D1.2 在实际结构中，可根据工程的具体要求，全部或部分采用环氧涂层钢筋。

D2 涂层钢筋特性

D2.1 涂层钢筋和混凝土之间的粘结强度，应取为无涂层钢筋粘结强度的 80%。

D2.2 涂层钢筋的锚固长度应取为不少于有关设计规范规定的相同等级和规格的无涂层钢筋锚固长度的 1.25 倍。

D2.3 涂层钢筋的绑扎搭接长度，对受拉钢筋，应取为不少于有关设计规范规定的相同等级和规格的无涂层钢筋锚固长度的 1.5 倍且不少于 375mm；对受压钢筋：应取为不少于有关设计规范规定的相同等级和规格的无涂层钢筋锚固长度的 1.0 倍且不小于 250mm。

D2.4 当涂层钢筋进行弯曲加工时，对直径 d 不大于 20mm 的钢筋，其弯曲直径不应小于 $4d$；对直径 d 大于 20mm 的钢筋，其弯曲直径不应小于 $6d$。

D3 钢筋涂层保护

在施工现场的模板工程、钢筋工程、混凝土工程等分项工程施工中，均应根据具体工艺采取有效措施，使钢筋涂层不受损坏，对在施工操作中造成的少量涂层破损，必须及时予以修补。

3.1.1.5 《冷轧带肋钢筋》（GB 13788—2008）（摘选）

1. 冷轧带肋钢筋的试验项目、力学性能及化学成分

冷轧带肋钢筋的试验项目、力学性能及化学成分分别见表 1、表 2、表 3。

钢筋的试验项目、取样方法及试验方法　　　　　　表1

序号	试验项目	试验数量	取样方法	试验方法
1	拉伸试验	每盘1个		GB/T 228
2	弯曲试验	每批2个	在每（任）盘中随机切取	GB/T 232
3	反复弯曲试验	每批2个		GB/T 238
4	应力松弛试验	定期1个		GB/T 10120、本标准7.3
5	尺　寸	逐盘	—	本标准7.4
6	表　面	逐盘	—	目　视
7	重量偏差	每盘1个		本标准7.5

注：表中试验数量栏中的"盘"指生产钢筋"原料盘"。

力学性能和工艺性能　　　　　　表2

牌号	$R_{P0.2}$/MPa 不小于	R_m/MPa 不小于	伸长率/% 不小于		弯曲试验 180°	反复弯曲次数	应力松弛 初始应力应相当于公称抗拉强度的70%
			$A_{11.3}$	A_{100}			1000h 松弛率/% 不小于
CRB550	500	550	8.0	—	$D=3d$	—	
CRB650	585	650	—	4.0		3	8
CRB800	720	800	—	4.0		3	8
CRB970	875	970	—	4.0		3	8

注：1. 表中 D 为弯心直径，d 为钢筋公称直径；钢筋受弯曲部位表面不得产生裂纹；

2. 当钢筋的公称直径为4mm、5mm、6mm时，反复弯曲试验的弯曲半径分别为10mm、15mm、15mm；

3. 抗拉强度按公称直径 d 计算；

4. 对成盘供应的各级别钢筋，经调直后的抗拉强度仍应符合表中的规定。

冷轧带肋钢筋用盘条的参考牌号和化学成分　　　　　　表3

钢筋牌号	盘条牌号	化学成分（质量分数）/%					
		C	Si	Mn	V、Ti	S	P
CRB550	Q215	0.09～0.15	≤0.30	0.25～0.55	—	≤0.050	≤0.045
CRB650	Q235	0.14～0.22	≤0.30	0.30～0.65		≤0.050	≤0.045
CRB800	24MnTi	0.19～0.27	0.17～0.37	1.20～1.60	Ti: 0.01～0.05	≤0.045	≤0.045
	20MnSi	0.17～0.25	0.40～0.80	1.20～1.60	—	≤0.045	≤0.045
CRB970	41MnSiV	0.37～0.45	0.60～1.10	1.00～1.40	V: 0.05～0.12	≤0.045	≤0.045
	60	0.57～0.65	0.17～0.37	0.50～0.80		≤0.035	≤0.035

3.1.1.6 《冷轧扭钢筋》（JG 190—2006）（摘选）

1. 冷轧扭钢筋形状及截面

冷轧扭钢筋为低碳钢热轧圆盘条经专用钢筋冷轧扭机调直、冷轧并冷扭（或冷滚）一次成型具有规定截面形式和相应节距的连续螺旋状钢筋（见图1）。

2. 要求

（1）冷轧扭钢筋截面控制尺寸、节距、公称截面面积、理论质量和允许偏差。

1）冷轧扭钢筋的截面控制尺寸、节距应符合表1的规定。

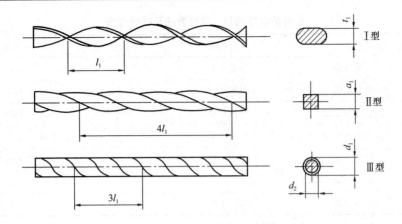

图1 冷轧扭钢筋形状及截面控制尺寸

截面控制尺寸、节距 表1

强度级别	型号	标志直径 d/mm	截面控制尺寸/mm 不小于				节距 l_1/mm
			轧扁厚度(t_1)	正方形边长(a_1)	外圆直径(d_1)	内圆直径(d_2)	不大于
CTB550	I	6.5	3.7	—	—	—	75
		8	4.2	—	—	—	95
		10	5.3	—	—	—	110
		12	6.2	—	—	—	150
	II	6.5	—	5.40	—	—	30
		8	—	6.50	—	—	40
		10	—	8.10	—	—	50
		12	—	9.60	—	—	80
	III	6.5	—	—	6.17	5.67	40
		8	—	—	7.59	7.09	60
		10	—	—	9.49	8.89	70
CTB650	III	6.5	—	—	6.00	5.50	30
		8	—	—	7.38	6.88	50
		10	—	—	9.22	8.67	70

2）冷轧扭钢筋的公称横截面面积和理论质量应符合表2的规定。

公称横截面面积和理论质量 表2

强度级别	型号	标志直径 d/mm	公称横截面面积 A_s/mm²	理论质量/（kg/m）
CTB550	I	6.5	29.50	0.232
		8	45.30	0.356
		10	68.30	0.536
		12	96.14	0.755
	II	6.5	29.20	0.229
		8	42.30	0.332
		10	66.10	0.519
		12	92.74	0.728
	III	6.5	29.86	0.234
		8	45.24	0.355
		10	70.69	0.555
CTB650	III	6.5	28.20	0.221
		8	42.73	0.335
		10	66.76	0.524

3）冷轧扭钢筋实际质量与理论质量的负偏差不应大于 5%。

4）冷轧扭钢筋定尺长度尺寸允许偏差：单根长度大于 8m 时，为 ±15mm；单根长度小于或等于 8m 时为 ±10mm。

（2）冷轧扭钢筋力学性能和工艺性能应符合表 3 的规定。

力学性能和工艺性能指标 表 3

强度级别	型号	抗拉强度 $\sigma_b/$ (N/mm²)	伸长率 A/%	180° 弯曲试验 (弯心直径 = 3d)	应力松弛率 /% (当 $\sigma_{con} = 0.7 f_{ptk}$)	
CTB550	I	≥550	$A_{11.3}$≥4.5	受弯曲部位钢筋表面不得产生裂纹	—	—
	II	≥550	A≥10		—	—
	III	≥550	A≥12		—	—
CTB650	IV	≥650	A_{100}≥4		≤5	≤8

注 1：d 为冷轧扭钢筋标志直径。

注 2：A、$A_{11.3}$ 分别表示以标距 5.65 $\sqrt{S_0}$ 或 11.3 $\sqrt{S_0}$（S_0 为试样原始截面面积）的试样拉断伸长率，A_{100} 表示标距为 100mm 的试样拉断伸长率。

注 3：σ_{con} 为预应力钢筋张拉控制应力；f_{ptk} 为预应力冷轧扭钢筋抗拉强度标准值。

3. 检验规则

（1）冷轧扭钢筋验收批应由同一型号、同一强度等级、同一规格尺寸、同一台（套）轧机生产的钢筋组成，且每批不应大于 20t，不足 20t 按一批计。

（2）判定规则

1）当全部检验项目均符合《冷轧扭钢筋》（JG 190—2006）规定时，则该批型号的冷轧扭钢筋判定为合格。

2）当检验项目中一项或几项检验结果不符合《冷轧扭钢筋》（JG 190—2006）相关规定时，则应从同一批钢筋中重新加倍随机抽样，对不合格项目进行复检。若试样复检后合格，则可判定该批钢筋合格。否则应根据不同项目按下列规则判定：

①当抗拉强度、伸长率、180°弯曲性能不合格或质量负偏差大于 5% 时，判定该批钢筋为不合格。

②当钢筋力学与工艺性能合格，但截面控制尺寸（轧扁厚度、边长或内外圆直径）小于《冷轧扭钢筋》（JG 190—2006）规定值或节距大于《冷轧扭钢筋》（JG 190—2006）规定值时，该批钢筋应降直径规格使用。

冷轧扭钢筋检验项目、取样数量和试验方法 表 4

序号	检验项目	取样数量		试验方法	备注
		出厂检验	型式检验		
1	外观	逐根	逐根	目测	
2	截面控制尺寸	每批 3 根	每批 3 根	本标准 6.2.1～6.2.3	
3	节距	每批 3 根	每批 3 根	本标准 6.2.4	
4	定尺长度	—	每批 3 根	本标准 6.2.5	
5	质量	每批 3 根	每批 3 根	本标准 6.3	

续表

序号	检验项目	取样数量		试验方法	备　注
		出厂检验	型式检验		
6	化学成分	—	每批 3 根	GB 223.69	仅当材料的力学性能指标不符合本标准时进行
7	拉伸试验	每批 2 根	每批 3 根	本标准附录 A	可采用前五项同批试样
8	180°弯曲试验	每批 1 根	每批 3 根	GB/T 232	可采用前五项同批试样

注：表中本标准系指《冷轧扭钢筋》（JG 190—2006）。

3.1.2　预应力钢筋与钢丝、钢绞线

3.1.2.1　《预应力混凝土用钢丝》（GB/T 5223—2002）（摘选）

1. 尺寸、外形、质量及允许偏差

（1）光圆钢丝的尺寸及允许偏差应符合表 1 的规定。每米质量参见表 1，计算钢丝每米参考质量时钢的密度为 $7.85g/cm^3$。

（2）螺旋肋钢丝的尺寸及允许偏差应符合表 2 的规定，钢丝的公称横截面积、每米参考质量与光圆钢丝相同。

光圆钢丝尺寸及允许偏差、每米参考质量　　　　表 1

公称直径 d_n/mm	直径允许偏差/mm	公称横截面积 S_n/mm^2	每米参考质量（g/m）
3.00	±0.04	7.07	55.5
4.00		12.57	98.6
5.00	±0.05	19.63	154
6.00		28.27	222
6.25		30.68	241
7.00		38.48	302
8.00	±0.06	50.26	394
9.00		63.62	499
10.00		78.54	616
12.00		113.1	888

螺旋肋钢丝的尺寸及允许偏差　　　　表 2

公称直径 d_n/mm	螺旋肋数量/条	基圆尺寸		外轮廓尺寸		单肋尺寸	螺旋肋导程 C/mm
		基圆直径 D_1/mm	允许偏差/mm	外轮廓直径 D/mm	允许偏差/mm	宽度 a/mm	
4.00	4	3.85	±0.05	4.25	±0.05	0.90～1.30	24～30
4.80	4	4.60		5.10		1.30～1.70	28～36
5.00	4	4.80		5.30		1.30～1.70	28～36
6.00	4	5.80		6.30		1.60～2.00	30～38
6.25	4	6.00		6.70		1.60～2.00	30～40
7.00	4	6.73		7.46	±0.10	1.80～2.20	35～45
8.00	4	7.75		8.45		2.00～2.40	40～50
9.00	4	8.75		9.45		2.10～2.70	42～52
10.00	4	9.75		10.45		2.50～3.00	45～58

（3）三面刻痕钢丝的尺寸及允许偏差应符合表 3 的规定。钢丝的横截面积、每米参考质量与光圆钢丝相同。三条痕中的其中一条倾斜方向与其他两条相反。

三面刻痕钢丝尺寸及允许偏差　　　　　　　　表 3

公称直径 d_n/mm	刻痕深度		刻痕长度		节距	
	公称深度 a/mm	允许偏差/mm	公称长度 b/mm	允许偏差/mm	公称节距 L/mm	允许偏差/mm
≤5.00	0.12	±0.05	3.5	±0.05	5.5	±0.05
>5.00	0.15		5.5		8.0	

注：公称直径指横截面积等同于光圆钢丝横截面积时所对应的直径。

（4）盘重　每盘钢丝由一根组成，其盘重不小于 500kg，允许有 10% 的盘数小于500kg 但不小于 100kg。

2. 技术要求

力学性能

1）冷拉钢丝的力学性能应符合表 4 的规定。规定非比例伸长应力 $\sigma_{p0.2}$ 值不小于公称抗拉强度的 75%。除抗拉强度、规定非比例伸长应力外，对压力管道用钢丝还需进行断面收缩率、扭转次数、松弛率的检验；对其他用途钢丝还需进行断后伸长率、弯曲次数的检验。

2）消除应力的光圆及螺旋肋钢丝的力学性能应符合表 5 的规定。规定非比例伸长应力 $\sigma_{p0.2}$ 值对低松弛钢丝应不小于公称抗拉强度的 88%，对普通松弛钢丝应不小于公称抗拉强度的 85%。

3）消除应力的刻痕钢丝的力学性能应符合表 6 规定。规定非比例伸长应力 $\sigma_{p0.2}$ 值对低松弛钢丝应不小于公称抗拉强度的 88%，对普通松弛钢丝应不小于公称抗拉强度的 85%。

4）为便于日常检验，表 4 中最大力下的总伸长率可采用 $L_0=200$mm 的断后伸长率代替，但其数值应不少于 1.5%；表 5 和表 6 中最大力下的总伸长率可采用 $L_0=200$mm的断后伸长率代替，但其数值应不少于 3.0%。仲裁试验以最大力下总伸长率为准。

冷拉钢丝的力学性能　　　　　　　　　　　表 4

公称直径 d_n/mm	抗拉强度 σ_b/MPa 不小于	规定非比例伸长应力 $\sigma_{p0.2}$/MPa 不小于	最大力下总伸长率 ($L_0=200$mm) 不小于	弯曲次数/ (次/180°) 不小于	弯曲半径 R/mm	断面收缩率 φ/% 不小于	每 210mm 扭距的扭转次数 n 不小于	初始应力相当于 70% 公称抗拉强度时，1 000h 后应力松弛率 r/% 不大于
3.00	1470	1100	1.5	4	7.5	—	—	8
4.00	1570	1180		4	10	35	8	
	1670	1250						
5.00	1770	1330		4	15		8	
6.00	1470	1100		5	15		7	
7.00	1570	1180		5	20	30	6	
	1670	1250						
8.00	1770	1330		5	20		5	

消除应力光圆及螺旋肋钢丝的力学性能 表5

公称直径 d_n/mm	抗拉强度 σ_b/MPa 不小于	规定非比例伸长应力 $\sigma_{p0.2}$/MPa 不小于		最大力下总伸长率 ($L_0=200mm$) σ_{gt}/% 不小于	弯曲次数/ (次/180°) 不小于	弯曲半径 R/mm	应力松弛性能		
							初始应力相当于公称抗拉强度的百分数/%	1000h后应力松弛率 r/% 不大于	
		WLR	WNR					WLR	WNR
							对所有规格		
4.00	1 470	1 290	1 250		3	10			
	1 570	1 380	1 330				60	1.0	4.5
4.80	1 670	1 470	1 410		4	15			
	1 770	1 560	1 500	3.5					
5.00	1 860	1 640	1 580						
6.00	1 470	1 290	1 250		4	15	70	2.0	8
	1 570	1 380	1 330		4	20			
6.25	1 670	1 470	1 410		4	20			
7.00	1 770	1 560	1 500		4	20			
8.00	1 470	1 290	1 250		4	20	80	4.5	12
9.00	1 560	1 380	1 330		4	25			
10.00	1 470	1 290	1 250		4	25			
12.00					4	30			

5）每一交货批钢丝的实际强度不应高于其公称强度级 200MPa。

消除应力的刻痕钢丝的力学性能 表6

公称直径 d_n/mm	抗拉强度 σ_b/MPa 不小于	规定非比例伸长应力 $\sigma_{p0.2}$/MPa 不小于		最大力下总伸长率 ($L_0=200mm$) σ_{gt}/% 不小于	弯曲次数/ (次/180°) 不小于	弯曲半径 R/mm	应力松弛性能		
							初始应力相当于公称抗拉强度的百分数/%	1000h后应力松弛率 r/%不大于	
		WLR	WNR					WLR	WNR
							对所有规格		
≤5.0	1 470	1 290	1 250			15	60	1.0	4.5
	1 570	1 380	1 330						
	1 670	1 470	1 410						
	1 770	1 560	1 500	3.5	3		70	2.0	8
	1 860	1 640	1 580						
>5.0	1 470	1 290	1 250			20	80	4.5	12
	1 570	1 380	1 330						
	1 670	1 470	1 410						
	1 770	1 560	1 500						

3. 检验规则

（1）检查和验收：钢丝的工厂检查由供方技术监督部门按表7进行。

（2）组批规则：钢丝应成批检查和验收，每批钢丝由同一牌号、同一规格、同一加工状态的钢丝组成，每批质量不大于 60t。

（3）检验项目及取样数量

1）不同品种钢丝的检验项目应按照表4、表5、表6相应的规定进行，取样数量应符合表7的规定。

2) 1000h应力松弛试验和疲劳性能试验只进行型式检验，即当原料、生产工艺、设备有较大变化，新产品投产及停产后重新生产时应进行检验。

供方出厂常规检验项目及取样数量

表7

序号	检验项目	取样数量	取样部位	检验方法
1	表面	逐盘		目视
2	外形尺寸	逐盘		按本标准8.2规定执行
3	消除应力钢丝伸直性	1根/盘		用分度值为1mm的量具测量
4	抗拉强度	1根/盘		按本标准8.4.1规定执行
5	规定非比例伸长应力	3根/每批		按本标准8.4.2规定执行
6	最大力下总伸长率	3根/每批	在每（任一）盘中任意一端截取	按本标准8.4.3规定执行
7	断后伸长率	1根/盘		按本标准8.4.4规定执行
8	弯曲	1根/盘		按本标准8.5规定执行
9	扭转	1根/盘		按本标准8.6规定执行
10	断面收缩率	1根/盘		按本标准8.4.5规定执行
11	镦头强度	3根/每批		按本标准8.8规定执行
12*	应力松弛性能	不少于1根/每合同批		按本标准8.7规定执行

注：＊合同批为一个订货合同的总量。在特殊情况下，松弛试验可以由工厂连续检验提供同一种原料、同一生产工艺的数据所代替。

表中本标准系指《预应力混凝土用钢丝》GB/T 5223—2002。

3.1.2.2 《预应力混凝土用钢绞线》(GB/T 5224—2003)（摘选）

1. 尺寸、外形、质量及允许偏差

（1）1×2结构钢绞线的尺寸及允许偏差、每米参考质量应符合表1的规定，外形见图1。

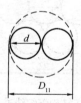

图1 1×2结构钢绞线外形示意图

1×2结构钢绞线尺寸及允许偏差、每米参考质量

表1

钢绞线结构	公称直径		钢绞线直径允许偏差/mm	钢绞线参考截面积 S_n/mm²	每米钢绞线参考质量/(g/m)
	钢绞线直径 D_n/mm	钢丝直径 d/mm			
1×2	5.00	2.50	+0.15 −0.05	9.82	77.1
	5.80	2.90		13.2	104
	8.00	4.00	+0.20 −0.10	25.1	197
	10.00	5.00		39.3	309
	12.00	6.00		56.5	444

（2）1×3结构钢绞线尺寸及允许偏差、每米参考质量应符合表2的规定，外形见图2。

239

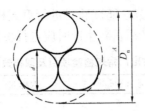

图 2　1×3 结构钢绞线外形示意图

1×3 结构钢绞线尺寸及允许偏差、每米参考质量　　　　　　表 2

钢绞线结构	公称直径		钢绞线测量尺寸 A/mm	测量尺寸 A 允许偏差/mm	钢绞线参考截面积 S_n/mm²	每米钢绞线参考质量/（g/m）
	钢绞线直径 D_n/mm	钢丝直径 d/mm				
1×3	6.20	2.90	5.4l	+0.15 −0.05	19.8	155
	6.50	3.00	5.60		21.2	166
	9.60	4.00	7.46	+0.20 −0.10	37.7	296
	8.74	4.05	7.56		38.6	303
	10.80	5.00	9.33		58.9	462
	12.90	6.00	11.2		84.8	666
1×3 I	8.74	4.05	7.56		38.6	303

（3）1×7 结构钢绞线尺寸及允许偏差、每米参考质量应符合表 3 的规定，外形见图 3。

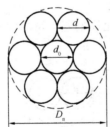

图 3　1×7 结构钢绞线外形示意图

1×7 结构钢绞线的尺寸及允许偏差、每米参考质量　　　　　　表 3

钢绞线结构	公称直径 D_n/mm	直径允许偏差/mm	钢绞线参考截面积 S_n/mm²	每米钢绞线参考质量/（g/m）	中心钢丝直径 D_0 加大范围/% 不小于
1×7	9.50	+0.30 −0.15	54.8	430	2.5
	11.10		74.2	582	
	12.70	+0.40 −0.20	98.7	775	
	15.20		140	1101	
	15.70		150	1178	
	17.80		191	1500	
(1×7) C	12.70	+0.40 −0.20	112	890	
	15.20		165	1295	
	18.00		223	1750	

240

（4）盘重：每盘卷钢绞线质量不小于 1000kg，允许有 10％的盘卷质量小于 1 000kg，但不能小于 300kg。

（5）盘径：钢绞线盘卷内径不小于 750mm，卷宽为 750mm±50mm，或 600mm ± 50mm。供方应在质量证明书中注明盘卷尺寸。

2. 技术要求

力学性能： 1）1×2 结构钢绞线的力学性能应符合表 4 规定。

2）1×3 结构钢绞线的力学性能应符合表 5 规定。

3）1×7 结构钢绞线的力学性能应符合表 6 规定。

1×2 结构钢绞线力学性能 表 4

钢绞线结构	钢绞线公称直径 D_n/mm	抗拉强度 R_m/MPa 不小于	整根钢绞线的最大力 F_m/kN 不小于	规定非比例延伸力 $F_{p0.2}$/kN 不小于	最大力总伸长率（$L_0 \geqslant 400mm$）A_{gt}/％ 不小于	应力松弛性能	
						初始负荷相当于公称最大力的百分数/％	1000h 后应力松弛率 r/％ 不大于
1×2	5.00	1570	15.4	13.9	对所有规格	对所有规格	对所有规格
		1720	16.9	15.2			
		1860	18.3	16.5			
		1960	19.2	17.3			
	5.80	1570	20.7	18.6		60	1.0
		1720	22.7	20.4			
		1860	24.6	22.1			
		1960	25.9	23.3	3.5	70	2.5
	8.00	1470	36.9	33.2			
		1570	39.4	35.5			
		1720	43.2	38.9		80	4.5
		1860	46.7	42.0			
		1960	49.2	44.3			
	10.00	1470	57.8	52.0			
		1570	61.7	55.5			
		1720	67.6	60.8			
		1860	73.1	65.8			
		1960	77.0	69.3			
	12.00	1470	83.1	74.8			
		1570	88.7	79.8			
		1720	97.2	87.5			
		1860	105	94.5			

注：规定非比例延伸力 $F_{p0.2}$ 值不小于整根钢绞线公称最大力 F_m 的 90％。

241

1×3 结构钢绞线力学性能 表 5

钢绞线结构	钢绞线公称直径 D_n/mm	抗拉强度 R_m/MPa 不小于	整根钢绞线的最大力 F_m/kN 不小于	规定非比例延伸力 $F_{p0.2}$/kN 不小于	最大力总伸长率 ($L_0 \geqslant 400mm$) A_{gt}/% 不小于	应力松弛性能	
						初始负荷相当于公称最大力的百分数/%	1000h 后应力松弛率 r/% 不大于
1×3	6.20	1 570	31.1	28.0	对所有规格	对所有规格	对所有规格
		1720	34.1	30.7			
		1860	36.8	33.1			
		1960	38.8	34.9			
	6.50	1570	33.3	30.0		60	1.0
		1720	36.5	32.9			
		1860	39.4	35.5			
		1960	41.6	37.4	3.5	70	2.5
	8.60	1470	55.4	49.9			
		1570	59.2	53.3			
		1720	64.8	58.3		80	4.5
		1860	70.1	63.1			
		1960	73.9	66.5			
	8.74	1570	60.6	54.5			
		1670	64.5	58.1			
		1860	71.8	64.6			
	10.80	1470	86.6	77.9			
		1570	92.5	83.3			
		1720	101	90.9			
		1860	110	99.0			
		1960	115	104			
	12.90	1470	125	113			
		1570	133	120			
		1720	146	131			
		1860	158	142			
		1960	166	149			
1×3 I	8.74	1570	60.6	54.5			
		1670	64.5	58.1			
		1860	71.8	64			

注：规定非比例延伸力 $F_{p0.2}$ 值不小于整根钢绞线公称最大力 F_m 的 90%。

1×7 结构钢绞线力学性能 表6

钢绞线结构	钢绞线公称直径 D_n/mm	抗拉强度 R_m/MPa 不小于	整根钢绞线的最大力 F_m/kN 不小于	规定非比例延伸力 $F_{p0.2}$/kN 不小于	最大力总伸长率 ($L_0 \geq 400mm$) A_{gt}/% 不小于	应力松弛性能 初始负荷相当于公称最大力的百分数/%	应力松弛性能 1000h 后应力松弛率 r/% 不大于
1×7	9.5	1 720	94.3	84.9	对所有规格	对所有规格	对所有规格
		1 860	102	91.8			
		1 960	107	96.3			
	11.10	1 720	128	115		60	1.0
		1 860	138	124			
		1 960	145	131			
	12.70	1 720	170	153		70	2.5
		1 860	184	166	3.5		
		1 960	193	174			
	15.20	1 470	206	185		80	4.5
		1 570	220	198			
		1 670	234	211			
		1 720	241	217			
		1 860	260	234			
		1 960	274	247			
	15.70	1 770	266	239			
		1 860	279	251			
	17.80	1 720	327	294			
		1 860	353	318			
(1×7) C	12.70	1 860	208	187			
	15.20	1 820	300	270			
	18.00	1 720	384	346			

注：规定非比例延伸力 $F_{p0.2}$ 值不小于整根钢绞线公称最大力 F_m 的 90%。

4) 供方每一交货批钢绞线的实际强度不能高于其抗拉强度级别 200MPa。

3. 检验规则

(1) 检查和验收：产品的检查由供方技术监督部门按表 7 的规定进行，需方可按本标准进行检查验收。

(2) 组批规则：钢绞线应成批验收，每批钢绞线由同一牌号、同一规格、同一生产工艺捻制的钢绞线组成。每批质量不大于 60t。

(3) 检验项目及取样数量

1) 钢绞线的力学性能要求按表 4、表 5、表 6 的相应规定进行检验。检验项目及取样数量应符合表 7 的规定。

供方出厂常规检验项目及取样数量 表7

序号	检验项目	取样数量	取样部位	检验方法
1	表面	逐盘卷		目视
2	外形尺寸	逐盘卷		按本标准 8.2 规定执行

序号	检验项目	取样数量	取样部位	检验方法
3	钢绞线伸直性	3 根/每批		用分度值为 1 mm 的量具测量
4	整根钢绞线最大力	3 根/每批	在每（任）盘卷中任意一端截取	按本标准 8.4.1 规定执行
5	规定非比例延伸长率	3 根/每批		按本标准 8.4.2 规定执行
6	最大力总伸长率	3 根/每批		按本标准 8.4.3 规定执行
7	应力松弛性能	不少于 1 根/每合同批〔注〕		按本标准 8.5 规定执行

注：合同批为一个订货合同的总量。在特殊情况下，松弛试验可以由工厂连续检验提供同一原料、同一生产工艺的数据所代替。

2）1000h 的应力松弛性能试验、疲劳性能试验、偏斜拉伸试验只进行型式检验，仅在原料、生产工艺、设备有重大变化及新产品生产、停产后复产时进行检验。

（4）复验与判定规则

当 1）中规定的某一项检验结果不符合本标准规定时，则该盘卷不得交货。并从同一批未经试验的钢绞线盘卷中取双倍数量的试样进行该不合格项目的复验，复验结果即使有一个试样不合格，则整批钢绞线不得交货，或进行逐盘检验合格后交货。供方有权对复验不合同产品进行重新组批提交验收。

3.1.2.3 《无粘结预应力钢绞线》（JG 161—2004）（摘选）

1. 要求

（1）无粘结预应力钢绞线的规格和性能

无粘结预应力钢绞线的主要规格和性能要求见表 1。

无粘结预应力钢绞线规格及性能 表 1

钢绞线			防腐润滑脂质量 W_0/（g/m³）不小于	护套厚度/mm 不小于	μ	κ
公称直径/mm	公称截面积/mm²	公称强度/MPa				
9.50	54.8	1720	32	0.8	0.04～0.10	0.003～0.004
		1860				
		1960				
12.70	98.7	1720	43	1.0	0.04～0.10	0.003～0.004
		1860				
		1960				
15.20	140.0	1570	50	1.0	0.04～0.10	0.003～0.004
		1670				
		1720				
		1860				
		1960				
15.70	150.0	1770	53	1.0	0.04～0.10	0.003～0.004
		1860				

注：经供需双方协商，也生产供应其他强度和直径的无粘结预应力钢绞线。

（2）无粘结预应力钢绞线的制作要求

1）钢绞线、防腐润滑脂和高密度聚乙烯材料应经检验合格后，方可用来制作无粘结预应力筋。

2）防腐润滑脂的涂敷及护套的制作应连续一次完成，护套制作应采用挤塑机挤出成型。

3）防腐润滑脂应沿钢绞线全长连续涂敷并充足、饱满，每米油脂质量应符合表1中的规定。

4）护套厚度应均匀，并符合表1中的规定。

5）护套拉伸强度、弯曲屈服强度和断裂伸长率应符合表2中的规定。

护套性能　　　　　　　　　　　　　　　　　　　　　　　　表2

拉伸强度/MPa	弯曲屈服强度/MPa	断裂伸长率/%
不小于30	不小于10	不小于600

6）每盘无粘结预应力钢绞线应由同一根连续的钢绞线组成。

7）无粘结预应力钢绞线应具有良好的伸直性，其值应符合 GB/T 5224—2003 的规定。

（3）外观要求

1）无粘结预应力钢绞线的护套表面应光滑、无凹陷、无可见钢绞线轮廓、无裂缝、无气孔、无明显折皱和机械损伤。

2）无粘结预应力钢绞线护套轻微损伤处可采用外包防水聚乙烯胶带进行修补。

（4）质量文件要求

1）无粘结预应力钢绞线的供应商应向购货方提供产品质量证明文件，其内容包括：供货名称、钢绞线生产单位、防腐润滑脂生产单位、树脂牌号、需方名称、合同号、产品标记、质量、件数、执行标准号、检测报告、检验出厂日期。

2）无粘结预应力钢绞线制造商应具备完整的工艺文件、制造记录文件和原材料原始数据文件，该文件应具有可追溯性。

2. 检验规则

（1）检验项目

1）原材料检验项目按表3规定。

原材料检验项目　　　　　　　　　　　　　　　　　　　　表3

钢绞线	防腐润滑脂	高密度聚乙烯树脂
直径	滴点	熔体流动速率
整根钢绞线的最大力	腐蚀试验	密度
规定非比例延伸力		拉伸屈服强度
最大力总伸长率		断裂伸长率
伸直性		
外观		

2）无粘结预应力钢绞线的型式检验、出厂检验项目应符合表4的规定。

型式检验和出厂检验项目 表4

序号	型式检验	出厂检验
	钢绞线	
1	直径	直径
2	整根钢绞线的最大力	整根钢绞线的最大力
3	规定非比例延伸力	规定非比例延伸力
4	最大力总伸长率	最大力总伸长率
5	伸直性	伸直性
	防腐润滑脂	
6	工作锥入度	—
7	滴点	滴点
8	腐蚀试验	腐蚀试验
9	盐雾试验	—
10	对套管的兼容性	—
11	防腐润滑脂质量	防腐润滑脂质量
	护套	
12	拉伸强度	拉伸强度
13	弯曲屈服强度	弯曲屈服强度
14	断裂伸长率	断裂伸长率
15	护套厚度	护套厚度
	摩擦试验	
16	μ	—
17	κ	—
18	外观	外观

（2）原材料组批、抽样及判定规则

1）钢绞线组批、抽样及判定按 GB/T 5224—2003 规定。

2）防腐润滑脂按批进行验收。每批由同一牌号、同一生产工艺生产的油脂组成。每批质量不大于 50t。随机抽取样品 2.0kg 进行表3中规定项目检验。检验结果的判定应按 JG 3007—1993 中第7章规定。检验数据可带入出厂检验中。

3）护套原料按批进行验收，每批由同一牌号、同一生产工艺生产的高密度聚乙烯树脂组成。每批质量不大于 50t。随机抽取样品 2.0kg 进行表3中规定项目检验，检验结果的判定应按 GB 11116 中规定执行。

（3）无粘结预应力钢绞线产品组批、抽样及判定规则

1）出厂检验组批、抽样

①无粘结预应力筋中钢绞线应按批验收，每批由同一钢号、同一规格、同一生产工艺生产的钢绞线组成。每批质量不大于 60t。每批随机抽取3根钢绞线，按表4中规定项目进行检验。

②防腐润滑脂滴点和腐蚀试验组批、抽样按（2）原材料组批、抽样及判定规则中的2）规定进行。

③防腐润滑脂质量按无粘结预应力钢绞线供货批验收，每不大于 30t 抽取3件试样进行检验。

④护套拉伸及弯曲试验按无粘结预应力钢绞线供货批验收，每不大于60t抽取3件试样进行检验。

⑤护套厚度按无粘结预应力钢绞线供货批验收，每不大于30t抽取3件试样进行检验。

⑥无粘结预应力钢绞线外观按供货数量100%检验。

2）出厂检验的判定和复检

当全部出厂检验项目均符合本标准的技术要求时，该批产品为合格品；当检验结果有不合格项目时，对不合格项目应重新加倍取样进行复验；若复检结果仍不合格，应对全部供货产品逐盘进行检验，合格者方可出厂。

附录 A
（资料性附录）
进场验收及应用说明

A.1 进场验收

A.1.1 进场检验为使用单位购买无粘结预应力钢绞线后，在使用前经现场抽样的验收检验。对于钢绞线可送交国家授权的质量检测机构进行检验，对于其他检测项目可送交检测机构或监理验收检验。

A.1.2 推荐的进场检验项目见表A.1。

进场检验项目   表 A.1

钢绞线	防腐润滑腊	护套	外观
直径 整根钢绞线的最大力 规定非比例延伸力 最大力总伸长率	防腐润滑脂质量	护套厚度	外观

A.1.3 推荐的进场检验组批、抽样

A.1.3.1 无粘结预应力钢绞线可按批验收，每批质量不大于60t。

A.1.3.2 每批随机抽取3根无粘结预应力钢绞线试样按表A.1中规定项目进行钢绞线、防腐润滑脂和护套的检验。

A.1.3.3 外观按供货数量10%检验。

A.2 应用说明

A.2.1 建议采用避免破损的吊装方式装卸整盘的无粘结预应力钢绞线。

A.2.2 无粘结预应力钢绞线下料宜采用砂轮切割机切断。

A.2.3 在下料、运送和安装无粘结预应力钢绞线的过程中建议采取必要措施保护护套，对局部轻微破损可进行修补，对破损严重者不能使用。

A.2.4 腐蚀及暴露环境中使用的无粘结预应力钢绞线，需保证无粘结预应力筋与锚具结合部位的有效密封性，可通过密封装置或在钢绞线上螺旋形缠绕两层防水聚乙烯胶带，使钢绞线及锚具处于油脂全封闭保护状态。

A.2.5 无粘结预应力钢绞线不能处于过高的温度中，不能遭受焊接火花和接地电流的影响。

A.2.6 与无粘结预应力钢绞线配套使用的锚具、连接器，其性能需符合《预应力筋用锚具、夹具和连接器应用技术规程》(JGJ 85—2002)的规定。

A.2.7 无粘结预应力钢绞线的使用需遵守《无粘结预应力混凝土结构技术规程》JGJ/T 92 的规定。

3.2 普通混凝土用砂、石标准

3.2.1 普通混凝土用砂质量及检验方法标准(JGJ 52—2006)(摘选)

(1)砂的粗细程度按细度模数 μ_f 分为粗、中、细、特细四级，其范围应符合下列规定：

粗砂：$\mu_f = 3.7 \sim 3.1$　　　中　砂：$\mu_f = 3.0 \sim 2.3$

细砂：$\mu_f = 2.2 \sim 1.6$　　　特细砂：$\mu_f = 1.5 \sim 0.7$

(2)除特细砂外，砂的颗粒级配可按公称直径 630μm 筛孔的累计筛余量（以质量百分率计，下同），分成三个级配区（见表1），且砂的颗粒级配应处于表1中的某一区内。

砂的实际颗粒级配与表1中的累计筛余相比，除公称粒径为 5.00mm 和 630μm 的累计筛余外，其余公称粒径的累计筛余可稍有超出分界线，但总超出量不应大于 5%。

砂的颗粒级配区　　　　　　　　　　　　　　　　　　　表 1

累计筛余(%)　　　　级配区 公称粒径	Ⅰ区	Ⅱ区	Ⅲ区
5.00mm	10～0	10～0	10～0
2.50mm	35～5	25～0	15～0
1.25mm	65～35	50～10	25～0
630μm	85～71	70～41	40～16
315μm	95～80	92～70	85～55
160μm	100～90	100～90	100～90

配制混凝土时宜优先选用Ⅱ区砂。当采用Ⅰ区砂时，应提高砂率，并保持足够的水泥用量，满足混凝土的和易性；当采用Ⅲ区砂时，宜适当降低砂率；当采用特细砂时，应符合相应的规定。

配制泵送混凝土，宜选用中砂。

(3)天然砂中含泥量应符合表2的规定。

天然砂中含泥量　　　　　　　　　　　　　　　　　　　表 2

混凝土强度等级	≥C60	C35～C30	≤C25
含泥量（按质量计,%)	≤2.0	≤3.0	≤5.0

对于有抗冻、抗渗或其他特殊要求的小于或等于 C25 混凝土用砂，其含泥量不应大于 3.0%。

（4）砂中泥块含量应符合表 3 的规定。

砂中的泥块含量　　　　　　　　　　　　　　表 3

混凝土强度等级	≥C60	C35～C30	≤C25
含泥量（按质量计,%）	≤0.5	≤1.0	≤2.0

对于有抗冻、抗渗或其他特殊要求的小于或等于 C25 混凝土用砂，其泥块含量不应大于 1.0%。

（5）人工砂或混合砂中石粉含量应符合表 4 的规定。

人工砂或混合砂中石粉含量　　　　　　　　　　表 4

混凝土强度等级		≥C60	C35～C30	≤C25
石粉含量（%）	MB<1.4（合格）	≤5.0	≤7.0	≤10.0
	MB≥1.4（不合格）	≤2.0	≤3.0	≤5.0

（6）砂的坚固性应采用硫酸钠溶液检验，试样经 5 次循环后，其质量损失应符合表 5 的规定。

砂的坚固性指标　　　　　　　　　　　　　表 5

混凝土所处的环境条件及其性能要求	5 次循环后的质量损失（%）
在严寒及寒冷地区室外使用并经常处于潮湿或干湿交替状态下的混凝土 对于有抗疲劳、耐磨、抗冲击要求的混凝土 有腐蚀介质作用或经常处于水位变化区的地下结构混凝土	≤8
其他条件下使用的混凝土	≤10

（7）人工砂的总压碎值指标应小于 30%。

（8）当砂中含有云母、轻物质、有机物。硫化物及硫酸盐等有害物质时，其含量应符合表 6 的规定。

砂中的有害物质含量　　　　　　　　　　　表 6

项　　　目	质　量　指　标
云母含量（按质量计,%）	≤2.0
轻物质含量（按质量计,%）	≤1.0
硫化物及硫酸盐含量（折算成 SO_3 按质量计,%）	≤1.0
有机物含量（用比色法试验）	颜色不应深于标准色，当颜色深于标准色时，应按水泥胶砂强度试验方法进行强度对比试验，抗压强度比不应低于 0.95

对于有抗冻、抗渗要求的混凝土用砂，其云母含量不应大于 1.0%。

当砂中含有颗粒状的硫酸盐或硫化物杂质时，应进行专门检验，确认能满足混凝土耐久性要求后，方可采用。

（9）对于长期处于潮湿环境的重要混凝土结构用砂，应采用砂浆棒（快速法）或砂浆长度法进行骨料的碱活性检验。经上述检验判断为有潜在危害时，应控制混凝土中的碱含量不超过 $3kg/m^3$，或采用能抑制碱—骨料反应的有效措施。

（10）砂中氯离子含量应符合下列规定：

1）对于钢筋混凝土用砂，其氯离子含量不得大于 0.06%（以干砂的质量百分率计）；

2）对于预应力混凝土用砂，其氯离子含量不得大于 0.02%（以干砂的质量百分率计）。

（11）海砂中贝壳含量应符合表 7 的规定。

海砂中贝壳含量 表 7

混凝土强度等级	≥C40	C35～C30	C25～C15
贝壳含量（按质量计,%）	≤3	≤5	≤8

对于有抗冻、抗渗或其他特殊要求的小于或等于 C25 混凝土用砂，其贝壳含量不应大于 5%。

（12）砂的取样规定

1）每验收批取样方法应按下列规定执行：

①从料堆上取样时，取样部位应均匀分布。取样前应先将取样部位表层铲除，然后由各部位抽取大致相等的砂 8 份，石子为 16 份，组成各自一组样品。

②从皮带运输机上取样时，应在皮带运输机机尾的出料处用接料器定时抽取砂 4 份、石 8 份组成各自一组样品。

③从火车、汽车、货船上取样时，应从不同部位和深度抽取大致相等的砂 8 份，石 16 份组成备自一组样品。

2）除筛分析外一当其余检验项目存在不合格项时，应加倍取样进行复验。当复验仍有一项不满足标准要求时，应按不合格品处理。

注：如经观察，认为各节车间（汽车、货船间）所载的砂、石质量相差甚为悬殊时，应对质量有怀疑的每节列车（汽车、货船）分别取样和验收。

3）对于每一单项检验项目，砂、石的每组样品取样数量应分别满足表 8 的规定。当需要做多项检验时，可在确保样品经一项试验后不致影响其他试验结果的前提下，用同组样品进行多项不同的试验。

每一单项检验项目所需砂最少取样质量 表 8

试 验 项 目	最少取样质量（g）
筛分析	4400
表观密度	2600
吸水率	4000
紧密密度和堆积密度	5000
含 水 率	1000
含 泥 量	4400
泥块含量	20000
石粉含量	1600
人工砂压碎值指标	分成公称粒级 5.00～2.50mm；2.50～1.25mm；1.25mm～630μm；630～315μm；315～160μm 每个粒级各需 1000g

试 验 项 目	最少取样质量（g）
有机物含量	2000
云母含量	600
轻物质含量	3200
坚固性	分成公称粒级 5.00～2.50mm；2.50～1.25mm；1.25mm～630μm； 630～315μm；315～160μm 每个粒级各需 100g
硫化物及硫酸盐含量	50
氯离子含量	2000
贝壳含量	10000
碱活性	20000

3.2.2 普通混凝土用石质量及检验方法标准(JGJ 52—2006)(摘选)

（1）碎石或卵石的颗粒级配，应符合表 1 的要求。混凝土用石应采用连续粒级。

单粒级宜用于组合成满足要求的连续粒级；也可与连续粒级混合使用，以改善其级配或配成较大粒度的连续粒级。

当卵石的颗粒级配不符合本标准表 1 要求时，应采取措施并经试验证实能确保工程质量后，方允许使用。

碎石或卵石的颗粒级配范围　　　　　　　　　　　　　　　　表 1

级配情况	公称粒级（mm）	累计筛余，按质量（%）											
		方孔筛筛孔边长尺寸（mm）											
		2.36	4.75	9.5	16.0	19.0	26.5	31.5	37.5	53	63	75	90
连续粒级	5～10	95～100	80～100	0～15	0	—	—	—	—	—	—	—	—
	5～16	95～100	85～100	30～60	0～10	0	—	—	—	—	—	—	—
	5～20	95～100	90～100	40～80	—	0～10	0	—	—	—	—	—	—
	5～25	95～100	90～100	—	30～70	—	0～5	0	—	—	—	—	—
	5～31.5	95～100	95～100	70～90	—	15～45	—	0～5	0	—	—	—	—
	5～40	—	95～100	70～90	—	30～65	—	—	0～5	0	—	—	—
单粒级	10～20	—	95～100	85～100	—	0～15	0	—	—	—	—	—	—
	16～31.5	—	95～100	—	85～100	—	—	0～10	0	—	—	—	—
	20～40	—	—	95～100	—	80～100	—	—	0～10	0	—	—	—
	31.5～63	—	—	—	95～100	—	75～100	45～75	—	0～10	0	—	—
	40～80	—	—	—	—	95～100	—	70～100	—	30～60	0～10	0	

注：公称粒级的上限为该粒级的最大粒径。

（2）碎石或卵石中针、片状颗粒含量应符合表 2 的规定。

针、片状颗粒含量　　　　　　　　表 2

混凝土强度等级	≥C60	C55～C30	≤C25
针、片状颗粒含量（按质量计，%）	≤8	≤15	≤25

（3）碎石或卵石中含泥量应符合表 3 的规定。

碎石或卵石中的含泥量　　　　　　　表 3

混凝土强度等级	≥C60	C55～C30	≤C25
含泥量（按质量计，%）	≤0.5	≤1.0	≤2.0

对于有抗冻、抗渗或其他特殊要求的混凝土，其所用碎石或卵石中含泥量不应大于 1.0%。当碎石或卵石的含泥是非黏土质的石粉时，其含泥量可由表 3 的 0.5%、1.0%、2.0%，分别提高到 1.0%、1.5%、3.0%。

（4）碎石或卵石中泥块含量应符合表 4 的规定。

碎石或卵石中的泥块含量　　　　　　表 4

混凝土强度等级	≥C60	C55～C30	≤C25
泥块含量（按质量计，%）	≤0.2	≤0.5	≤0.7

对于有抗冻、抗渗或其他特殊要求的强度等级小于 C30 的混凝土，其所用碎石或卵石中泥块含量不应大于 0.5%。

（5）碎石的强度可用岩石的抗压强度和压碎值指标表示。岩石的抗压强度应比所配制的混凝土强度至少高 20%。当混凝土强度等级大于或等于 C60 时，应进行岩石抗压强度检验。岩石强度首先应由生产单位提供，工程中可采用压碎值指标进行质量控制。碎石的压碎值指标宜符合表 5 的规定。

碎石的压碎值指标　　　　　　　　　表 5

岩石品种	混凝土强度等级	碎石压碎指标值（%）
沉积岩	C60～C40	≤10
	≤C35	≤16
变质岩或深成的火成岩	C60～C40	≤12
	≤C35	≤20
喷出的火成岩	C60～C40	≤13
	≤C35	≤30

注：沉积岩包括石灰岩、砂岩等。变质岩包括片麻岩、石英岩等。深成的火成岩包括花岗岩、正长岩、闪长岩和橄榄岩等。喷出的火成岩包括玄武岩和辉绿岩等。

卵石的强度可用压碎值指标表示。其压碎值指标宜符合表 6 的规定。

卵石的压碎值指标　　　　　　　　　表 6

混凝土强度等级	C60～C40	≤C35
压碎指标值（%）	≤12	≤16

（6）碎石或卵石的坚固性应用硫酸钠溶液法检验，试样经 5 次循环后，其质量损失应符合表 7 的规定。

碎石或卵石的坚固性指标	表7
混凝土所处的环境条件及其性能要求	5次循环后的质量损失（%）
在严寒及寒冷地区室外使用并经常处于潮湿或干湿交替状态下的混凝土；有腐蚀介质作用或经常处于水位变化区的地下结构或有抗疲劳、耐磨、抗冲击要求的混凝土	≤8
其他条件下使用的混凝土	≤12

（7）碎石或卵石中的硫化物和硫酸盐含量以及卵石中有机物等有害物质含量，应符合表8的规定。

碎石或卵石中的有害物质含量	表8
项 目	质 量 要 求
硫化物及硫酸盐含量（折算成 SO_3 按质量计，%）	≤1.0
卵石中有机质含量（用比色法试验）	颜色应不深于标准色。当颜色深于标准色时，应配制成混凝土进行强度对比试验，抗压强度比应不低于0.95。

当碎石或卵石中含有颗粒状硫酸盐或硫化物杂质时，应进行专门检验，确认能满足混凝土耐久性要求后，方可采用。

（8）对于长期处于潮湿环境的重要结构混凝土，其所使用的碎石或卵石应进行碱活性检验。

进行碱活性检验时，首先应采用岩相法检验碱活性骨料的品种、类型和数量。当检验出骨料中含有活性二氧化硅时，应采用快速砂浆棒法和砂浆长度法进行碱活性检验；当检验出骨料中含有活性碳酸盐时，应采用岩石柱法进行碱活性检验。

经上述检验，当判定骨料存在潜在碱－碳酸盐反应危害时，不宜用作混凝土骨料；否则，应通过专门的混凝土试验，做最后评定。

当判定骨料存在潜在碱－硅反应危害时，应控制混凝土中的碱含量不超过 $3kg/m^3$，或采用能抑制碱－骨料反应的有效措施。

（9）石子的取样规定

1）每验收批取样方法应按下列规定执行：

① 从料堆上取样时，取样部位应均匀分布。取样前应先将取样部位表层铲除，然后由各部位抽取大致相等的砂8份，石子为16份，组成各自一组样品。

② 从皮带运输机上取样时，应在皮带运输机机尾的出料处用接料器定时抽取砂4份、石8份，组成各自一组样品。

③ 从火车、汽车、货船上取样时，应从不同部位和深度抽取大致相等的砂8份、石16份，组成各自一组样品。

2）除筛分析外，当其余检验项目存在不合格项时，应加倍取样进行复验。当复验仍有一项不满足标准要求时，应按不合格品处理。

注：如经观察，认为各节车皮间（汽车、货船间）所载的砂、石质量相差甚为悬殊时，应对质量有怀疑的每节列车（汽车、货船）分别取样和验收。

3）对于每一单项检验项目，砂、石的每组样品取样数量应分别满足表9的规定。当需要做多项检验时，可在确保样品经一项试验后不致影响其他试验结果的前提下，用同组样品进行多项不同的试验。

4）每一单项检验项目所需碎石或卵石的最小取样质量见表9。

每一单项检验项目所需碎石或卵石的最小取样质量（kg）　　　表9

试验项目	最大粒径（mm）							
	10	16	20	25	31.5	40	63	80
筛分析	10	15	16	20	25	32	50	64
表观密度	8	8	8	8	12	16	24	24
含水率	2	2	2	2	3	3	4	6
吸水率	8	8	16	16	16	24	24	32
堆积密度、紧密密度	40	40	40	40	80	80	120	120
含泥量	8	8	24	24	40	40	80	80
泥块含量	8	8	24	24	40	40	80	80
针、片状含量	1.2	4	8	12	20	40	—	—
硫化物、硫酸盐	1.0							

注：有机物含量、坚固性、压碎值指标及碱—骨料反应检验，应按试验要求的粒级及质量取样。

3.3　水泥标准与性能

3.3.1　《通用硅酸盐水泥》（GB 175—2007）（摘选）

1. 技术要求

（1）通用硅酸盐水泥的化学指标应符合表1的规定。

%　表1

品　种	代号	不溶物（质量分数）	烧失量（质量分数）	三氧化硫（质量分数）	氧化镁（质量分数）	氯离子（质量分数）
硅酸盐水泥	P·I	≤0.75	≤3.0	≤3.5	≤5.0[a]	≤6.0[c]
	P·II	≤1.50	≤3.5			
普通硅酸盐水泥	P·O	—	≤5.0[a]			
矿渣硅酸盐水泥	P·S·A	—	—	≤4.0	≤6.0[b]	
	P·S·B			≤3.5	—	
火山灰质硅酸盐水泥	P·P				≤6.0[b]	
粉煤灰硅酸盐水泥	P·F					
复合硅酸盐水泥	P·C					

a　如果水泥压蒸试验合格，则水泥中氧化镁的含量（质量分数）允许放宽至6.0%。

b　如果水泥中氧化镁的含量（质量分数）大于6.0%时，需进行水泥压蒸安定性试验并合格。

c　当有更低要求时，该指标由买卖双方确定。

（2）碱含量（选择性指标）：水泥中碱含量按 $Na_2O+0.658K_2O$ 计算值表示。若使用活性骨料，用户要求提供低碱水泥时，水泥中的碱含量应不大于0.60%或由买卖双方协商确定。

（3）物理指标

① 凝结时间：硅酸盐水泥初凝时间不小于 45min，终凝时间不大于 390min；普通硅酸盐水泥、矿渣硅酸盐水泥、火山灰质硅酸盐水泥、粉煤灰硅酸盐水泥和复合硅酸盐水泥初凝不小于 45min，终凝不大于 600min。

② 安定性：沸煮法合格。

③ 强度：不同品种不同强度等级的通用硅酸盐水泥，其不同龄期的强度应符合表 2 的规定。

④ 细度（选择性指标）：硅酸盐水泥和普通硅酸盐水泥的细度以比表面积表示，其比表面积不小于 300m²/kg；矿渣硅酸盐水泥、火山灰质硅酸盐水泥、粉煤灰硅酸盐水泥和复合硅酸盐水泥的细度以筛余表示，其 80μm 方孔筛筛余不大于 10％或 45μm 方孔筛筛余水大于 30％。

单位为兆帕　**表 2**

品　　种	强度等级	抗压强度		抗折强度	
		3d	28d	3d	28d
硅酸盐水泥	42.5	≥17.0	≥42.5	≥3.5	≥6.5
	42.5R	≥22.0		≥4.0	
	52.5	≥23.0	≥52.5	≥4.0	≥7.0
	52.5R	≥27.0		≥5.0	
	62.5	≥28.0	≥62.5	≥5.0	≥8.0
	62.5R	≥32.0		≥5.5	
普通硅酸盐水泥	42.5	≥17.0	≥42.5	≥3.5	≥6.5
	42.5R	≥22.0		≥4.0	
	52.5	≥23.0	≥52.5	≥4.0	≥7.0
	52.5R	≥27.0		≥5.0	
矿渣硅酸盐水泥 火山灰质硅酸盐水泥 粉煤灰硅酸盐水泥 复合硅酸盐水泥	32.5	≥10.0	≥32.5	≥2.5	≥5.5
	32.5R	≥15.0		≥3.5	
	42.5	≥15.0	≥42.5	≥3.5	≥6.5
	42.5R	≥19.0		≥4.0	
	52.5	≥21.0	≥52.5	≥4.0	≥7.0
	52.5R	≥23.0		≥4.5	

2. 检验规则

（1）编号及取样：水泥出厂前按同品种、同强度等级编号和取样。袋装水泥和散装水泥应分别进行编号和取样。每一编号为一取样单位。

（2）出厂检验：出厂检验项目为化学指标、凝结时间、安定性和强度。

（3）判定规则

检验结果符合化学指标、凝结时间、安定性和强度的规定为合格品；检验结果不符合化学指标、凝结时间、安定性和强度中的任何一项技术要求为不合格品。

（4）检验报告：检验报告内容应包括出厂检验项目、细度、混合材料品种和掺加量、石膏和助磨剂的品种及掺加量、属旋窑或立窑生产及合同约定的其他技术要求。当用户需要时，生产者应在水泥发出之日起 7d 内寄发除 28d 强度以外的各项检验结果，32d 内补报 28d 强度的检验结果。

在 90d 内，买方对水泥质量有疑问时，则买卖双方应将共同认可的试样送省级或省级以上国家认可的水泥质量监督检验机构进行仲裁检验。

3.3.2 《道路硅酸盐水泥》（GB 13693—2005）（摘选）

1. 强度等级

道路硅酸盐水泥分 32.5 级、42.5 级和 52.5 级三个等级。

2. 技术要求

（1）氧化镁：道路水泥中氧化镁含量应不大于 5.0%。

（2）三氧化硫：道路水泥中三氧化硫含量应不大于 3.5%。

（3）烧失量：道路水泥中的烧失量应不大于 3.0%。

（4）比表面积：比表面积为 $300\sim450m^2/kg$。

（5）凝结时间：初凝应不早于 1.5h，终凝不得迟于 10h。

（6）安定性：用沸煮法检验必须合格。

（7）干缩率：28d 干缩率应不大于 0.10%。

（8）耐磨性：磨耗量应不大于 $3.00kg/m^2$。

（9）强度：水泥的强度等级按规定龄期的抗压和抗折强度划分，各龄期的抗压强度和抗折强度应不低于表 1 数值。

（10）碱含量：碱含量由供需双方商定。若使用活性骨料，用户要求提供低碱水泥时，水泥中碱含量应不超过 0.60%。碱含量按 $W(Na_2O)+0.658W(K_2O)$ 计算值表示。

水泥的等级与各龄期强度（单位为兆帕） 表 1

强度等级	抗折强度		抗压强度	
	3d	28d	3d	28d
32.5	3.5	6.5	16.0	32.5
42.5	4.0	7.0	21.0	42.5
52.5	5.0	7.5	26.0	52.5

3. 检验规则

（1）编号及取样

水泥出厂前按同强度等级编号和取样。袋装水泥和散装水泥应分别进行编号和取样。每一编号为一取样单位，水泥出厂编号按水泥厂年产量规定：10 万吨以上，不超过 400t 为一编号；10 万吨以下，不超过 200t 为一编号。

取样应有代表性。可连续取，亦可从 20 个以上不同部位取等量样品，总量至少 14kg。

（2）检验分类

1）出厂检验：出厂水泥检验项目应包括第 6 章除干缩率和耐磨性以外的技术要求。

2）出厂水泥：出厂水泥应保证出厂强度等级和干缩率及耐磨性指标，其余技术要求符合本标准的有关指标要求。

（3）废品与不合格品

1）废品：凡氧化镁、三氧化硫、初凝时间、安定性中的任一项不符合本标准规定的指标时，均为废品。

2）不合格品：凡比表面积、终凝时间、烧失量、干缩率和耐磨性的任一项不符合本标准规定，或强度低于商品等级规定的指标时，均为不合格品。水泥包装标志中水泥品种、等级、工厂名称和出厂编号不全的也属于不合格品。

（4）试验报告

试验报告内容应包括本标准规定除干缩率和耐磨性以外的各项技术要求及试验结果，助磨剂、工业副产石膏、混合材料名称和掺加量、属旋窑或立窑生产。水泥厂应在水泥发出日起 7d 内寄发除 28d 强度的各项试验结果，28d 强度数值，应在水泥发出日起 32d 内补报。

（5）验收

1）以抽取实物试样的检验结果为验收依据时，买卖双方应在发货前或交货地共同取样和签封。取样方法按 GB 12573 进行，取样应在水泥发货前或到达地三日内进行，取样数量为 22kg，缩分为两等份，一份由卖方保存 40d，一份由买方按本标准规定的项目和方法进行检验。

在 40d 以内，买方检验认为产品质量不符合本标准要求，而卖方又有争议时，则双方应将卖方保存的另一份试样送省级或省级以上国家认可的水泥质量监督检验机构进行仲裁检验。

2）以水泥厂同编号水泥的检验报告为验收依据时，在发货前或交货时买方在同编号水泥中抽取试样，双方共同签封后保存三个月；或委托卖方在同编号水泥中抽取试样，签封后保存三个月。

在三个月内，买方对水泥质量有疑问时，则买卖双方应将共同签封的试样送省级或省级以上国家认可的水泥质量监督检验机构进行仲裁检验。

3.3.3 《中热硅酸盐水泥、低热硅酸盐水泥、低热矿渣硅酸盐水泥》（GB 200—2003）（摘选）

（1）强度等级

中热水泥强度等级为 42.5；

低热水泥强度等级为 42.5；

低热矿渣水泥强度等级为 32.5。

（2）技术要求

1）氧化镁

中热水泥和低热水泥中氧化镁的含量不宜大于 5.0%。

如果水泥经压蒸安定性试验合格，则中热水泥和低热水泥中氧化镁的含量允许放宽到 6.0%。

2）碱含量

碱含量由供需双方商定。当水泥在混凝土中和骨料可能发生有害反应并经用户提出低碱要求时，中热水泥和低热水泥中的碱含量应不超过 0.60%，低热矿渣水泥中的碱含量应不超过 1.0%，碱含量按 $Na_2O+0.658K_2O$ 计算值表示。

3）三氧化硫

水泥中三氧化硫的含量应不大于3.5%。

4）烧失量

中热水泥和低热水泥的烧失量应不大于3.0%。

5）比表面积

水泥的比表面积应不低于250m²/kg。

6）凝结时间

初凝应不早于60min，终凝应不迟于12h。

7）安定性

用沸煮法检验应合格。

8）强度

水泥的强度等级按规定龄期的抗压强度和抗折强度划分，各龄期的抗压强度和抗折强度应不低于表1数值。

水泥的等级与各龄期强度（单位为兆帕）　　　　　　表1

品　　种	强度等级	抗压强度			抗折强度		
		3d	7d	28d	3d	7d	28d
中热水泥	42.5	12.0	22.0	42.5	3.0	4.5	6.5
低热水泥	42.5	—	13.0	42.5	—	3.5	6.5
低热矿渣水泥	32.5	—	12.0	32.5	—	3.0	5.5

9）水化热

水泥的水化热允许采用直接法或溶解热法进行检验，各龄期的水化热应不大于表2数值。

水泥强度等级的各龄期水化热（单位为千焦每千克）　　　　表2

品　　种	强度等级	水　化　热	
		3d	7d
中热水泥	42.5	251	293
低热水泥	42.5	230	260
低热矿渣水泥	32.5	197	230

10）低热水泥28d水化热

低热水泥型式检验28d的水化热应不大于310kJ/kg。

（3）试验方法

1）氧化钙（CaO）、二氧化硅（SiO_2）、三氧化二铝（Al_2O_3）、三氧化二铁（Fe_2O_3）、氧化镁（MgO）、三氧化硫（SO_3）、烧失量、游离氧化钙、氧化钠（Na_2O）和氧化钾（K_2O）。

按GB/T 176进行。

2）比表面积按GB/T 8074进行。

3）凝结时间和安定性按GB/T 1346进行。

4）压蒸安定性

按GB/T 750方法进行。其中中热水泥和低热水泥的压蒸膨胀率应不大于0.80%，低热矿渣水泥的压蒸膨胀率应不大于0.50%。

5）强度按 GB/T 1767—1999 进行。

6）水化热按 GB/T 2022—1980 或 GB/T 12959—1991 进行。

（4）检验规则

1）编号及取样

水泥出厂前按同品种编号和取样，袋装水泥和散装水泥应分别进行编号和取样。每一编号为一取样单位。水泥出厂不超过 600t 为一编号。

取样方法按 GB 12573 进行。

取样应有代表性，可连续取，亦可从 20 个以上不同部位取等量样品，总量至少 14kg。

所取样品按本标准第 7 章规定的方法进行检验。

2）检验分类

检验分为出厂检验和形式检验。

①出厂检验

出厂检验项目包括（2）技术要求中的 1）～9）的技术要求。

②型式检验

型式检验项目为 2.10 规定的低热水泥 28d 水化热技术要求。

有下列情况之一者，应进行型式检验：

A. 新产品试制定型鉴定；

B. 正式生产后，如材料、工艺有较大改变，可能影响产品性能时；

C. 正常生产时，每半年检验一次；

D. 产品长期停产后，恢复生产时；

E. 国家质量监督检验机构提出型式检验要求时。

3）出厂水泥

出厂水泥应保证出厂强度等级，其余技术要求除 28d 水化热外应符合本标准的有关指标要求。

4）废品与不合格品

①废品

凡氧化镁、三氧化硫、初凝时间、安定性中的任一项不符合本标准规定时，均为废品。

②不合格品

凡此表面积、终凝时间、烧失量、混合材料名称和掺加量、水化热、强度中任一项不符合本标准规定时为不合格品。水泥包装标志中水泥品种、生产者名称和出厂编号不全的也属于不合格品。

5）试验报告

试验报告内容应包括本标准规定的形式检验以外的各项技术要求及试验，助磨剂、工业副产石膏、混合材料的名称和掺加量。水泥厂应在水泥发出之日起 11d 内寄除 28d 强度以外规定的各项试验结果。28d 强度数值，应在水泥发出之日起 32d 内补报。

6）交货验收

①交货

交货时水泥的质量验收可抽取实物试样以其检验结果为依据，也可以水泥厂同编号水泥的检验报告为依据。采取何种方法验收由买卖双方商定，并在合同或协议中注明。

②验收

A. 以抽取实物试样的检验结果为验收依据时，买卖双方应在发货前或交货地共同取样和签封。取样方法按 GB 12573 进行，取样数量为 22kg，缩分为两等份，一份由卖方保存 40d，一份由买方按本标准规定的项目和方法进行检验。

在 40d 以内，买方检验认为产品质量不符合本标准要求，而卖方又有异议时，则双方应将卖方保存的另一份试样送省级或省级以上国家认可的水泥质量监督检验机构进行仲裁检验。

B. 以水泥厂同编号水泥的检验报告为验收依据时，在发货前或交货时买方在同编号水泥中抽取试样，双方共同签封后保存三个月，或委托卖方在同编号水泥中抽取试样，签封后保存三个月。

在三个月，买方对水泥质量有疑问时，则买卖双方应将签封的试样送省级或省级以上国家认证的水泥质量监督检验机构进行仲裁检验。

3.4　砖类材料标准与性能

3.4.1　《烧结普通砖》（GB/T 5101—2003）（摘选）

烧结普通砖应符合表 1、表 2 的规定。

烧结普通砖外观质量、泛霜、石灰爆裂（mm） 表 1

项　目		优等品	一等品	合格品
外观质量	两条面高度差　　　　　　　≤	2	3	4
	弯曲　　　　　　　　　　　≤	2	3	4
	杂质凸出高度　　　　　　　≤	2	3	4
	缺棱掉角的三个破坏尺寸　不得同时大于	5	20	30
	裂纹长度　　　　　　　　　≤			
	a. 大面上宽度方向及其延伸至条面的长度	30	60	80
	b. 大面上长度方向及其延伸至顶面的长度或条顶面水平裂纹的长度	50	80	100
	完整面ᵃ　　　　　　　不得少于	二条面和二顶面	一条面和一顶面	—
	颜色	基本一致	—	—
泛　霜		无泛霜	不允许出现中等泛霜	不允许严重泛霜
石灰爆裂		不允许出现最大破坏尺寸大于 2mm 爆裂区域	a. 最大破坏尺寸大于 2mm 且小于 10mm 的爆裂区域，每组砖样不得多于 15 处。 b. 不允许出现最大破坏尺寸大于 10mm 的爆裂区域	a. 最大破坏尺寸大于 2mm 且小于等于 15mm 爆裂区域，每组砖样不得多于 15 处，其中大于 10mm 的不得多于 7 处。 b. 不允许出现最大破坏尺寸大于 15mm 的爆裂区域

注：1. 为装饰而施加的色差、凹凸纹、拉毛、压花等不算作缺陷。　2. 本表根据 GB/T 5101—2003 汇总整理。

　　a　凡有下列缺陷之一者，不得称为完整面。

　　①缺损在条面或顶面上造成的破坏面尺寸同时大于 10mm×10mm。

　　②条面或顶面上裂纹宽度大于 1mm，其长度超过 30mm。

　　③压陷、粘底、焦花在条面或顶面上的凹陷或凸出超过 2mm，区域尺寸同时大于 10mm×10mm。

烧结普通砖强度等级（MPa） 表2

强度等级	抗压强度平均值 $\bar{f} \geqslant$	变异系数 $\delta \leqslant 0.21$ 强度标准值 $f_k \geqslant$	变异系数 $\delta > 0.21$ 单块最小抗压强值 $f_{min} \geqslant$
MU30	30.0	22.0	25.0
MU25	25.0	18.0	22.0
MU20	20.0	14.0	16.0
MU15	15.0	10.0	12.0
MU10	10.0	6.5	7.5

3.4.2 《混凝土路面砖》（JC/T 446—2000）（摘选）

（1）混凝土路面砖应符合表1~表3的规定。

外 观 质 量（mm） 表1

项　目		优等品	一等品	合格品
正面粘皮及缺损的最大投影尺寸 $\leqslant$		0	5	10
缺棱掉角的最大投影尺寸 $\leqslant$		0	10	20
裂纹	非贯穿裂纹长度最大投影尺寸 $\leqslant$	0	10	20
	贯穿裂纹	不允许		
分　层		不允许		
色差、杂色		不明显		

注：分层，色差、杂色均不不允许。

力 学 性 能（MPa） 表2

边长/厚度	<5		≥5		
抗压强度等级	平均值≥	单块最小值≥	抗折强度等级	平均值≥	单块最小值
C_c30	30.0	25.0	$C_f3.5$	3.50	3.00
C_c35	35.0	30.0	$C_f4.0$	4.00	3.20
C_c40	40.0	35.0	$C_f5.0$	5.00	4.20
C_c50	50.0	42.0	$C_f6.0$	6.00	5.00
C_c60	60.0	50.0	—	—	—

物 理 性 能 表3

质量等级	耐 磨 性 磨抗长度/mm $\leqslant$	耐磨度 $\geqslant$	吸水率/% $\leqslant$	抗 冻 性
优等品	28.0	1.9	5.0	冻融循环试验后，外观质量必须符合表2的规定，强度损失不得大于20.0%
一等品	32.0	1.5	6.5	
合格品	35.5	1.2	8.0	

注：磨抗长度与耐磨度两项试验只做一项即可。

（2）出厂检验项目：外观质量、尺寸偏差、强度、吸水率。

（3）批量：每批路面砖应为同一类别、同一规格、同一等级，每 20000 块为一批；不足 20000 块，亦按一批计；超过 20000 块，批量由供需双方商定。

（4）抽样

1）外观质量检验的试件，抽样前预先确定好抽样方法，按随机抽样法从每批产品中抽取 50 块路面砖，使所抽取的试件具有代表性。

2）规格尺寸检验的试件，从外观质量检验合格的试件中按随机抽样法抽取 10 块路面砖。

3）物理、力学性能检验的试件，按随机抽样法从外观质量及尺寸检验合格的试件中抽取 30 块路面砖（其中 5 块备用）。

物理、力学性能试验试件的龄期为不少于 28d。

（5）判定规则

1）外观质量

在 50 块试件中，根据不合格试件的总数（K_1）及二次抽样检验中不合格（包括第一次检验不合格试件）的总数（K_2）进行判定。

若 $K_1 \leqslant 3$，可验收；若 $K_1 \geqslant 7$，拒绝验收；若 $4 \leqslant K_1 \leqslant 6$，则允许按（4）抽样 1）款规定进行第二次抽样检验。

若 $K_2 \leqslant 8$，可验收；若 $K_2 \geqslant 9$，拒绝验收。

2）尺寸偏差

在 10 块试件中，根据不合格试件的总数（K_1）及二次抽样检验中不合格（包括第一次检验不合格试件）的总数（K_2）进行判定。

若 $K_1 \leqslant 1$，可验收；若 $K_1 \geqslant 3$，拒绝验收；若 $K_1 = 2$，则允许按（4）抽样 2）款规定进行第二次抽样检验。

若 $K_2 = 2$，可验收；若 $K_2 \geqslant 3$，拒绝验收。

3）物理、力学性能

经检验，各项物理、力学性能符合某一等级规定时，判该项为相应等级。

若两种耐磨性结果有争议，以 GB/T 12988 试验结果为最终结果。

4）总判定

所有项目的检验结果都符合某一等级规定时，判为相应等级；有一项不符合合格品等级规定时，判为不合格品。

3.4.3 《透水路面砖和透水路面板》(GB/T 25993—2010)（摘选）

1. 技术要求

（1）透水块材的实际尺寸与公称尺寸之间的偏差值，每个测量读数值均应符合表 1 的规定。

尺寸偏差（单位为毫米）　　　　表 1

分类标记	名　称	公称尺寸	长度	宽度	厚度	对角线	厚度方向垂直度	直角度
PCB	透水混凝土路面砖	所有	±2	±2	±2	—	≤1.5	≤1.0

续表

分类标记	名　称	公称尺寸	长度	宽度	厚度	对角线	厚度方向垂直度	直角度
PCF	透水混凝土路面板	长度≤500	±2	±2	±3	±3	≤1.0	—
		长度>500	±3	±3	±3	±4		
PFB	透水烧结路面砖	所有	±2	±2	±2	—	≤2.0	≤2.0
PFF	透水烧结路面板	长度≤500	±3	±3	±3	±4	≤2.0	—
		长度>500	±3	±3	±3	±6		

注：1. 矩形透水块材对角线的公称尺寸，用公称长度和宽度，用几何学计算得到。计算精确至 0.5mm。

　　2. 对角线、直角度的指标值，仅适用于矩形透水块材。

（2）单块透水块材的厚度差≤2mm。透水块材饰面层的平整度应符合表 2 的规定。

平　整　度　　　　　　　　　　　　表 2

产品名称及分类标识	最大凸面	最大凹面
透水混凝土路面砖　PCB	≤1.5	≤1.0
透水混凝土路面板　PCF	≤2.0	≤1.5
透水烧结路面砖　PFB	≤1.5	≤1.5
透水烧结路面板　PFF	≤3.0	≤2.5

（3）非矩形和经二次加工的透水块材的尺寸偏差限值，应由产品生产供应商与客户商定。

2. 外观质量

（1）透水块材的外观质量应符合表 3 的规定。

外　观　质　量　　　　　　　　　　表 3

项　　目			顶　面	其他面
裂纹	贯穿裂纹		不允许	不允许
	非贯穿裂纹	最大投影尺寸长度/mm	≤10	≤15
		累计条数（投影尺寸长度≤2mm 不计）/条	≤1	≤2
缺棱掉角	沿所在棱边垂直方向投影尺寸的最大值/mm		≤3	10
	沿所在棱边方向投影尺寸的最大值/mm		≤10	20
	累计个数（三个方向投影尺寸最大值≤2mm 不计）/个		≤1	≤2
粘皮与缺损	深度≥1mm 的最大投影尺寸/mm	透水路面砖	≤8	10
		透水路面板	≤15	20
	累计个数（投影尺寸长度≤2mm 不计）/个	深度≥1mm、≤2.5mm	≤1	≤2
		深度>2.5mm	不允许	不允许

注：1. 经两次加工和有特殊装饰要求的透水块材，不受此规定限制。

　　2. 生产制造过程中，设计尺寸的倒棱不属于"缺棱掉角"。

　　3. 透水块材侧面的肋，不属于"粘皮"。

（2）透水块材侧向（厚度方面）有起联锁作用的肋条时，肋条上不宜有影响铺装的粘皮现象存在。

3. 饰面层的颜色、花纹

（1）铺装后顶面为单色的透水块材，其顶面应无明显的色差。

（2）铺装后顶面为双色或多色，或者表面经深加工处理的透水块材，应满足供需双方预先约定的要求。色质饱和度、混色程度、花纹和条纹等，应基本一致。

4. 强度等级

（1）透水混凝土路面板和透水烧结路面板的抗折强度应符合表4的规定。

抗折强度（单位为兆帕）　　　　　　　　　　　　　　表4

抗折强度等级	平均值	单块最小值
$R_f3.0$	≥3.0	≥2.4
$R_f3.5$	≥3.5	≥2.8
$R_f4.0$	≥4.0	≥3.2
$R_f4.5$	≥4.5	≥3.4

（2）透水混凝土路面砖和透水烧结路面砖的劈裂抗拉强度等级应符合表5的规定，单块的线性破坏荷载应不小于200N/mm。

劈裂抗拉强度（单位为兆帕）　　　　　　　　　　　　表5

劈裂抗拉强度等级	平均值	单块最小值
$f_{ts}3.0$	≥3.0	≥2.4
$f_{ts}3.5$	≥3.5	≥2.8
$f_{ts}4.0$	≥4.0	≥3.2
$f_{ts}4.5$	≥4.5	≥3.4

5. 透水系数

透水块材的透水系数应符合表6的规定。

透　水　系　数（单位为厘米每秒）　　　　　　　　表6

透水等级	透水系数
A 级	$≥2.0×10^{-2}$
B 级	$≥1.0×10^{-2}$

6. 抗冻性

透水块材的抗冻性应符合表7的规定。

抗　冻　性　　　　　　　　　　　　　　　　　　表7

使用条件	抗冻指标	单块质量损失率	强度损失率/%
夏热冬暖地区	F15		
夏热冬冷地区	F25	≤5%	≤20
寒冷地区	F35	冻后顶面缺损深度≤5mm	
严寒地区	F50		

7. 耐磨性和防滑性

（1）透水块材顶面的耐磨性，应满足磨坑长度不大于35mm的要求。

（2）透水块材顶面的防滑性应满足检测BPN值不小于60。透水块材顶面具有凸起纹路、凹槽饰面等其他阻碍进行防滑性检测时，则认为产品防滑性能符合要求。

8. 检验规则

（1）组批规则：以用同一批原材料、同一生产工艺生产、同标记的 1000m² 透水块材为一批，不足 1000m² 者亦按一批计。

（2）抽样规则

1）每批随机抽取 32 块试件，进行外观质量、尺寸偏差检验。

2）每批随机抽取能组成约 1m² 铺装面数量的透水块材进行颜色、花纹检验。

3）从外观质量和尺寸偏差检验合格的透水块材中抽取如下数量进行其他项目检验：

A. 强度等级：5 块；

B. 透水系数：3 块；

C. 抗冻性：10 块；

D. 耐磨性：5 块；

E. 防滑性：3 块。

强度等级试验后的试件，若能满足再次制样的尺寸大小要求，可以用于透水系数、耐磨性和防滑性项目的检验。

（3）判定规则

1）32 块受检的透水块材试件中，外观质量和尺寸偏差不符合本标准 6.1、6.2 的试件数量，应不超过 3 块，则判该批产品的尺寸偏差和外观质量合格，否则为不合格。

2）型式检验项目的检验结果均符合本标准第 6 章（即技术要求）各项要求时，则判定该批产品合格，否则为不合格；出厂检验项目的检验结果结合时效范围内其余检验项目综合判定，符合本标准第 6 章（即技术要求）各项要求时，则判定该批产品合格，有一项不合格，则判定该批产品不合格。

注：透水块材产品质量合格证书内容包括：厂名和商标；合格证编号、生产和出厂日期；产品标记；性能检验结果；批量编号与透水块材数量；检验部门与检验人员签字盖章。

3.5 砌块类材料标准与性能

《蒸压加气混凝土砌块》（GB 11968—2006）（摘选）

蒸压加气混凝土砌块应符合表 1～表 6 的规定。

蒸压加气混凝土砌块的强度级别有：A1.0，A2.0，A2.5，A3.5，A5.0，A7.5，A10 七个级别；干密度级别有：B03，B04，B05，B06，B07，B08 六个级别。

蒸压加气混凝土砌块等级：按尺寸偏差与外观质量、干密度、抗压强度和抗冻性分为：优等品（A）、合格品（B）两个等级。

（1）产品规格、强度、干密度及等级

1）砌块的规格尺寸见表 1。

砌块的规格尺寸（单位为毫米）　　　　　　　　　　　　表 1

长度 L	宽度 B			高度 H			
600	100	120	125	200	240	250	300
	150	180	200				
	240	250	300				

注：如需要其他规格，可由供需双方协商解决。

2）砌块按强度和干密度分级：强度级别有：A1.0，A2.0，A2.5，A3.5，A5.0，A7.5，A10 七个级别；干密度级别有：B03，B04，B05，B06，B07，B08 六个级别。

3）砌块等级：砌块按尺寸偏差与外观质量、干密度、抗压强度和抗冻性分为：优等品（A）、合格品（B）两个等级。

4）砌块产品标记：示例：强度级别为 A3.5、干密度级别为 B05、优等品、规格尺寸为 600mm×200mm×250mm 的蒸压加气混凝土砌块，其标记为：ACB　A3.5　B05　600×200×250A　GB 11968。

（2）产品要求

尺寸偏差和外观　　　　　　　　　　　　　　表 2

项　目			指　标	
			优等品（A）	合格品（B）
尺寸允许偏差/mm	长度	L	±3	±4
	宽度	B	±1	±2
	高度	H	±1	±2
缺棱掉角	最小尺寸不得大于/mm		0	30
	最大尺寸不得大于/mm		0	70
	大于以上尺寸的缺棱掉角个数，不多于/个		0	2
裂纹长度	贯穿一棱二面的裂纹长度不得大于裂纹所在面的裂纹方向尺寸总和的		0	1/3
	任一面上的裂纹长度不得大于裂纹方向尺寸的		0	1/2
	大于以上尺寸的裂纹条数，不多于/条		0	2
爆裂、粘模和损坏深度不得大于/mm			10	30
平面弯曲			不允许	
表面疏松、层裂			不允许	
表面油污			不允许	

砌块的立方体抗压强度（单位为兆帕斯卡）　　　　　　表 3

强度级别	立方体抗压强度	
	平均值不小于	单组最小值不小于
A1.0	1.0	0.8
A2.0	2.0	1.6
A2.5	2.5	2.0
A3.5	3.5	2.8
A5.0	5.0	4.0
A7.5	7.5	6.0
A10.0	10.0	8.0

砌块的干密度（单位为千克每立方米）　　　　　　表 4

干密度级别		B03	B04	B05	B06	B07	B08
干密度	优等品（A）≤	300	400	500	600	700	800
	合格品（B）≤	325	425	525	625	725	825

砌块的强度级别　　　　　　　　　　　　　　　　　　　　　　　　　表 5

干密度级别		B03	B04	B05	B06	B07	B08
强度级别	优等品（A）	A1.0	A2.0	A3.5	A5.0	A7.5	A10.0
	合格品（B）	A1.0	A2.0	A2.5	A3.5	A5.0	A7.5

干燥收缩、抗冻性和导热系数　　　　　　　　　　　　　　　　　　表 6

干密度级别			B03	B04	B05	B06	B07	B08
干燥收缩值a	标准法/（mm/m）	≤	0.50					
	快速法/（mm/m）	≤	0.80					
抗冻性	质量损失/%	≤	5.0					
	冻后强度 /MPa ≥	优等品（A）	0.8	1.6	2.8	4.0	6.0	8.0
		合格品（B）	0.8	1.6	2.0	2.8	4.0	6.0
导热系数(干态)/》[W/(m·K)]		≤	0.10	0.12	0.14	0.16	0.18	0.20

a　规定采用标准法、快速法测定砌块干燥收缩值，若测定结果发生矛盾不能判定时，则以标准法测定的结果为准。

（3）检验规则

1）出厂检验的项目包括：尺寸偏差、外观质量、立方体抗压强度、干密度。

2）抽样规则

同品种、同规格、同等级的砌块，以 10000 块为一批，不足 10000 块亦为一批，随机抽取 50 块砌块，进行尺寸偏差、外观检验。

从外观与尺寸偏差检验合格的砌块中，随机抽取 6 块砌块制作试件，进行如下项目检验：

①干密度　　　　　　　3 组 9 块；

②强度级别　　　　　　3 组 9 块。

3）判定规则

若受检的 50 块砌块中，尺寸偏差和外观质量不符合表 2 规定的砌块数量不超过 5 块时，判定该批砌块符合相应等级；若不符合表 2 规定的砌块数量超过 5 块时，判定该砌块不符合相应等级。

以 3 组干密度试件的测定结果平均值判定砌块的干密度级别，符合表 3 时则判定该批砌块合格。

以 3 组抗压强度试件测定结果按表 3 判定其强度级别。当强度和干密度级别关系符合表 4 规定，同时，3 组试件中各个单组抗压强度平均值全部大于表 5 规定的此强度级别的最小值时，判定该批砌块符合相应等级；若有 1 组或 1 组以上此强度级别的最小值时，判定该批砌块不符合相应等级。

出厂检验中受检验产品的尺寸偏差、外观质量、立方体抗压强度、干密度各项检验全部符合相应等级的技术要求规定时，判定为相应等级；否则降等或判定为不合格。

注：出厂产品应有产品质量证明书。证明书应包括：生产厂名、厂址、商标、产品标记、本批产品主要技术性能和生产日期。

3.6　常用外加剂标准与性能

3.6.1　根据《混凝土外加剂》（GB 8076—2008）（摘选）

受检混凝土性能指标应符合表 3.6.1 的要求。

受检混凝土性能指标表

表 3.6.1

项 目	高性能减水剂 HPWR 早强型 HPWR-A	高性能减水剂 HPWR 标准型 HPWR-S	高性能减水剂 HPWR 缓凝型 HPWR-R	高效减水剂 HWR 标准型 HWR-S	高效减水剂 HWR 缓凝型 HWR-R	普通减水剂 WR 早强型 WR-A	普通减水剂 WR 标准型 WR-S	普通减水剂 WR 缓凝型 WR-R	引气减水剂 AEWR	泵送剂 PA	早强剂 Ac	缓凝剂 Re	引气剂 AE
减水率/%，不小于	25	25	25	14	14	8	8	8	10	12	—	—	6
泌水率比/%，不大于	50	60	70	90	100	95	100	100	70	70	100	100	70
含气量/%	≤6.0	≤6.0	≤6.0	≤3.0	≤4.5	≤4.0	≤4.0	≤5.5	≥3.0	≤5.5	—	—	≥3.0
凝结时间之差/min 初凝 终凝	-90~+90	-90~+120	>+90	-90~+120	>+90	-90~+90	-90~+120	>+90	-90~+120	—	-90~+90	>+90	-90~+120
1h经时变化量 坍落度/mm	—	≤80	≤60	—	—	—	—	—	—	≤80	—	—	—
1h经时变化量 含气量/%	—	—	—	—	—	—	—	—	-1.5~+1.5	—	—	—	-1.5~+1.5
抗压强度比/%，不小于 1d	180	170	—	140	—	135	—	—	—	—	135	—	—
3d	170	160	140	130	125	130	115	—	115	—	130	—	95
7d	145	150	130	125	120	110	115	110	110	115	110	100	95
28d	130	140	110	120	120	100	110	110	100	110	100	100	90
收缩率比/%，不大于 28d	110	110	110	135	135	135	135	135	135	135	135	135	135
相对耐久性（200次）/%，不小于	—	—	—	—	—	—	—	—	80	—	—	—	80

外加剂品种

注：
1. 表1中抗压强度比、收缩率比、相对耐久性为强制性指标，其余为推荐性指标。
2. 除含气量和相对耐久性外，表中所列数据为掺外加剂混凝土与基准混凝土的差值或比值。
3. 凝结时间指标中的"—"号表示提前，"+"号表示延缓。
4. 相对耐久性（200次）性能指标中的"≥80"表示将28d龄期的受检混凝土试件快速冻融循环200次后，动弹性模量保留值≥80%。
5. 1h含气量经时变化量中的"—"号表示含气量增加，"+"号表示含气量减少。
6. 其他品种的外加剂是否需要测定相对耐久性指标，由供、需双方协商确定。
7. 当用户对泵送剂等产品有特殊要求时，需要进行的补充试验项目及指标，试验方法及指标，由供需双方协商决定。

3.6.2 《混凝土膨胀剂》(GB 23439—2009)（摘选）

混凝土膨胀剂的技术指标见表 3.6.2。

混凝土膨胀剂的技术指标 表 3.6.2

化学成分	项 目			指标值	
				Ⅰ 型	Ⅱ 型
化学成分	氧化镁/%		≤	5.0	
	碱含量（选择性指标）[①]/%		≤	0.75	
物理性能	细度	比表面积/（m²/kg）	≥	200	
		1.18mm 筛筛余/%	≤	0.5	
	凝结时间/min	初凝	≥	45	
		终凝	≤	600	
	限制膨胀率[②]/%	水中 7d	≥	0.025	0.050
		空气中 21d	≥	−0.020	−0.010
	抗压强度/MPa ≥	7d		20.0	
		28d		40.0	

①按 $Na_2O+0.658K_2O$ 计算值表示。若使用活性骨料，用户要求提供低碱混凝土膨胀剂时，混凝土膨胀剂中的碱含量应不大于 0.75%，或由供需双方商定。

② 强制性指标，其余为推荐性指标。

3.6.3 《混凝土防冻剂》(JC 475—2004)（摘选）

掺防冻剂混凝土性能应符合表 3.6.3 要求。

掺防冻剂混凝土性能指标 表 3.6.3

试 验 项 目		性 能			指 标		
		一 等 品			合 格 品		
减水率/%		10			—		
泌水率比/%		80			100		
含气量/%		2.5			2.0		
凝结时间差/min	初 凝	−150～+150			−210～+210		
	终 凝						
抗压强度比/% ≥	规定温度	−5	−10	−15	−5	−10	−15
	R_{-7}	20	12	10	20	10	8
	R_{+28}	100		95	95		90
	R_{-7+28}	95	90	85	90	85	80
	R_{-7+56}	100			100		
28d 收缩率比/% ≤		135					
渗透高度比/% ≤		100					
50 次冻融强度损失率比/% ≤		100					
对钢筋锈蚀作用		应说明对钢筋有无锈蚀使用					

3.6.4 《砂浆、混凝土防水剂》(JC 474—2008)(摘选)

掺防水剂混凝土的性能应符合表 3.6.4 的要求。

混凝土的性能   表 3.6.4

试验项目			性能指标	
			一等品	合格品
安定性			合格	合格
泌水率比/%	≤		50	70
凝结时间差/min	≥	初凝	−90[a]	−90[a]
抗压强度/%	≥	3d	100	90
		7d	110	100
		28d	100	90
渗透高度比/%	≤		30	40
吸水量比 (48h) /%	≤		65	75
收缩率比 (28d) /%	≤		125	135

注：安定性为受检净浆的试验结果，凝结时间差为受检混凝土与基准混凝土的差值，表中其他数据为受检混凝土与基准混凝土的比值。

[a] "—" 表示提前。

3.7 塑料管材标准与性能

3.7.1 《建筑排水用硬聚氯乙烯(PVC-U)管材》(GB/T 5836.1—2006)(摘选)

1. 要求

(1) 外观：管材内外壁应光滑，不允许有气泡、裂口和明显的痕纹、凹陷、色泽不均及分解变色线。管材两端面应切割平整并与轴线垂直。

(2) 颜色：管材一般为灰色或白色，其他颜色可由供需双方协商确定。

(3) 规格尺寸

1) 管材平均外径、壁厚：管材平均外径、壁厚应符合表 1 的规定。

管材平均外径、壁厚（单位为毫米）   表 1

公称外径 d_n	平均外径		壁 厚	
	最小平均外径 $d_{em,min}$	最大平均外径 $d_{em,max}$	最小壁厚 e_{min}	最大壁厚 e_{max}
32	32.0	32.2	2.0	2.4
40	40.0	40.2	2.0	2.4
50	50.0	50.2	2.0	2.4
75	75.0	75.3	2.3	2.7
90	90.0	90.3	3.0	3.5
110	110.0	110.3	3.2	3.8

续表

公称外径 d_n	平均外径		壁 厚	
	最小平均外径 $d_{em,min}$	最大平均外径 $d_{em,max}$	最小壁厚 e_{min}	最大壁厚 e_{max}
125	125.0	125.3	3.2	3.8
160	160.0	160.4	4.0	4.6
200	200.0	200.5	4.9	5.6
250	250.0	250.5	6.2	7.0
315	315.0	315.6	7.8	8.6

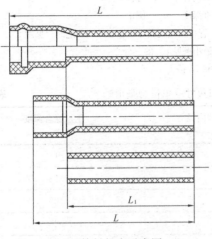

图1 管材长度示意图

2）管材长度：管材长度 L 一般为 4m 或 6m，其他长度由供需双方协商确定，管材长度不允许有负偏差。管材长度 L、有效长度 L_1 见图1。

3）不圆度：管材不圆度应不大于 $0.024d_n$。不圆度的测定应在管材出厂前进行。

4）弯曲度：管材弯曲度应不大于 0.50%。

5）管材承口尺寸

①胶粘剂连接型管材承口尺寸应符合表2规定，示意图见图2。

胶粘剂粘接型管材承口尺寸（单位为毫米） 表2

公称外径 d_n	承口中部平均内径		承口深度 $L_{0,min}$
	$d_{sm,min}$	$d_{sm,max}$	
32	32.1	32.4	22
40	40.1	40.4	25
50	50.1	50.4	25
75	75.2	75.5	40
90	90.2	90.5	46
110	110.2	110.6	48
125	125.2	125.7	51
160	160.3	160.8	58
200	200.4	200.9	60
250	250.4	250.9	60
315	315.5	316.0	60

②弹性密封圈连接型承口尺寸应符合表3规定，示意图见图3。

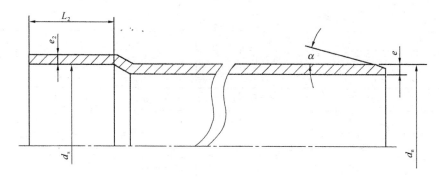

图 2 胶粘剂粘接型管材承口示意图

d_n——公称外径；d_s——承口中部内径；e——管材壁厚；

e_2——承口壁厚；L_2——承口深度；α——倒角。

注 1：倒角 α，当管材需要进行倒角时，倒角方向与管材轴线夹角 α 应在 15°～45°之间（见图 2 和图 3）。倒角后管端所保留的壁厚应不小于最小壁厚 e_{min} 的三分之一。

注 2：管材承口壁厚 e_2 不宜小于同规格管材壁厚的 0.75 倍。

弹性密封圈连接型管材承口尺寸（单位为毫米）　　　　表 3

公称外径 d_n	承口端部平均内径 $d_{sm,min}$	承口配合深度 A_{min}
32	32.3	16
40	40.3	18
50	50.3	20
75	75.4	25
90	90.4	28
110	110.4	32
125	125.4	35
160	160.5	42
200	200.6	50
250	250.8	55
315	316.0	62

（4）管材物理力学性能应符合表 4 的规定。

管材物理力学性能　　　　表 4

项　目	要　求	试验方法
密度（kg/m³）	1350～1550	6.4
维卡软化温度（VST）/℃	≥79	6.5
纵向回缩率/%	≤5	6.6
二氯甲烷浸渍试验	表面变化不劣于 4L	6.7
拉伸屈服强度/MPa	≥40	6.8
落锤冲击试验 TIR	TIR≤10%	6.9

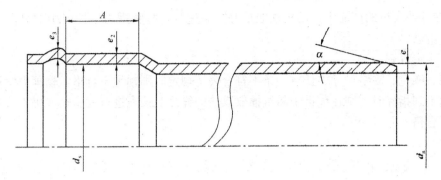

图 3 弹性密封圈连接型管材承口示意图

d_n——公称外径；d_s——承口中部内径；e——管材壁厚；e_2——承口壁厚；

e_3——密封圈槽壁厚；A——承口配合深度；α——倒角。

注：管材承口壁 e_2 不宜小于同规格管材壁厚的 0.9 倍，密封圈槽壁厚 e_3 不宜小于同规格管材壁
厚 0.75 倍。

（5）系统适用性：弹性密封圈连接型接头，管材与管材和/或管材连接后应进行水密性、气密性的系统适用性试验，应符合表 5 的规定。

系统适应性   表 5

项　　目	要　　求	试验方法
水密性试验	无渗漏	6.10.1
气密性试验	无渗漏	6.10.2

2. 检验规则

（1）组批

同一原料配方、同一工艺和同一规格连续生产的管材作为一批，每批数量不超过 50t，如果生产 7 天尚不足 50t，则以 7 天产量为一批。

（2）出厂检验

1）出厂检验项目为外观、颜色、规格尺寸及管材物理力学性能中纵向回缩率和落锤冲击试验。

2）外观、颜色、规格尺寸检验按 GB/T 2828.1—2003 采用正常检验一次抽样方案，取一般检验水平Ⅰ，接收质量限（AQL）6.5，见表 6。

接收质量限（AQL）为 6.5 的抽样方案（单位为根）   表 6

批量 N	样本量 n	接收数 Ac	拒收数 Re
≤150	8	1	2
151~280	13	2	3
281~500	20	3	4
501~1200	32	5	6
1201~3200	50	7	8
3201~10000	80	10	11

3）在计数合格的产品中，随机抽取足够样品进行管材物理力学性能中的纵向回缩率和落锤冲击试验。

（3）判定规则

外观、颜色、规格尺寸中任意一条不符合表7规定时则判为不合格，物理力学性能中有一项达不到指标时，则在该批中随机抽取双倍的样品对该项进行复验，如仍不合格，则判该批不合格。

3.7.2 《给水用硬聚乙烯（PVC－U）管材》（GB/T 10002.1—2006）（摘选）

1. 产品分类

（1）产品按连接方式不同分为弹性密封圈式和溶剂粘接式。

（2）公称压力等级和规格尺寸见表2和表3。

公称压力等级和规格尺寸（单位为毫米）　　　　　　　　表2

公称外径 d_n	管材 S 系列 SDR 系列和公称压力						
	S16 SDR33 PN0.63	S12.5 SDR26 PN0.8	S10 SDR21 PN1.0	S8 SDR17 PN1.25	S6.3 SDR13.6 PN1.6	S5 SDR11 PN2.0	S4 SDR9 PN2.5
	公称壁厚 e_n						
20	—	—	—	—	—	2.0	2.3
25	—	—	—	—	2.0	2.3	2.8
32	—	—	—	2.0	2.4	2.9	3.6
40	—	—	2.0	2.4	3.0	3.7	4.5
50	—	2.0	2.4	3.0	3.7	4.6	5.6
63	2.0	2.5	3.0	3.8	4.7	5.8	7.1
75	2.3	2.9	3.6	4.5	5.6	6.9	8.4
90	2.8	3.5	4.3	5.4	6.7	8.2	10.1

注：公称壁厚（e_n）根据设计应力（σ_s）10MPa确定；最小壁厚不小于2.0mm。

公称压力等级和规格尺寸（单位为毫米）　　　　　　　　表3

公称外径 d_n	管材 S 系列 SDR 系列和公称压力						
	S20 SDR41 PN0.63	S16 SDR33 PN0.8	S12.5 SDR26 PN1.0	S10 SDR21 PN1.25	S8 SDR17 PN1.6	S6.3 SDR13.6 PN2.0	S5 SDR11 PN2.5
	公 称 壁 厚 e_n						
110	2.7	3.4	4.2	5.3	6.6	8.1	10.0
125	3.1	3.9	4.8	6.0	7.4	9.2	11.4
140	3.5	4.3	5.4	6.7	8.3	10.3	12.7
160	4.0	4.9	6.2	7.7	9.5	11.8	14.6
180	4.4	5.5	6.9	8.6	10.7	13.3	16.4
200	4.9	6.2	7.7	9.6	11.9	14.7	18.2

续表

公称外径 d_n	管材 S 系列 SDR 系列和公称压力						
	S20 SDR41 PN0.63	S16 SDR33 PN0.8	S12.5 SDR26 PN1.0	S10 SDR21 PN1.25	S8 SDR17 PN1.6	S6.3 SDR13.6 PN2.0	S5 SDR11 PN2.5
	公称壁厚 e_n						
225	5.5	6.9	8.6	10.8	13.4	16.6	—
250	6.2	7.7	9.6	11.9	17.8	18.4	—
280	6.9	8.6	10.7	13.4	16.6	20.6	—
315	7.7	9.7	12.1	15.0	18.7	23.2	—
355	8.7	10.9	13.6	16.9	21.1	26.1	—
400	9.8	12.3	15.3	19.1	23.7	29.4	—
450	11.0	13.8	17.2	21.5	26.7	33.1	—
500	12.3	15.3	19.1	23.9	29.7	36.8	—
560	13.7	17.2	21.4	26.7	—	—	—
630	15.4	19.3	24.1	30.0	—	—	—
710	17.4	21.8	27.2	—	—	—	—
800	19.6	24.5	30.6	—	—	—	—
900	22.0	27.6	—	—	—	—	—
1000	24.5	30.6	—	—	—	—	—

注：公称壁厚 (e_n) 根据设计应力 (σ_s) 12.5MPa 确定。

2. 技术要求

（1）外观：管材内外表面应光滑，无明显划痕、凹陷、可见杂质和其他影响达到本部分要求的表面缺陷。管材端面应切割平整并与轴线垂直。

（2）颜色：管材颜色由供需双方协商确定，色泽应均匀一致。

（3）不透光性：管材应不透光。

（4）物理性能：物理性能应符合表 9 规定。

物 理 性 能 表 9

项　　目	技术指标	试验方法
密度/(kg/m³)	1350～1460	见 7.5
维卡软化温度/℃	≥80	见 7.6
纵向回缩率/%	≤5	见 7.7
二氯甲烷浸渍试验（15℃，15min）	表面变化不劣于 4N	见 7.8

（5）力学性能：力学性能应符合表 10 规定。

力 学 性 能 表 10

项　　目	技术指标	试验方法
落锤冲击试验（0℃）TIR/%	≤5	见 7.9
液压试验	无破裂，无渗漏	见 7.10

（6）系统适用性试验：管材与管材，管材与管件连接后应按表 11 要求做系统适用性试验。

系统适用性试验 表 11

项　　目	要　　求	试验方法
连接密封试验	无破裂，无渗漏	见 7.11.1
偏角试验[a]	无破裂，无渗漏	见 7.11.2
负压试验[a]	无破裂，无渗漏	见 7.11.3

a　仅适用于弹性密封圈连接方式。

（7）卫生性能

1）输送饮用水的管材的卫生性能应符合 GB/T 17219—1998。

2）输送饮用水的管材的氯乙烯单体含量应不大于 1.0mg/kg。

3. 检验规则

（1）用相同原料、配方和工艺生产的同一规格的管材作为一批。当 $d_n \leqslant 63mm$ 时，每批数量不超过 50t；当 $d_n > 63mm$ 时，每批数量不超过 100t。如果生产 7 天仍不促批量，以 7 天产量为一批。

（2）分组：按表 14 规定对管材进行分组。

管材的尺寸分组 表 14

尺　寸　组	公称外径/mm
1	$d_n \leqslant 90$
2	$d_n > 90$

（3）出厂检验

1）出厂检验项目为外观、颜色、不透光性与管材尺寸和物理性能中纵向回缩率，力学性能中落锤冲击试验和 20℃、1h 的液压试验。

2）外观、颜色、不透光性和管道尺寸按 GB/T 2828.1—2003，采用正常检验一次抽样方案，取一般检验水平Ⅰ，按接收质量限（AQL）6.5，抽样方案见表 15。

抽　样　方　案 表 15

批量 N	样本量 n	接收数 Ac	拒收数 Re
≤150	8	1	2
151～280	13	2	3
281～500	20	3	4
501～1200	32	5	6
1201～3200	50	7	8
3201～10000	80	10	11

3）在计数抽样合格的产品中，随机抽取足够的样品，进行物理性能中纵向回缩率，力学性能中落锤冲击试验和20℃、1h的液压试验。

（4）判定规则

项目外观、颜色、不透光性和管材尺寸中任意一条不符合表15规定时，则判该批为不合格。物理力学性能中有一项达不到要求，则在该批中随机抽取双倍样进行该项复验。如仍不合格，则判该批为不合格批。卫生指标有一项不合格，判为不合格批。

4 构造检控要求

4.1 砌体工程

4.1.1 基本规定

(1) 砌筑基础前，应校核放线尺寸，允许偏差应符合表 4.1.1-1 的规定。

放线尺寸的允许偏差　　　　　　　　　　　　表 4.1.1-1

长度 L、宽度 B（m）	允许偏差（mm）	长度 L、宽度 B（m）	允许偏差（mm）
L（或 B）≤30	±5	60<L（或 B）≤90	±15
30<L（或 B）≤60	±10	L（或 B）>90	±20

(2) 砌体施工质量控制等级应分为三级，并应符合表 4.1.1-2 的划分。

施工质量控制等级　　　　　　　　　　　　表 4.1.1-2

项　　目	施工质量控制等级		
	A	B	C
现场质量管理	监督检查制度健全，并严格执行；施工方有在岗专业技术管理人员，人员齐全，并持证上岗	监督检查制度基本健全，并能执行；施工方有在岗专业技术管理人员，人员齐全，并持证上岗	有监督检查制度；施工方有在岗专业技术管理人员
砂浆、混凝土强度	试块按规定制作，强度满足验收规定，离散性小	试块按规定制作，强度满足验收规定，离散性较小	试块按规定制作，强度满足验收规定，离散性大
砂浆拌合	机械拌合；配合比计量控制严格	机械拌合；配合比计量控制一般	机械或人工拌合；配合比计量控制较差
砌筑工人	中级工以上，其中高级工不少于30%	高级工、中级工不少于70%	初级工以上

注：1. 砂浆、混凝土强度离散性大小根据强度标准差确定。

　　2. 配筋砌体不得为 C 级施工。

4.1.2 砌筑砂浆

(1) 砌筑砂浆应进行配合比设计。当砌筑砂浆的组成材料有变更时，其配合比应重新确定。砌筑砂浆的稠度宜按表 4.1.2 的规定采用。

砌筑砂浆的稠度 表 4.1.2

砌 体 种 类	砂 浆 稠 度 （mm）
烧结普通砖砌体 蒸压粉煤灰砖砌体	70～90
混凝土实心砖、混凝土多孔砖砌体 普通混凝土小型空心砌块砌体 蒸压灰砂砖砌体	50～70
烧结多孔砖、空心砖砌体 轻骨料小型空心砌块砌体 蒸压加气混凝土砌块砌体	60～80
石砌体	30～50

注：1. 采用薄灰砌筑法砌筑蒸压加气混凝土砌块砌体时，加气混凝土粘结砂浆的加水量按照其产品说明书控制；
   2. 当砌筑其他块体时，其砌筑砂浆的稠度可根据块体吸水特性及气候条件确定。

（2）砌筑砂浆试块强度验收时其强度合格标准应符合下列规定：

1）同一验收批砂浆试块抗压强度平均值应大于或等于设计强度等级值的 1.1 倍。

2）同一验收批砂浆试块抗压强度的最小一组平均值应大于或等于设计强度等级值的 85%。

注：1. 砌筑砂浆的验收批，同一类型、强度等级的砂浆试块不应少于 3 组；同一验收批砂浆只有 1 组或 2 组试块时，每组试块抗压强度平均值应大于或等于设计强度等级值的 1.10 倍；对于建筑结构的安全等级为一级或设计使用年限为 50 年及以上的房屋，同一验收批砂浆试块的数量不得少于 3 组；

   2. 砂浆强度应以标准养护、28d 龄期的试块抗压强度为准；

   3. 制作砂浆试块的砂浆稠度应与配合比设计一致。

抽检数量：每一检验批且不超过 250m³ 砌体的各类、各强度等级的普通砌筑砂浆，每台搅拌机应至少抽检一次。验收批的预拌砂浆、蒸压加气混凝土砌块专用砂浆，抽检可为 3 组。

检验方法：在砂浆搅拌机出料口或在湿拌砂浆的储存容器出料口随机取样制作砂浆试块（现场拌制的砂浆，同盘砂浆只应作 1 组试块），试块标养 28d 后作强度试验。预拌砂浆中的湿拌砂浆稠度应在进场时取样检验。

（3）当施工中或验收时出现下列情况，可采用现场检验方法对砂浆或砌体强度进行实体检测，并判定其强度：

1）砂浆试块缺乏代表性或试块数量不足；

2）对砂浆试块的试验结果有怀疑或有争议；

3）砂浆试块的试验结果，不能满足设计要求；

4）发生工程事故，需要进一步分析事故原因。

4.1.3 冬期施工

1. 冬期施工所用材料应符合下列规定：

（1）石灰膏、电石膏等应防止受冻，如遭冻结，应经融化后使用；

279

（2）拌制砂浆用砂，不得含有冰块和大于 10mm 的冻结块；

（3）砌体用块体不得遭水浸冻。

2. 冬期施工砂浆试块的留置，除应按常温规定要求外，尚应增加 1 组与砌体同条件养护的试块，用于检验转入常温 28d 的强度。如有特殊需要，可另外增加相应龄期的同条件养护的试块。

3. 冬期施工中砖、小砌块浇（喷）水湿润应符合下列规定：

（1）烧结普通砖、烧结多孔砖、蒸压灰砂砖、蒸压粉煤灰砖、烧结空心砖、吸水率较大的轻集料混凝土小型空心砌块在气温高于 0℃ 条件下砌筑时，应浇水湿润；在气温低于、等于 0℃ 条件下砌筑时，可不浇水，但必须增大砂浆稠度；

（2）普通混凝土小型空心砌块、混凝土多孔砖、混凝土实心砖及采用薄灰砌筑法的蒸压加气混凝土砌块施工时，不应对其浇（喷）水湿润；

（3）抗震设防烈度为 9 度的建筑物，当烧结普通砖、烧结多孔砖、蒸压粉煤灰砖、烧结空心砖无法浇水湿润时，如无特殊措施，不得砌筑。

4. 拌合砂浆时水的温度不得超过 80℃，砂的温度不得超过 40℃。

5. 配筋砌体不得采用掺氯盐的砂浆施工。

4.1.4　砌体的砌筑留槎与连接

1. 转角处及交接处的砌筑

（1）砖砌体的转角处和交接处应同时砌筑。不能同时砌筑而又必须留置临时间断处时，应砌成斜槎。详见图 4.1.4.1。

（2）隔墙与墙或柱如不同时砌筑而又不留成斜槎时，可于墙或柱中引出阳槎，或于墙或柱的灰缝中预埋拉结筋，每道不得少于 2 根。抗震设防地区建筑物的隔墙，除应留阳槎外，并应设置拉结筋。详见图 4.1.4.2。

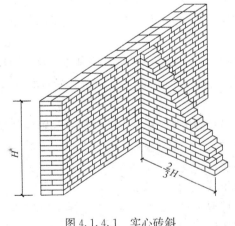

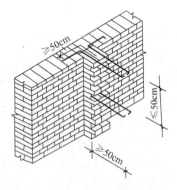

图 4.1.4.1　实心砖斜
槎砌筑示意图

图 4.1.4.2　实心砖直槎砌筑和
拉结筋示意图

（3）砖砌体接槎时，必须将接槎处的表面清理干净，浇水湿润，并应填实砂浆，保持灰缝平直。

（4）框架结构房屋的填充墙，应与框架中预埋的拉结筋连接。

2. 构造柱连接

（1）墙与构造柱应沿墙高每 500m 设置 2φ6 水平拉结钢筋连接，每边伸入墙内不应少于 1m。同时，当设计烈度为 8 度、9 度时，砖墙应砌成马牙槎，每一马牙槎沿高度方向的尺寸不宜超过 300mm，详见图 4.1.4.3。

（2）构造柱必须与圈梁连接，在柱与圈梁相交的节点处应适当加密柱的箍筋，加密范围在圈梁上、下均不应小于 1/6 层高或 450mm，箍筋间距不宜大于 100mm。

（3）构造柱一般可不必单独设置柱基或扩大基础面积。构造柱埋置深度从室外地面算起，不应小于 300mm。当基础设有圈梁时，构造柱根部可与圈梁连接，详见图 4.1.4.4（a）；无基础圈梁时，可在柱根部增设混凝土座，其厚度不应小于 120mm，并将柱的竖向钢筋锚固在该座内，详见图 4.1.4.4（b）。当墙体附有管沟时，构造柱埋置深度应大于沟深。

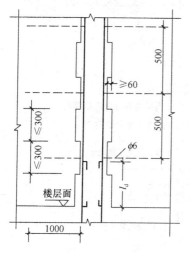

图 4.1.4.3　拉结钢筋布置及马牙槎示意图

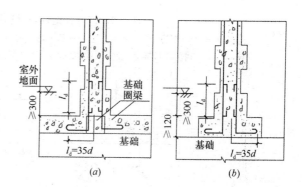

图 4.1.4.4　构造柱根部示意图

（4）当构造柱设置在无横墙的外墙垛处时，应将构造柱与横梁连接。与现浇混凝土横梁连接的节点构造，可参照图 4.1.4.5（a）；与预制装配式横梁连接的节点构造，可参照图 4.1.4.5（b）；当使用预制装配式叠合梁时，连接的节点构造可参照图 4.1.4.5（c）。

（5）对于纵墙承重的多层砖房，当需在无墙横处的纵墙中设置构造柱时，应在相应构造柱位置的楼板处预留一定宽度的板缝，做成现浇混凝土带。板缝宽度不宜小于构造柱的宽度。现浇混凝土带的钢筋不少于 4φ12，详见图 4.1.4.6。

（6）当预制横梁的宽度大于 180mm 时，构造柱的纵向钢筋可弯曲绕过横梁，伸入上柱与上柱钢筋搭接。当钢筋的折角大于 1∶6 时，可采用图 4.1.4.7（a）的搭接方式；当钢筋的折角小于 1∶6 时，可采用图 4.1.4.7（b）的搭接方式，并适当加密箍筋。

（7）构造柱截面不应小于 240mm×180mm。主筋一般采用 4φ12；箍筋采用 φ4～φ6，其间距不宜大于 250mm。为便于检查混凝土浇筑质量，应沿构造柱全高留有一定的混凝土外露面。若柱身外露有困难时，可利用马牙槎作为混凝土露面，详见图 4.1.4.8。

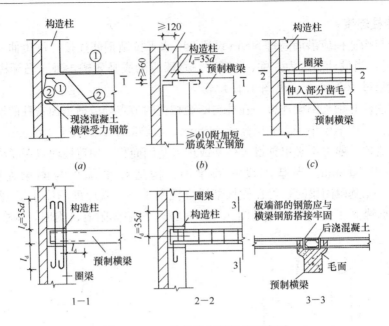

图 4.1.4.5　构造柱与梁连接示意图

(a) 中①号钢筋为架立钢筋，②号钢筋为弯起钢筋；(b) 当梁内不设弯起钢筋时，
可将①号架立钢筋端部作成图 (c) 2-2 剖面的形式锚固在圈梁中

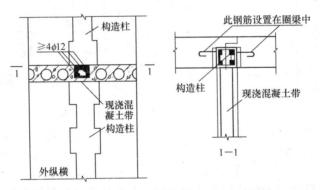

图 4.1.4.6　现浇混凝土带示意图

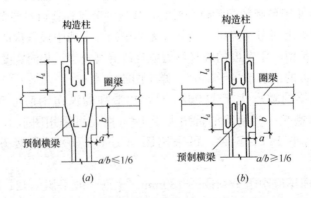

图 4.1.4.7　预制横梁宽度大于 180mm 时构造柱构造示意图

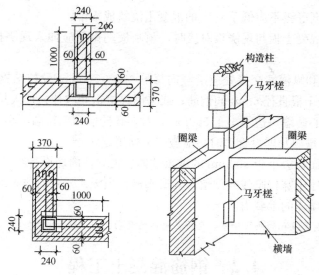

图 4.1.4.8 构造柱构造示意图

（8）根据马牙槎尺寸的要求，在墙体施工中，从每层柱脚开始，先退后进，以保证柱脚为大断面。当马牙槎齿深为 120mm 时，其上口可采用一皮进 60mm，再一皮进 120mm 的方法，以保证浇灌混凝土后上角密实。

3. 砌块墙的组砌

（1）砌块墙与后砌隔墙交接处，应沿墙高每 400mm 在水平灰缝内设置不少于 2 根直径不小于 4mm、横筋间距不应大于 200mm 的焊接钢筋网片（图 4.1.4.9）。

（2）混凝土中型空心砌块房屋，宜在外墙转角处、楼梯间四角的砌体孔洞内设置不少于 1φ12 的竖向钢筋，并用 C20 混凝土灌实。竖向钢筋应贯通墙高并锚固于基础和楼、屋盖、圈梁内，锚固长度不得小于 30d 的钢筋直径。绑扎接头搭接长度不得小于 35d。

（3）小型空心砌块的纵横交接处，距墙中心线每边不少于 300mm 范围内的孔洞，应用不低于砌块材料强度的混凝土灌实。其高度为墙的全高。

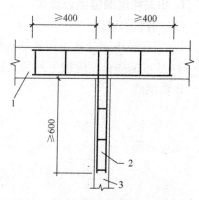

图 4.1.4.9 砌块墙与后砌隔墙
交接处钢筋网片
1—砌块墙；2—焊接钢筋网片；
3—后砌隔墙

4.1.5 砌体结构的一般构造要求

1. 预制钢筋混凝土板在混凝土圈梁上的支承长度不应小于 80mm，板端伸出的钢筋应与圈梁可靠连接，且同时浇筑；预制钢筋混凝土板在墙上的支承长度不应小于 100mm，并应按下列方法进行连接：

（1）板支承于内墙时，板端钢筋伸出长度不应小于 70mm，且与支座处沿墙配置的纵筋绑扎，用强度等级不应低于 C25 的混凝土浇筑成板带；

（2）板支承于外墙时，板端钢筋伸出长度不应小于 100mm，且与支座处沿墙配置的纵筋绑扎，并用强度等级不应低于 C25 的混凝土浇筑成板带；

（3）预制钢筋混凝土板与现浇板对接时，预制板端钢筋应伸入现浇板中进行连接后，再浇筑现浇板。

2. 墙体转角处和纵横墙交接处应沿竖向每隔 400～500mm 设拉结钢筋，其数量为每 120mm 墙厚不少于 1 根直径 6mm 的钢筋；或采用焊接钢筋网片，埋入长度从墙的转角或交接处算起，对实心砖墙每边不小于 500mm，对多孔砖墙和砌块墙不小于 700mm。

3. 在砌体中留槽洞及埋设管道时，应遵守下列规定：

（1）不应在截面长边小于 500mm 的承重墙体、独立柱内埋设管线；

（2）不宜在墙体中穿行暗线或预留、开凿沟槽，当无法避免时应采取必要的措施或按削弱后的截面验算墙体的承载力。

> 注：对受力较小或未灌孔的砌块砌体，允许在墙体的竖向孔洞中设置管线。

4.2　钢筋混凝土工程

4.2.1　钢筋工程

4.2.1.1　相关构造的锚固计算式与符号注释

1. 相关构造的锚固计算式

（1）钢筋的锚固

1）当计算中充分利用钢筋的抗拉强度时，受拉钢筋的锚固应符合下列要求：

① 基本锚固长度应按下列公式计算：

普通钢筋

$$l_{ab} = \alpha \frac{f_y}{f_t} d$$

预应力筋

$$l_{ab} = \alpha \frac{f_{py}}{f_t} d$$

式中　l_{ab}——受拉钢筋的基本锚固长度；

f_y、f_{py}——普通钢筋、预应力筋的抗拉强度设计值；

f_t——混凝土轴心抗拉强度设计值，当混凝土强度等级高于 C60 时，按 C60 取值；

d——锚固钢筋的直径；

α——锚固钢筋的外形系数，按表 4.2.1.1 取用。

锚固钢筋的外形系数 α　　　　　　　　　表 4.2.1.1

钢筋类型	光圆钢筋	带肋钢筋	螺旋肋钢丝	三股钢绞线	七股钢绞线
α	0.16	0.14	0.13	0.16	0.17

> 注：光圆钢筋末端应做 180°弯钩，弯后平直段长度不应小于 3d，但作受压钢筋时可不做弯钩。

② 受拉钢筋的锚固长度应根据锚固条件按下列公式计算，且不应小于 200mm：

$$l_a = \zeta_a l_{ab}$$

式中　l_a——受拉钢筋的锚固长度；

ζ_a——锚固长度修正系数，对普通钢筋按本规范第8.3.2条的规定取用，当多于一项时，可按连乘计算，但不应小于0.6；对预应力筋，可取1.0。

附：第8.3.2条 纵向受拉普通钢筋的锚固长度修正系数ζ_a应按下列规定取用：

1. 当带肋钢筋的公称直径大于25mm时，取1.10；

2. 环氧树脂涂层带肋钢筋取1.25；

3. 施工过程中易受扰动的钢筋取1.10；

4. 当纵向受力钢筋的实际配筋面积大于其设计计算面积时，修正系数取设计计算面积与实际配筋面积的比值，但对有抗震设防要求及直接承受动力荷载的结构构件，不应考虑此项修正；

5. 锚固钢筋的保护层厚度为3d时，修正系数可取0.80；保护层厚度为5d时，修正系数可取0.70，中间按内插取值，此处d为锚固钢筋的直径。

纵向受拉钢筋绑扎搭接接头的搭接长度，应根据位于同一连接区段内的钢筋搭接接头面积百分率按下列公式计算，且不应小于300mm。

$$l_l = \zeta_l l_a$$

式中 l_l——纵向受拉钢筋的搭接长度；

ζ_l——纵向受拉钢筋搭接长度修正系数，按表1取用。当纵向搭接钢筋接头面积百分率为表的中间值时，修正系数可按内插取值。

纵向受拉钢筋搭接长度修正系数 表1

纵向搭接钢筋接头面积百分率（%）	≤25	50	100
ζ_l	1.2	1.4	1.6

③ 框架梁和框架柱的纵向受力钢筋在框架节点区的锚固和搭接，对于框架中间层中间节点、中间层端节点、顶层中间节点以及顶层端节点，梁、柱纵向钢筋在节点部位的锚固和搭接，应符合图4.2.1.10的相关构造规定。l_{lE}按（GB 50010—2010）规范第11.1.7条规定取用，l_{abE}按下式取用：

$$l_{abE} = \zeta_{aE} l_{ab}$$

式中 ζ_{aE}——纵向受拉钢筋锚固长度修正系数，对一、二级抗震等级取1.15，对三级抗震等级取1.05，对四级抗震等级取1.00的规定取用。

附：第11.1.7条 混凝土结构构件的纵向受力钢筋的锚固和连接除应符合本规范第8.3节和第8.4节的有关规定外，尚应符合下列要求：

1 纵向受拉钢筋的抗震锚固长度l_{aE}应按下式计算：

$$l_{aE} = \zeta_{aE} l_a \tag{11.1.7-1}$$

式中 ζ_{aE}——纵向受拉钢筋抗震锚固长度修正系数，对一、二级抗震等级取1.15，对三级抗震等级取1.05，对四级抗震等级取1.00；

l_a——纵向受拉钢筋的锚固长度，按本规范第8.3.1条确定。

2 当采用搭接连接时，纵向受拉钢筋的抗震搭接长度l_{lE}应按下列公式计算：

$$l_{lE} = \zeta_l l_{aE} \tag{11.1.7-2}$$

式中 ζ_l——纵向受拉钢筋搭接长度修正系数，按本规范第8.4.4条确定。

4.2.1.2 混凝土保护层

设计使用年限为50年的混凝土结构，最外层钢筋的保护层厚度应符合表4.2.1.2的规定；设计使用年限为100年的混凝土结构，最外层钢筋的保护层厚度不应小于表4.2.1.2中数值的1.4倍。

混凝土保护层的最小厚度 c（mm）　　　　　　　　　表 4.2.1.2

环境类别	板、墙、壳	梁、柱、杆
一	15	20
二 a	20	25
二 b	25	35
三 a	30	40
三 b	40	50

注：1. 混凝土强度等级不大于 C25 时，表中保护层厚度数值应增加 5mm。

　　2. 钢筋混凝土基础宜设置混凝土垫层，基础中钢筋的混凝土保护层厚度应从垫层顶面算起，且不应小于 40mm。

4.2.1.3　钢筋弯折与箍筋示意

1. 钢筋弯折

检查钢筋弯折加工应符合图 4.2.1.3-1～图 4.2.1.3-3 的要求。

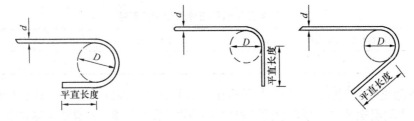

图 4.2.1.3-1　钢筋末端 180°弯钩　　　图 4.2.1.3-2　钢筋末端 90°或 135°弯折

2. 箍筋示意

箍筋的控制原则是：箍筋末端应作弯钩，弯钩形式应符合设计要求，当设计无具体要求时，用 HPB300 级钢筋或冷拔低碳钢丝制作的箍筋，其弯钩的弯曲直径应大于受力钢筋直径，且不小于箍筋直径的 2.5 倍，对一般结构，弯钩平直部分长度不宜小于箍筋直径的 5 倍。有抗震要求的，弯钩平直部分长度不小于箍筋长度的 10 倍。

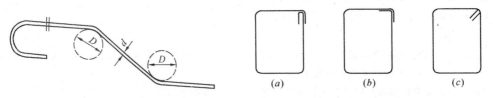

图 4.2.1.3-3　钢筋弯折加工　　　　　图 4.2.1.3-4　箍筋示意图

　　　　　　　　　　　　　　　　（a）90°/180°；（b）90°/90°；（c）135°/135°

4.2.1.4　钢筋的锚固

当纵向受拉普通钢筋末端采用弯钩或机械锚固措施时，包括弯钩或锚固端头在内的锚固长度（投影长度）可取为基本锚固长度 l_{ab} 的 60%。弯钩和机械锚固的形式（见图 4.2.1.4）和技术要求应符合表 4.2.1.4 的规定。

锚固形式	技 术 要 求
	钢筋弯钩和机械锚固的形式和技术要求　　表 4.2.1.4
90°弯钩	末端 90°弯钩，弯钩内径 4d，弯后直段长度 12d
135°弯钩	末端 135°弯钩，弯钩内径 4d，弯后直段长度 5d
一侧贴焊锚筋	末端一侧贴焊长 5d 同直径钢筋
两侧贴焊锚筋	末端两侧贴焊长 3d 同直径钢筋
焊端锚板	末端与厚度 d 的锚板穿孔塞焊
螺栓锚头	末端旋入螺栓锚头

注：1. 焊缝和螺纹长度应满足承载力要求。

2. 螺栓锚头和焊接锚板的承压净面积不应小于锚固钢筋截面积的 4 倍。

3. 螺栓锚头的规格应符合相关标准的要求。

4. 螺栓锚头和焊接锚板的钢筋净间距不宜小于 4d，否则应考虑群锚效应的不利影响。

5. 截面角部的弯钩和一侧贴焊锚筋的布筋方向宜向截面内侧偏置。

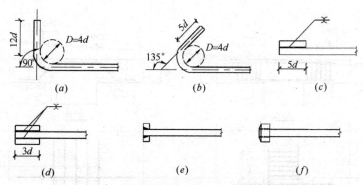

图 4.2.1.4　弯钩和机械锚固的形式和技术要求

(a) 90°弯钩；(b) 135°弯钩；(c) 侧贴焊锚筋；(d) 两侧贴焊锚筋；

(e) 穿孔塞焊锚板；(f) 螺栓锚头

4.2.1.5　钢筋的连接

同一构件中相邻纵向受力钢筋的绑扎搭接接头宜互相错开。钢筋绑扎搭接接头连接区段的长度为 1.3 倍搭接长度，凡搭接接头中点位于该连接区段长度内的搭接接头均属于同

一连接区段，见图 4.2.1.5。同一连接区段内纵向受力钢筋搭接接头面积百分率为该区段内有搭接接头的纵向受力钢筋与全部纵向受力钢筋截面面积的比值。当直径不同的钢筋搭接时，按直径较小的钢筋计算。

位于同一连接区段内的受拉钢筋搭接接头面积百分率：对梁类、板类及墙类构件，不宜大于 25%；对柱类构件，不宜大于 50%。当工程中确有必要增大受拉

图 4.2.1.5　同一连接区段内纵向
受拉钢筋的绑扎搭接接头

注：图中所示同一连接区段内的搭接接头钢筋为两根，当钢筋直径相同时，钢筋搭接接头面积百分率为 50%。

钢筋搭接接头面积百分率时，对梁类构件，不宜大于 50%；对板、墙、柱及预制构件的拼接处，可根据实际情况放宽。

并筋采用绑扎搭接连接时，应按每根单筋错开搭接的方式连接。接头面积百分率应按同一连接区段内所有的单根钢筋计算。并筋中，钢筋的搭接长度应按单筋分别计算。

4.2.1.6 板的钢筋构造

现浇混凝土板

（1）按计算所需的箍筋及相应的架立钢筋应配置在与 $45°$ 冲切破坏锥面相交的范围内，且从集中荷载作用面或柱截面边缘向外的分布长度不应小于 $1.5h_0$，见图 4.2.1.6（a）；箍筋直径不应小于 6mm，且应做成封闭式，间距不应大于 $h_0/3$，且不应大于 100mm；

（2）按计算所需弯起钢筋的弯起角度可根据板的厚度在 $30°\sim45°$ 之间选取；弯起钢筋的倾斜段应与冲切破坏锥面相交，见图 4.2.1.6（b），其交点应在集中荷载作用面或柱截面边缘以外（$1/2\sim2/3$）h 的范围内。弯起钢筋直径不宜小于 12mm，且每一方向不宜少于 3 根。

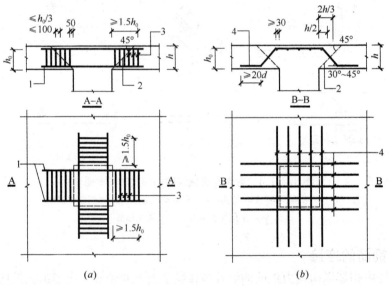

图 4.2.1.6　板中抗冲切钢筋布置

（a）用箍筋作抗冲切钢筋；（b）用弯起钢筋作抗冲切钢筋

注：图中尺寸单位 mm。

1—架立钢筋；2—冲切破坏锥面；3—箍筋；4—弯起钢筋

4.2.1.7 梁的钢筋构造

1. 位于梁下部或梁截面高度范围内的集中荷载，应全部由附加横向钢筋承担；附加横向钢筋宜采用箍筋。

箍筋应布置在长度为 $2h_1$ 与 $3b$ 之和的范围内，见图 4.2.1.7-1。当采用吊筋时，弯起段应伸至梁的上边缘，且末端水平段长度不应小于（GB 50010—2010）规范第 9.2.7 条的规定。

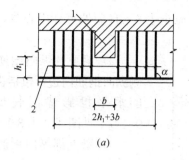
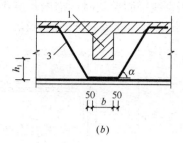

图 4.2.1.7-1　梁截面高度范围内有集中荷载作用时附加横向钢筋的布置

(a) 附加箍筋；(b) 附加吊筋

注：图中尺寸单位 mm。

1—传递集中荷载的位置；2—附加箍筋；3—附加吊筋

附：第 9.2.7 条　混凝土梁宜采用箍筋作为承受剪力的钢筋。

当采用弯起钢筋时，弯起角宜取 45°或 60°；在弯终点外应留有平行于梁轴线方向的锚固长度，且在受拉区不应小于 20d，在受压区不应小于 10d，d 为弯起钢筋的直径；梁底层钢筋中的角部钢筋不应弯起，顶层钢筋中的角部钢筋不应弯下。

2. 折梁的内折角处应增设箍筋见图 4.2.1.7-2。箍筋应能承受未在压区锚固纵向受拉钢筋的合力，且在任何情况下不应小于全部纵向钢筋合力的 35%。

3. 当梁的混凝土保护层厚度大于 50mm 且配置表层钢筋网片时，应符合下列规定：

（1）表层钢筋宜采用焊接网片，其直径不宜大于 8mm，间距不应大于 150mm；网

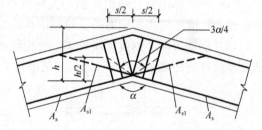

图 4.2.1.7-2　折梁内折角处的配筋

片应配置在梁底和梁侧，梁侧的网片钢筋应延伸至梁高的 2/3 处。

（2）两个方向上表层网片钢筋的截面积均不应小于相应混凝土保护层（见图 4.2.1.7-3 阴影部分）面积的 1%。

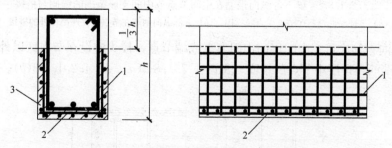

图 4.2.1.7-3　配置表层钢筋网片的构造要求

1—梁侧表层钢筋网片；2—梁底表层钢筋网片；3—配置网片钢筋区域

4.2.1.8　柱、梁柱节点的钢筋构造

1. 梁纵向钢筋在框架中间层端节点的锚固

（1）梁上部纵向钢筋伸入节点的锚固：

1）当采用直线锚固形式时，锚固长度不应小于 l_a，且应伸过柱中心线，伸过的长度不宜小于 $5d$，d 为梁上部纵向钢筋的直径。

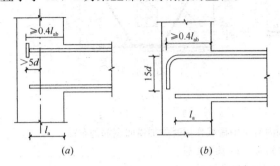

图 4.2.1.8-1　梁上部纵向钢筋在中间层
端节点内的锚固

（a）钢筋端部加锚头锚固；（b）钢筋末端90°弯折锚固

2）梁上部纵向钢筋宜伸至柱外侧纵向钢筋内边，包括机械锚头在内的水平投影锚固长度不应小于 $0.4 l_{ab}$，见图 4.2.1.8-1（a）。

3）梁上部纵向钢筋应伸至柱外侧纵向钢筋内边并向节点内弯折，其包含弯弧在内的水平投影长度不应小于 $0.4 l_{ab}$，弯折钢筋在弯折平面内包含弯弧段的投影长度不应小于 $15d$，见图 4.2.1.8-1（b）。

2. 框架中间层中间节点或连续梁中间支座，梁的上部纵向钢筋应贯穿节点或支座。梁的下部纵向钢筋宜贯穿节点或支座。

（1）当计算中充分利用钢筋的抗拉强度时，钢筋可采用直线方式锚固在节点或支座内，锚固长度不应小于钢筋的受拉锚固长度 l_a，见图 4.2.1.8-2（a）；

（2）钢筋可在节点或支座外梁中弯矩较小处设置搭接接头，搭接长度的起始点至节点或支座边缘的距离不应小于 $1.5h_0$，见图 4.2.1.8-2（b）。

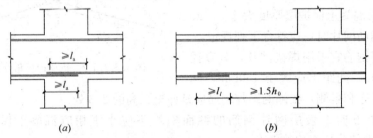

图 4.2.1.8-2　梁下部纵向钢筋在中间节点或中间支座范围的锚固与搭接

（a）下部纵向钢筋在节点中直线锚固；（b）下部纵向钢筋在节点或支座范围外的搭接

3. 柱纵向钢筋应贯穿中间层的中间节点或端节点，接头应设在节点区以外。

柱纵向钢筋在顶层中节点的锚固，见图 4.2.1.8-3（a）、图 4.2.1.8-3（b）。

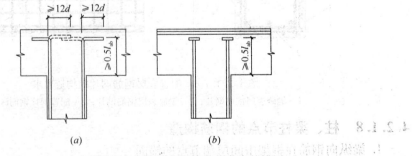

图 4.2.1.8-3　顶层节点中柱纵向钢筋在节点内的锚固

（a）柱纵向钢筋90°弯折锚固；（b）柱纵向钢筋端头加锚板锚固

4. 顶层端节点柱外侧纵向钢筋可弯入梁内作梁上部纵向钢筋；也可将梁上部纵向钢筋与柱外侧纵向钢筋在节点及附近部位搭接，见图 4.2.1.8-4(a)、图 4.2.1.8-4(b)。

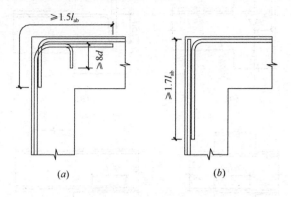

图 4.2.1.8-4　顶层端节点梁、柱纵向钢筋在节点内的锚固与搭接
（a）搭接接头沿顶层端节点外侧及梁端顶部布置；（b）搭接接头沿节点外侧直线布置

4.2.1.9　牛腿的钢筋构造

牛腿的钢筋构造见图 4.2.1.9。

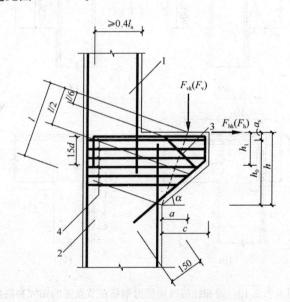

图 4.2.1.9　牛腿的外形及钢筋配置
注：图中尺寸单位 mm。
1—上柱；2—下柱；3—弯起钢筋；4—水平箍筋

4.2.1.10　抗震混凝土框架梁柱节点的钢筋构造

框架梁和框架柱的纵向受力钢筋在框架节点区的锚固和搭接应符合图 4.2.1.10 的相关构造规定。

4.2.1.11　抗震混凝土剪力墙及连梁的钢筋构造

对于一、二级抗震等级的连梁，当跨高比不大于 2.5 时，除普通箍筋外，宜另配置斜

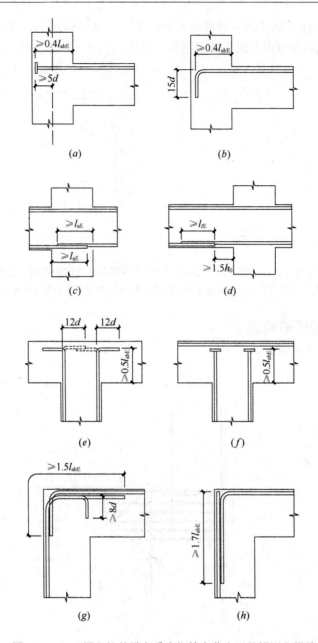

图 4.2.1.10 梁和柱的纵向受力钢筋在节点区的锚固和搭接

（a）中间层端节点梁筋加锚头（锚板）锚固；（b）中间层端间节点梁筋 90°弯折锚固；

（c）中间层中间节点梁筋在节点内直锚固；（d）中间层中间节点梁筋在节点外搭接；

（e）顶层中间节点柱筋 90°弯折锚固；（f）顶层中间节点柱筋加锚头（锚板）锚固；

（g）钢筋在顶层端节点外侧和梁端顶部弯折搭接；（h）钢筋在顶层端节点外侧直线搭接

向交叉钢筋。

（1）当洞口连梁截面宽度不小于 250mm，可采用交叉斜筋配筋，见图 4.2.1.11-1。

（2）当连梁截面宽度不小于 400mm 时，可采用集中对角斜筋配筋，见图 4.2.1.11-2 或对角暗撑配筋，见图 4.2.1.11-3。

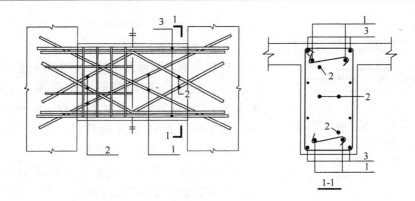

图 4.2.1.11-1 交叉斜筋配筋连梁

1—对角斜筋；2—折线筋；3—纵向钢筋

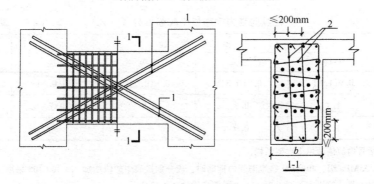

图 4.2.1.11-2 集中对角斜筋配筋连梁

1—对角斜筋；2—拉筋

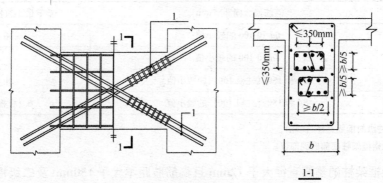

图 4.2.1.11-3 对角暗撑配筋连梁

1—对角暗撑

4.2.2 高层建筑混凝土结构的钢筋工程

4.2.2.1 框架结构的钢筋工程

1. 框架梁构造要求

框架梁上开洞时，洞口位置宜位于梁跨中 1/3 区段，洞口高度不应大于梁高的 40%；开洞较大时应进行承载力验算。梁上洞口周边应配置附加纵向钢筋和箍筋见图 4.2.2.1-

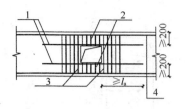

图 4.2.2.1-1 梁上洞口周边配
筋构造示意

1—洞口上、下附加纵向钢筋；2—洞口上、
下附加箍筋；3—洞口两侧附加箍筋；
4—梁纵向钢筋；l_a—受拉
钢筋的锚固长度

1，并应符合计算及构造要求。

2. 框架柱构造要求

柱纵向钢筋和箍筋配置应符合下列要求：

（1）柱全部纵向钢筋的配筋率，不应小于表 4.2.2.1-1 的规定值，且柱截面每一侧纵向钢筋配筋率不应小于 0.2%；抗震设计时，对Ⅳ类场地上较高的高层建筑，表中数值应增加 0.1。

（2）抗震设计时，柱箍筋在规定的范围内应加密，加密区的箍筋间距和直径，应符合下列要求：

1）箍筋的最大间距和最小直径，应按表 4.2.2.1-2 采用：

柱纵向受力钢筋最小配筋百分率（％）　　　　表 4.2.2.1-1

柱类型	抗 震 等 级				非抗震
	一级	二级	三级	四级	
中柱、边柱	0.9(1.0)	0.7(0.8)	0.6(0.7)	0.5(0.6)	0.5
角柱	1.1	0.9	0.8	0.7	0.5
一框支柱	1.1	0.9	—	—	0.7

注：1. 表中括号内数值适用于框架结构；

2. 采用 335MPa 级、400MPa 级纵向受力钢筋时，应分别按表中数值增加 0.1 和 0.05 采用；

3. 当混凝土强度等级高于 C60 时，上述数值应增加 0.1 采用。

柱端箍筋加密区的构造要求　　　　表 4.2.2.1-2

抗震等级	箍筋最大间距（mm）	箍筋最小直径（mm）
一级	6d 和 100 的较小值	10
二级	8d 和 100 的较小值	8
三级	8d 和 150（柱根 100）的较小值	8
四级	8d 和 150（柱根 100）的较小值	6（柱根 8）

注：1. d 为柱纵向钢筋直径（mm）；

2. 柱根指框架柱底部嵌固部位。

2）一级框架柱的箍筋直径大于 12mm 且箍筋肢距不大于 150mm 及二级框架柱箍筋直径不小于 10mm 且肢距不大于 200mm 时，除柱根外最大间距应允许采用 150mm；三级框架柱的截面尺寸不大于 400mm 时，箍筋最小直径应允许采用 6mm；四级框架柱的剪跨比不大于 2 或柱中全部纵向钢筋的配筋率大于 3% 时，箍筋直径不应小于 8mm；

3）剪跨比不大于 2 的柱，箍筋间距不应大于 100mm。

3. 钢筋的连接和锚固

（1）非抗震设计时，框架梁、柱的纵向钢筋在框架节点区的锚固和搭接，见图 4.2.2.1-2。

（2）抗震设计时，框架梁、柱的纵向钢筋在框架节点区的锚固和搭接，见图 4.2.2.1-3。

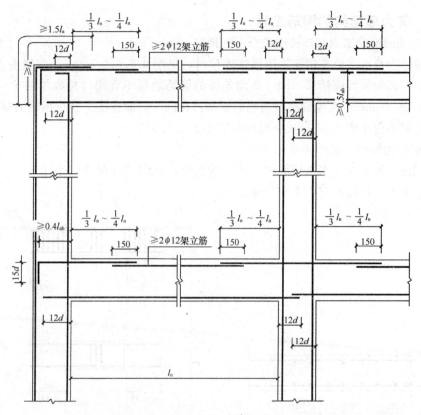

图 4.2.2.1-2 非抗震设计时框架梁、柱纵向钢筋在节点区的锚固示意

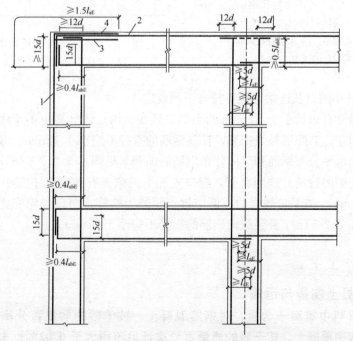

图 4.2.2.1-3 抗震设计时框架梁、柱纵向钢筋在节点区的锚固示意
1—柱外侧纵向钢筋;2—梁上部纵向钢筋;3—伸入梁内的柱外侧纵向钢筋;
4—不能伸入梁内的柱外侧纵向钢筋,可伸入板内

4.2.2.2 剪力墙结构的钢筋工程

1. 剪力墙的钢筋锚固和连接应符合下列规定：

剪力墙竖向及水平分布钢筋采用搭接连接时，见图 4.2.2.2-1，一、二级剪力墙的底部加强部位，接头位置应错开，同一截面连接的钢筋数量不宜超过总数量的 50%，错开净距不宜小于 500mm；其他情况剪力墙的钢筋可在同一截面连接。分布钢筋的搭接长度，非抗震设计时不应小于 $1.2l_a$，抗震设计时应小于 $1.2l_{aE}$。

2. 连梁的配筋构造见图 4.2.2.2-2。

连梁顶面、底面纵向水平钢筋伸入墙肢的长度，抗震设计时不应小于 l_{aE}，非抗震设计时不应小于 l_a，且均不应小于 600mm。

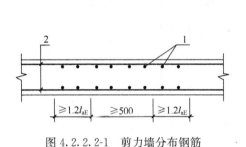

图 4.2.2.2-1　剪力墙分布钢筋
的搭接连接

1—竖向分布钢筋；2—水平分布钢筋；
非抗震设计时图中 l_{aE} 取 l_a

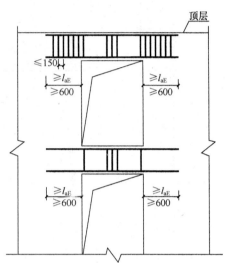

图 4.2.2.2-2　连梁配筋构造示意

注：非抗震设计时图中 l_{aE} 取 l_a

3. 剪力墙开小洞口和连梁开洞应符合下列规定：

（1）剪力墙开有边长小于 800mm 的小洞口且在结构整体计算中不考虑其影响时，应在洞口上、下和左、右配置补强钢筋，补强钢筋的直径不应小于 12mm；截面面积应分别不小于被截断的水平分布钢筋和竖向分布钢筋的面积，见图 4.2.2.2-3（a）；

（2）穿过连梁的管道宜预埋套管，洞口上、下的截面有效高度不宜小于梁高的 1/3，且不宜小于 200mm；被洞口削弱的截面应进行承载力验算，洞口处应配置补强纵向钢筋和箍筋见图 4.2.2.2-3（b），补强纵向钢筋的直径不应小于 12mm。

4.2.3　混凝土工程

4.2.3.1　混凝土制备与运输

混凝土细骨料中氯离子含量，对钢筋混凝土，按干砂的质量百分率计算不得大于 0.06%；对预应力混凝土，按干砂的质量百分率计算不得大于 0.02%；未经处理的海水严禁用于钢筋混凝土结构和预应力混凝土结构中。

1. 混凝土配合比

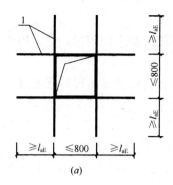 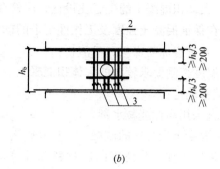

(a)   *(b)*

图 4.2.2.2-3 洞口补强配筋示意

（a）剪力墙洞口；（b）连梁洞口

1—墙洞口周边补强钢筋；2—连梁洞口上、下补强纵向箍筋；

3—连梁洞口补强箍筋；非抗震设计时图中 l_{aE} 取 l_a

（1）混凝土的配制强度应按下列规定计算：

1）当设计强度等级低于 C60 时，配制强度应按下式确定：

$$f_{cu,0} \geqslant f_{cu,k} + 1.645\sigma$$

式中 $f_{cu,0}$——混凝土的配制强度（MPa）；

      $f_{cu,k}$——混凝土立方体抗压强度标准值（MPa）；

       σ——混凝土强度标准差（MPa）。

2）当设计强度等级不低于 C60 时，配制强度应按下式确定：

$$f_{cu,0} \geqslant 1.15 f_{cu,k}$$

（2）混凝土强度标准差应按下列规定计算确定：

1）当具有近期的同品种混凝土的强度资料时，其混凝土强度标准差 σ 应按下列公式计算：

$$\sigma = \sqrt{\dfrac{\sum\limits_{i=1}^{n} f_{cu,i}^2 - n m_{fcu}^2}{n-1}}$$

式中 $f_{cu,i}$——第 i 组的试件强度（MPa）；

     m_{fcu}——n 组试件的强度平均值（MPa）；

      n——试件组数，n 值不应小于 30。

2）按本条第 1 款计算混凝土强度标准差时：强度等级不高于 C30 的混凝土，计算得到的 σ 大于等于 3.0MPa 时，应按计算结果取值；计算得到的 σ 小于 3.0MPa 时，σ 应取 3.0MPa。强度等级高于 C30 且低于 C60 的混凝土，计算得到的 σ 大于等于 4.0MPa 时，应按计算结果取值；计算得到的 σ 小于 4.0MPa 时，σ 应取 4.0MPa。

3）当没有近期的同品种混凝土强度资料时，其混凝土强度标准差 σ 可按表 4.2.3.1-1 取用。

混凝土强度标准差 σ 值（MPa）   表 4.2.3.1-1

混凝土强度等级	≤C20	C25～C45	C50～C55
σ	4.0	5.0	6.0

（3）大体积混凝土的配合比设计，应符合下列规定：

1）在保证混凝土强度及工作性要求的前提下，应控制水泥用量，宜选用中、低水化热水泥，并宜掺加粉煤灰、矿渣粉；

2）温度控制要求较高的大体积混凝土，其胶凝材料用量、品种等宜通过水化热和绝热温升试验确定；

3）宜采用高性能减水剂。

（4）混凝土配合比的试配、调整和确定，应按下列步骤进行：

1）采用工程实际使用的原材料和计算配合比进行试配。每盘混凝土试配量不应小于 20L；

2）进行试拌，并调整砂率和外加剂掺量等使拌合物满足工作性要求，提出试拌配合比；

3）在试拌配合比的基础上，调整胶凝材料用量，提出不少于 3 个配合比进行试配。根据试件的试压强度和耐久性试验结果，选定设计配合比；

4）应对选定的设计配合比进行生产适应性调整，确定施工配合比；

5）对采用搅拌运输车运输的混凝土，当运输时间较长时，试配时应控制混凝土坍落度经时损失值。

（5）施工配合比应经技术负责人批准。在使用过程中，应根据反馈的混凝土动态质量信息，对混凝土配合比及时进行调整。

（6）遇有下列情况时，应重新进行配合比设计：

1）当混凝土性能指标有变化或有其他特殊要求时；

2）当原材料品质发生显著改变时；

3）同一配合比的混凝土生产间断三个月以上时。

2. 混凝土搅拌

（1）当粗、细骨料的实际含水量发生变化时，应及时调整粗、细骨料和拌合用水的用量。

（2）混凝土搅拌时应对原材料用量准确计量，并应符合下列规定：

1）计量设备的精度应符合现行国家标准《混凝土搅拌站（楼）》GB 10171 的有关规定，并应定期校准。使用前设备应归零。

2）原材料的计量应按重量计，水和外加剂溶液可按体积计，其允许偏差应符合表4.2.3.1-2 的规定。

混凝土原材料计量允许偏差（％） 表 4.2.3.1-2

原材料品种	水泥	细骨料	粗骨料	水	矿物掺合料	外加剂
每盘计量允许偏差	±2	±3	±3	±1	±2	±1
累计计量允许偏差	±1	±2	±2	±1	±1	±1

注：1. 现场搅拌时原材料计量允许偏差应满足每盘计量允许偏差要求；

2. 累计计量允许偏差指每一运输车中各盘混凝土的每种材料累计称量的偏差，该项指标仅适用于采用计算机控制计量的搅拌站；

3. 骨料含水率应经常测定，雨、雪天施工应增加测定次数。

（3）混凝土应搅拌均匀，宜采用强制式搅拌机搅拌。混凝土搅拌的最短时间可按表 4.2.3.1-3 采用，当能保证搅拌均匀时可适当缩短搅拌时间。搅拌强度等级 C60 及以上的混凝土时，搅拌时间应适当延长。

混凝土搅拌的最短时间（s）　　　　　　　表 4.2.3.1-3

混凝土坍落度（mm）	搅拌机机型	搅拌机出料量（L）		
		＜250	250～500	＞500
≤40	强制式	60	90	120
＞40，且＜100	强制式	60	60	90
≥100	强制式	60		

注：1. 混凝土搅拌时间指从全部材料装入搅拌筒中起，到开始卸料时止的时间段；

2. 当掺有外加剂与矿物掺合料时，搅拌时间应适当延长；

3. 采用自落式搅拌机时，搅拌时间宜延长 30s；

4. 当采用其他形式的搅拌设备时，搅拌的最短时间也可按设备说明书的规定或经试验确定。

（4）对首次使用的配合比应进行开盘鉴定，开盘鉴定应包括下列内容：

1）混凝土的原材料与配合比设计所采用原材料的一致性；

2）出机混凝土工作性与配合比设计要求的一致性；

3）混凝土强度；

4）混凝土凝结时间；

5）工程有要求时，尚应包括混凝土耐久性能等。

3. 混凝土运输

（1）采用混凝土搅拌运输车运输混凝土时，应符合下列规定：

1）接料前，搅拌运输车应排净罐内积水；

2）在运输途中及等候卸料时，应保持搅拌运输车罐体正常转速，不得停转；

3）卸料前，搅拌运输车罐体宜快速旋转搅拌 20s 以上后再卸料。

（2）采用搅拌运输车运输混凝土时，施工现场车辆出入口处应设置交通安全指挥人员，施工现场道路应顺畅，有条件时宜设置循环车道；危险区域应设置警戒标志；夜间施工时，应有良好的照明。

（3）采用搅拌运输车运输混凝土，当混凝土坍落度损失较大不能满足施工要求时，可在运输车罐内加入适量的与原配合比相同成分的减水剂。减水剂加入量应事先由试验确定，并应作出记录。加入减水剂后，搅拌运输车罐体应快速旋转，搅拌均匀，并应达到要求的工作性能后再泵送或浇筑。

（4）当采用机动翻斗车运输混凝土时，道路应通畅，路面应平整、坚实，临时坡道或支架应牢固，铺板接头应平顺。

（5）商品混凝土运至现场，混凝土应保持匀质性和合适的坍落度，运转过程中不应出现分层、离析、漏浆、冷凝等现象。冲洗料斗和罐车的水不得注入混凝土中。

4. 质量检查

（1）经产品认证符合要求的水泥、外加剂，其检验批量可扩大一倍。在同一工程中，同一厂家、同一品种、同一规格的水泥、外加剂，连续三次进场检验均一次合格时，其后的检验批量可扩大一倍。

（2）应对水泥的强度、安定性及凝结时间进行检验。同一生产厂家、同一等级、同一品种、同一批号且连续进场的水泥，袋装水泥不超过 200t 应为一批，散装水泥不超过 500t 应为一批。

（3）当使用中水泥质量受不利环境影响或水泥出厂超过三个月（快硬硅酸盐水泥超过一个月）时，应进行复验，并应按复验结果使用。

（4）混凝土浇筑坍落度分级、选用与维勃稠度分级

1）混凝土浇筑坍落度分级、选用

①根据坍落度大小，混凝土拌合物可分为四级，并应符合表 4.2.3.1-4 中的规定。

混凝土坍落度分级   表 4.2.3.1-4

级 别	名 称	坍落度（mm）
T_1	低塑性混凝土	10～40
T_2	塑性混凝土	50～90
T_3	流动性混凝土	100～150
T_4	大流动性混凝土	≥160

注：在分级判定时，坍落度检验结果值，取舍到临近的 10mm。

②混凝土浇筑时的坍落度选用表见表 4.2.3.1-5。

混凝土浇筑时的坍落度选用表   表 4.2.3.1-5

结 构 种 类	坍落度（mm）
基础或地面等的垫层，无配筋的大体积结构（挡土墙基础等）或配筋稀疏的结构	10～30
板梁和大型及中型截面的柱子等	30～50
配筋密列的结构（薄壁、斗仓、细柱等）	50～70
配筋特密的结构	70～90

注：1. 本表采用机械振捣时的混凝土坍落度，当采用工人捣实时，其值可适当增大。

2. 当需要配制大坍落度混凝土（如泵送混凝土的坍落度一般应为 80～180mm）时，应掺用外加剂。

3. 曲面或斜面结构混凝土坍落度，应根据实际需要另行选定。

4. 轻骨料混凝土坍落度，宜比表中数值减少 10～20mm。

2）混凝土维勃稠度分级

混凝土拌合物分级和应检验的质量指标

混凝土拌合物的稠度是以坍落度或维勃稠度表示的。坍落度是适用于干塑性和流动性混凝土拌合物；维勃稠度适用于干硬性混凝土拌合物，其检测方法按现行国家标准《普通混凝土拌合物性能试验方法标准》GB/T 50080 的规定进行。

根据维勃稠度大小，混凝土拌合物也分为四级，并应符合表 4.2.3.1-6 的规定：

混凝土维勃稠度分级   表 4.2.3.1-6

级 别	名 称	维勃稠度（s）
V_0	超干硬性混凝土	≥31
V_1	特干硬性混凝土	21～30
V_2	干硬性混凝土	11～20
V_3	半干硬性混凝土	5～10

（5）混凝土坍落度、维勃稠度的质量检查应符合下列规定：

1）坍落度和维勃稠度的检验方法，应符合现行国家标准《普通混凝土拌合物性能试验方法标准》GB/T 50080 的有关规定；

2）坍落度、维勃稠度的允许偏差应符合表 4.2.3.1-7 的规定；

3）预拌混凝土的坍落度检查应在交货地点进行；

4）坍落度大于 220mm 的混凝土，可根据需要测定其坍落扩展度，扩展度的允许偏差为±30mm。

混凝土坍落度、维勃稠度的允许偏差　　　　　　　　　表 4.2.3.1-7

坍落度（mm）			
设计值（mm）	≤40	50～90	≥100
允许偏差（mm）	±10	±20	±30
维勃稠度（s）			
设计值（s）	≥11	10～6	≤5
允许偏差（s）	±3	±2	±1

（6）掺引气剂或引气型外加剂的混凝土拌合物，应按现行国家标准《普通混凝土拌合物性能试验方法标准》GB/T 50080 的有关规定检验含气量，含气量宜符合表 4.2.3.1-8 的规定。

混凝土含气量限值　　　　　　　　　表 4.2.3.1-8

粗骨料最大公称粒径（mm）	混凝土含气量（%）
20	≤5.5
25	≤5.0
40	≤4.5

4.2.3.2　现浇结构工程

混凝土拌合物入模温度不应低于 5℃，且不应高于 35℃。

混凝土运输、输送、浇筑过程中严禁加水；混凝土运输、输送、浇筑过程中散落的混凝土严禁用于混凝土结构构件的浇筑。

1. 混凝土输送

（1）混凝土输送泵的选择及布置应符合下列规定：

1）输送泵的选型应根据工程特点、混凝土输送高度和距离、混凝土工作性确定；

2）输送泵的数量应根据混凝土浇筑量和施工条件确定，必要时应设置备用泵；

3）输送泵设置的位置应满足施工要求，场地应平整、坚实，道路应畅通；

4）输送泵的作业范围不得有阻碍物；输送泵设置位置应有防范高空坠物的设施。

（2）输送泵输送混凝土应符合下列规定：

1）应先进行泵水检查，并应湿润输送泵的料斗、活塞等直接与混凝土接触的部位；泵水检查后，应清除输送泵内积水；

2）输送混凝土前，宜先输送水泥砂浆对输送泵和输送管进行润滑，然后开始输送混凝土；

3）输送混凝土应先慢后快、逐步加速，应在系统运转顺利后，再按正常速度输送；

4）输送混凝土过程中，应设置输送泵集料斗网罩，并应保证集料斗有足够的混凝土余量。

2. 按规定的要求对混凝土试块进行取样，制作与养护，试验与评定要求

（1）混凝土的取样

1）混凝土的取样，宜根据标准规定的检验评定方法要求制定检验批的划分方案和相应的取样计划。

2）混凝土强度试样应在混凝土的浇筑地点随机抽取。

3）试件的取样频率和数量应符合下列规定：

① 每100盘，但不超过100m³的同配合比混凝土，取样次数不应少于一次；

② 每一工作班拌制的同配合比混凝土，不足100盘和100m³时，其取样次数不应少于一次；

③ 当一次连续浇筑的同配合比混凝土超过1000m³时，每200m³取样不应少于一次；

④ 对房屋建筑，每一楼层、同一配合比的混凝土，取样不应少于一次。

4）每批混凝土试样应制作的试件总组数，除满足本标准第5章规定的混凝土强度评定所必需的组数外，还应留置为检验结构或构件施工阶段混凝土强度所必需的试件。

（2）混凝土试件的制作与养护

1）每次取样应至少制作一组标准养护试件。

2）每组3个试件应由同一盘或同一车的混凝土中取样制作。

3）检验评定混凝土强度用的混凝土试件，其成型方法及标准养护条件应符合现行国家标准《普通混凝土力学性能试验方法标准》GB/T 50081的规定。

4）采用蒸汽养护的构件，其试件应先随构件同条件养护，然后应置入标准养护条件下继续养护，两段养护时间的总和应为设计规定龄期。

附：试块制作方法与要求

（1）混凝土试件制作应按下列步骤进行：

取样或拌制好的混凝土拌合物应至少用铁锹再来回拌合三次。选择成型方法成型。

1）用振动台振实制作试件应按下述方法进行：

① 将混凝土拌合物一次装入试模，装料时应用抹刀沿各试模壁插捣，并使混凝土拌合物高出试模口；

② 试模应附着或固定在符合标准要求的振动台上，振动时试模不得有任何跳动，振动应持续到表面出浆为止；不得过振。

2）用人工插捣制作试件应按下述方法进行：

① 混凝土拌合物分两层装入模内，每层的装料厚度大致相等；

② 插捣应按螺旋方向从边缘向中心均匀进行。在插捣底层混凝土时，振捣棒应达到试模底部；插捣上层时，振捣棒应贯穿上层后插入下层20~30mm；插捣时振捣棒应保持垂直，不得倾斜。然后，应用抹刀沿试模内壁插数次；

③ 每层插捣次数按在10000mm²截面积内不得小于12次；

④ 插捣后应用橡皮锤轻轻敲击试模四周，直至插捣棒留下的空洞消失为止。

3）用插入式振捣棒振实制作试件应按下述方法进行：

① 将混凝土拌合物一次装入试模，装料时应用抹刀沿各试模壁插捣，并使混凝土拌合物高出试模口；

② 宜用直径 ϕ25mm的插入振捣棒，插入试模振捣时，振捣棒距试模板10~20mm且不得触及试模底板，振动应持续到表面出浆为止，且应避免过振，以防止混凝土离析；一般振捣时间为20s。振捣棒拔出时要缓慢，拔出后不得留有孔洞。

（2）刮除试模上口多余的混凝土，待混凝土临近初凝时，用抹刀抹平。

（3）混凝土试件的试验

1）混凝土试件的立方体抗压强度试验应根据现行国家标准《普通混凝土力学性能试验方法标准》GB/T 50081 的规定执行。每组混凝土试件强度代表值的确定，应符合下列规定：

① 取 3 个试件强度的算术平均值作为每组试件的强度代表值；

② 当一组试件中强度的最大值或最小值与中间值之差超过中间值的 15％时，取中间值作为该组试件的强度代表值；

③ 当一组试件中强度的最大值和最小值与中间值之差均超过中间值的 15％时，该组试件的强度不应作为评定的依据。

注：对掺矿物掺合料的混凝土进行强度评定时，可根据设计规定，可采用大于 28d 龄期的混凝土强度。

2）当采用非标准尺寸试件时，应将其抗压强度乘以尺寸折算系数，折算成边长为 150mm 的标准尺寸试件抗压强度。尺寸折算系数按下列规定采用：

① 当混凝土强度等级低于 C60 时，对边长为 100mm 的立方体试件取 0.95，对边长为 200mm 的立方体试件取 1.05；

② 当混凝土强度等级不低于 C60 时，宜采用标准尺寸试件；使用非标准尺寸试件时，尺寸折算系数应由试验确定，其试件数量不应少于 30 对组。

（4）混凝土强度的检验评定

1）统计方法评定

① 采用统计方法评定时，应按下列规定进行：

A. 当连续生产的混凝土，生产条件在较长时间内保持一致，且同一品种、同一强度等级混凝土的强度变异性保持稳定时，应按 1）统计方法评定中的②条的规定进行评定。

B. 其他情况应按 1）统计方法评定中③条的规定进行评定。

② 一个检验批的样本容量应为连续的 3 组试件，其强度应同时符合下列规定：

$$m_{f_{cu}} \geqslant f_{cu,k} + 0.7\sigma_0$$

$$f_{cu,min} \geqslant f_{cu,k} - 0.7\sigma_0$$

检验批混凝土立方体抗压强度的标准差应按下式计算：

$$\sigma_0 = \sqrt{\frac{\sum_{i=1}^{n} f_{cu,i}^2 - nm_{f_{cu}}^2}{n-1}}$$

当混凝土强度等级不高于 C20 时，其强度的最小值尚应满足下式要求：

$$f_{cu,min} \geqslant 0.85 f_{cu,k}$$

当混凝土强度等级高于 C20 时，其强度的最小值尚应满足下列要求：

$$f_{cu,min} \geqslant 0.9 f_{cu,k}$$

式中　$m_{f_{cu}}$——同一检验批混凝土立方体抗压强度的平均值（N/mm²），精确到 0.1N/mm²；

　　　$f_{cu,k}$——混凝土立方体抗压强度标准值（N/mm²），精确到 0.1N/mm²；

　　　σ_0——检验批混凝土立方体抗压强度的标准差（N/mm²），精确到 0.01N/mm²；

当检验批混凝土强度标准差的计算值小于 $2.5N/mm^2$ 时，应取 $2.5N/mm^2$；

$f_{cu,i}$——前一个检验期内同一品种、同一强度等级的第 i 组混凝土试件的立方体抗压强度代表值 N/mm^2，精确到 $0.1N/mm^2$；该检验期不应少于 60d，也不得大于 90d；

n——前一检验期内的样本容量，在该期间内样本容量不应少于 45；

$f_{cu,min}$——同一检验批混凝土立方体抗压强度的最小值 N/mm^2，精确到 $0.1N/mm^2$。

③ 当样本容量不少于 10 组时，其强度应同时满足下列要求：

$$m_{fcu} \geqslant f_{cu,k} + \lambda_1 \cdot S_{fcu}$$

$$f_{cu,min} \geqslant \lambda_2 \cdot f_{cu,k}$$

同一检验批混凝土立方体抗压强度的标准差应按下式计算：

$$S_{fcu} = \sqrt{\frac{\sum\limits_{i=1}^{n} f_{cu,i}^2 - nm_{fcu}^2}{n-1}}$$

式中　S_{fcu}——同一检验批混凝土立方体抗压强度的标准差（N/mm^2），精确到 $0.01N/mm^2$；当检验批混凝土强度标准差 S_{fcu} 计算值小于 $2.5N/mm^2$ 时，应取 $2.5N/mm^2$；

λ_1、λ_2——合格评定系数，按表 4.2.3.2-1 取用；

n——本检验期内的样本容量。

混凝土强度的合格评定系数　　　　　表 4.2.3.2-1

试件组数	10～14	15～19	≥20
λ_1	1.15	1.05	0.95
λ_2	0.85		0.90

2）非统计方法评定

① 当用于评定的样本容量小于 10 组时，应采用非统计方法评定混凝土强度。

② 按非统计方法评定混凝土强度时，其强度应同时符合下列规定：

$$m_{fcu} \geqslant \lambda_3 \cdot f_{cu,k}$$

$$f_{cu,min} \geqslant \lambda_4 \cdot f_{cu,k}$$

式中　λ_3、λ_4——合格评定系数，应按表 4.2.3.2-2 取用。

混凝土强度的非统计法合格评定系数　　　　　表 4.2.3.2-2

混凝土强度等级	＜C60	≥C60
λ_3	1.15	1.10
λ_4	0.95	

3）混凝土强度的合格性评定

① 当检验结果满足 1）统计方法评定中的②条或③条或 2）非统计方法评定中的②条的规定时，则该批混凝土强度应评定为合格；当不能满足上述规定时，该批混凝土强度应评定为不合格。

② 对评定为不合格批的混凝土，可按国家现行的有关标准进行处理。

3. 混凝土浇筑

(1) 混凝土应分层浇筑，分层厚度应符合规范的规定，上层混凝土应在下层混凝土初凝之前浇筑完毕。

(2) 混凝土运输、输送入模的过程应保证混凝土连续浇筑，从运输到输送入模的延续时间不宜超过表 4.2.3.2-3 的规定，且不应超过表 4.2.3.2-4 的规定。掺早强型减水剂、早强剂的混凝土，以及有特殊要求的混凝土，应根据设计及施工要求，通过试验确定允许时间。

运输到输送入模的延续时间（min） 表 4.2.3.2-3

条件	气温	
	≤25℃	>25℃
不掺外加剂	90	60
掺外加剂	150	120

运输、输送入模及其间歇总的时间限值（min） 表 4.2.3.2-4

条件	气温	
	≤25℃	>25℃
不掺外加剂	180	150
掺外加剂	240	210

(3) 柱、墙模板内的混凝土浇筑不得发生离析，倾落高度应符合表 4.2.3.2-5 的规定；当不能满足要求时，应加设串筒、溜管、溜槽等装置。

柱、墙模板内混凝土浇筑倾落高度限值（m） 表 4.2.3.2-5

条件	浇筑倾落高度限值
粗骨料粒径大于 25mm	≤3
粗骨料粒径小于等于 25mm	≤6

注：当有可靠措施能保证混凝土不产生离析时，混凝土倾落高度可不受本表限制。

(4) 柱、墙混凝土设计强度等级高于梁、板混凝土设计强度等级时，混凝土浇筑应符合下列规定：

1) 柱、墙混凝土设计强度比梁、板混凝土设计强度高一个等级时，柱、墙位置梁、板高度范围内的混凝土经设计单位确认，可采用与梁、板混凝土设计强度等级相同的混凝土进行浇筑；

2) 柱、墙混凝土设计强度比梁、板混凝土设计强度高两个等级及以上时，应在交界区域采取分隔措施；分隔位置应在低强度等级的构件中，且距高强度等级构件边缘不应小于 500mm；

3) 宜先浇筑强度等级高的混凝土，后浇筑强度等级低的混凝土。

(5) 泵送混凝土浇筑应符合下列规定：

1) 宜根据结构形状及尺寸、混凝土供应、混凝土浇筑设备、场地内外条件等划分每台输送泵的浇筑区域及浇筑顺序；

2）采用输送管浇筑混凝土时，宜由远而近浇筑；采用多根输送管同时浇筑时，其浇筑速度宜保持一致；

3）润滑输送管的水泥砂浆用于湿润结构施工缝时，水泥砂浆应与混凝土浆液成分相同；接浆厚度不应大于 30mm，多余水泥砂浆应收集后运出；

4）混凝土泵送浇筑应连续进行；当混凝土不能及时供应时，应采取间歇泵送方式；

5）混凝土浇筑后，应清洗输送泵和输送管。

（6）施工缝或后浇带处浇筑混凝土，应符合下列规定：

1）结合面应为粗糙面，并应清除浮浆、松动石子、软弱混凝土层；

2）结合面处应洒水湿润，但不得有积水；

3）施工缝处已浇筑混凝土的强度不应小于 1.2MPa；

4）柱、墙水平施工缝水泥砂浆接浆层厚度不应大于 30mm，接浆层水泥砂浆应与混凝土浆液成分相同；

5）后浇带混凝土强度等级及性能应符合设计要求；当设计无具体要求时，后浇带混凝土强度等级宜比两侧混凝土提高一级，并宜采用减少收缩的技术措施。

（7）超长结构混凝土浇筑应符合下列规定：

1）可留设施工缝分仓浇筑，分仓浇筑间隔时间不应少于 7d；

2）当留设后浇带时，后浇带封闭时间不得少于 14d；

3）超长整体基础中调节沉降的后浇带，混凝土封闭时间应通过监测确定，应在差异沉降稳定后封闭后浇带；

4）后浇带的封闭时间尚应经设计单位确认。

（8）型钢混凝土结构浇筑应符合下列规定：

1）混凝土粗骨料最大粒径不应大于型钢外侧混凝土保护层厚度的 1/3，且不宜大于 25mm；

2）浇筑应有足够的下料空间，并应使混凝土充盈整个构件各部位；

3）型钢周边混凝土浇筑宜同步上升，混凝土浇筑高差不应大于 500mm。

（9）钢管混凝土结构浇筑应符合下列规定：

1）宜采用自密实混凝土浇筑；

2）混凝土应采取减少收缩的技术措施；

3）钢管截面较小时，应在钢管壁适当位置留有足够的排气孔，排气孔孔径不应小于 20mm；浇筑混凝土应加强排气孔观察，并应确认浆体流出和浇筑密实后再封堵排气孔；

4）当采用粗骨料粒径不大于 25mm 的高流态混凝土或粗骨料粒径不大于 20mm 的自密实混凝土时，混凝土最大倾落高度不宜大于 9m；倾落高度大于 9m 时，宜采用串筒、溜槽、溜管等辅助装置进行浇筑；

5）混凝土从管顶向下浇筑时应符合下列规定：

① 浇筑应有足够的下料空间，并应使混凝土充盈整个钢管；

② 输送管端内径或斗容器下料口内径应小于钢管内径，且每边应留有不小于 100mm 的间隙；

③ 应控制浇筑速度和单次下料量，并应分层浇筑至设计标高；

④ 混凝土浇筑完毕后，应对管口进行临时封闭。

6）混凝土从管底顶升浇筑时应符合下列规定：

① 应在钢管底部设置进料输送管，进料输送管应设止流阀门，止流阀门可在顶升浇筑的混凝土达到终凝后拆除；

② 应合理选择混凝土顶升浇筑设备；应配备上、下方通信联络工具，并应采取可有效控制混凝土顶升或停止的措施；

③ 应控制混凝土顶升速度，并均衡浇筑至设计标高。

（10）基础等大体积混凝土结构浇筑应符合下列规定：

1）采用多条输送泵管浇筑时，输送泵管间距不宜大于 10m，并宜由远及近浇筑；

2）采用汽车布料杆输送浇筑时，应根据布料杆工作半径确定布料点数量，各布料点浇筑速度应保持均衡；

3）宜先浇筑深坑部分再浇筑大面积基础部分；

4）宜采用斜面分层浇筑方法，也可采用全面分层、分块分层浇筑方法，层与层之间混凝土浇筑的间歇时间应能保证混凝土浇筑连续进行；

5）混凝土分层浇筑应采用自然流淌形成斜坡，并应沿高度均匀上升，分层厚度不宜大于 500mm；

6）抹面处理应符合规范的规定，抹面次数宜适当增加；

7）应有排除积水或混凝土泌水的有效技术措施。

（11）预应力混凝土浇筑应符合下列规定：

1）应避免成孔管道破损、移位或连接处脱落，并应避免预应力筋、锚具及锚垫板等移位；

2）预应力锚固区等配筋密集部位应采取保证混凝土浇筑密实的措施；

3）先张法预应力混凝土构件，应在张拉后及时浇筑混凝土。

4. 混凝土振捣

（1）振动棒振捣混凝土应符合下列规定：

1）应按分层浇筑厚度分别进行振捣，振动棒前端应插入前一层混凝土中，插入深度不应小于 50mm；

2）振动棒应垂直于混凝土表面并快插慢拔均匀振捣；当混凝土表面无明显塌陷、有水泥浆出现、不再冒气泡时，应结束该部位振捣；

3）振动棒与模板的距离不应大于振动棒作用半径的 50%；振捣插点间距不应大于振动棒作用半径的 1.4 倍。

（2）平板振动器振捣混凝土应符合下列规定：

1）平板振动器振捣应覆盖振捣平面边角；

2）平板振动器移动间距应覆盖已振实部分混凝土边缘；

3）振捣倾斜表面时，应由低处向高处进行振捣。

（3）附着振动器振捣混凝土应符合下列规定：

1）附着振动器应与模板紧密连接，设置间距应通过试验确定；

2）附着振动器应根据混凝土浇筑高度和浇筑速度，依次从下往上振捣；

3）模板上同时使用多台附着振动器时，应使各振动器的频率一致，并应交错设置在相对面的模板上。

（4）混凝土分层振捣的最大厚度应符合表 4.2.3.2-6 的规定。

混凝土分层振捣的最大厚度　　　　　　　　　　表 4.2.3.2-6

振捣方法	混凝土分层振捣最大厚度
振动棒	振动棒作用部分长度的 1.25 倍
平板振动器	200mm
附着振动器	根据设置方式，通过试验确定

（5）特殊部位的混凝土应采取下列加强振捣措施：

1）宽度大于 0.3m 的预留洞底部区域，应在洞口两侧进行振捣，并应适当延长振捣时间；宽度大于 0.8m 的洞口底部，应采取特殊的技术措施；

2）后浇带及施工缝边角处应加密振捣点，并应适当延长振捣时间；

3）钢筋密集区域或型钢与钢筋结合区域，应选择小型振动棒辅助振捣、加密振捣点，并应适当延长振捣时间；

4）基础大体积混凝土浇筑流淌形成的坡脚，不得漏振。

5. 混凝土养护

（1）混凝土的养护时间应符合下列规定：

1）采用硅酸盐水泥、普通硅酸盐水泥或矿渣硅酸盐水泥配制的混凝土，不应少于 7d；采用其他品种水泥时，养护时间应根据水泥性能确定；

2）采用缓凝型外加剂、大掺量矿物掺合料配制的混凝土，不应少于 14d；

3）抗渗混凝土、强度等级 C60 及以上的混凝土，不应少于 14d；

4）后浇带混凝土的养护时间不应少于 14d；

5）地下室底层墙、柱和上部结构首层墙、柱，宜适当增加养护时间；

6）大体积混凝土养护时间应根据施工方案确定。

（2）洒水养护应符合下列规定：

1）洒水养护宜在混凝土裸露表面覆盖麻袋或草帘后进行，也可采用直接洒水、蓄水等养护方式；洒水养护应保证混凝土表面处于湿润状态；

2）洒水养护用水应符合《混凝土用水标准》JGJ 63 的规定；

3）当日最低温度低于 5℃时，不应采用洒水养护。

（3）覆盖养护应符合下列规定：

1）覆盖养护宜在混凝土裸露表面覆盖塑料薄膜、塑料薄膜加麻袋、塑料薄膜加草帘；

2）塑料薄膜应紧贴混凝土裸露表面，塑料薄膜内应保持有凝结水；

3）覆盖物应严密，覆盖物的层数应按施工方案确定。

（4）喷涂养护剂养护应符合下列规定：

1）应在混凝土裸露表面喷涂覆盖致密的养护剂进行养护；

2）养护剂应均匀喷涂在结构构件表面，不得漏喷；养护剂应具有可靠的保湿效果，保湿效果可通过试验检验；

3）养护剂使用方法应符合产品说明书的有关要求。

6. 混凝土施工缝与后浇带

（1）施工缝和后浇带的留设位置应在混凝土浇筑前确定。施工缝和后浇带宜留设在结构受剪力较小且便于施工的位置。受力复杂的结构构件或有防水抗渗要求的结构构件，施工缝留设位置应经设计单位确认。

（2）水平施工缝的留设位置应符合下列规定：

1）柱、墙施工缝可留设在基础、楼层结构顶面，柱施工缝与结构上表面的距离宜为0～100mm，墙施工缝与结构上表面的距离宜为0～300mm；

2）柱、墙施工缝也可留设在楼层结构底面，施工缝与结构下表面的距离宜为0～50mm；当板下有梁托时，可留设在梁托下0～20mm；

3）高度较大的柱、墙、梁以及厚度较大的基础，可根据施工需要在其中部留设水平施工缝；当因施工缝留设改变受力状态而需要调整构件配筋时，应经设计单位确认；

4）特殊结构部位留设水平施工缝应经设计单位确认。

（3）竖向施工缝和后浇带的留设位置应符合下列规定：

1）有主次梁的楼板施工缝应留设在次梁跨度中间1/3范围内；

2）单向板施工缝应留设在与跨度方向平行的任何位置；

3）楼梯梯段施工缝宜设置在梯段板跨度端部1/3范围内；

4）墙的施工缝宜设置在门洞口过梁跨中1/3范围内，也可留设在纵横墙交接处；

5）后浇带留设位置应符合设计要求；

6）特殊结构部位留设竖向施工缝应经设计单位确认。

（4）设备基础施工缝留设位置应符合下列规定：

1）水平施工缝应低于地脚螺栓底端，与地脚螺栓底端的距离应大于150mm；当地脚螺栓直径小于30mm时，水平施工缝可留设在深度不小于地脚螺栓埋入混凝土部分总长度的3/4处。

2）竖向施工缝与地脚螺栓中心线的距离不应小于250mm，且不应小于螺栓直径的5倍。

（5）承受动力作用的设备基础施工缝留设位置，应符合下列规定：

1）标高不同的两个水平施工缝，其高低结合处应留设成台阶形，台阶的高宽比不应大于1.0；

2）竖向施工缝或台阶形施工缝的断面处应加插钢筋，插筋数量和规格应由设计确定；

3）施工缝的留设应经设计单位确认。

（6）施工缝、后浇带留设界面，应垂直于结构构件和纵向受力钢筋。结构构件厚度或高度较大时，施工缝或后浇带界面宜采用专用材料封挡。

7. 大体积混凝土裂缝控制

（1）大体积混凝土宜采用后期强度作为配合比设计、强度评定及验收的依据。基础混凝土，确定混凝土强度时的龄期可取为60d（56d）或90d；柱、墙混凝土强度等级不低于C80时，确定混凝土强度时的龄期可取为60d（56d）。确定混凝土强度时，采用大于28d龄期的，龄期应经设计单位确认。

（2）大体积混凝土施工配合比设计应符合规范的规定，并应加强混凝土养护。

（3）大体积混凝土施工时，应对混凝土进行温度控制，并应符合下列规定：

1）混凝土入模温度不宜大于30℃；混凝土浇筑体最大温升值不宜大于50℃。

2）在覆盖养护或带模养护阶段，混凝土浇筑体表面以内40～100mm位置处的温度与混凝土浇筑体表面温度差值不应大于 25℃；结束覆盖养护或拆模后，混凝土浇筑体表面以内 40～100mm 位置处的温度与环境温度差值不应大于 25℃。

3）混凝土浇筑体内部相邻两测温点的温度差值不应大于 25℃。

4）混凝土降温速率不宜大于 2.0℃/d；当有可靠经验时，降温速率要求可适当放宽。

（4）基础大体积混凝土测温点设置应符合下列规定：

1）宜选择具有代表性的两个交叉竖向剖面进行测温，竖向剖面交叉位置宜通过基础中部区域。

2）每个竖向剖面的周边及以内部位应设置测温点，两个竖向剖面交叉处应设置测温点；混凝土浇筑体表面测温点应设置在保温覆盖层底部或模板内侧表面，并应与两个剖面上的周边测温点位置及数量对应；环境测温点不应少于 2 处。

3）每个剖面的周边测温点应设置在混凝土浇筑体表面以内 40～100mm 位置处；每个剖面的测温点宜竖向、横向对齐；每个剖面竖向设置的测温点不应少于 3 处，间距不应小于 0.4m 且不宜大于 1.0m；每个剖面横向设置的测温点不应少于 4 处，间距不应小于 0.4m 且不应大于 10m。

4）对基础厚度不大于 1.6m，裂缝控制技术措施完善的工程，可不进行测温。

（5）柱、墙、梁大体积混凝土测温点设置应符合下列规定：

1）柱、墙、梁结构实体最小尺寸大于 2m，且混凝土强度等级不低于 C60 时，应进行测温。

2）宜选择沿构件纵向的两个横向剖面进行测温，每个横向剖面的周边及中部区域应设置测温点；混凝土浇筑体表面测温点应设置在模板内侧表面，并应与两个剖面上的周边测温点位置及数量对应；环境测温点不应少于 1 处。

3）每个横向剖面的周边测温点应设置在混凝土浇筑体表面以内 40～100mm 位置处；每个横向剖面的测温点宜对齐；每个剖面的测温点不应少于 2 处，间距不应小于 0.4m 且不宜大于 1.0m。

4）可根据第一次测温结果，完善温差控制技术措施，后续施工可不进行测温。

（6）大体积混凝土测温应符合下列规定：

1）宜根据每个测温点被混凝土初次覆盖时的温度，确定各测点部位混凝土的入模温度；

2）浇筑体周边表面以内测温点、浇筑体表面测温点、环境测温点的测温，应与混凝土浇筑、养护过程同步进行；

3）应按测温频率要求及时提供测温报告，测温报告应包含各测温点的温度数据、温差数据、代表点位的温度变化曲线、温度变化趋势分析等内容；

4）混凝土浇筑体表面以内 40～100mm 位置的温度与环境温度的差值小于 20℃时，可停止测温。

（7）大体积混凝土测温频率应符合下列规定：

1）第一天至第四天，每 4h 不应少于一次；

2）第五天至第七天，每 8h 不应少于一次；

3）第七天至测温结束，每 12h 不应少于一次。

8. 质量检查

（1）混凝土结构施工的质量检查，应符合下列规定：

1）检查的频率、时间、方法和参加检查的人员，应根据质量控制的需要确定。

2）施工单位应对完成施工的部位或成果的质量进行自检，自检应全数检查。

3）混凝土结构施工质量检查应作出记录；返工和修补的构件，应有返工修补前后的记录，并应有图像资料。

4）已经隐蔽的工程内容，可检查隐蔽工程验收记录。

5）需要对混凝土结构的性能进行检验时，应委托有资质的检测机构检测，并应出具检测报告。

（2）混凝土结构施工过程中，应进行下列检查：

1）模板：

① 模板及支架位置、尺寸；

② 模板的变形和密封性；

③ 模板涂刷脱模剂及必要的表面湿润；

④ 模板内杂物清理。

2）钢筋及预埋件：

① 钢筋的规格、数量；

② 钢筋的位置；

③ 钢筋的混凝土保护层厚度；

④ 预埋件规格、数量、位置及固定。

3）混凝土拌合物：

① 坍落度、入模温度等；

② 大体积混凝土的温度测控。

4）混凝土施工：

① 混凝土输送、浇筑、振捣等；

② 混凝土浇筑时模板的变形、漏浆等；

③ 混凝土浇筑时钢筋和预埋件位置；

④ 混凝土试件制作；

⑤ 混凝土养护。

（3）混凝土结构拆除模板后应进行下列检查：

1）构件的轴线位置、标高、截面尺寸、表面平整度、垂直度；

2）预埋件的数量、位置；

3）构件的外观缺陷；

4）构件的连接及构造做法；

5）结构的轴线位置、标高、全高垂直度。

（4）混凝土结构拆模后实体质量检查方法与判定，应符合现行国家标准《混凝土结构工程施工质量验收规范》GB 50204 等的有关规定。

9. 混凝土缺陷修整

（1）混凝土结构缺陷可分为尺寸偏差缺陷和外观缺陷。尺寸偏差缺陷和外观缺陷可分为一般缺陷和严重缺陷。混凝土结构尺寸偏差超出规范规定，但尺寸偏差对结构性能和使用功能未构成影响时，应属于一般缺陷；而尺寸偏差对结构性能和使用功能构成影响时，应属于严重缺陷。外观缺陷分类应符合表 4.2.3.2-7 的规定。

混凝土结构外观缺陷分类 表 4.2.3.2-7

名 称	现 象	严重缺陷	一般缺陷
露筋	构件内钢筋未被混凝土包裹而外露	纵向受力钢筋有露筋	其他钢筋有少量露筋
蜂窝	混凝土表面缺少水泥砂浆而形成石子外露	构件主要受力部位有蜂窝	其他部位有少量蜂窝
孔洞	混凝土中孔穴深度和长度超过保护层厚度	构件主要受力部位有孔洞	其他部位有少量孔洞
夹渣	混凝土中夹有杂物且深度超过保护层厚度	构件主要受力部位有夹渣	其他部位有少量夹渣
疏松	混凝土中局部不密实	构件主要受力部位有疏松	其他部位有少量疏松
裂缝	缝隙从混凝土表面延伸至混凝土内部	构件主要受力部位有影响结构性能或使用功能的裂缝	其他部位有少量不影响结构性能或使用功能的裂缝
连接部位缺陷	构件连接处混凝土缺陷及连接钢筋、连接件松动	连接部位有影响结构传力性能的缺陷	连接部位有基本不影响结构传力性能的缺陷
外形缺陷	缺棱掉角、棱角不直、翘曲不平、飞边凸肋等	清水混凝土构件有影响使用性能或装饰效果的外形缺陷	其他混凝土构件有不影响使用功能的外形缺陷
外表缺陷	构件表面麻面、掉皮、起砂、沾污等	具有重要装饰效果的清水混凝土构件有外表缺陷	其他混凝土构件有不影响使用功能的外表缺陷

（2）施工过程中发现混凝土结构缺陷时，应认真分析缺陷产生的原因。对严重缺陷施工单位应制定专项修整方案，方案应经论证审批后再实施，不得擅自处理。

（3）混凝土结构外观一般缺陷修整应符合下列规定：

1）露筋、蜂窝、孔洞、夹渣、疏松、外表缺陷，应凿除胶结不牢固部分的混凝土，应清理表面，洒水湿润后，应用 1：2～1：2.5 水泥砂浆抹平；

2）应封闭裂缝；

3）连接部位缺陷、外形缺陷可与面层装饰施工一并处理。

（4）混凝土结构外观严重缺陷修整应符合下列规定：

1）露筋、蜂窝、孔洞、夹渣、疏松、外表缺陷，应凿除胶结不牢固部分的混凝土至密实部位，清理表面，支设模板，洒水湿润，涂抹混凝土界面剂，应采用比原混凝土强度等级高一级的细石混凝土浇筑密实，养护时间不应少于 7d。

2）开裂缺陷修整应符合下列规定：

①民用建筑的地下室、卫生间、屋面等接触水介质的构件，均应注浆封闭处理。民用建筑不接触水介质的构件，可采用注浆封闭、聚合物砂浆粉刷或其他表面封闭材料进行封闭。

②无腐蚀介质工业建筑的地下室、屋面、卫生间等接触水介质的构件，以及有腐蚀介质的所有构件，均应注浆封闭处理。无腐蚀介质工业建筑不接触水介质的构件，可采用注浆封闭、聚合物砂浆粉刷或其他表面封闭材料进行封闭。

3）清水混凝土的外形和外表严重缺陷，宜在水泥砂浆或细石混凝土修补后，用磨光机械磨平。

4.3 钢结构工程

4.3.1 构造要求

4.3.1.1 焊缝连接

杆件与节点板的连接焊缝见图4.3.1.1,宜采用两面侧焊也可用三面围焊,对角钢杆

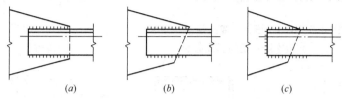

图4.3.1.1 杆件与节点板的焊缝连接

(a) 两面侧焊;(b) 三面围焊;(c) L形围焊

件可采用L形围焊,所有围焊的转角处必须连接施焊。

4.3.1.2 螺栓连接和铆钉连接

1. 螺栓或铆钉的距离应符合表4.3.1.2的要求。

螺栓或铆钉的最大、最小容许距离　　　　　　　　　　表 4.3.1.2

名称		位置和方向		最大容许距离 (取两者的较小值)	最小容许距离
中心间距		外排(垂直内力方向或顺内力方向)		$8d_0$ 或 $12t$	3d_0
	中间排	垂直内力方向		$16d_0$ 或 $24t$	
		顺内力方向	构件受压力	$12d_0$ 或 $18t$	
			构件受压力	$16d_0$ 或 $24t$	
		沿对角线方向		—	
中心至构件边缘距离		顺内力方向			$2d_0$
	垂直内力方向	剪切边或手工气割边		$4d_0$ 或 $8t$	$1.5d_0$
		轧制边、自动气割或锯割边	高强度螺栓		
			其他螺栓或铆钉		$1.2d_0$

注：1 d_0 为螺栓或铆钉的孔径,t 为外层较薄板件的厚度。

　　2 钢板边缘与刚性构件(如角钢、槽钢等)相连的螺栓或铆钉的最大间距,可按中间排的数值采用。

2. 对直接承受动力荷载的普通螺栓受拉连接应采用双螺帽或其他能防止螺帽松动的有效措施。

4.3.1.3 结构构件

1. 铆接(或高强度螺栓摩擦型连接)梁的翼缘板不宜超过三层,翼缘角钢面积不宜少于整个翼缘面积的30%,当采用最大型号的角钢仍不能符合此要求时可加设腋板,见图4.3.1.3-1。此时,角钢与腋板面积之和不应少于翼缘总面积的30%。

2. 焊接梁的横向加劲肋与翼缘板相接处应切角,当切成斜角时,其宽约 $b_s/3$(但不大于40mm),高约 $b_s/2$(但不大于60mm),见图4.3.1.3-2,b_s 为加劲肋的宽度。

313

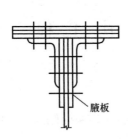

图 4.3.1.3-1 铆接（或高强度螺栓摩擦型连接）梁的翼缘截面

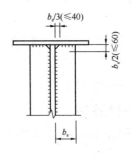

图 4.3.1.3-2 加劲肋的切角

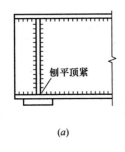

(a)

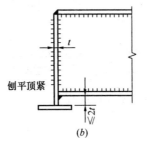

(b)

图 4.3.1.3-3 梁的支座
(a) 平板支座；(b) 突缘支座

3. 梁的端部支承加劲肋的下端，按端面承压强度设计值进行计算时，应刨平顶紧，其中突缘加劲板［见图 4.3.1.3-3（b）］的伸出长度不得大于其厚度的 2 倍。

4. 插入式柱脚中，钢柱插入混凝土基础杯口的最小深度 d_{in} 可按表 4.3.1.3 取用，但不宜小于 500mm，亦不宜小于吊装时钢柱长度的 1/20。

钢柱插入杯口的最小深度　　　　　表 4.3.1.3

柱截面形式	实腹柱	双肢格构柱（单杯口或双杯口）
最小插入深度 d_{in}	$1.5h_c$ 或 $1.5d_c$	$1.5h_c$ 或 $1.5d_c$（d_c）的较大值

注：1 h_c 为柱截面高度（长边尺寸）；b_c 为柱截面宽度；d_c 为圆管柱的外径。

　　2 钢柱底端至基础杯口底的距离一般采用 50mm；当有柱底板时，可采用 200mm。

4.3.1.4 对吊车梁和吊车桁架（或类似结构）的要求

1. 焊接吊车桁架应符合下列要求：

（1）在桁架节点处，腹杆与弦杆之间的间隙口不宜小于 50mm，节点板的两侧边宜做成半径 r 不小于 60mm 的圆弧；节点板边缘与腹杆轴线的夹角 θ 不应小于 30°，见图 4.3.1.4-1；节点板与角钢弦杆的连接焊缝，起落弧点应至少缩进 5mm，见图 4.3.1.4-1（a）；节点板与 H 型截面弦杆的 T 形对接与角接组合焊缝应预焊透，圆弧处不得有起落弧

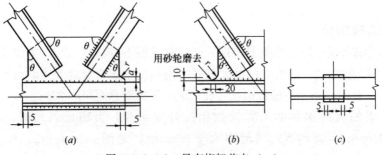

(a)　　　　　　　(b)　　　　　　　(c)

图 4.3.1.4-1 吊车桁架节点（一）

缺陷，其中重级工作制吊车桁架的圆弧处应予打磨，使之与弦杆平缓过渡，见图
4.3.1.4-1 (b)。

(2) 杆件的填板当用焊缝连接时，焊缝起落弧点应缩进至少 5mm，见图 4.3.1.4-1
(c)，重级工作制吊车桁架的杆件的填板应采用高强度螺栓连接。

(3) 当桁架杆件为 H 形截面时，节点构造可采用图 4.3.1.4-2 的形式。

2. 在焊接吊车梁或吊车桁架中，对重级工作制和起重量 $Q \geqslant 50t$ 的中级工作制吊车梁
中要求焊透的 T 形接头对接与角接组合焊缝形式宜如图 4.3.1.4-3 所示。

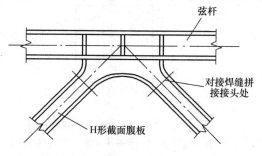

图 4.3.1.4-2 吊车桁架节点（二）

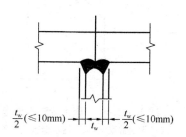

图 4.3.1.4-3 焊透的 T 形接头对接
与角接组合焊缝

4.4 地 下 工 程 防 水

4.4.1 地下工程混凝土结构主体防水

4.4.1.1 防水混凝土施工缝防水构造

(1) 施工缝防水构造形式宜按图 4.4.1.1-1～图 4.4.1.1-4 选用，当采用两种以上构
造措施时，可进行有效组合。

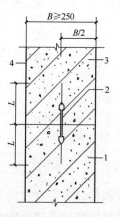

图 4.4.1.1-1 施工缝防水构造（一）
钢板止水带 $L \geqslant 150$；橡胶止水带 $L \geqslant 200$；
钢边橡胶止水带 $L \geqslant 120$；
1—先浇混凝土；2—中埋止水带；
3—后浇混凝土；4—结构迎水面

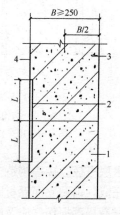

图 4.4.1.1-2 施工缝防水构造（二）
外贴止水带 $L \geqslant 150$；外涂防水涂料
$L = 200$；外抹防水砂浆 $L = 200$；
1—先浇混凝土；2—外贴止水带；
3—后浇混凝土；4—结构迎水面

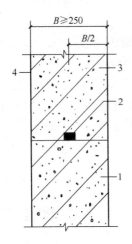 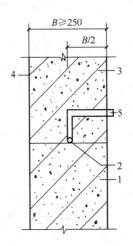

图 4.4.1.1-3　施工缝防水构造（三）　　图 4.4.1.1-4　施工缝防水构造（四）
1—先浇混凝土；2—遇水膨胀止水条（胶）；　　1—先浇混凝土；2—预埋注浆管，3—后浇混凝土；
3—后浇混凝土；4—结构迎水面　　　　4—结构迎水面；5—注浆导管

（2）防水混凝土结构内部设置的各种钢筋或绑扎铁丝，不得接触模板。用于固定模板的螺栓必须穿过混凝土结构时，可采用工具式螺栓或螺栓加堵头，螺栓上应加焊方形止水环。拆模后应将留下的凹槽用密封材料封堵密实，并应用聚合物水泥砂浆抹平，见图4.4.1.1-5。

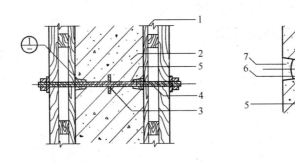

图 4.4.1.1-5　固定模板用螺栓的防水构造
1—模板；2—结构混凝土；3—止水环；4—工具式螺栓；
5—固定模板用螺栓；6—密封材料；7—聚合物水泥砂浆

（3）卷材防水层甩槎、接槎构造

混凝土结构完成，铺贴立面卷材时，应先将接槎部位的各层卷材揭开，并应将其表面清理干净，如卷材有局部损伤，应及时进行修补；卷材接槎的搭接长度，高聚物改性沥青类卷材应为150mm，合成高分子类卷材应为100mm；当使用两层卷材时，卷材应错槎接缝，上层卷材应盖过下层卷材；

卷材防水层甩槎、接槎构造见图4.4.1.1-6。

（4）防水涂料宜采用外防外涂或外防内涂，见图4.4.1.1-7和图4.4.1.1-8。

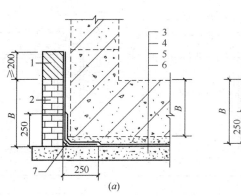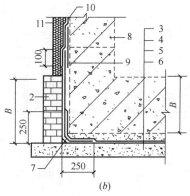

图 4.4.1.1-6 卷材防水层甩槎、接槎构造

(a) 甩槎；(b) 接槎

1—临时保护墙；2—永久保护墙；3—细石混凝土保护层；4—卷材防水层；

5—水泥砂浆找平层；6—混凝土垫层；7—卷材加强层；8—结构墙体；

9—卷材加强层；10—卷材防水层；11—卷材保护层

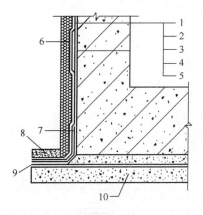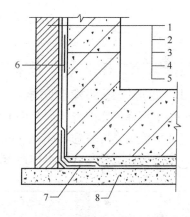

图 4.4.1.1-7 防水涂料外防外涂构造

1—保护墙；2—砂浆保护层；3—涂料防水层；

4—砂浆找平层；5—结构墙体；6—涂料防水层

加强层；7—涂料防水加强层；8—涂料防水层搭

接部位保护层；9—涂料防水层搭接部位；

10—混凝土垫层

图 4.4.1.1-8 防水涂料外防内涂构造

1—保护墙；2—涂料保护层；3—涂料防水层；

4—找平层；5—结构墙体；6—涂料防水层加强

层；7—涂料防水加强层；8—混凝土垫层

（5）铺设塑料防水板前应先铺缓冲层，缓冲层应采用暗钉圈固定在基面上，见图 4.4.1.1-9。

（6）金属板的拼接应采用焊接，拼接焊缝应严密。竖向金属板的垂直接缝，应相互错开。

（7）主体结构内侧设置金属防水层时，金属板应与结构内的钢筋焊牢，也可在金属防水层上焊接一定数量的锚固件，见图 4.4.1.1-10。

（8）主体结构外侧设置金属防水层时，金属板应焊在混凝土结构的预埋件上。金属板经焊缝检查合格后，应将其与结构间的空隙用水泥砂浆灌实，见图 4.4.1.1-11。

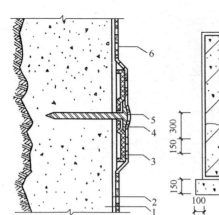

图 4.4.1.1-9 暗钉圈固定缓冲层　　图 4.4.1.1-10 金属板防水层　　图 4.4.1.1-11 金属板防水层

1—初期支护；2—缓冲层；　　　1—金属板；2—主体结构；　　　1—防水砂浆；2—主体结构；

3—热塑性暗钉圈；4—金属　　　　3—防水砂浆；4—垫层；　　　　3—金属板；4—垫层；

垫圈；5—射钉；6—塑料防水板　　　　5—锚固筋　　　　　　　　　　5—锚固筋

4.4.2 地下工程混凝土结构细部构造防水

4.4.2.1 变形缝细部构造防水

（1）用于沉降的变形缝最大允许沉降差值不应大于 30mm。

（2）变形缝的宽度宜为 20～30mm。

（3）变形缝的几种复合防水构造形式，见图 4.4.2.1-1～图 4.4.2.1-3。

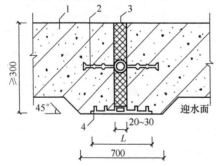

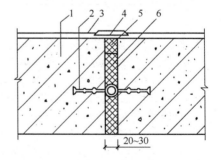

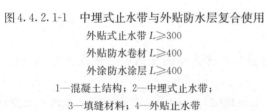

图 4.4.2.1-1 中埋式止水带与外贴防水层复合使用　　图 4.4.2.1-2 中埋式止水带与嵌缝

外贴式止水带 L≥300　　　　　　　　　　　　　　　　　材料复合使用

外贴防水卷材 L≥400　　　　　　　　　　　　　1—混凝土结构；2—中埋式止水带；

外涂防水涂层 L≥400　　　　　　　　　　　　　3—防水层；4—隔离层；5—密封材料；

1—混凝土结构；2—中埋式止水带；　　　　　　　　6—填缝材料

3—填缝材料；4—外贴止水带

（4）环境温度高于 50℃ 处的变形缝，中埋式止水带可采用金属制作，见图 4.4.2.1-4。

318

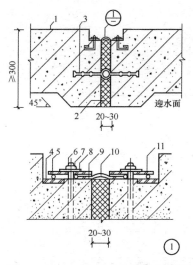

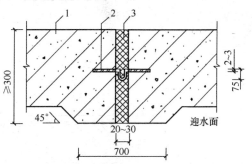

图 4.4.2.1-3　中埋式止水带与可卸
式止水带复合使用

1—混凝土结构；2—填缝材料；
3—中埋式止水带；4—预埋钢板；
5—紧固件压板；6—预埋螺栓；
7—螺母；8—垫圈；9—紧固件压块；
10—Ω形止水带；11—紧固件圆钢

图 4.4.2.1-4　中埋式金属止水带
1—混凝土结构；2—金属
止水带；3—填缝材料

（5）变形缝与施工缝均用外贴式止水带（中埋式）时，其相交部位宜采用十字配件，见图 4.4.2.1-5。变形缝用外贴式止水带的转角部位宜采用直角配件，见图 4.4.2.1-6。

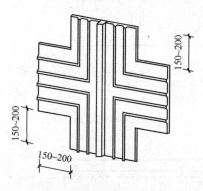

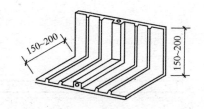

图 4.4.2.1-5　外贴式止水带在施工缝与
变形缝相交处的十字配件

图 4.4.2.1-6　外贴式止水带在转角处
的直角配件

4.4.2.2　后浇带细部构造防水

（1）后浇带应设在受力和变形较小的部位，其间距和位置应按结构设计要求确定，宽度宜为 700～1000mm。

（2）后浇带两侧可做成平直缝或阶梯缝，其防水构造形式宜采用图 4.4.2.2-1～图 4.4.2.2-3。

（3）后浇带需超前止水时，后浇带部位的混凝土应局部加厚，并应增设外贴式或中埋式止水带，见图 4.4.2.2-4。

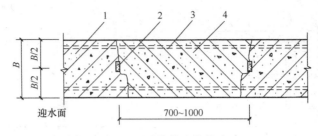

图 4.4.2.2-1　后浇带防水构造（一）

1—先浇混凝土；2—遇水膨胀止水条（胶）；

3—结构主筋；4—后浇补偿收缩混凝土

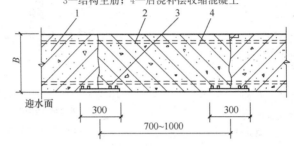

图 4.4.2.2-2　后浇带防水构造（二）

1—先浇混凝土；2—结构主筋；

3—外贴式止水带；4—后浇补偿收缩混凝土

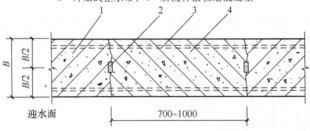

图 4.4.2.2-3　后浇带防水构造（三）

1—先浇混凝土；2—遇水膨胀止水条（胶）；3—结构主筋；4—后浇补偿收缩混凝土

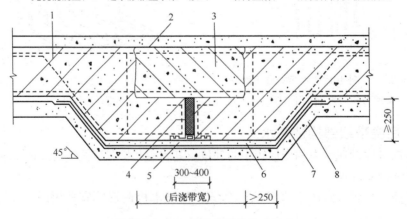

图 4.4.2.2-4　后浇带超前止水构造

1—混凝土结构；2—钢丝网片；3—后浇带；4—填缝材料；

5—外贴式止水带；6—细石混凝土保护层；7—卷材防水层；8—垫层混凝土

4.4.2.3 穿墙管（盒）细部构造防水

（1）结构变形或管道伸缩量较小时，穿墙管可采用主管直接埋入混凝土内的固定式防水法，主管应加焊止水环或环绕遇水膨胀止水圈，并应在迎水面预留凹槽，槽内应采用密封材料嵌填密实。其防水构造形式宜采用图4.4.2.3-1和图4.4.2.3-2。

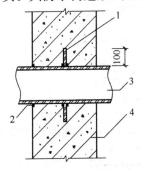

图 4.4.2.3-1 固定式穿墙管
防水构造（一）
1—止水环；2—密封材料；
3—主管；4—混凝土结构

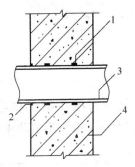

图 4.4.2.3-2 固定式穿墙管防水
构造（二）
1—遇水膨胀止水圈；2—密封材料；
3—主管；4—混凝土结构

（2）结构变形或管道伸缩量较大或有更换要求时，应采用套管式防水法，套管应加焊止水环，见图4.4.2.3-3。

（3）穿墙管线较多时，宜相对集中，并应采用穿墙盒方法。穿墙盒的封口钢板应与墙上的预埋角钢焊严，并应从钢板上的预留浇筑孔注入柔性密封材料或细石混凝土，见图4.4.2.3-4。

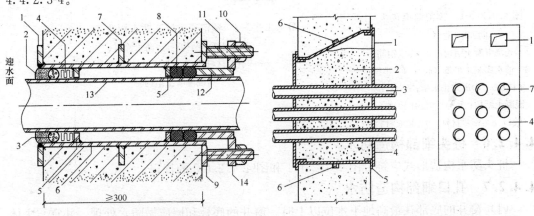

图 4.4.2.3-3 套管式穿墙管防水构造
1—翼环；2—密封材料；3—背衬材料；
4—充填材料；5—挡圈；6—套管；
7—止水环；8—橡胶圈；9—翼盘；
10—螺母；11—双头螺栓；12—短管；
13—主管；14—法兰盘

图 4.4.2.3-4 穿墙群管防水构造
1—浇筑孔；2—柔性材料或细石混凝土；
3—穿墙管；4—封口钢板；5—固定角钢；
6—遇水膨胀止水条；7—预留孔

4.4.2.4 埋设件细部构造防水

埋设件端部或预留孔（槽）底部的混凝土厚度不得小于250mm；当厚度小于250mm

时，应采取局部加厚或其他防水措施，见图4.4.2.4。

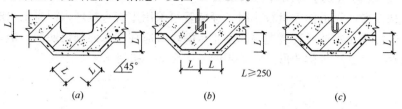

图4.4.2.4　预埋件或预留孔（槽）处理

(*a*) 预留槽；(*b*) 预留孔；(*c*) 预埋件

4.4.2.5　预留通道接头细部构造防水

预留通道接头应采取变形缝防水构造形式，见图4.4.2.5-1和图4.4.2.5-2。

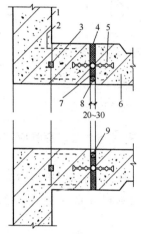

图4.4.2.5-1　预留通道接头

防水构造（一）

1—先浇混凝土结构；2—连接钢筋；

3—遇水膨胀止水条（胶）；4—填缝

材料；5—中埋式止水带；6—后浇

混凝土结构；7—遇水膨胀橡胶条

（胶）；8—密封材料；9—填充材料

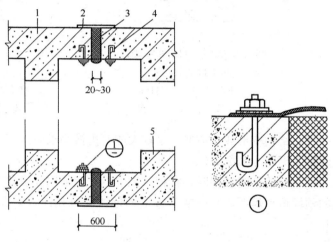

图4.4.2.5-2　预留通道接头防水构造（二）

1—先浇混凝土结构；2—防水涂料；

3—填缝材料；4—可卸式止水带；

5—后浇混凝土结构

4.4.2.6　桩头细部构造防水

桩头防水构造形式应符合图4.4.2.6-1和图4.4.2.6-2的规定。

4.4.2.7　孔口细部构造防水

（1）窗井的底部在最高地下水位以上时，窗井的底板和墙应做防水处理，并宜与主体结构断开，见图4.4.2.7-1。

（2）窗井或窗井的一部分在最高地下水位以下时，窗井应与主体结构连成整体，其防水层也应连成整体，并应在窗井内设置集水井，见图4.4.2.7-2。

4.4.2.8　坑、池细部构造防水

底板以下的坑、池，其局部底板应相应降低，并应使防水层保持连续，见图4.4.2.8。

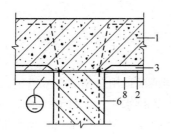
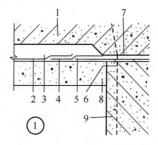

图 4.4.2.6-1 桩头防水构造（一）

1—结构底板；2—底板防水层；3—细石混凝土保护层；4—防水层；5—水泥基渗透结晶型
防水涂料；6—桩基受力筋；7—遇水膨胀止水条（胶）；8—混凝土垫层；9—桩基混凝土

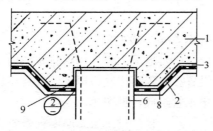
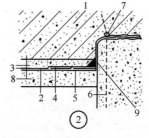

图 4.4.2.6-2 桩头防水构造（二）

1—结构底板；2—底板防水层；3—细石混凝土保护层；4—聚合物水泥防水砂浆；5—水泥基渗透
结晶型防水涂料；6—桩基受力筋；7—遇水膨胀止水条（胶）；8—混凝土垫层；9—密封材料

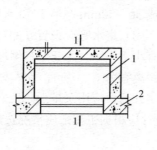
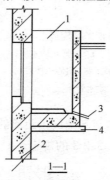

图 4.4.2.7-1 窗井防水构造（一）

1—窗井；2—主体结构；3—排水管；4—垫层

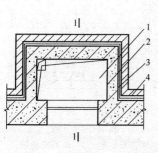
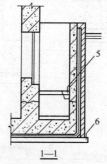
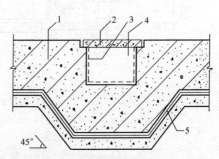

图 4.4.2.7-2 窗井防水构造（二）

1—窗井；2—防水层；3—主体结构；
4—防水层保护层；5—集水井；6—垫层

图 4.4.2.8 底板下坑、池的防水构造

1—底板；2—盖板；3—坑、池防水层；
4—坑、池；5—主体结构防水层

4.4.3 地下工程排水

4.4.3.1 一般规定

（1）制定地下工程防水方案时，应根据工程情况选用合理的排水措施。

（2）有自流排水条件的地下工程，应采用自流排水法。无自流排水条件且防水要求较高的地下工程，可采用渗排水、盲沟排水、盲管排水、塑料排水板排水或机械抽水等排水方法。但应防止由于排水造成水土流失，危及地面建筑物及农田水利设施。

通向江、河、湖、海的排水口高程，低于洪（潮）水位时应采取防倒灌措施。

（3）隧道、坑道工程应采用贴壁式衬砌，对防水防潮要求较高的工程应采用复合式衬砌，也可采用离壁式衬砌或衬套。

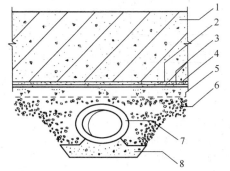

图 4.4.3.2-1　渗排水层构造

1—结构底板；2—细石混凝土；3—底板防水层；

4—混凝土垫层；5—隔浆层；6—粗砂过滤层；

7—集水管；8—集水管座

4.4.3.2 设计

（1）地下工程采用渗排水法时，渗排水层应设置在工程结构底板以下，并应由粗砂过滤层与集水管组成，见图 4.4.3.2-1。

（2）粗砂过滤层总厚度宜为 300mm，如较厚时应分层铺填，过滤层与基坑土层接触处，应采用厚度 100～150mm、粒径 5～10mm 的石子铺填；过滤层顶面与结构底面之间，宜干铺一层卷材或 30～50mm 厚的 1∶3 水泥砂浆作隔浆层。

（3）集水管应设置在粗砂过滤层下部，坡度不宜小于 1‰，且不得有倒坡现象。集水管之间的距离宜为 5～10m。渗入集水管的地下水导入集水井后，应用泵排走。

（4）盲沟排水盲沟与基础最小距离的设计应根据工程地质情况选定；盲沟设置应符合图 4.4.3.2-2 和图 4.4.3.2-3 的规定。

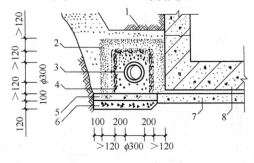

图 4.4.3.2-2　贴墙盲沟设置

1—素土夯实；2—中砂反滤层；3—集水管；

4—卵石反滤层；5—水泥/砂/碎石层；

6—碎石夯实层；7—混凝土垫层；

8—主体结构

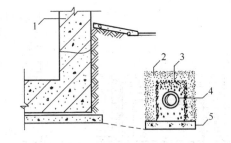

图 4.4.3.2-3　离墙盲沟设置

1—主体结构；2—中砂反滤层；3—卵石反滤层；

4—集水管；5—水泥/砂/碎石层

（5）贴壁式衬砌围岩渗水，可通过盲沟（管）、暗沟导入底部排水系统，其排水系统构造应符合图4.4.3.2-4的规定。

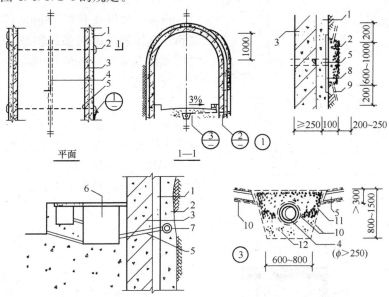

图4.4.3.2-4 贴壁式衬砌排水构造

1—初期支护；2—盲沟；3—主体结构；4—中心排水盲管；

5—横向排水管；6—排水明沟；7—纵向集水盲管；8—隔浆层；

9—引流孔；10—无纺布；11—无砂混凝土；12—管座混凝土

（6）离壁式衬砌的排水应符合下列规定：

衬砌拱部宜作卷材、塑料防水板、水泥砂浆等防水层；拱肩应设置排水沟，沟底应预埋排水管或设置排水孔，直径宜为50~100mm，间距不宜大于6m；在侧墙和拱肩处应设置检查孔，见图4.4.3.2-5。

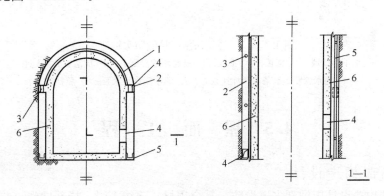

图4.4.3.2-5 离壁式衬砌排水构造

1—防水层；2—拱肩排水沟；3—排水孔；4—检查孔；5—外排水沟；6—内衬混凝土

（7）嵌缝防水应符合下列规定：

在管片内侧环纵向边沿设置嵌缝槽，其深宽比不应小于2.5，槽深宜为25~55mm，单面槽宽宜为5~10mm；嵌缝槽断面构造形式应符合图4.4.3.2-6的规定。

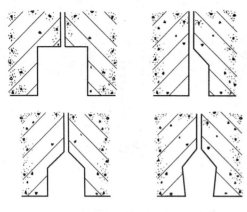

图4.4.3.2-6　管片嵌缝槽断面构造形式

4.4.3.3　逆筑结构

顶板、楼板及下部500mm的墙体应同时浇筑，墙体的下部应做成斜坡形；斜坡形下部应预留300～500mm空间，并应待下部先浇混凝土施工14d后再行浇筑；浇筑前所有缝面应凿毛、清理干净，并应设置遇水膨胀止水条（胶）和预埋注浆管。上部施工缝设置遇水膨胀止水条时，应使用胶粘剂和射钉（或水泥钉）固定牢靠。浇筑混凝土应采用补偿收缩混凝土，见图4.4.3.3。

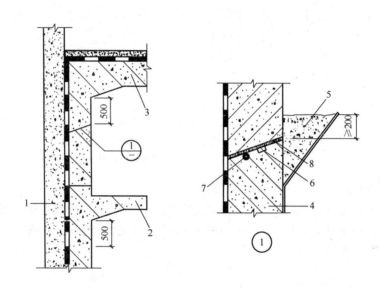

图4.4.3.3　逆筑法施工接缝防水构造

1—地下连续墙；2—楼板；3—顶板；4—补偿收缩混凝土；5—应凿去的混凝土；
6—遇水膨胀止水条或预埋注浆管；7—遇水膨胀止水胶；8—胶粘剂

4.5　屋　面　工　程

4.5.1　细部构造设计

（1）细部构造设计应做到多道设防、复合用材、连续密封、局部增强，并应满足使用功能、温差变形、施工环境条件和可操作性等要求。

（2）细部构造所用密封材料的选择应符合规范的规定。

（3）细部构造中容易形成热桥的部位均应进行保温处理。

（4）檐口、檐沟外侧下端及女儿墙压顶内侧下端等部位均应作滴水处理，滴水槽宽度和深度不宜小于10mm。

I 檐 口

（1）卷材防水屋面檐口 800mm 范围内的卷材应满粘，卷材收头应采用金属压条钉压，并应用密封材料封严。檐口下端应做鹰嘴和滴水槽，见图 4.5.1-1。

（2）涂膜防水屋面檐口的涂膜收头，应用防水涂料多遍涂刷。檐口下端应做鹰嘴和滴水槽，见图 4.5.1-2。

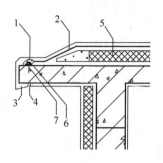

图 4.5.1-1　卷材防水屋面檐口

1—密封材料；2—卷材防水层；

3—鹰嘴；4—滴水槽；5—保温层；

6—金属压条；7—水泥钉

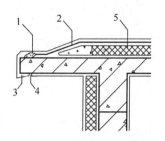

图 4.5.1-2　涂膜防水屋面檐口

1—涂料多遍涂刷；2—涂膜防水层；

3—鹰嘴；4—滴水槽；5—保温层

（3）烧结瓦、混凝土瓦屋面的瓦头挑出檐口的长度宜为 50～70mm，见图 4.5.1-3 和图 4.5.1-4。

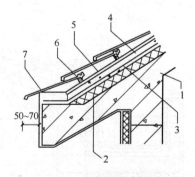

图 4.5.1-3　烧结瓦、混凝土瓦屋面檐口（一）

1—结构层；2—保温层；3—防水层或

防水垫层；4—持钉层；5—顺水条；

6—挂瓦条；7—烧结瓦或混凝土瓦

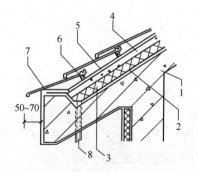

图 4.5.1-4　烧结瓦、混凝土瓦屋面檐口（二）

1—结构层；2—防水层或防水垫层；

3—保温层；4—持钉层；5—顺水条；

6—挂瓦条；7—烧结瓦或混凝土瓦；8—泄水管

（4）沥青瓦屋面的瓦头挑出檐口的长度宜为 10～20mm；金属滴水板应固定在基层上，伸入沥青瓦下宽度不应小于 80mm，向下延伸长度不应小于 60mm，见图 4.5.1-5。

（5）金属板屋面檐口挑出墙面的长度不应小于 200mm；屋面板与墙板交接处应设置金属封檐板和压条，见图 4.5.1-6。

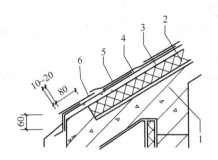

图 4.5.1-5　沥青瓦屋面檐口

1—结构层；2—保温层；3—持钉层；

4—防水层或防水垫层；5—沥青瓦；

6—起始层沥青瓦

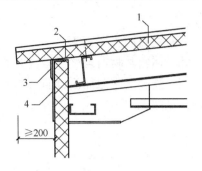

图 4.5.1-6　金属板屋面檐口

1—金属板；2—通长密封条；

3—金属压条；4—金属封檐板

Ⅱ　檐沟和天沟

（6）卷材或涂膜防水屋面檐沟（见图 4.5.1-7）和天沟的防水均造，应符合下列规定：

1）檐沟和天沟的防水层下应增设附加层，附加层伸入屋面的宽度不应小于 250mm；

2）檐沟防水层和附加层应由沟底翻上至外侧顶部，卷材收头应用金属压条钉压，并应用密封材料封严，涂膜收头应用防水涂料多遍涂刷；

3）檐沟外侧下端应做鹰嘴或滴水槽；

4）檐沟外侧高于屋面结构板时，应设置溢水口。

（7）烧结瓦、混凝土瓦屋面檐沟（见图 4.5.1-8）和天沟的防水构造，应符合下列规定：

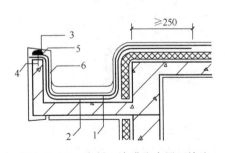

图 4.5.1-7　卷材、涂膜防水屋面檐沟

1—防水层；2—附加层；3—密封材料；

4—水泥钉；5—金属压条；6—保护层

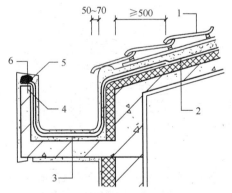

图 4.5.1-8　烧结瓦、混凝土瓦屋面檐沟

1—烧结瓦或混凝土瓦；2—防水层或防水垫层；

3—附加层；4—水泥钉；5—金属压条；6—密封材料

1）檐沟和天沟防水层下应增设附加层，附加层伸入屋面的宽度不应小于 500mm；

2）檐沟和天沟防水层伸入瓦内的宽度不应小于 150mm，并应与屋面防水层或防水垫层顺流水方向搭接；

3）檐沟防水层和附加层应由沟底翻上至外侧顶部，卷材收头应用金属压条钉压，并应用密封材料封严；涂膜收头应用防水涂料多遍涂刷；

4）烧结瓦、混凝土瓦伸入檐沟、天沟内的长度，宜为50～70mm。

（8）沥青瓦屋面檐沟和天沟的防水构造，应符合下列规定：

1）檐沟防水层下应增设附加层，附加层伸入屋面的宽度不应小于500mm；

2）檐沟防水层伸入瓦内的宽度不应小于150mm，并应与屋面防水层或防水垫层顺流水方向搭接；

3）檐沟防水层和附加层应由沟底翻上至外侧顶部，卷材收头应用金属压条钉压，并应用密封材料封严；涂膜收头应用防水涂料多遍涂刷；

4）沥青瓦伸入檐沟内的长度宜为10～20mm；

5）天沟采用搭接式或编织式铺设时，沥青瓦下应增设不小于1000mm宽的附加层，见图4.5.1-9；

6）天沟采用敞开式铺设时，在防水层

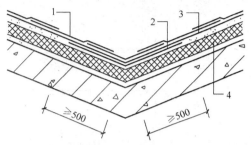

图 4.5.1-9 沥青瓦屋面天沟
1—沥青瓦；2—附加层；
3—防水层或防水垫层；4—保温层

或防水垫层上应铺设厚度不小于0.45mm的
防锈金属板材，沥青瓦与金属板材应顺流水方向搭接，搭接缝应用沥青基胶结材料粘结，搭接宽度不应小于100mm。

Ⅲ 女儿墙和山墙

（9）女儿墙的防水构造应符合下列规定：

1）女儿墙压顶可采用混凝土或金属制品。压顶向内排水坡度不应小于5%，压顶内侧下端应作滴水处理；

2）女儿墙泛水处的防水层下应增设附加层，附加层在平面和立面的宽度均不应小于250mm；

3）低女儿墙泛水处的防水层可直接铺贴或涂刷至压顶下，卷材收头应用金属压条钉压固定，并应用密封材料封严；涂膜收头应用防水涂料多遍涂刷，见图4.5.1-10；

4）高女儿墙泛水处的防水层泛水高度不应小于250mm，防水层收头应符合本条第3款的规定；泛水上部的墙体应作防水处理，见图4.5.1-11；

5）女儿墙泛水处的防水层表面，宜采用涂刷浅色涂料或浇筑细石混凝土保护。

（10）山墙的防水构造应符合下列规定：

1）山墙压顶可采用混凝土或金属制品。压顶应向内排水，坡度不应小于5%，压顶内侧下端应作滴水处理；

2）山墙泛水处的防水层下应增设附加层，附加

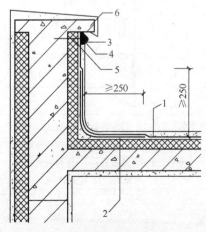

图 4.5.1-10 低女儿墙
1—防水层；2—附加层；3—密封材料；
4—金属压条；5—水泥钉；6—压顶

层在平面和立面的宽度均不应小于 250mm;

3) 烧结瓦、混凝土瓦屋面山墙泛水应采用聚合物水泥砂浆抹成，侧面瓦伸入泛水的宽度不应小于 50mm，见图 4.5.1-12;

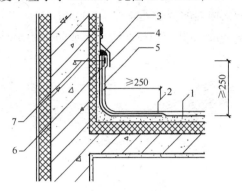
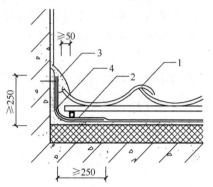

图 4.5.1-11 高女儿墙

1—防水层；2—附加层；3—密封材料；

4—金属盖板；5—保护层；6—金属压条；7—水泥钉

图 4.5.1-12 烧结瓦、混凝土瓦屋面山墙

1—烧结瓦或混凝土瓦；2—防水层或防水垫层；

3—聚合物水泥砂浆；4—附加层

4) 沥青瓦屋面山墙泛水应采用沥青基胶粘材料满粘一层沥青瓦片，防水层和沥青瓦收头应用金属压条钉压固定，并应用密封材料封严，见图 4.5.1-13;

5) 金属板屋面山墙泛水应铺钉厚度不小于 0.45mm 的金属泛水板，并应顺流水方向搭接；金属泛水板与墙体的搭接高度不应小于 250mm，与压型金属板的搭盖宽度宜为 1～2 波，并应在波峰处采用拉铆钉连接，见图 4.5.1-14。

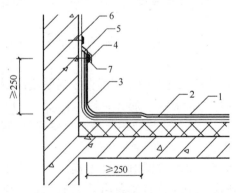
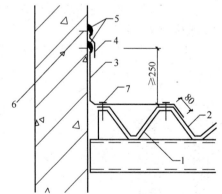

图 4.5.1-13 沥青瓦屋面山墙

1—沥青瓦；2—防水层或防水垫层；3—附加层；

4—金属盖板；5—密封材料；6—水泥钉；

7—金属压条

图 4.5.1-14 压型金属板屋面山墙

1—固定支架；2—压型金属板；3—金属泛

水板；4—金属盖板；5—密封材料；

6—水泥钉；7—拉铆钉

Ⅳ 水落口

（11）重力式排水的水落口见图 4.5.1-15 和图 4.5.1-16，防水构造应符合下列规定:

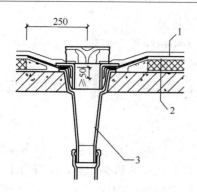

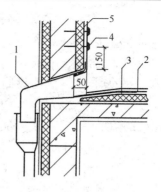

图 4.5.1-15　直式水落口　　　　　图 4.5.1-16　横式水落口

1—防水层；2—附加层；3—水落斗　　1—水落斗；2—防水层；3—附加层；

　　　　　　　　　　　　　　　　　4—密封材料；5—水泥钉

1）水落口可采用塑料或金属制品，水落口的金属配件均应作防锈处理；

2）水落口杯应牢固地固定在承重结构上，其埋设标高应根据附加层的厚度及排水坡度加大的尺寸确定；

3）水落口周围直径 500mm 范围内坡度不应小于 5%，防水层下应增设涂膜附加层；

4）防水层和附加层伸入水落口杯内不应小于 50mm，并应粘结牢固。

Ⅴ　变 形 缝

（12）变形缝防水构造应符合下列规定：

1）变形缝泛水处的防水层下应增设附加层，附加层在平面和立面的宽度不应小于 250mm；防水层应铺贴或涂刷至泛水墙的顶部；

2）变形缝内应预填不燃保温材料，上部应采用防水卷材封盖，并放置衬垫材料，再在其上干铺一层卷材；

3）等高变形缝顶部宜加扣混凝土或金属盖板，见图 4.5.1-17；

4）高低跨变形缝在立墙泛水处，应采用有足够变形能力的材料和构造作密封处理，见图 4.5.1-18。

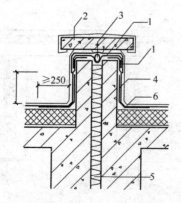

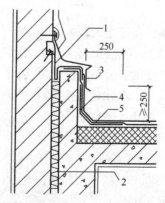

图 4.5.1-17　等高变形缝　　　　　图 4.5.1-18　高低跨变形缝

1—卷材封盖；2—混凝土盖板；　　1—卷材封盖；2—不燃保温材料；

3—衬垫材料；4—附加层；　　　　3—金属盖板；4—附加层；

5—不燃保温材料；6—防水层　　　　　　5—防水层

331

VI 伸出屋面管道

（13）伸出屋面管道（见图 4.5.1-19）的防水构造应符合下列规定：

1）管道周围的找平层应抹出高度不小于 30mm 的排水坡；

2）管道泛水处的防水层下应增设附加层，附加层在平面和立面的宽度均不应小于 250mm；

3）管道泛水处的防水层泛水高度不应小于 250mm；

4）卷材收头应用金属箍紧固和密封材料封严，涂膜收头应用防水涂料多遍涂刷。

（14）烧结瓦、混凝土瓦屋面烟囱（见图 4.5.1-20）的防水构造，应符合下列规定：

1）烟囱泛水处的防水层或防水垫层下应增设附加层，附加层在平面和立面的宽度不应小于 250mm；

2）屋面烟囱泛水应采用聚合物水泥砂浆抹成；

3）烟囱与屋面的交接处，应在迎水面中部抹出分水线，并应高出两侧各 30mm。

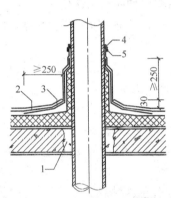

图 4.5.1-19　伸出屋面管道

1—细石混凝土；2—卷材防水层；

3—附加层；4—密封材料；5—金属箍

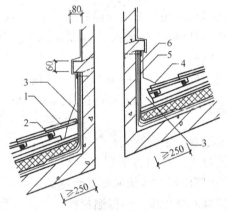

图 4.5.1-20　烧结瓦、混凝土瓦屋面烟囱

1—烧结瓦或混凝土瓦；2—挂瓦条；

3—聚合物水泥砂浆；4—分水线；

5—防水层或防水垫层；6—附加层

VII 屋面出入口

（15）屋面垂直出入口泛水处应增设附加层，附加层在平面和立面的宽度均不应小于 250mm；防水层收头应在混凝土压顶圈下，见图 4.5.1-21。

（16）屋面水平出入口泛水处应增设附加层和护墙，附加层在平面上的宽度不应小于 250mm；防水层收头应压在混凝土踏步下，见图 4.5.1-22。

（17）烧结瓦、混凝土瓦屋面的屋脊处应增设宽度不小于 250mm 的卷材附加层。脊瓦下端距坡面瓦的高

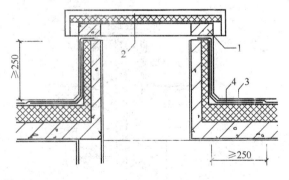

图 4.5.1-21　垂直出入口

1—混凝土压顶圈；2—上人孔盖；

3—防水层；4—附加层

度不宜大于80mm，脊瓦在两坡面瓦上的搭盖宽度，每边不应小于40mm；脊瓦与坡瓦面之间的缝隙应采用聚合物水泥砂浆填实抹平，见图4.5.1-23。

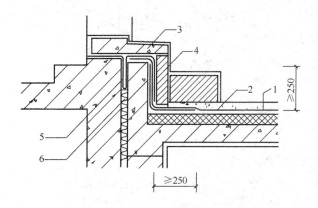

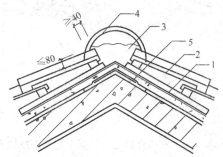

图 4.5.1-22　水平出入口

1—防水层；2—附加层；3—踏步；4—护墙；
5—防水卷材封盖；6—不燃保温材料

图 4.5.1-23　烧结瓦、混凝土瓦屋面屋脊

1—防水层或防水垫层；2—烧结瓦或混凝土瓦；
3—聚合物水泥砂浆；4—脊瓦；5—附加层

（18）沥青瓦屋面的屋脊处应增设宽度不小于250mm的卷材附加层。脊瓦在两坡面瓦上的搭盖宽度，每边不应小于150mm，见图4.5.1-24。

（19）金属板屋面的屋脊盖板在两坡面金属板上的搭盖宽度每边不应小于250mm，屋面板端头应设置挡水板和堵头板，见图4.5.1-25。

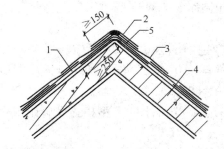

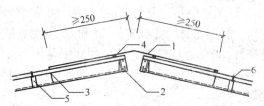

图 4.5.1-24　沥青瓦屋面屋脊

1—防水层或防水垫层；2—脊瓦；
3—沥青瓦；4—结构层；5—附加层

图 4.5.1-25　金属板材屋面屋脊

1—屋脊盖板；2—堵头板；3—挡水板；
4—密封材料；5—固定支架；6—固定螺栓

Ⅷ　屋顶窗

（20）烧结瓦、混凝土瓦与屋顶窗交接处，应采用金属排水板、窗框固定铁脚、窗口附加防水卷材、支瓦条等连接，见图4.5.1-26。

（21）沥青瓦屋面与屋顶窗交接处应采用金属排水板、窗框固定铁脚、窗口附加防水卷材等与结构层连接，见图4.5.1-27。

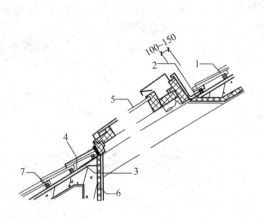

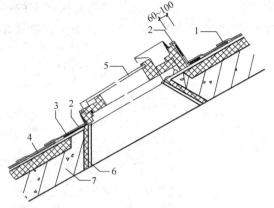

图 4.5.1-26　烧结瓦、混凝土瓦屋面屋顶窗

1—烧结瓦或混凝土瓦；2—金属排水板；

3—窗口附加防水卷材；4—防水层或防

水垫层；5—屋顶窗；6—保温层；

7—支瓦条

图 4.5.1-27　沥青瓦屋面屋顶窗

1—沥青瓦；2—金属排水板；3—窗口附加防水卷材；

4—防水层或防水垫层；5—屋顶窗；6—保温层；

7—结构层

4.6 装 饰 工 程

4.6.1 骨架材料

(1) 轻钢吊顶龙骨：用薄壁镀锌钢带经机械压制而成。有 U 型和 T 型龙骨与 U 型和 C 型组合龙骨等。

1) U 型轻钢吊顶龙骨主件有 38、50 和 60 系列主龙骨及 U25 中、U50 中、U60 中龙骨；U 型轻钢龙骨配件有 38、50 和 60 主龙骨吊件；U50、U25 龙骨挂件和 U50、U25 龙骨排挂件；U50、U25 龙骨接插件和主龙骨连接件（60、50、38 系列）。

2) T 型轻钢龙骨：与 U 型轻钢龙骨相同。用 T 型龙骨和 T 型横撑龙骨组成吊顶骨架。

(2) 隔墙轻钢龙骨：一般有 50、75、100 等系列，龙骨主件和配件包括：C 型轻钢龙骨主件和 C 型轻钢龙骨配件。这些龙骨中，龙骨主件有沿顶沿地龙骨，加强龙骨、竖向龙骨、横撑龙骨；龙骨配件有支撑卡、卡托、角托、横撑连接件、加固龙骨固定件等。

(3) 铝合金吊顶龙骨：一般常用的多为 T 型，根据其罩面板安装方式不同，分龙骨底面外露和不外露两种。LT 型铝合金吊顶龙骨属于罩面板安装后龙骨底面外露的一种，其龙骨和零配件有：龙骨、横撑龙骨、边龙骨、异形龙骨、龙骨吊钩、异形龙骨吊钩、连接件等。上人吊顶构造和不上人吊顶构造详见图 4.6.1-1～图 4.6.1-3；T 型铝合金龙骨底面不外露安装详见图 4.6.1-4。

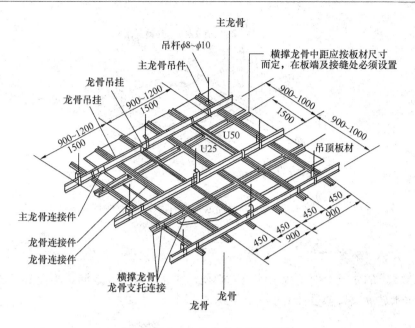

图 4.6.1-1　上人龙骨安装示意图

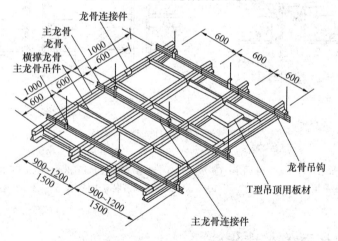

图 4.6.1-2　LT 型装配式铝合金龙骨吊顶安装示意图

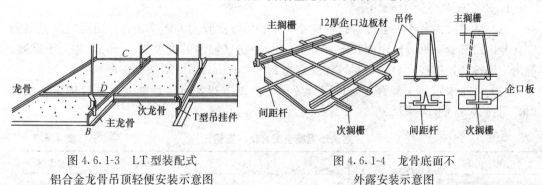

图 4.6.1-3　LT 型装配式
铝合金龙骨吊顶轻便安装示意图

图 4.6.1-4　龙骨底面不
外露安装示意图

用 T 型龙骨和 T 型横撑龙骨组成吊顶骨架,把板材搭在骨架翼缘上,见图 4.6.1-5。

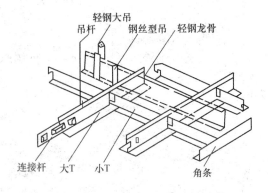

图 4.6.1-5 T 型轻钢龙骨吊顶安装示意图

4.6.2 防水构造

有防水要求的建筑地面工程，铺设前必须对立管、套管和地漏与楼板节点之间进行密封处理；排水坡度应符合设计要求。详见图 4.6.2。

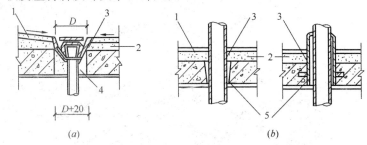

图 4.6.2 管道与楼面防水构造

（a）地漏与楼面防水构造；（b）立管、套管与楼面防水构造

1—面层按设计；2—找平层（防水层）；3—地漏（管）四周留出 8～10mm 小沟槽

（圆钉剔槽、打毛、扫净）；4—1：2 水泥砂浆或细石混凝土填实；5—1：2 水泥砂浆

4.6.3 几种地面的构造作法

1. 防油渗面层分格缝作法：

（1）防油渗混凝土的强度等级不应小于 C30，厚度宜为 60～70mm，面层内配置钢筋应在分区段缝处断开。区段面积不宜大于 50m²，分区段缝的宽度为 20mm，并上下贯通。缝内应灌注防油渗胶泥材料，封填深度宜为 20～25mm。详见图 4.6.3-1。

（2）防油渗混凝土配合比应按设计要求的强度等级和抗渗性能通过试验确定。试验时，可按表 4.6.3 要求试配。

防油渗混凝土配合比（重量比）　　　　　表 4.6.3

材　　料	水　泥	砂	石　子	水	防油渗剂
防油渗混凝土	1	1.79	2.996	0.5	B 型防油渗剂

注：B 型防油渗剂按产品质量标准和生产厂说明使用。

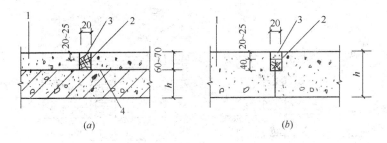

图 4.6.3-1 防油渗面层分格缝作法
1—防油渗混凝土；2—防油渗胶泥；3—膨胀水泥砂浆；4—按设计做一布二胶

（3）防油渗混凝土材料质量应符合设计要求。浇筑时坍落度不宜大于 10mm。振捣应密实，不得漏振。

（4）防油渗隔离层的设置，除按设计要求外，施工时应符合下列规定：

1）防油渗隔离层宜采用一布二胶防油渗胶泥玻璃纤维布，其厚度为 4mm。

2）采用的玻璃纤布应为无碱网格布。采用的防油渗胶泥（或弹性多功能聚氨酯类涂膜材料），其厚度宜为 1.5～2.0mm。

3）在水泥类基层上设置隔离层和在隔离层上铺设防油渗混凝土面层时，其下一层表面应洁净。铺设时均应涂刷同类的底子油。

4）隔离层施工时，在已处理的基层上应将加温的防油渗胶泥均匀涂抹一遍。随后，应将玻璃丝布粘贴覆盖，其搭接宽度不得小于 100mm；与墙、柱连接处的涂刷应向上翻边，其高度不得小于 30mm。一布二胶防油渗隔离层完成后，经检查符合要求后，方可进行下道工序施工。

5）当防油渗混凝土面层的抗压强度达到 5MPa 时，应将分区段缝内清理干净且干燥，并应在涂刷一遍同类底子油后，趁热灌注防油渗胶泥。

6）当防油渗面层采用防油渗涂料时，其涂料材料应按设计要求选用，且具有耐油、耐磨、耐火和粘结性能，抗拉粘结强度不应小于 0.3MPa。涂料的涂刷（喷涂）不得少于 3 遍，涂层厚度宜为 5～7mm。

2. 建筑地面留缝原则

（1）建筑地面的伸缩缝、沉降缝、防震缝等变形缝，应按设计要求设置，并应与结构相应的缝位置一致。除假缝外，均应贯通各构造层。水泥混凝土垫层应铺设在基土上，当气温长期处于 0℃以下且设计无要求时，其房间地面应设置伸缩缝。

（2）沉降缝和防震缝的宽度应符合设计要求。在缝内清洗干净后，应先用沥青麻丝填充实，再以沥青胶结料填嵌后，用盖板封盖，并应与面层齐平，详见图 4.6.3-2。

（3）室外水泥混凝土地面工程应设置伸缩缝；室内水泥混凝土楼面与地面工程应设置纵向、横向缩缝，不宜设置伸缝。

（4）室内水泥混凝土地面工程分区、段浇筑混凝土时，应与设置的纵向、横向缩缝的间距相一致，详见图 4.6.3-3（a）。纵向缩缝应做平头缝，详见图 4.6.3-3（b）；当垫层板边加肋时，应做加肋板平头缝，详见图 4.6.3-3（d）；当垫层厚度大于 150mm 时，亦可采用企口缝，详见图 4.6.3-3（c）；横向缩缝应做假缝，详见图 4.6.3-4。

（5）缩缝和伸缝的间距，当设计无要求时应符合下列规定：

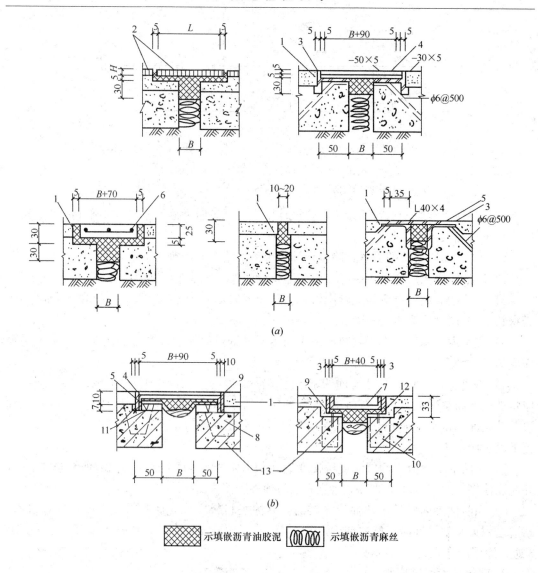

图 4.6.3-2 建筑地面变形缝构造

1—整体面层按设计；2—板块面层按设计；3—焊牢；4—5 厚钢板（或铝合金板、塑料硬板）；
5—5 厚钢板；6—C20 混凝土预制板；7—钢板或块材、铝板；8—40mm×60mm×60mm 木楔，
500mm 中距；9—24 号镀锌薄钢板；10—40mm×40mm×60mm 木楔，500mm 中距；11—螺钉
固定，500mm 中距；12—L30×3 螺钉固定，500mm 中距；13—楼层结构层；B—缝宽按设计要求

1) 室内纵向缩缝的间距，宜为 3~6m；

2) 室内横向缩缝的间距，宜为 6~12m；室外横向缩缝的间距，宜为 3~6m；

3) 室外伸缝的间距宜为 30m。

（6）水泥混凝土地面的缩缝（平头缝、企口缝、假缝和加肋平头缝）和伸缝的作法，
应符合下列规定：

1) 平头缝和企口缝的缝间不得放置任何隔离材料，在浇筑混凝土时应互相紧贴。企
口缝的尺寸应符合设计要求，拆模时的混凝土抗压强度不宜小于 3MPa。

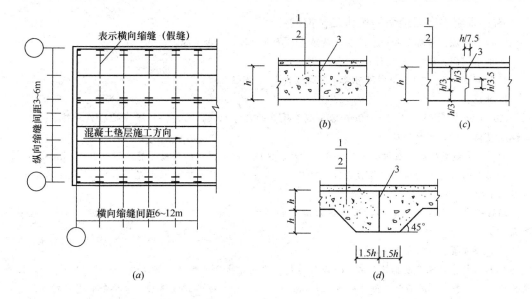

图 4.6.3-3　纵、横向缩缝

（a）施工方向与缩缝平面布置；（b）平接缝；（c）企口缝；（d）加肋板平头缝

1—面层；2—混凝土垫层；3—互相紧贴，不放隔离材料

2）假缝应按规定的间距设置吊装模板，或在浇筑混凝土时，将预制的木条埋设在混凝土中，并在混凝土终凝前取出；亦可采用在混凝土达到强度后用锯割缝。缝的宽度宜为 5～20mm，其深度宜为垫层厚度的 1/3，缝内应填水泥砂浆，详见图 4.6.3-4。

3）伸缝的缝宽度宜为 20～30mm，上下贯通。缝内应填嵌沥青类材料，详见图 4.6.3-5（a）。当沿缝两侧垫层板边加肋时，应做加肋板伸缝，详见图 4.6.3-5（b）。

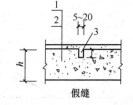

图 4.6.3-4　假缝构造示意图

1—面层；2—混凝土垫层；
3—1：3 水泥砂浆填缝

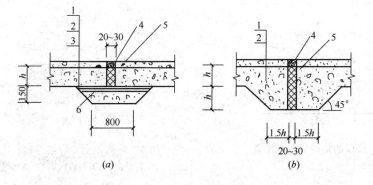

图 4.6.3-5　伸缝构造示意图

1—面层；2—混凝土垫层；3—干铺油毡一层；4—沥青胶泥填缝
5—沥青胶泥或沥青木丝板；6—C10 混凝土

附：现制水磨石地面的操作工艺控制：

1. 基层处理：按标高和平整度要求清理基层所有污物，清刷干净。

2. 浇水湿润：提前1d进行；

3. 拌制底子灰：1∶3干硬性砂浆，踢脚板为1∶3塑性砂浆；

4. 冲筋：

(1) 地面冲筋：根据墙上+50cm标高线下反算的尺寸拉线，作灰饼用干硬性砂浆冲筋，间距1～1.5m，地漏处做泛水找坡度。

(2) 踢脚线成规矩：在阴阳角处套方、量尺、拉线，按底层灰的厚度冲筋，间距1～1.5m。

5. 底灰铺抹：冲筋标志硬化后进行。装灰前基层刷1∶0.5水泥浆（水泥∶水）；按底灰厚度冲筋；装档摊平拍实、刮平、搓平，检查平整度。

踢脚板冲筋后分两次装档，第一层为薄层拍压实后；第二次与筋纸面取平压实、刮平、搓划成毛面。

6. 底层灰养护：一般用2d。

7. 镶分格条：在底灰捕抹完成24h以后进行。按设计的分格要求分格弹线，一般间距为1m，注意留出镶边量；美术水磨石时镶条处先抹一道50mm宽水泥砂浆带再弹线镶条，分格条嵌固应特别注意水泥浆的粘嵌高度和水平方向的角度，镶条完成后应拉5m通线检查，偏差不超过1mm。镶条后12h开始养护，时间不少于2d。正确镶条详见图1和图2，错误镶条详见图3和图4。

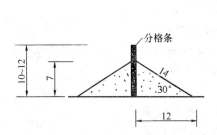

图1 分格条正确粘嵌法示意

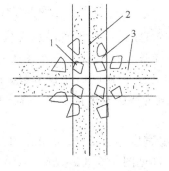

图2 分格条交叉处正确粘嵌法
1—石粒；2—分格条；3—砂浆

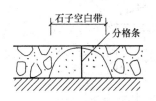

图3 错误的粘嵌分格条示意

图4 分格条交叉处错误粘嵌法
1—石粒；2—无石粒区；3—分格条

8. 抹石渣面层灰：

地面配比：1∶2～2.5、踢脚板：1∶1～1.5（水泥∶石渣）。需加色时按水泥重量的百分比计加，需一次调配过筛，装袋使用。

清理底层，洒一层薄且均匀的水泥浆，装石渣灰先分格条边后中间，从中间向边角推抹压实抹平，罩面石渣应高出分格条 1～2mm。

抹平滚压找平台至出浆，2h 后将压出的浆抹平。

踢脚线抹石渣面层：浇水湿润底灰，经在阴阳角及上口找规矩、涂一层水泥浆后，石渣上墙抹平压实，刷水清理浮浆。

石渣面层灰于完成后次日开始养护，常温时为 5～7d。

9. 磨光酸洗：

在开磨前应进行试磨，以确认不掉石渣为准。

头三遍磨光：第一遍用粒度 60～80 号粗砂轮机；磨露出分拉条，擦一层水泥素浆磨完养护 2～3d；第二遍用粒度 120～180 号砂轮机，磨完擦素浆，养护 2～3d；第三遍用 180～240 号砂轮机并用油石出光。然后，进行光酸洗，撒酸粉洒水经油石擦洗，清水洗净后撒锯末扫干。水磨石面层的开磨时间详见表 1 和表 2。

水磨石面层开磨时间　　　　　　　　　　　　表 1

平 均 温 度（℃）	开 磨 时 间 （d）	
	机 磨	人 工 磨
20～30	3～4	1～2
10～20	4～5	1.5～2.5
5～10	6～7	2～3

水磨石面层研磨技术要求　　　　　　　　　　表 2

遍　数	选 用 磨 石	要 求 及 说 明
1	60～80 号	1. 磨匀、磨平，使全部分格条外露； 2. 磨后要将泥浆冲洗干净，稍干后即涂擦一道同色水泥浆填补砂眼，个别掉落的石粒要补好； 3. 不同颜色的磨面，应先涂深色浆，后涂浅色浆； 4. 涂擦色浆后养护 4～7d
2	120～180 号金刚石	磨至石粒显露，表面平整，其他同第一遍 2、3、4 条
3	180～240 号油石	1. 磨至表面平整、光滑，无砂眼、细孔； 2. 用水冲洗后溶草酸溶液（热水：草酸＝1：0.35，重量比，溶化冷却后用）一遍； 3. 研磨至出白浆、表面光滑为止，用水冲洗干净，晾干

踢脚板在罩面后 24h 用人工磨石，其操作工艺同。

10. 打蜡：一般为两遍，地面与踢脚相同，要求光亮。

11. 冬期施工：要求在 +5℃ 以上，底灰可不浇水，养护时间底灰可在 3～5d，面层 10d 后方可磨光。

5 施 工 试 验

5.1 土 壤 试 验

5.1.1 击实试验（T 0131—2007）（摘选）

1 目的和适用范围

本试验方法适用于细粒土。

本试验分轻型击实和重型击实。内径 100mm 试筒适用于粒径不大于 20mm 的土；内径 152mm 试筒适用于粒径不大于 40mm 的土。

当土中最大颗粒粒径大于或等于 40mm，并且大于或等于 40mm 颗粒粒径的质量含量大于 5％时，则应使用大尺寸试筒进行击实试验，或按 5.4 条进行最大干密度校正。大尺寸试筒要求其最小尺寸大于土样中最大颗粒粒径的 5 倍以上，并且击实试验的分层厚度应大于土样中最大颗粒粒径的 3 倍以上。单位体积击实功能控制在 2677.2～2687.0kJ/m³ 范围内。

当细粒土中的粗粒土总含量大于 40％或粒径大于 0.005mm 颗粒的含量大于土总质量的 70％（即 $d_{30} \leqslant 0.005\text{mm}$）时，还应做粗粒土最大干密度试验，其结果与重型击实试验结果比较，最大干密度取两种试验结果的最大值。

2 仪器设备

2.1 标准击实仪（图 1 和图 2）。击实试验方法和相应设备的主要参数应符合表 1 的规定。

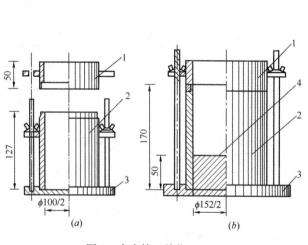

图 1 击实筒（单位：mm）

（a）小击实筒；（b）大击实筒

1—套筒；2—击实筒；3—底板；4—垫板

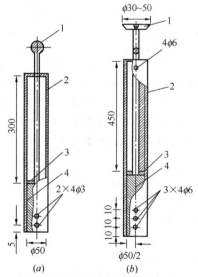

图 2 击锤和导杆（单位：mm）

（a）2.5kg 击锤（落高 30cm）；

（b）4.5kg 击锤（落高 45cm）

1—提手；2—导筒；3—硬橡皮垫；4—击锤

击实试验方法种类 表1

试验方法	类别	锤底直径（cm）	锤质量（kg）	落高（cm）	试筒尺寸 内径（cm）	试筒尺寸 高（cm）	试样尺寸 高度（cm）	试样尺寸 体积（cm³）	层数	每层击数	击实功（kJ/m³）	最大粒径（mm）
轻型	Ⅰ-1	5	2.5	30	10	12.7	12.7	997	3	27	598.2	20
	Ⅰ-2	5	2.5	30	15.2	17	12	2177	3	59	598.2	40
重型	Ⅱ-1	5	4.5	45	10	12.7	12.7	997	5	27	2687.0	20
	Ⅱ-2	5	4.5	45	15.2	17	12	2177	3	98	2677.2	40

2.2 烘箱及干燥器。

2.3 天平：感量0.01g。

2.4 台秤：称量10kg，感量5g。

2.5 圆孔筛：孔径40mm、20mm和5mm各1个。

2.6 拌和工具：400mm×600mm、深70mm的金属盘，土铲。

2.7 其他：喷水设备、碾土器、盛土盘、量筒、推土器、铝盒、修土刀、平直尺等。

3 试样

3.1 本试验可分别采用不同的方法准备试样。各方法可按表2准备试料。

试 料 用 量 表2

使用方法	类别	试筒内径（cm）	最大粒径（mm）	试料用量（kg）
干土法，试样不重复使用	b	10	20	至少5个试样，每个3
		15.2	40	至少5个试样，每个6
湿土法，试样不重复使用	c	10	20	至少5个试样，每个3
		15.2	40	至少5个试样，每个6

3.2 干土法（土不重复使用）。按四分法至少准备5个试样，分别加入不同水分（按2%～3%含水率递增），拌匀后闷料一夜备用。

3.3 湿土法（土不重复使用）。对于高含水率土，可省略过筛步骤，用手拣除大于40mm的粗石子即可。保持天然含水率的第一个土样，可立即用于击实试验。其余几个试样，将土分成小土块，分别风干，使含水率按2%～3%递减。

4 试验步骤

4.1 根据工程要求，按表1规定选择轻型或重型试验方法。根据土的性质（含易击碎风化石数量多少、含水率高低），按表2规定选用干土法（土不重复使用）或湿土法。

4.2 将击实筒放在坚硬的地面上，在筒壁上抹一薄层凡士林，并在筒底（小试筒）或引块（大试筒）上放置蜡纸或塑料薄膜。取制备好的土样分3～5次倒入筒内。小筒按三层法时，每次约800～900g（其量应使击实后的试样等于或略高于筒高的1/3）；按五层法时，每次约400～500g（其量应使击实后的土样等于或略高于筒高的1/5）。对于大试筒，先将垫块放入筒内底板上，按三层法，每层需试样1 700g左右。整平表面并稍加压紧，然后按规定的击数进行第一层土的击实，击实时击锤应自由垂直落下，锤迹必须均匀分布于土样面。第一层击实完后，将试样层面"拉毛"，然后再装入套筒，重复上述方法，进行其余各层土的击实。小试筒击实后，试样不应高出筒顶面5mm；大试筒击实后，试样不应高出筒顶面6mm。

4.3 用修土刀沿套筒内壁削刮，使试样与套筒脱离后，扭动并取下套筒，齐筒顶细心削平试样，拆除底板，擦净筒外壁，称量，准确至1g。

4.4 用推土器推出筒内试样，从试样中心处取样测其含水率，计算至0.1%。测定含水率用试样的数量按表3规定取样（取出有代表性的土样）。两个试样含水率的精度应符合本试验第5.6条的规定。

测定含水率用试样的数量　　　　　　　　　　　表3

最大粒径（mm）	试样质量（g）	个　　数
<5	15～20	2
约5	约50	1
约20	约250	1
约40	约500	1

4.5　对于干土法（土不重复使用）和湿土法（土不重复使用），将试样搓散，然后按本试验第3条方法进行洒水、拌和，每次约增加2%～3%的含水率，其中有两个大于和两个小于最佳含水率，所需加水量按下式计算：

$$m_{\mathrm{w}} = \frac{m_i}{1+0.01w_i} \times 0.01(w-w_i) \tag{1}$$

式中　　m_{w}——所需的加水量(g)；

　　　　m_i——含水率W_i时土样的质量(g)；

　　　　w_i——土样原有含水率(%)；

　　　　w——要求达到的含水率(%)。

　　按上述步骤进行其他含水率试样的击实试验。

5　结果整理

5.1　按下式计算击实后各点的干密度：

$$\rho_{\mathrm{d}} = \frac{\rho}{1+0.01w} \tag{2}$$

式中　　ρ_{d}——干密度（g/cm³），计算至0.01；

　　　　ρ——湿密度（g/cm³）；

　　　　w——含水率（%）。

5.2　以干密度为纵坐标、含水率为横坐标，绘制干密度与含水率的关系曲线（图3），曲线上峰值点的纵、横坐标分别为最大干密度和最佳含水率。如曲线不能绘出明显的峰值点，应进行补点或重做。

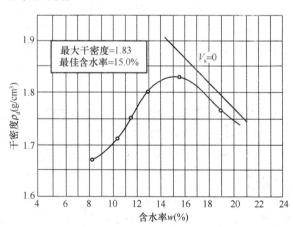

图3　含水率与干密度的关系曲线

5.3　按下式计算饱和曲线的饱和含水率$w_{\max}$，并绘制饱和含水率与干密度的关系曲线图。

$$w_{\max} = \left[\frac{G_{\mathrm{s}}\rho_{\mathrm{w}}(1-w)-\rho}{G_{\mathrm{s}}\rho}\right] \times 100 \tag{3}$$

或

$$w_{\max} = \left(\frac{\rho_{\mathrm{w}}}{\rho_{\mathrm{d}}} - \frac{1}{G_{\mathrm{s}}}\right) \times 100 \tag{4}$$

式中　　$w_{\max}$——饱和含水率（%），计算至0.01；

ρ—— 试样的湿密度(g/cm³)；

ρ_w—— 水在 4℃ 时的密度(g/cm³)；

ρ_d—— 试样的干密度(g/cm³)；

G_s—— 试样土粒相对密度,对于粗粒土,则为土中粗细颗粒的混合相对密度；

w—— 试样含水率(%)。

5.4 当试样中有大于 40mm 的颗粒时,应先取出大于 40mm 的颗粒,并求得其百分率 P,把小于 40mm 部分做击实试验,按下面公式分别对试验所得的最大干密度和最佳含水率进行校正（适用于大于 40mm 颗粒的含量小于 30%时）。

最大干密度按下式校正：

$$\rho'_{dm} = \frac{1}{\dfrac{1-0.01P}{\rho_{dm}} + \dfrac{0.01P}{\rho_w G'_s}} \tag{5}$$

式中　ρ'_{dm}—— 校正后的最大干密度(g/cm³),计算至 0.01；

　　　ρ_{dm}—— 用粒径小于 40mm 的土样试验所得的最大干密度(g/cm³)；

　　　P—— 试料中粒径大于 40mm 颗粒的百分率(%)；

　　　G'_s—— 粒径大于 40mm 颗粒的毛体积相对密度,计算至 0.01。

最佳含水率按下式校正：

$$w'_0 = w_0(1-0.01P) + 0.01Pw_2 \tag{6}$$

式中　w'_0—— 校正后的最佳含水率(%),计算至 0.01；

　　　w_0—— 用粒径小于 40mm 的土样试验所得的最佳含水率(%)；

　　　P—— 同前；

　　　w_2—— 粒径大于 40mm 颗粒的吸水量(%)。

5.5 本试验记录格式见表 4。

击实试验记录　　　　　　　　　　　　　　　　表 4

校核者＿＿＿＿＿＿＿　　　计算者＿＿＿＿＿＿＿　　　试验者＿＿＿＿＿＿＿

土样编号		筒 号			落距		45cm	
土样来源	27	筒容积		997cm³			每层击数	
试验日期		击锤质量		4.5kg		大于 5mm 颗粒含量		
干 密 度	试验次数	1		2		3		4		5	
	筒+土质量（g）	2981.8		3057.1		3130.9		3215.8		3191.1	
	筒质量（g）	1103		1103		1103		1103		1103	
	湿土质量（g）	1878.8		1954.1		2027.9		2112.8		2088.1	
	湿密度（g/cm³）	1.88		1.96		2.03		2.12		2.09	
	干密度（g/cm³）	1.71		1.75		1.80		1.83		1.76	
含 水 率	盒号										
	盒+湿土质量（g）	35.60	35.44	33.93	33.69	32.88	33.16	33.13	34.09	36.96	38.31
	盒+干土质量（g）	34.16	34.02	32.45	32.26	31.40	31.64	31.36	32.15	24.28	35.36
	盒质量（g）	20	20	20	20	20	20	20	20	20	20
	水质量（g）	1.44	1.42	1.48	1.43	1.48	1.52	1.77	1.94	2.68	2.95
	干土质量（g）	14.16	14.02	12.45	12.26	11.40	11.64	11.36	12.15	14.28	15.36
	含水率（%）	10.3	10.1	11.9	11.7	13.0	13.0	15.6	16.0	18.8	19.2
	平均含水率（%）	10.2		11.8		13.0		15.8		19.0	
最佳含水率＝15.0%					最大干密度＝1.83g/cm³					

345

5.6 精密度和允许差。

本试验含水率须进行两次平行测定，取其算术平均值，允许平行差值应符合表 5 规定。

含水率测定的允许平行差值 表 5

含水率（%）	允许平行差值（%）	含水率（%）	允许平行差值（%）	含水率（%）	允许平行差值（%）
5 以下	0.3	40 以下	≤1	40 以上	≤2

6 报告

6.1 土的鉴别分类和代号。

6.2 土的最佳含水率 W_0（%）。

6.3 土的最大干密度 ρ_{dm}（g/cm³）。

5.1.2 环刀法测定压实度试验方法（T 0923—95） （摘选）

1 目的和适用范围

1.1 本方法规定在公路工程现场用环刀法测定土基及路面材料的密度及压实度。

1.2 本方法适用于细粒土及无机结合料稳定细粒土的密度。但对无机结合料稳定细粒土，其龄期不宜超过 2d，且宜用于施工过程中的压实度检验。

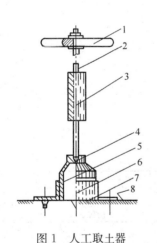

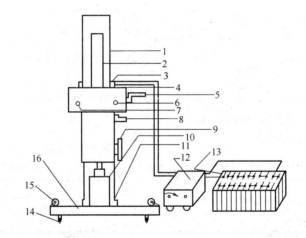

图 1 人工取土器

1—手柄；2—导杆；3—落锤；
4—环盖；5—环刀；6—定向筒；
7—定向筒齿钉；8—试验地面

图 2 电动取土器

1—立柱；2—升降轴；3—电源输入；4—直流电机；5—升降手柄；6、
7—电源指示；8—锁紧手柄；9—升降手轮；10—取芯头；11—立柱套；
12—调速器；13—电瓶；14—行走轮；15—定位销；16—底座平台

2 仪具与材料

本试验需要下列仪具与材料：

（1）人工取土器：见图 1，包括环刀、环盖、定向筒和击实锤系统（导杆、落锤、手柄）。环刀内径 6～8cm，高 2～3cm，壁厚 1.5～2mm。

（2）电动取土器：如图 2 所示。由底座、行走轮、立柱、齿轮箱、升降机构、取芯头等组成。

① 底座：由底座平台（16）、定位销（15）、行走轮（14）组成。平台是整个仪器的支撑

基础；定位销供操作时仪器定位用；行走轮供换点取芯时仪器近距离移动用，当定位时，四只轮子可扳起离开地表。

② 立柱：由立柱（1）与立柱套（11）组成，装在底座平台上，作为升降机构、取芯机构、动力和传动机构的支架。

③ 升降机构：由升降手轮（9）、锁紧手柄（8）组成，供调整取芯机构高低用。松开锁紧手柄，转动升降手轮，取芯机构即可升降，到所需位置时拧紧手柄定位。

④ 取芯机构：由取芯头（10）、升降轴（2）组成，取芯头为金属圆筒，下口对称焊接两个合金钢切削刀头，上端面焊有平盖，其上焊螺母，靠螺旋接于升降轴上。取芯头为可换式，有三种规格，即 50mm×50mm、70mm×70mm、100mm×100mm，另配有相应的取芯套筒、扳手、铅盒等。

⑤ 动力和传动机构：主要由直流电机（4）、调速器（12）、齿轮箱组成。另配电瓶和充电器。当电机工作时，通过齿轮箱的齿轮将动力传给取芯机构，升降轴旋转，取芯头进入旋切工作状态。

⑥ 电动取土器主要技术参数为：

工作电压 DC24V（36A·h）；

转速 50～70r/min，无级调速；

整机质量约 35kg。

（3）天平：感量 0.1g（用于取芯头内径小于 70mm 样品的称量），或 1.0g（用于取芯头内径 100mm 样品的称量）。

（4）其他：镐、小铁锹、修土刀、毛刷、直尺、钢丝锯、凡士林、木板及测定含水量设备等。

3　方法与步骤

3.1　按有关试验方法对检测试样用同种材料进行击实试验，得到最大干密度（ρ_c）及最佳含水量。

3.2　用人工取土器测定黏性土及无机结合料稳定细粒土密度的步骤：

（1）擦净环刀，称取环刀质量 M_2，准确至 0.1g。

（2）在试验地点，将面积约 30cm×30cm 的地面清扫干净，并将压实层铲去表面浮动及不平整的部分，达一定深度，使环刀打下后，能达到要求的取土深度，但不得将下层扰动。

（3）将定向筒齿钉固定于铲平的地面上，顺次将环刀、环盖放入定向筒内与地面垂直。

（4）将导杆保持垂直状态，用取土器落锤将环刀打入压实层中，至环盖顶面与定向筒上口齐平为止。

（5）去掉击实锤和定向筒，用镐将环刀及试样挖出。

（6）轻轻取下环盖，用修土刀自边至中削去环刀两端余土，用直尺检测直至修平为止。

（7）擦将环刀外壁，用天平称取出环刀及试样合计质量 M_1，准确至 0.1g。

（8）自环刀中取出试样，取具有代表性的试样，测定其含水量（w）。

3.3　用人工取土器测定砂性土或砂层密度时的步骤：

（1）如为湿润的砂土，试验时不需要使用击实锤和定向筒。在铲平的地面上，细心挖出一个直径较环刀外径略大的砂土柱，将环刀刃口向下，平置于砂土柱上，用两手平稳地将环刀垂直压下，直至砂土柱突出环刀上端约 2cm 时为止。

（2）削掉环刀口上的多余砂土，并用直尺刮平。

（3）在环刀上口盖一块平滑的木板，一手按住木板；另一手用小铁锹将试样从环切底部切断。然后，将装满试样的环刀反转过来，削去环刀刃口上部的多余砂土，并用直尺刮平。

（4）擦将环刀外壁，称环刀与试样合计质量（M_1），准确至 0.1g。

（5）自环刀中取具有代表性的试样测定其含水量。

（6）干燥的砂土不能挖成砂土柱时，可直接将环刀压入或打入土中。

3.4 用电动取土器测定无机结构料细粒土和硬塑土密度的步骤：

（1）装上所需规定的取芯头。在施工现场取芯前，选择一块平整的路段，将四只行走轮打起，四根定位销钉采用人工加压的方法，压入路基土层中。松开锁紧手柄，旋动升降手轮，使取芯头刚好与土层接触，锁紧手柄。

（2）将电瓶与调速器接通，调速器的输出端接入取芯机电源插口。指示灯亮，显示电路已通；启动开关，电动机工作，带动取芯机构转动。根据土层含水量调节转速，操作升降手柄，上提取芯机构，停机，移开机器。由于取芯头圆筒外表有几条螺旋状突起，切下的土屑排在筒外顺螺纹上旋抛出地表，因此，将取芯套筒套在切削好的土芯立柱上，摇动即可取出样品。

（3）取出样品，立即按取芯套筒长度用修土刀或钢丝锯修平两端，制成所需规格土芯，如拟进行其他试验项目，装入铅盒，送试验室备用。

（4）用天平称量土芯带套筒质量 M_1，从土芯中心部分取试样测定含水率。

3.5 本试验须进行两次平行测定，其平行差值不得大于 0.03g/cm³。求其算术平均值。

4 计算

4.1 按式（4-1）、式（4-2）计算试样的湿密度及干密度：

$$\rho = \frac{4 \times (M_1 - M_2)}{\pi \cdot d^2 \cdot h} \tag{4-1}$$

$$\rho_\mathrm{d} = \frac{\rho}{1 + 0.01w} \tag{4-2}$$

式中 ρ——试样的湿密度（g/cm³）；

ρ_d——试样的干密度（g/cm³）；

M_1——环刀或取芯套筒与试样合计质量（g）；

M_2——环刀或取芯套筒质量（g）；

d——环刀或取芯套筒直径（cm）；

h——环刀或取芯套筒高度（cm）；

w——试样的含水率（％）。

4.2 按式（4-3）计算施工压实度：

$$K = \frac{\rho_\mathrm{d}}{\rho_\mathrm{c}} \times 100 \tag{4-3}$$

式中 K——测试地点的施工压实度（％）；

ρ_d——试样的干密度（g/cm³）；

ρ_c——由击实试验得到的试样的最大干密度（g/cm³）。

5 报告

试验应报告土的鉴别分类、土的含水量、湿密度、干密度、最大干密度、压实度等。

5.2 建 筑 砂 浆

5.2.1 《砌筑砂浆配合比设计规程》(JGJ/T 98—2010) （摘选）

技术条件

（1）水泥砂浆及预拌砌筑砂浆的强度等级可分为 M5、M7.5、M10、M15、M20、M25、M30；水泥混合砂浆的强度等级可分为 M5、M7.5、M10、M15。

（2）砌筑砂浆拌合物的表观密度宜符合表 1 的规定。

砌筑砂浆拌合物的表观密度（kg/m³）   表 1

砂浆种类	表观密度
水泥砂浆	≥1900
水泥混合砂浆	≥1800
预拌砌筑砂浆	≥1800

（3）砌筑砂浆的稠度、保水率、试配抗压强度应同时满足要求。

（4）砌筑砂浆施工时的稠度宜按表 2 选用。

砌筑砂浆的施工稠度（mm）   表 2

砌 体 种 类	施工稠度
烧结普通砖砌体、粉煤灰砖砌体	70～90
混凝土砖砌体、普通混凝土小型空心砌块砌体、灰砂砖砌体	50～70
烧结多孔砖砌体、烧结空心砖砌体、轻集料混凝土小型空心砌块砌体、蒸压加气混凝土砌块砌体	60～80
石砌体	30～50

（5）砌筑砂浆的保水率应符合表 3 的规定。

砌筑砂浆的保水率（%）   表 3

砂浆种类	保水率
水泥砂浆	≥80
水泥混合砂浆	≥84
预拌砌筑砂浆	≥88

（6）有抗冻性要求的砌体工程，砌筑砂浆应进行冻融试验。砌筑砂浆的抗冻性应符合表 4 的规定，且当设计对抗冻性有明确要求时，尚应符合设计规定。

砌筑砂浆的抗冻性   表 4

使用条件	抗冻指标	质量损失率（%）	强度损失率（%）
夏热冬暖地区	F15		
夏热冬冷地区	F25	≤5	≤25
寒冷地区	F35		
严寒地区	F50		

（7）砌筑砂浆中的水泥和石灰膏、电石膏等材料的用量可按表5选用。

砌筑砂浆的材料用量（kg/m³）　　　　　　　　　　　　　表5

砂浆种类	材料用量
水泥砂浆	≥200
水泥混合砂浆	≥350
预拌砌筑砂浆	≥200

注： 1. 水泥砂浆中的材料用量是指水泥用量。

　　 2. 水泥混合砂浆中的材料用量是指水泥和石灰膏、电石膏的材料总量。

　　 3. 预拌砌筑砂浆中的材料用量是指胶凝材料用量，包括水泥和替代水泥的粉煤灰等活性矿物掺合料。

（8）砌筑砂浆中可掺入保水增稠材料、外加剂等，掺量应经试配后确定。

（9）砌筑砂浆试配时应采用机械搅拌。搅拌时间应自开始加水算起，并应符合下列规定：

1）对水泥砂浆和水泥混合砂浆，搅拌时间不得少于120s。

2）对预拌砌筑砂浆和掺有粉煤灰、外加剂、保水增稠材料等的砂浆，搅拌时间不得少于180s。

5.3　混凝土配合比设计强度评定

5.3.1　《普通混凝土配合比设计规程》(JGJ 55—2011)　（摘选）

1. 基本规定

（1）混凝土配合比设计应满足混凝土配制强度及其他力学性能、拌合物性能、长期性能和耐久性能的设计要求。混凝土拌合物性能、力学性能、长期性能和耐久性能的试验方法应分别符合现行国家标准《普通混凝土拌合物性能试验方法标准》GB/T50080、《普通混凝土力学性能试验方法标准》GB/T 50081 和《普通混凝土长期性能和耐久性试验方法标准》GB/T 50082 的规定。

（2）混凝土配合比设计应采用工程实际使用的原材料；配合比设计所采用的细骨料含水率应小于0.5%，粗骨料含水率应小于0.2%。

（3）混凝土的最大水胶比应符合现行国家标准《混凝土结构设计规范》GB 50010 的规定。

（4）除配制C15及其以下强度等级的混凝土外，混凝土的最小胶凝材料用量应符合表1的规定。

混凝土的最小胶凝材料用量　　　　　　　　　　　　　　表1

最大水胶比	最小胶凝材料用量（kg/m³）		
	素混凝土	钢筋混凝土	预应力混凝土
0.60	250	280	300
0.55	280	300	300
0.50	320		
≤0.45	330		

（5）矿物掺合料在混凝土中的掺量应通过试验确定。采用硅酸盐水泥或普通硅酸盐水

泥时，钢筋混凝土中矿物掺合料最大掺量宜符合表 2 的规定，预应力混凝土中矿物掺合料最大掺量宜符合表 3 的规定。对基础大体积混凝土，粉煤灰、粒化高炉矿渣粉和复合掺合料的最大掺量可增加 5%。采用掺量大于 30% 的 C 类粉煤灰的混凝土，应以实际使用的水泥和粉煤灰掺量进行安定性检验。

钢筋混凝土中矿物掺合料最大掺量 表 2

矿物掺合料种类	水胶比	最大掺量（%）	
		采用硅酸盐水泥时	采用普通硅酸盐水泥时
粉煤灰	≤0.40	45	35
	>0.40	40	30
粒化高炉矿渣粉	≤0.40	65	55
	>0.40	55	45
钢渣粉	—	30	20
磷渣粉	—	30	20
硅灰	—	10	10
复合掺合料	≤0.40	65	55
	>0.40	55	45

注：1. 采用其他通用硅酸盐水泥时，宜将水泥混合材掺量 20% 以上的混合材量计入矿物掺合料；
2. 复合掺合料各组分的掺量不宜超过单掺时的最大掺量；
3. 在混合使用两种或两种以上矿物掺合料时，矿物掺合料总掺量应符合表中复合掺合料的规定。

预应力混凝土中矿物掺合料最大掺量 表 3

矿物掺合料种类	水胶比	最大掺量（%）	
		采用硅酸盐水泥时	采用普通硅酸盐水泥时
粉煤灰	≤0.40	35	30
	>0.40	25	20
粒化高炉矿渣粉	≤0.40	55	45
	>0.40	45	35
钢渣粉	—	20	10
磷渣粉	—	20	10
硅灰	—	10	10
复合掺合料	≤0.40	55	45
	>0.40	45	35

注：1. 采用其他通用硅酸盐水泥时，宜将水泥混合材掺量 20% 以上的混合材量计入矿物掺合料；
2. 复合掺合料各组分的掺量不宜超过单掺时的最大掺量；
3. 在混合使用两种或两种以上矿物掺合料时，矿物掺合料总掺量应符合表中复合掺合料的规定。

（6）混凝土拌合物中水溶性氯离子最大含量应符合表 4 的规定，其测试方法应符合现行行业标准《水运工程混凝土试验规程》JTJ 270 中混凝土拌合物中氯离子含量的快速测定方法的规定。

混凝土拌合物中水溶性氯离子最大含量　　　表 4

环境条件	水溶性氯离子最大含量 （％，水泥用量的质量百分比）		
	钢筋混凝土	预应力混凝土	素混凝土
干燥环境	0.30		
潮湿但不含氯离子的环境	0.20	0.06	1.00
潮湿且含有氯离子的环境、盐渍土环境	0.10		
除冰盐等侵蚀性物质的腐蚀环境	0.06		

（7）长期处于潮湿或水位变动的寒冷和严寒环境以及盐冻环境的混凝土应掺用引气剂。引气剂掺量应根据混凝土含气量要求经试验确定，混凝土最小含气量应符合表 5 的规定，最大不宜超过 7.0％。

混凝土最小含气量　　　表 5

粗骨料最大公称粒径 （mm）	混凝土最小含气量（％）	
	潮湿或水位变动的寒冷和严寒环境	盐冻环境
40.0	4.5	5.0
25.0	5.0	5.5
20.0	5.5	6.0

注：含气量为气体占混凝土体积的百分比。

（8）对于有预防混凝土碱骨料反应设计要求的工程，宜掺用适量粉煤灰或其他矿物掺合料，混凝土中最大碱含量不应大于 3.0kg/m^3；对于矿物掺合料碱含量，粉煤灰碱含量可取实测值的 1/6，粒化高炉矿渣粉碱含量可取实测值的 1/2。

2. 混凝土配制强度的确定

（1）混凝土配制强度应按下列规定确定：

1）当混凝土的设计强度等级小于 C60 时，配制强度应按下式确定：

$$f_{cu,0} \geqslant f_{cu,k} + 1.645\sigma$$

式中　　$f_{cu,0}$——混凝土配制强度（MPa）；

　　　　$f_{cu,k}$——混凝土立方体抗压强度标准值，这里取混凝土的设计强度等级值（MPa）；

　　　　σ——混凝土强度标准差（MPa）。

2）当设计强度等级不小于 C60 时，配制强度应按下式确定：

$$f_{cu,0} \geqslant 1.15 f_{cu,k}$$

（2）混凝土强度标准差应按下列规定确定：

1）当具有近 1～3 个月的同一品种、同一强度等级混凝土的强度资料，且试件组数不小于 30 时，其混凝土强度标准差 σ 应按下式计算：

$$\sigma = \sqrt{\frac{\sum\limits_{i=1}^{n} f_{cu,i}^2 - n m_{fcu}^2}{n-1}}$$

式中　　σ——混凝土强度标准差；

$f_{cu.i}$—— 第 i 组的试件强度(MPa);

m_{fcu}—— 每组试件的强度平均值(MPa);

n—— 试件组数。

对于强度等级不大于 C30 的混凝土,当混凝土强度标准差计算值不小于 3.0MPa 时,应按公式 (2) 中的计算结果取值;当混凝土强度标准差计算值小于 3.0MPa 时,应取 3.0MPa。

对于强度等级大于 C30 且小于 C60 的混凝土,当混凝土强度标准差计算值不小于 4.0MPa 时,应按公式 (2) 中的计算结果取值;当混凝土强度标准差计算值小于 4.0MPa 时,应取 4.0MPa。

2) 当没有近期的同一品种、同一强度等级混凝土强度资料时,其强度标准差可按表 6 取值。

标准差 σ 值(MPa)　　　　　　　　　　　　　　　　　表 6

混凝土强度标准值	≤C20	C25~C45	C50~C55
σ	4.0	5.0	6.0

3. 混凝土配合比计算

(1) 水胶比

1) 当混凝土强度等级小于 C60 时,混凝土水胶比宜按下式计算:

$$W/B = \frac{\alpha_a f_b}{f_{cu,0} + \alpha_a \alpha_b f_b}$$

式中　　W/B—— 混凝土水胶比;

α_a、α_b—— 回归系数,按以下第 2) 条的规定取值;

f_b—— 胶凝材料 28d 胶砂抗压强度(MPa),可实测,且试验方法应按现行国家标准《水泥胶砂强度检验方法(ISO 法)》GB/T 17671 执行;也可按以下第 3) 条确定。

2) 回归系数 (α_a、α_b) 宜按下列规定确定:

① 根据工程所使用的原材料,通过试验建立的水胶比与混凝土强度关系式来确定;

② 当不具备上述试验统计资料时,可按表 7 选用。

回归系数 (α_a、α_b) 取值表　　　　　　　　　　　　　表 7

系　　数 粗骨料品种	碎　石	卵　石
α_a	0.53	0.49
α_b	0.20	0.13

3) 当胶凝材料 28d 胶砂抗压强度值 (f_b) 无实测值时,可按下式计算:

$$f_b = \gamma_f \gamma_s f_{ce}$$

式中　　γ_f、γ_s—— 粉煤灰影响系数和粒化高炉矿渣粉影响系数,可按表 8 选用;

f_{ce}—— 水泥 28d 胶砂抗压强度(MPa),可实测,也可按以下第 4) 条确定。

粉煤灰影响系数（γ_f）和粒化高炉矿渣粉影响系数（γ_s） 表 8

掺量（%） 种类	粉煤灰影响系数 γ_f	粒化高炉矿渣粉影响系数 γ_s
0	1.00	1.00
10	0.85~0.95	1.00
20	0.75~0.85	0.95~1.00
30	0.65~0.75	0.90~1.00
40	0.55~0.65	0.80~0.90
50	—	0.70~0.85

注：1. 采用 Ⅰ 级、Ⅱ 级粉煤灰宜取上限值；

2. 采用 S75 级粒化高炉矿渣粉宜取下限值，采用 S95 级粒化高炉矿渣粉宜取上限值，采用 S105 级粒化高炉矿渣粉可取上限值加 0.05；

3. 当超出表中的掺量时。粉煤灰和粒化高炉矿渣粉影响系数应经试验确定。

4）当水泥 28d 胶砂抗压强度（f_{ce}）无实测值时，可按下式计算：

$$f_{ce} = \gamma_c f_{ce,g}$$

式中　γ_c——水泥强度等级值的富余系数，可按实际统计资料确定；当缺乏实际统计资料时，也可按表 9 选用；

$f_{ce,g}$——水泥强度等级值（MPa）。

水泥强度等级值的富余系数（γ_c） 表 9

水泥强度等级值	32.5	42.5	52.5
富余系数	1.12	1.16	1.10

（2）用水量和外加剂用量

1）每立方米干硬性或塑性混凝土的用水量（m_{w0}）应符合下列规定：

① 混凝土水胶比在 0.40~0.80 范围时，可按表 10 和表 11 选取；

② 混凝土水胶比小于 0.40 时，可通过试验确定。

干硬性混凝土的用水量（kg/m³） 表 10

拌合物稠度		卵石最大公称粒径（mm）			碎石最大公称粒径（mm）		
项　目	指标	10.0	20.0	40.0	16.0	20.0	40.0
维勃稠度 （s）	16~20	175	160	145	180	170	155
	11~15	180	165	150	185	175	160
	5~10	185	170	155	190	180	165

塑性混凝土的用水量（kg/m³） 表 11

拌合物稠度		卵石最大公称粒径（mm）			碎石最大公称粒径（mm）		
项　目	指标	10.0	20.0	31.5	40.0	16.0	20.0
坍落度 （mm）	10~30	190	170	160	150	200	185
	35~50	200	180	170	160	210	195
	55~70	210	190	180	170	220	205
	75~90	215	195	185	175	230	215

注：1. 本表用水量系采用中砂时的取值。采用细砂时，每立方米混凝土用水量可增加 5~10kg；采用粗砂时，可减少 5~10kg；

2. 掺用矿物掺合料和外加剂时，用水量应相应调整。

2）掺外加剂时，每立方米流动性或大流动性混凝土的用水量（m_{w0}）可按下式计算：

$$m_{w0} = m'_{w0}(1-\beta)$$

式中　m_{w0}——计算配合比每立方米混凝土的用水量(kg/m³)；

m'_{w0}——未掺外加剂时推定的满足实际坍落度要求的每立方米混凝土用水量(kg/m³)，以本表11中90mm坍落度的用水量为基础，按每增大20mm坍落度相应增加5kg/m³用水量来计算，当坍落度增大到180mm以上时，随坍落度相应增加的用水量可减少。

β——外加剂的减水率(%)，应经混凝土试验确定。

3）每立方米混凝土中外加剂用量（m_{a0}）应按下式计算：

$$m_{a0} = m_{b0}\beta_a$$

式中　m_{a0}——计算配合比每立方米混凝土中外加剂用量(kg/m³)；

m_{b0}——计算配合比每立方米混凝土中胶凝材料用量(kg/m³)；计算应符合以上第1）条的规定；

β_a——外加剂掺量(%)，应经混凝土试验确定。

（3）胶凝材料、矿物掺合料和水泥用量

1）每立方米混凝土的胶凝材料用量（m_{b0}）应按下式计算，并应进行试拌调整，在拌合物性能满足的情况下，取经济合理的胶凝材料用量。

$$m_{b0} = \frac{m_{w0}}{W/B}$$

式中　m_{b0}——计算配合比每立方米混凝土中胶凝材料用量(kg/m³)；

m_{w0}——计算配合比每立方米混凝土的用水量(kg/m³)；

W/B——混凝土水胶比。

2）每立方米混凝土的矿物掺合料用量（m_{f0}）应按下式计算：

$$m_{f0} = m_{b0}\beta_f$$

式中　m_{f0}——计算配合比每立方米混凝土中矿物掺合料用量(kg/m³)；

β_f——矿物掺合料掺量(%)，可结合本规程1.基本规定中的第(5)条和3.混凝土配合比计算第1)条的规定确定。

3）每立方米混凝土的水泥用量（m_{c0}）应按下式计算：

$$m_{c0} = m_{b0} - m_{f0}$$

式中　m_{c0}——计算配合比每立方米混凝土中水泥用量(k/m³)。

（4）砂率

1）砂率（β_s）应根据骨料的技术指标、混凝土拌合物性能和施工要求，参考既有历史资料确定。

2）当缺乏砂率的历史资料时，混凝土砂率的确定应符合下列规定：

① 坍落度小于10mm的混凝土，其砂率应经试验确定；

② 坍落度为10～60mm的混凝土，其砂率可根据粗骨料品种、最大公称粒径及水胶比按表12选取；

③ 坍落度大于60mm的混凝土，其砂率可经试验确定，也可在表12的基础上，按坍落度每增大20mm、砂率增大1%的幅度予以调整。

混凝土的砂率（%） 表 12

水胶比	卵石最大公称粒径（mm）			碎石最大公称粒径（mm）		
	10.0	20.0	40.0	16.0	20.0	40.0
0.40	26～32	25～31	24～30	30～35	29～34	27～32
0.50	30～35	29～34	28～33	33～38	32～37	30～35
0.60	33～38	32～37	31～36	36～41	35～40	33～38
0.70	36～41	35～40	34～39	39～44	38～43	36～41

注：1. 本表数值系中砂的选用砂率，对细砂或粗砂，可相应地减少或增大砂率；

2. 采用人工砂配制混凝土时，砂率可适当增大；

3. 只用一个单粒级粗骨料配制混凝土时，砂率应适当增大。

（5）粗、细骨料用量

1）当采用质量法计算混凝土配合比时，粗、细骨料用量应按式（1）计算；砂率应按式（2）计算。

$$m_{f0} + m_{c0} + m_{g0} + m_{s0} + m_{w0} = m_{cp} \tag{1}$$

$$\beta_s = \frac{m_{s0}}{m_{g0} + m_{s0}} \times 100\% \tag{2}$$

式中　m_{g0}——计算配合比每立方米混凝土的粗骨料用量（kg/m³）；

　　　m_{s0}——计算配合比每立方米混凝土的细骨料用量（kg/m³）；

　　　β_s——砂率（%）；

　　　m_{cp}——每立方米混凝土拌合物的假定质量（kg），可取 2350 ～ 2450kg/m³。

2）当采用体积法计算混凝土配合比时，砂率应按公式（2）计算，粗、细骨料用量应按公式计算。

$$\frac{m_{c0}}{\rho_c} + \frac{m_{f0}}{\rho_f} + \frac{m_{g0}}{\rho_g} + \frac{m_{s0}}{\rho_s} + \frac{m_{w0}}{\rho_w} + 0.01\alpha = 1$$

式中　ρ_c——水泥密度（kg/m³），可按现行国家标准《水泥密度测定方法》GB/T 208 测定，也可取 2900 ～ 3100kg/m³；

　　　ρ_f——矿物掺合料密度（kg/m³），可按现行国家标准《水泥密度测定方法》GB/T 208 测定；

　　　ρ_g——粗骨料的表观密度（kg/m³），应按现行行业标准《普通混凝土用砂、石质量及检验方法标准》JGJ 52 测定；

　　　ρ_s——细骨料的表观密度（kg/m³），应按现行行业标准《普通混凝土用砂、石质量及检验方法标准》JGJ 52 测定；

　　　ρ_w——水的密度（kg/m³），可取 1000kg/m³；

　　　α——混凝土的含气量百分数，在不使用引气剂或引气型外加剂时，α 可取 1。

4. 混凝土配合比的试配、调整与确定

（1）试配

1）混凝土试配应采用强制式搅拌机进行搅拌，并应符合现行行业标准《混凝土试验用搅拌机》JG 244 的规定，搅拌方法宜与施工采用的方法相同。

2）试验室成型条件应符合现行国家标准《普通混凝土拌合物性能试验方法标准》GB/T 50080 的规定。

3）每盘混凝土试配的最小搅拌量应符合表 13 的规定，并不应小于搅拌机公称容量的 1/4 且不应大于搅拌机公称容量。

混凝土试配的最小搅拌量 表 13

粗骨料最大公称粒径（mm）	拌合物数量（L）
≤31.5	20
40.0	25

4）在计算配合比的基础上应进行试拌。计算水胶比宜保持不变，并应通过调整配合比其他参数，使混凝土拌合物性能符合设计和施工要求，然后修正计算配合比，提出试拌配合比。

5）在试拌配合比的基础上应进行混凝土强度试验，并应符合下列规定：

① 应采用三个不同的配合比，其中一个应为以上第 4）条确定的试拌配合比，另外两个配合比的水胶比宜较试拌配合比分别增加和减少 0.05，用水量应与试拌配合比相同，砂率可分别增加和减少 1%；

② 进行混凝土强度试验时，拌合物性能应符合设计和施工要求；

③ 进行混凝土强度试验时，每个配合比应至少制作一组试件，并应标准养护到 28d 或设计规定龄期时试压。

（2）配合比的调整与确定

1）配合比调整应符合下列规定：

① 根据以上 4.混凝土配合比的试配、调整与确定第 5）条混凝土强度试验结果，宜绘制强度和胶水比的线性关系图或插值法确定略大于配制强度对应的胶水比；

② 在试拌配合比的基础上，用水量（m_w）和外加剂用量（m_a）应根据确定的水胶比作调整；

③ 胶凝材料用量（m_b）应以用水量乘以确定的胶水比计算得出；

④ 粗骨料和细骨料用量（m_g 和 m_s）应根据用水量和胶凝材料用量进行调整。

2）混凝土拌合物表观密度和配合比校正系数的计算应符合下列规定：

① 配合比调整后的混凝土拌合物的表观密度应按下式计算：

$$\rho_{c,c} = m_c + m_f + m_g + m_s + m_w$$

式中 $\rho_{c,c}$——混凝土拌合物的表观密度计算值（kg/m³）；

m_c——每立方米混凝土的水泥用量（kg/m³）；

m_f——每立方米混凝土的矿物掺合料用量（kg/m³）；

m_g——每立方米混凝土的粗骨料用量（kg/m³）；

m_s——每立方米混凝土的细骨料用量（kg/m³）；

m_w——每立方米混凝土的用水量（kg/m³）。

② 混凝土配合比校正系数应按下式计算：

$$\delta = \frac{\rho_{c,t}}{\rho_{c,c}}$$

式中 δ——混凝土配合比校正系数；

$\rho_{c,t}$——混凝土拌合物的表观密度实测值（kg/m³）。

3）当混凝土拌合物表观密度实测值与计算值之差的绝对值不超过计算值的 2% 时，

按（2）配合比的调整与确定第1）条调整的配合比可维持不变；当两者之差超过2％时，应将配合比中每项材料用量均乘以校正系数（δ）。

4）配合比调整后，应测定拌合物水溶性氯离子含量，试验结果应符合表4的规定。

5）对耐久性有设计要求的混凝土应进行相关耐久性试验验证。

6）生产单位可根据常用材料设计出常用的混凝土配合比备用，并应在启用过程中予以验证或调整。遇有下列情况之一时，应重新进行配合比设计：

① 对混凝土性能有特殊要求时；

② 水泥、外加剂或矿物掺合料等原材料品种、质量有显著变化时。

5. 有特殊要求的混凝土

（1）抗渗混凝土

1）抗渗混凝土的原材料应符合下列规定：

① 水泥宜采用普通硅酸盐水泥；

② 粗骨料宜采用连续级配，其最大公称粒径不宜大于40.0mm，含泥量不得大于1.0％，泥块含量不得大于0.5％；

③ 细骨料宜采用中砂，含泥量不得大于3.0％，泥块含量不得大于1.0％；

④ 抗渗混凝土宜掺用外加剂和矿物掺合料，粉煤灰等级应为Ⅰ级或Ⅱ级。

2）抗渗混凝土配合比应符合下列规定：

① 最大水胶比应符合表14的规定；

② 每立方米混凝土中的胶凝材料用量不宜小于320kg；

③ 砂率宜为35％～45％。

抗渗混凝土最大水胶比　　　　　　　　　　　　　　　　表 14

设计抗渗等级	最大水胶比	
	C20～C30	C30 以上
P6	0.60	0.55
P8～P12	0.55	0.50
＞P12	0.50	0.45

3）配合比设计中混凝土抗渗技术要求应符合下列规定：

① 配制抗渗混凝土要求的抗渗水压值应比设计值提高0.2MPa；

② 抗渗试验结果应满足下式要求：

$$P_t \geq \frac{P}{10} + 0.2$$

式中　P_t——6个试件中不少于4个未出现渗水时的最大水压值（MPa）；

　　　P——设计要求的抗渗等级值。

4）掺用引气剂或引气型外加剂的抗渗混凝土，应进行含气量试验，含气量宜控制在3.0％～5.0％。

（2）抗冻混凝土

1）抗冻混凝土的原材料应符合下列规定：

① 水泥应采用硅酸盐水泥或普通硅酸盐水泥；

② 粗骨料宜选用连续级配，其含泥量不得大于1.0％，泥块含量不得大于0.5％；

③ 细骨料含泥量不得大于 3.0%，泥块含量不得大于 1.0%；

④ 粗、细骨料均应进行坚固性试验，并应符合现行行业标准《普通混凝土用砂、石质量及检验方法标准》JGJ 52 的规定；

⑤ 抗冻等级不小于 F100 的抗冻混凝土宜掺用引气剂；

⑥ 在钢筋混凝土和预应力混凝土中不得掺用含有氯盐的防冻剂；在预应力混凝土中不得掺用含有亚硝酸盐或碳酸盐的防冻剂。

2）抗冻混凝土配合比应符合下列规定：

① 最大水胶比和最小胶凝材料用量应符合表 15 的规定；

② 复合矿物掺合料掺量宜符合表 16 的规定；其他矿物掺合料掺量宜符合表 2 的规定；

③ 掺用引气剂的混凝土最小含气量应符合 1. 基本规定第 7）条的规定。

最大水胶比和最小胶凝材料用量   表 15

设计抗冻等级	最大水胶比		最小胶凝材料用量（kg/m³）
	无引气剂时	掺引气剂时	
F50	0.55	0.60	300
F100	0.50	0.55	320
不低于 F150	—	0.50	350

复合矿物掺合料最大掺量   表 16

水胶比	最大掺量（%）	
	采用硅酸盐水泥时	采用普通硅酸盐水泥时 C20～C30
≤0.40	60	50
>0.40	50	40

注：1. 采用其他通用硅酸盐水泥时，可将水泥混合材掺量 20% 以上的混合材量计入矿物掺合料；

     2. 复合矿物掺合料中各矿物掺合料组分的掺量不宜超过表 2 中单掺时的限量。

（3）高强混凝土

1）高强混凝土的原材料应符合下列规定：

① 水泥应选用硅酸盐水泥或普通硅酸盐水泥；

② 粗骨料宜采用连续级配，其最大公称粒径不宜大于 25.0mm，针片状颗粒含量不宜大于 5.0%，含泥量不应大于 0.5%，泥块含量不应大于 0.2%；

③ 细骨料的细度模数宜为 2.6～3.0，含泥量不应大于 2.0%，泥块含量不应大于 0.5%；

④ 宜采用减水率不小于 25% 的高性能减水剂；

⑤ 宜复合掺用粒化高炉矿渣粉、粉煤灰和硅灰等矿物掺合料；粉煤灰等级不应低于 Ⅱ 级；对强度等级不低于 C80 的高强混凝土宜掺用硅灰。

2）高强混凝土配合比应经试验确定，在缺乏试验依据的情况下，配合比设计宜符合下列规定：

① 水胶比、胶凝材料用量和砂率可按表 17 选取，并应经试配确定；

水胶比、胶凝材料用量和砂率 　　表 17

强度等级	水胶比	胶凝材料用量 （kg/m³）	砂率（％）
≥C60，＜C80	0.28～0.34	480～560	35～42
≥C80，＜C100	0.26～0.28	520～580	
C100	0.24～0.26	550～600	

② 外加剂和矿物掺合料的品种、掺量，应通过试配确定；矿物掺合料掺量宜为 25％～40％；硅灰掺量不宜大于 10％；

③ 水泥用量不宜大于 500kg/m³。

3）在试配过程中，应采用三个不同的配合比进行混凝土强度试验，其中一个可为依据表 17 计算后调整拌合物的试拌配合比，另外两个配合比的水胶比，宜较试拌配合比分别增加和减少 0.02。

4）高强混凝土设计配合比确定后，尚应采用该配合比进行不少于三盘混凝土的重复试验，每盘混凝土应至少成型一组试件，每组混凝土的抗压强度不应低于配制强度。

5）高强混凝土抗压强度测定宜采用标准尺寸试件，使用非标准尺寸试件时，尺寸折算系数应经试验确定。

（4）泵送混凝土

1）泵送混凝土所采用的原材料应符合下列规定：

① 水泥宜选用硅酸盐水泥、普通硅酸盐水泥、矿渣硅酸盐水泥和粉煤灰硅酸盐水泥；

② 粗骨料宜采用连续级配，其针片状颗粒含量不宜大于 10％；粗骨料的最大公称粒径与输送管径之比宜符合表 18 的规定。

粗骨料的最大公称粒径与输送管径之比 　　表 18

粗骨料品种	泵送高度（m）	粗骨料最大公称粒径与输送管径之比
碎石	＜50	≤1：3.0
	50～100	≤1：4.0
	＞100	≤1：5.0
卵石	＜50	≤1：2.5
	50～100	≤1：3.0
	＞100	≤1：4.0

③ 细骨料宜采用中砂，其通过公称直径为 315μm 筛孔的颗粒含量不宜少于 15％；

④ 泵送混凝土应掺用泵送剂或减水剂，并宜掺用矿物掺合料。

2）泵送混凝土配合比应符合下列规定：

① 胶凝材料用量不宜小于 300kg/m³；

② 砂率宜为 35％～45％。

3）泵送混凝土试配时应考虑坍落度经时损失。

（5）大体积混凝土

1）大体积混凝土所用的原材料应符合下列规定：

① 水泥宜采用中、低热硅酸盐水泥或低热矿渣硅酸盐水泥，水泥的 3d 和 7d 水化热应符合现行国家标准《中热硅酸盐水泥　低热硅酸盐水泥　低热矿渣硅酸盐水泥》GB

200 的规定。当采用硅酸盐水泥或普通硅酸盐水泥时，应掺加矿物掺合料，胶凝材料的 3d 和 7d 水化热分别不宜大于 240kJ/kg 和 270kJ/kg。水化热试验方法应按现行国家标准《水泥水化热测定方法》GB/T 12959 执行。

② 粗骨料宜为连续级配，最大公称粒径不宜小于 31.5mm，含泥量不应大于 1.0%。

③ 细骨料宜采用中砂，含泥量不应大于 3.0%。

④ 宜掺用矿物掺合料和缓凝型减水剂。

2）当采用混凝土 60d 或 90d 龄期的设计强度时，宜采用标准尺寸试件进行抗压强度试验。

3）大体积混凝土配合比应符合下列规定：

① 水胶比不宜大于 0.55，用水量不宜大于 175kg/m³；

② 在保证混凝土性能要求的前提下，宜提高每立方米混凝土中的粗骨料用量；砂率宜为 38%～42%；

③ 在保证混凝土性能要求的前提下，应减少胶凝材料中的水泥用量，提高矿物掺合料掺量，矿物掺合料掺量应符合以上 1. 基本规定第 5）条的规定。

4）在配合比试配和调整时，控制混凝土绝热温升不宜大于 50℃。

5）大体积混凝土配合比应满足施工对混凝土凝结时间的要求。

5.3.2 《混凝土强度检验评定标准》(GB/T 50107—2010) （摘选）

1 基本规定

（1）混凝土的强度等级应按立方体抗压强度标准值划分。混凝土强度等级应采用符号 C 与立方体抗压强度标准值（以 N/mm² 计）表示。

（2）立方体抗压强度标准值应为按标准方法制作和养护的边长为 150mm 的立方体试件，用标准试验方法在 28d 龄期测得的混凝土抗压强度总体分布中的一个值，强度低于该值的概率应为 5%。

（3）混凝土强度应分批进行检验评定。一个检验批的混凝土应由强度等级相同、试验龄期相同、生产工艺条件和配合比基本相同的混凝土组成。

（4）对大批量、连续生产混凝土的强度应按（GB/T 50107—2010）标准第 5.1 节中规定的统计方法评定。对小批量或零星生产混凝土的强度应按（GB/T 50107—2010）标准第 5.2 节中规定的非统计方法评定。

2 混凝土的取样与试验

（1）混凝土的取样

1）混凝土的取样，宜根据本标准规定的检验评定方法要求制定检验批的划分方案和相应的取样计划。

2）混凝土强度试样应在混凝土的浇筑地点随机抽取。

3）试件的取样频率和数量应符合下列规定：

① 每 100 盘，但不超过 100m³ 的同配合比混凝土，取样次数不应少于一次；

② 每一工作班拌制的同配合比混凝土，不足 100 盘和 100m³ 时其取样次数不应少于一次；

③ 当一次连续浇筑的同配合比混凝土超过 1000m³ 时，每 200m³ 取样不应少于一次；

④ 对房屋建筑，每一楼层、同一配合比的混凝土，取样不应少于一次。

4）每批混凝土试样应制作的试件总组数，除满足本标准第 5 章规定的混凝土强度评定所必需的组数外，还应留置为检验结构或构件施工阶段混凝土强度所必需的试件。

（2）混凝土试件的制作与养护

1）每次取样应至少制作一组标准养护试件。

2）每组 3 个试件应由同一盘或同一车的混凝土中取样制作。

3）检验评定混凝土强度用的混凝土试件，其成型方法及标准养护条件应符合现行国家标准《普通混凝土力学性能试验方法标准》GB/T 50081 的规定。

4）采用蒸汽养护的构件，其试件应先随构件同条件养护，然后应置入标准养护条件下继续养护，两段养护时间的总和应为设计规定龄期。

（3）混凝土试件的试验

1）混凝土试件的立方体抗压强度试验应根据现行国家标准《普通混凝土力学性能试验方法标准》GB/T 50081 的规定执行。每组混凝土试件强度代表值的确定，应符合下列规定：

① 取 3 个试件强度的算术平均值作为每组试件的强度代表值；

② 当一组试件中强度的最大值或最小值与中间值之差超过中间值的 15％时，取中间值作为该组试件的强度代表值；

③ 当一组试件中强度的最大值和最小值与中间值之差均超过中间值的 15％时，该组试件的强度不应作为评定的依据。

注：对掺矿物掺合料的混凝土进行强度评定时，可根据设计规定，可采用大于 28d 龄期的混凝土强度。

2）当采用非标准尺寸试件时，应将其抗压强度乘以尺寸折算系数，折算成边长为 150mm 的标准尺寸试件抗压强度。尺寸折算系数按下列规定采用：

① 当混凝土强度等级低于 C60 时，对边长为 100mm 的立方体试件取 0.95，对边长为 200mm 的立方体试件取 1.05；

② 当混凝土强度等级不低于 C60 时，宜采用标准尺寸试件；使用非标准尺寸试件时，尺寸折算系数应由试验确定，其试件数量不应少于 30 对组。

3 混凝土强度的检验评定

（1）统计方法评定

1）采用统计方法评定时，应按下列规定进行：

①当连续生产的混凝土，生产条件在较长时间内保持一致，且同一品种、同一强度等级混凝土的强度变异性保持稳定时，应按（GB/T 50107—2010）标准第 5.1.2 条的规定进行评定。

②其他情况应按（GB/T 50107—2010）标准第 5.1.3 条的规定进行评定。

2）一个检验批的样本容量应为连续的 3 组试件，其强度应同时符合下列规定：

$$m_{f_{cu}} \geqslant f_{cu,k} + 0.7\sigma_0$$

$$f_{cu,min} \geqslant f_{cu,k} - 0.7\sigma_0$$

检验批混凝土立方体抗压强度的标准差应按下式计算：

$$\sigma_0 = \sqrt{\dfrac{\sum\limits_{i=1}^{n} f_{cu,i}^2 - nm_{fcu}^2}{n-1}}$$

当混凝土强度等级不高于 C20 时,其强度的最小值尚应满足下式要求:

$$f_{cu,min} \geqslant 0.85 f_{cu,k}$$

当混凝土强度等级高于 C20 时,其强度的最小值尚应满足下列要求:

$$f_{cu,min} \geqslant 0.9 f_{cu,k}$$

式中　　m_{fcu}——同一检验批混凝土立方体抗压强度的平均值(N/mm^2),精确到 $0.1N/mm^2$;

　　　　$f_{cu,k}$——混凝土立方体抗压强度标准值(N/mm^2),精确到 $0.1N/mm^2$;

　　　　σ_0——检验批混凝土立方体抗压强度的标准差(N/mm^2),精确到 $0.01N/mm^2$;当检验批混凝土强度标准差的计算值小于 $2.5N/mm^2$ 时,应取 $2.5N/mm^2$;

　　　　$f_{cu,i}$——前一个检验期内同一品种、同一强度等级的第 i 组混凝土试件的立方体抗压强度代表值(N/mm^2),精确到 $0.1N/mm^2$;该检验期不应少于 60d,也不得大于 90d;

　　　　n——前一检验期内的样本容量,在该期间内样本容量不应少于 45;

　　　　$f_{cu,min}$——同一检验批混凝土立方体抗压强度的最小值(N/mm^2),精确到 $0.1N/mm^2$。

3)当样本容量不少于 10 组时,其强度应同时满足下列要求:

$$m_{fcu} \geqslant f_{cu,k} + \lambda_1 \cdot S_{fcu}$$

$$f_{cu,min} \geqslant \lambda_2 \cdot f_{cu,k}$$

同一检验批混凝土立方体抗压强度的标准差应按下式计算:

$$S_{fcu} = \sqrt{\dfrac{\sum\limits_{i=1}^{n} f_{cu,i}^2 - nm_{fcu}^2}{n-1}} \tag{5.1.3-3}$$

式中　　S_{fcu}——同一检验批混凝土立方体抗压强度的标准差(N/mm^2),精确到 $0.01N/mm^2$;当检验批混凝土强度标准差 S_{fcu} 计算值小于 $2.5N/mm^2$ 时,应取 $2.5N/mm^2$;

　　　　λ_1、λ_2——合格评定系数,按表 1 取用;

　　　　n——本检验期内的样本容量。

混凝土强度的合格评定系数　　　　　　　　　　　　　　　　表 1

试件组数	10~14	15~19	≥20
λ_1	1.15	1.05	0.95
λ_2	0.90		0.85

(2)非统计方法评定

1)当用于评定的样本容量小于 10 组时,应采用非统计方法评定混凝土强度。

2)按非统计方法评定混凝土强度时,其强度应同时符合下列规定:

$$m_{fcu} \geqslant \lambda_3 \cdot f_{cu,k}$$
$$f_{cu,min} \geqslant \lambda_4 \cdot f_{cu,k}$$

式中 λ_3、λ_4——合格评定系数，应按表 2 取用。

混凝土强度的非统计法合格评定系数 表 2

混凝土强度等级	<C60	≥C60
λ_3	1.15	1.10
λ_4	0.95	

（3）混凝土强度的合格性评定

1）当检验结果满足（1）统计方法评定中的 2）条或 3）条或（2）非统计方法评定中的 2）条的规定时，则该批混凝土强度应评定为合格；当不能满足上述规定时，该批混凝土强度应评定为不合格。

2）对评定为不合格批的混凝土，可按国家现行的有关标准进行处理。

5.4 钢筋焊接技术要求

5.4.1 钢筋焊接及验收规程应用技术要求

执行标准：《钢筋焊接及验收规程》（JGJ 18—2012） （摘选）

（1）本规程适用于一般工业与民用建筑工程混凝土结构中钢筋焊接施工及质量检验与验收。

（2）钢筋焊接用材料

1）钢筋焊条电弧焊所采用的焊条，应符合现行国家标准《碳钢焊条》GB/T 5117 或《低合金钢焊条》GB/T 5118 的规定。钢筋二氧化碳气体保护电弧焊所采用的焊丝，应符合现行国家标准《气体保护电弧焊用碳钢、低合金钢焊丝》GB/T 8110 的规定。其焊条型号和焊丝型号应根据设计确定；若设计无规定时，可按表 1 选用。

钢筋电弧焊所采用焊条、焊丝推荐表 表 1

钢筋牌号	电弧焊接头形式			
	帮条焊搭接焊	坡口焊 熔槽帮条焊 预埋件穿孔塞焊	窄间隙焊	钢筋与钢板搭接焊 预埋件 T 形角焊
HPB300	E4303 ER50－X	E4303 ER50－X	E4316 E4315 ER50－X	E4303 ER50－X
HRB335 HRBF335	E5003 E4303 E5016 E5015 ER50－X	E5003 E5016 E5015 ER50X	E5016 E5015 ER50－X	E5003 E4303 E5016 E5015 ER50－X
HRB400 HRBF400	E5003 E5516 E5515 ER50－X	E5503 E5516 E5515 ER55－X	E5516 E5515 ER55－X	E5003 E5516 E5515 ER50－X

钢筋牌号	电弧焊接头形式			
	帮条焊搭接焊	坡口焊 熔槽帮条焊 预埋件穿孔塞焊	窄间隙焊	钢筋与钢板搭接焊 预埋件T形角焊
HRB500 HRBF500	E5503 E6003 E6016 E6015 ER55—X	E6003 E6016 E6015	E6016 E6015	E5503 E6003 E6016 E6015 ER55—X
RRB400W	E5003 E5516 E5515 ER50—X	E5503 E5516 E5515 ER55—X	E5516 E5515 ER55—X	E5003 E5516 E5515 ER50—X

2）焊接用气体质量：

氧气的质量应符合现行国家标准《工业氧》GB/T 3863 的规定，其纯度应大于或等于99.5%；乙炔的质量应符合现行国家标准《溶解乙炔》GB 6819 的规定，其纯度应大于或等于98.0%；液化石油气应符合现行国家标准《液化石油气》GB 11174 或《油气田液化石油气》GB 9052.1 的各项规定；二氧化碳气体应符合现行化工行业标准《焊接用二氧化碳》HG/T 2537 中优等品的规定。

3）在电渣压力焊、预埋件钢筋埋弧压力焊和预埋件钢筋埋弧螺柱焊中，可采用熔炼型 HJ 431 焊剂；在埋弧螺柱焊中，亦可采用氟碱型烧结焊剂 SJ 101。

4）施焊的各种钢筋、钢板均应有质量证明书；焊条、焊丝、氧气、溶解乙炔、液化石油气、二氧化碳气体、焊剂应有产品合格证。

钢筋进场时，应按国家现行相关标准的规定抽取试件并作力学性能和重量偏差检验，检验数量按进场的批次和产品的抽样检验方案确定，通过检查产品合格证、出厂检验报告和进场复验报告进行核查，检验结果必须符合国家现行有关标准的规定。

(3) 钢筋焊接的基本规定

1）钢筋焊接时，各种焊接方法的适用范围应符合表 2 的规定。

钢筋焊接方法的适用范围　　　　　　　　　　表 2

焊接方法	接头形式	适用范围	
		钢筋牌号	钢筋直径（mm）
电阻点焊		HPB300 HRB335　HRBF335 HRB400　HRBF400 HRB500　HRBF500 CRB550 CDW550	6～16 6～16 6～16 6～16 4～12 3～8
闪光对焊		HPB300 HRB335　HRBF335 HRB400　HRBF400 HRB500　HRBF500 RRB400W	8～22 8～40 8～40 8～40 8～32

续表

焊接方法			接头形式	适用范围	
				钢筋牌号	钢筋直径（mm）
箍筋闪光对焊				HPB300	6～18
				HRB335　HRBF335	6～18
				HRB400　HRBF400	6～18
				HRB500　HRBF500	6～18
				RRB400W	8～18
电弧焊	帮条焊	双面焊		HPB300	10～22
				HRB335　HRBF335	10～40
				HRB400　HRBF400	10～40
				HRB500　HRBF500	10～32
				RRB400W	10～25
		单面焊		HPB300	10～22
				HRB335　HRBF335	10～40
				HRB400　HRBF400	10～40
				HRB500　HRBF500	10～32
				RRB400W	10～25
	搭接焊	双面焊		HPB300	10～22
				HRB335　HRBF335	10～40
				HRB400　HRBF400	10～40
				HRB500　HRBF500	10～32
				RRB400W	10～25
		单面焊		HPB300	10～22
				HRB335　HRBF335	10～40
				HRB400　HRBF400	10～40
				HRB500　HRBF500	10～32
				RRB400W	10～25
电弧焊	熔槽帮条焊			HPB300	20～22
				HRB335　HRBF335	20～40
				HRB400　HRBF400	20～40
				HRB500　HRBF500	20～32
				RRB400W	20～25
	坡口焊	平焊		HPB300	18～22
				HRB335　HRBF335	18～40
				HRB400　HRBF400	18～40
				HRB500　HRBF500	18～32
				RRB400W	18～25
		立焊		HPB300	18～22
				HRB335　HRBF335	18～40
				HRB400　HRBF400	18～40
				HRB500　HRBF500	18～32
				RRB400W	18～25
	钢筋与钢板搭接焊			HPB300	8～22
				HRB335　HRBF335	8～40
				HRB400　HRBF400	8～40
				HRB500　HRBF500	8～32
				RRB400W	8～25
	窄间隙焊			HPB300	16～22
				HRB335　HRBF335	16～40
				HRB400　HRBF400	16～40
				HRB500　HRBF500	18～32
				RRB400W	18～25

续表

焊接方法		接头形式	适用范围	
			钢筋牌号	钢筋直径（mm）
电弧焊	预埋件钢筋 角焊		HPB300	6～22
			HRB335　HRBF335	6～25
			HRB400　HRBF400	6～25
			HRB500　HRBF500	10～20
			RRB400W	10～20
	穿孔塞焊		HPB300	20～22
			HRB335　HRBF335	20～32
			HRB400　HRBF400	20～32
			HRB500	20～28
			RRB400W	20～28
	埋弧压力焊 埋弧螺柱焊		HPB300	6～22
			HRB335　HRBF335	6～28
			HRB400　HRBF400	6～28
电渣压力焊			HPB300	12～22
			HRB335	12～32
			HRB400	12～32
			HRB500	12～32
气压焊	固态		HPB300	12～22
			HRB335	12～40
	熔态		HRB400	12～40
			HRB500	12～32

注：1. 电阻点焊时，适用范围的钢筋直径指两根不同直径钢筋交叉叠接中较小钢筋的直径；

2. 电弧焊含焊条电弧焊和二氧化碳气体保护电弧焊两种工艺方法；

3. 在生产中，对于有较高要求的抗震结构用钢筋，在牌号后加 E，焊接工艺可按同级别热轧钢筋施焊；焊条应采用低氢型碱性焊条；

4. 生产中，如果有 HPB235 钢筋需要进行焊接时，可按 HPB300 钢筋的焊接材料和焊接工艺参数，以及接头质量检验与验收的有关规定施焊。

2）电渣压力焊应用于柱、墙等构筑物现浇混凝土结构中竖向受力钢筋的连接；不得用于梁、板等构件中水平钢筋的连接。

3）在钢筋工程焊接开工之前，参与该项工程施焊的焊工必须进行现场条件下的焊接工艺试验，应经试验合格后，方准于焊接生产。

4）钢筋焊接施工之前，应清除钢筋、钢板焊接部位以及钢筋与电极接触处表面上的锈斑、油污、杂物等；钢筋端部当有弯折、扭曲时，应予以矫直或切除。

5）带肋钢筋进行闪光对焊、电弧焊、电渣压力焊和气压焊时，应将纵肋对纵肋安放和焊接。

6）焊剂应存放在干燥的库房内，若受潮时，在使用前应经 250～350℃烘焙 2h。使用中回收的焊剂应清除熔渣和杂物，并应与新焊剂混合均匀后使用。

7）两根同牌号、不同直径的钢筋可进行闪光对焊、电渣压力焊或气压焊。闪光对焊时钢筋径差不得超过 4mm，电渣压力焊或气压焊时，钢筋径差不得超过 7mm。焊接工艺参数可在大、小直径钢筋焊接工艺参数之间偏大选用，两根钢筋的轴线应在同一直线上，轴线偏移的允许值应按较小直径钢筋计算；对接头强度的要求，应按较小直径钢筋计算。

8）两根同直径、不同牌号的钢筋可进行闪光对焊、电弧焊、电渣压力焊或气压焊，其钢筋牌号应在表2规定的范围内。焊条、焊丝和焊接工艺参数应按较高牌号钢筋选用，对接头强度的要求应按较低牌号钢筋强度计算。

9）进行电阻点焊、闪光对焊、埋弧压力焊、埋弧螺柱焊时，应随时观察电源电压的波动情况；当电源电压下降大于5%、小于8%时，应采取提高焊接变压器级数等措施；当大于或等于8%时，不得进行焊接。

10）在环境温度低于−5℃条件下施焊时，焊接工艺应符合下列要求：

① 闪光对焊时，宜采用预热闪光焊或闪光—预热闪光焊；可增加调伸长度，采用较低变压器级数，增加预热次数和间歇时间。

② 电弧焊时，宜增大焊接电流，降低焊接速度。电弧帮条焊或搭接焊时，第一层焊缝应从中间引弧，向两端施焊；以后各层控温施焊，层间温度应控制在150~350℃之间。多层施焊时，可采用回火焊道施焊。

11）当环境温度低于−20℃时，不应进行各种焊接。

12）雨天、雪天进行施焊时，应采取有效遮蔽措施。焊后未冷却接头不得碰到雨和冰雪，并应采取有效的防滑、防触电措施，确保身安全。

13）当焊接区风速超过8m/s在现场进行闪光对焊或焊条电弧焊时，当风速超过5m/s进行气压焊时，当风速超过2m/s进行二氧化碳气体保护电弧焊时，均应采取挡风措施。

14）焊机应经常维护保养和定期检修，确保正常使用。

（4）质量检验与验收规定

1）钢筋焊接接头或焊接制品（焊接骨架、焊接网）应按检验批进行质量检验与验收。检验批的划分应符合（JGJ 18—2012）规程第5.2节（钢筋焊接骨架和焊接网）~第5.8节（预埋件钢筋T形接头）的有关规定。质量检验与验收应包括外观质量检查和力学性能检验，并划分为主控项目和一般项目两类。

附："（JGJ 18—2012）规程第5.2节（钢筋焊接骨架和焊接网）~第5.8节（预埋件钢筋T形接头）的有关规定"：

第5.2节　钢筋焊接骨架和焊接网

5.2.1　不属于专门规定的焊接骨架和焊接网可按下列规定的检验批只进行外观质量检查：

1　凡钢筋牌号、直径及尺寸相同的焊接骨架和焊接网应视为同一类型制品，且每300件作为一批，一周内不足300件的亦应按一批计算，每周至少检查一次；

2　外观质量检查时，每批应抽查5%，且不得少于5件。

5.2.2　焊接骨架外观质量检查结果，应符合下列规定：

1　焊点压入深度应符合本规程第4.2.5条的规定；

2　每件制品的焊点脱落、漏焊数量不得超过焊点总数的4%，且相邻两焊点不得有漏焊及脱落；

3　应量测焊接骨架的长度、宽度和高度，并应抽查纵、横方向3~5个网格的尺寸，其允许偏差应符合表5.2.2的规定；

4　当外观质量检查结果不符合上述规定时，应逐件检查，并别出不合格品。对不合格品经整修后，可提交二次验收。

焊接骨架的允许偏差		表 5.2.2
项 目		允许偏差（mm）
焊接骨架	长 度	±10
	宽 度	±5
	高 度	±5
骨架钢筋间距		±10
受力主筋	间 距	±15
	排 距	±5

5.2.3 焊接网外形尺寸检查和外观质量检查结果，应符合下列规定：

1 焊点压入深度应符合本规程第 4.2.5 条的规定；

2 钢筋焊接网间距的允许偏差应取±10mm 和规定间距的±5%的较大值。网片长度和宽度的允许偏差应取±25mm 和规定长度的±0.5%的较大值；网格数量应符合设计规定；

3 钢筋焊接网开焊数量不应超过整张网片交叉点总数的 1%，并且任一根钢筋上开焊点不得超过该支钢筋上交叉点总数的一半；焊接网最外边钢筋上的交叉点不得开焊；

4 钢筋焊接网表面不应有影响使用的缺陷；当性能符合要求时，允许钢筋表面存在浮锈和因矫直造成的钢筋表面轻微损伤。

第 5.3 节 钢筋闪光对焊接头

5.3.1 闪光对焊接头的质量检验，应分批进行外观质量检查和力学性能检验，并应符合下列规定：

1 在同一台班内，由同一个焊工完成的 300 个同牌号、同直径钢筋焊接接头应作为一批。当同一台班内焊接的接头数量较少，可在一周之内累计计算；累计仍不足 300 个接头时，应按一批计算；

2 力学性能检验时，应从每批接头中随机切取 6 个接头，其中 3 个做拉伸试验，3 个做弯曲试验；

3 异径钢筋接头只可做拉伸试验。

5.3.2 闪光对焊接头外观质量检查结果，应符合下列规定：

1 对焊接头表面应呈圆滑、带毛刺状，不得有肉眼可见的裂纹；

2 与电极接触处的钢筋表面不得有明显烧伤；

3 接头处的弯折角度不得大于 2°；

4 接头处的轴线偏移不得大于钢筋直径的 1/10，且不得大于 1mm。

第 5.4 节 箍筋闪光对焊接头

5.4.1 箍筋闪光对焊接头应分批进行外观质量检查和力学性能检验，并应符合下列规定：

1 在同一台班内，由同一焊工完成的 600 个同牌号、同直径箍筋闪光对焊接头作为一个检验批；如超出 600 个接头，其超出部分可以与下一台班完成接头累计计算；

2 每一检验批中，应随机抽查 5%的接头进行外观质量检查；

3 每个检验批中应随机切取 3 个对焊接头做拉伸试验。

5.4.2 箍筋闪光对焊接头外观质量检查结果，应符合下列规定：

1 对焊接头表面应呈圆滑、带毛刺状，不得有肉眼可见裂纹；

2 轴线偏移不得大于钢筋直径的 1/10，且不得大于 1mm；

3 对焊接头所在直线边的顺直度检测结果凹凸不得大于 5mm；

4 对焊箍筋外皮尺寸应符合设计图纸的规定，允许偏差应为±5mm；

5 与电极接触处的钢筋表面不得有明显烧伤。

第 5.5 节 钢筋电弧焊接头

5.5.1 电弧焊接头的质量检验，应分批进行外观质量检查和力学性能检验，并应符合下列规定：

1 在现浇混凝土结构中，应以 300 个同牌号钢筋、同形式接头作为一批；在房屋结构中，应在不超过连续二楼层中300个同牌号钢筋、同形式接头作为一批；每批随机切取3个接头，做拉伸试验；

　　2　在装配式结构中，可按生产条件制作模拟试件，每批3个，做拉伸试验；

　　3　钢筋与钢板搭接焊接头只可进行外观质量检查。

　　注：在同一批中若有3种不同直径的钢筋焊接头，应在最大直径钢筋接头和最小直径钢筋接头中分别切取3个
试件进行拉伸试验。钢筋电渣压力焊接头、钢筋气压焊接头取样均同。

5.5.2　电弧焊接头外观质量检查结果，应符合下列规定：

　　1　焊缝表面应平整，不得有凹陷或焊瘤；

　　2　焊接接头区域不得有肉眼可见的裂纹；

　　3　焊缝余高应为2~4mm；

　　4　咬边深度、气孔、夹渣等缺陷允许值及接头尺寸的允许偏差，应符合表5.5.2的规定。

钢筋电弧焊接头尺寸偏差及缺陷允许值　　　　　表5.5.2

名　称		单 位	接 头 形 式		
			帮条焊	搭接焊 钢筋与钢板搭接焊	坡口焊窄间隙焊 熔槽帮条焊
帮条沿接头中心线 的纵向偏移		mm	0.3d	—	—
接头处弯折角度		°	2	2	2
接头处钢筋轴线的偏移		mm	0.1d	0.1d	0.1d
			1	1	1
焊缝宽度		mm	+0.1d	+0.1d	
焊缝长度		mm	−0.3d	−0.3d	
咬边深度		mm	0.5	0.5	0.5
在长2d焊缝表面 上的气孔及夹渣	数量	个	2	2	—
	面积	mm²	6	6	—
在全部焊缝表面上 的气孔及夹渣	数量	个	—	—	2
	面积	mm²	—	—	6

　　注：d 为钢筋直径（mm）。

5.5.3　当模拟试件试验结果不符合要求时，应进行复验。复验应从现场焊接接头中切取，其数量和要求与初始试验相同。

　　第5.6节　钢筋电渣压力焊接头

5.6.1　电渣压力焊接头的质量检验，应分批进行外观质量检查和力学性能检验，并应符合下列规定：

　　1　在现浇钢筋混凝土结构中，应以300个同牌号钢筋接头作为一批；

　　2　在房屋结构中，应在不超过连续二楼层中300个同牌号钢筋接头作为一批；当不足300个接头时，仍应作为一批；

　　3　每批随机切取3个接头试件做拉伸试验。

5.6.2　电渣压力焊接头外观质量检查结果，应符合下列规定：

　　1　四周焊包凸出钢筋表面的高度，当钢筋直径为25mm及以下时，不得小于4mm；当钢筋直径为28mm及以上时，不得小于6mm；

　　2　钢筋与电极接触处，应无烧伤缺陷；

　　3　接头处的弯折角度不得大于2°；

　　4　接头处的轴线偏移不得大于1mm。

　　第5.7节　钢筋气压焊接头

5.7.1　气压焊接头的质量检验，应分批进行外观质量检查和力学性能检验，并应符合下列规定：

1 在现浇钢筋混凝土结构中，应以300个同牌号钢筋接头作为一批；在房屋结构中，应在不超过连续二楼层中300个同牌号钢筋接头作为一批；当不足300个接头时，仍应作为一批；

2 在柱、墙的竖向钢筋连接中，应从每批接头中随机切取3个接头做拉伸试验；在梁、板的水平钢筋连接中，应另切取3个接头做弯曲试验；

3 在同一批中，异径钢筋气压焊接头可只做拉伸试验。

5.7.2 钢筋气压焊接头外观质量检查结果，应符合下列规定：

1 接头处的轴线偏移 e 不得大于钢筋直径的1/10，且不得大于1mm（图5.7.2a）；当不同直径钢筋焊接时，应按较小钢筋直径计算；当大于上述规定值，但在钢筋直径的3/10以下时，可加热矫正；当大于3/10时，应切除重焊；

2 接头处表面不得有肉眼可见的裂纹；

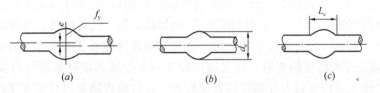

图 5.7.2　钢筋气压焊接头外观质量图解

(a)轴线偏移 e；(b)镦粗直径 d_c；(c)镦粗长度 L_c

f_y—压焊面

3 接头处的弯折角度不得大于0；当大于规定值时，应重新加热矫正；

4 固态气压焊接头镦粗直径 d_c 不得小于钢筋直径的1.4倍，熔态气压焊接头镦粗直径 d_c 不得小于钢筋直径的1.2倍（图5.7.2b）；当小于上述规定值时，应重新加热镦粗；

5 镦粗长度 L_c 不得小于钢筋直径的1.0倍，且凸起部分平缓、圆滑（图5.7.2c）；当小于上述规定值时，应重新加热镦长。

第5.8节　预埋件钢筋 T 形接头

5.8.1 预埋件钢筋 T 形接头的外观质量检查，应从同一台班内完成的同类型预埋件中抽查5%，且不得少于10件。

5.8.2 预埋件钢筋 T 形接头外观质量检查结果，应符合下列规定：

1 焊条电弧焊时，角焊缝焊脚尺寸 (K) 应符合本规程第4.5.11条第1款的规定；

2 埋弧压力焊或埋弧螺柱焊时，四周焊包凸出钢筋表面的高度，当钢筋直径为18mm及以下时，不得小于3mm；当钢筋直径为20mm及以上时，不得小于4mm；

3 焊缝表面不得有气孔、夹渣和肉眼可见裂纹；

4 钢筋咬边深度不得超过0.5mm；

5 钢筋相对钢板的直角偏差不得大于2°。

5.8.3 预埋件外观质量检查结果，当有2个接头不符合上述规定时，应对全数接头的这一项目进行检查，并剔出不合格品，不合格接头经补焊后可提交二次验收。

5.8.4 力学性能检验时，应以300件同类型预埋件作为一批。一周内连续焊接时，可累计计算。当不足300件时，亦应按一批计算。应从每批预埋件中随机切取3个接头做拉伸试验。试件的钢筋长度应大于或等于200mm，钢板（锚板）的长度和宽度应等于60mm，并视钢筋直径的增大而适当增大（图5.8.4）。

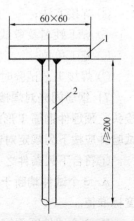

图 5.8.4　预埋件钢筋 T 形接头拉伸试件

1—钢板；2—钢筋

5.8.5 预埋件钢筋 T 形接头拉伸试验时，应采用专用夹具。

2）纵向受力钢筋焊接接头验收中，闪光对焊接头、电弧焊接头、电渣压力焊接头、气压焊接头和非纵向受力箍筋闪光对焊接头、预埋件钢筋 T 形接头的连接方式应符合设计要求，并应全数检查，检查方法为目视观察。焊接接头力学性能检验应为主控项目。焊接接头的外观质量检查应为一般项目。

3）不属于专门规定的电阻焊点和钢筋与钢板电弧搭接焊接头可只做外观质量检查，属一般项目。

4）纵向受力钢筋焊接接头、箍筋闪光对焊接头、预埋件钢筋 T 形接头的外观质量检查应符合下列规定：

① 纵向受力钢筋焊接接头，每一检验批中应随机抽取 10% 的焊接接头；箍筋闪光对焊接头和预埋件钢筋 T 形接头应随机抽取 5% 的焊接接头。检查结果，外观质量应符合本规程第 5.3 节（钢筋闪光对焊接头）～第 5.8 节（预埋件钢筋 T 形接头）中有关规定；

② 焊接接头外观质量检查时，首先应由焊工对所焊接头或制品进行自检；在自检合格的基础上由施工单位项目专业质量检查员检查，并将检查结果填写于本规程附录 A "钢筋焊接接头检验批质量验收记录。"

5）外观质量检查结果，当各小项不合格数均小于或等于抽检数的 15% ，则该批焊接接头外观质量评为合格；当某一小项不合格数超过抽检数的 15% 时，应对该批焊接接头该小项逐个进行复检，并剔出不合格接头。对外观质量检查不合格接头采取修整或补焊措施后，可提交二次验收。

6）施工单位项目专业质量检查员应检查钢筋、钢板质量证明书、焊接材料产品合格证和焊接工艺试验时的接头力学性能试验报告。钢筋焊接接头力学性能检验时，应在接头外观质量检查合格后随机切取试件进行试验。试验方法应按现行行业标准《钢筋焊接接头试验方法标准》JGJ/T 27 有关规定执行。试验报告应包括下列内容：

① 工程名称、取样部位；

② 批号、批量；

③ 钢筋生产厂家和钢筋批号、钢筋牌号、规格；

④ 焊接方法；

⑤ 焊工姓名及考试合格证编号；

⑥ 施工单位；

⑦ 焊接工艺试验时的力学性能试验报告。

7）钢筋闪光对焊接头、电弧焊接头、电渣压力焊接头、气压焊接头、箍筋闪光对焊接头、预埋件钢筋 T 形接头的拉伸试验，应从每一检验批接头中随机切取三个接头进行试验并应按下列规定对试验结果进行评定：

①符合下列条件之一，应评定该检验批接头拉伸试验合格：

A. 3 个试件均断于钢筋母材，呈延性断裂，其抗拉强度大于或等于钢筋母材抗拉强度标准值。

B. 2 个试件断于钢筋母材，呈延性断裂，其抗拉强度大于或等于钢筋母材抗拉强度标准值；另一试件断于焊缝，呈脆性断裂，其抗拉强度大于或等于钢筋母材抗拉强度标准值的 1.0 倍。

注：试件断于热影响区，呈延性断裂，应视作与断于钢筋母材等同；试件断于热影响区，呈脆性断裂，应视作与断于焊缝等同。

②符合下列条件之一，应进行复验：

A. 2个试件断于钢筋母材，呈延性断裂，其抗拉强度大于或等于钢筋母材抗拉强度标准值；另一试件断于焊缝，或热影响区，呈脆性断裂，其抗拉强度小于钢筋母材抗拉强度标准值的1.0倍。

B. 1个试件断于钢筋母材，呈延性断裂，其抗拉强度大于或等于钢筋母材抗拉强度标准值；另2个试件断于焊缝或热影响区，呈脆性断裂。

③3个试件均断于焊缝，呈脆性断裂，其抗拉强度均大于或等于钢筋母材抗拉强度标准值的1.0倍，应进行复验。当3个试件中有1个试件抗拉强度小于钢筋母材抗拉强度标准值的1.0倍，应评定该检验批接头拉伸试验不合格。

④复验时，应切取6个试件进行试验。试验结果，若有4个或4个以上试件断于钢筋母材，呈延性断裂，其抗拉强度大于或等于钢筋母材抗拉强度标准值，另2个或2个以下试件断于焊缝。呈脆性断裂，其抗拉强度大于或等于钢筋母材抗拉强度标准值的1.0倍，应评定该检验批接头拉伸试验复验合格。

⑤可焊接余热处理钢筋RRB400W焊接接头拉伸试验结果，其抗拉强度应符合同级别热轧带肋钢筋抗拉强度标准值540MPa的规定。

⑥预埋件钢筋T形接头拉伸试验结果，3个试件的抗拉强度均大于或等于表4的规定值时，应评定该检验批接头拉伸试验合格。若有一个接头试件抗拉强度小于表4的规定值时，应进行复验。

复验时，应切取6个试件进行试验。复验结果，其抗拉强度均大于或等于表3的规定值时，应评定该检验批接头拉伸试验复验合格。

预埋件钢筋 T 形接头抗拉强度规定值　　　　　　　　　　　　　　　　　　　　表 3

钢筋牌号	抗拉强度规定值（MPa）
HPB300	400
HRB335、HRBF335	435
HRB400、HRBF400	520
RB500、HRBF500	610
RRB400W	520

8）钢筋闪光对焊接头、气压焊接头进行弯曲试验时，应从每一个检验批接头中随机切取3个接头，焊缝应处于弯曲中心点，弯心直径和弯曲角度应符合表4的规定。

接头弯曲试验指标　　　　　　　　　　　　　　　　　　　　表 4

钢筋牌号	弯心直径	弯曲角度（°）
HPB300	2d	90
HRB335、HRBF335	4d	90
HRB400、HRBF400、RRB400W	5d	90
HRBS00、HRBF500	7d	90

注：1. d 为钢筋直径（mm）；

2. 直径大于25mm的钢筋焊接接头，弯心直径应增加1倍钢筋直径。

弯曲试验结果应按下列规定进行评定：

① 当试验结果，弯曲至 90°，有 2 个或 3 个试件外侧（含焊缝和热影响区）未发生宽度达到 0.5mm 的裂纹，应评定该检验批接头弯曲试验合格。

② 当有 2 个试件发生宽度达到 0.5mm 的裂纹，应进行复验。

③ 当有 3 个试件发生宽度达到 0.5mm 的裂纹，应评定该检验批接头弯曲试验不合格。

④ 复验时，应切取 6 个试件进行试验。复验结果，当不超过 2 个试件发生宽度达到 0.5mm 的裂纹时，应评定该检验批接头弯曲试验复验合格。

9）钢筋焊接接头或焊接制品质量验收时，应在施工单位自行质量评定合格的基础上，由监理（建设）单位对检验批有关资料进行检查，组织项目专业质量检查员等进行验收，并应按本规程附录 A 规定记录。

（5）不同焊接质量检验与验收规定

钢筋闪光对焊接头检验批质量验收记录应符合表 5 的规定。

钢筋闪光对焊接头检验批质量验收记录　　　　表 5

工程名称				验收部位				
施工单位				批号及批量				
施工执行标准名称及编号		《钢筋焊接及验收规程》JGJ 18—2012		钢筋牌号及直径（mm）				
项目经理				施工班组组长				
主控项目		质量验收规程的规定		施工单位检查评定记录		监理（建设）单位验收记录		
	1	接头试件拉伸试验	5.1.7条					
	2	接头试件弯曲试验	5.1.8条					
一般项目		质量验收规程的规定		施工单位检查评定记录			监理（建设）单位验收记录	
				抽查数	合格数	不合格		
	1	对焊接头表面应呈圆滑、带毛刺状，不得有肉眼可见的裂纹	5.3.2条					
	2	与电极接触处的钢筋表面不得有明显烧伤	5.3.2条					
	3	接头处的弯折角度不得大于2°	5.3.2条					
	4	轴线偏移不得大于钢筋直径的1/10，且不得大于1mm	5.3.2条					
施工单位检查评定结果			项目专业质量检查员：　　　　　　　年　月　日					
监理（建设）单位验收结论			监理工程师（建设单位项目专业技术负责人）：　　　　　　　年　月　日					

注：1. 一般项目各小项检查评定不合格时，在小格内打×记号；

2. 本表由施工单位项目专业质量检查员填写，监理工程师（建设单位项目专业技术负责人）组织项目专业质量检查员等进行验收。

【检查验收时执行的规范条目】

1. 主控项目

5.1.7 钢筋闪光对焊接头、电弧焊接头、电渣压力焊接头、气压焊接头、箍筋闪光对焊接头、预埋件钢筋 T 形接头的拉伸试验，应从每一检验批接头中随机切取三个接头进行试验并应按下列规定对试验结果进行评定：

1 符合下列条件之一，应评定该检验批接头拉伸试验合格：

1）3 个试件均断于钢筋母材，呈延性断裂，其抗拉强度大于或等于钢筋母材抗拉强度标准值。

2）2 个试件断于钢筋母材，呈延性断裂，其抗拉强度大于或等于钢筋母材抗拉强度标准值；另一试件断于焊缝，呈脆性断裂，其抗拉强度大于或等于钢筋母材抗拉强度标准值的 1.0 倍。

注：试件断于热影响区，呈延性断裂，应视作与断于钢筋母材等同；试件断于热影响区，呈脆性断裂，应视作与断于焊缝等同。

2 符合下列条件之一，应进行复验：

1）2 个试件断于钢筋母材，呈延性断裂，其抗拉强度大于或等于钢筋母材抗拉强度标准值；另一试件断于焊缝或热影响区，呈脆性断裂，其抗拉强度小于钢筋母材抗拉强度标准值的 1.0 倍。

2）1 个试件断于钢筋母材，呈延性断裂，其抗拉强度大于或等于钢筋母材抗拉强度标准值；另 2 个试件断于焊缝或热影响区，呈脆性断裂。

3 3 个试件均断于焊缝，呈脆性断裂，其抗拉强度均大于或等于钢筋母材抗拉强度标准值的 1.0 倍，应进行复验。当 3 个试件中有 1 个试件抗拉强度小于钢筋母材抗拉强度标准值的 1.0 倍，应评定该检验批接头拉伸试验不合格。

4 复验时，应切取 6 个试件进行试验。试验结果，若有 4 个或 4 个以上试件断于钢筋母材，呈延性断裂，其抗拉强度大于或等于钢筋母材抗拉强度标准值；另 2 个或 2 个以下试件断于焊缝，呈脆性断裂，其抗拉强度大于或等于钢筋母材抗拉强度标准值的 1.0 倍，应评定该检验批接头拉伸试验复验合格。

5 可焊接余热处理钢筋 RRB400W 焊接接头拉伸试验结果。其抗拉强度应符合同级别热轧带肋钢筋抗拉强度标准值 540MPa 的规定。

6 预埋件钢筋 T 形接头拉伸试验结果，3 个试件的抗拉强度均大于或等于表 5.1.7 的规定值时，应评定该检验批接头拉伸试验合格。若有一个接头试件抗拉强度小于表 5.1.7 的规定值时，应进行复验。

复验时，应切取 6 个试件进行试验。复验结果，其抗拉强度均大于或等于表 5.1.7 的规定值时，应评定该检验批接头拉伸试验复验合格。

预埋件钢筋 T 形接头抗拉强度规定值　　　　　　　　　　表 5.1.7

钢筋牌号	抗拉强度规定值（MPa）
HPB300	400
HRB335、HRBF335	435
HRB400、HRBF400	520
RB500、HRBF500	610
RRB400W	520

5.1.8 钢筋闪光对焊接头、气压焊接头进行弯曲试验时。应从每一个检验批接头中随机切取 3 个接头，焊缝应处于弯曲中心点，弯心直径和弯曲角度应符合表 5.1.8 的规定。

接头弯曲试验指标 表 5.1.8

钢筋牌号	弯心直径	弯曲角度（°）
HPB300	2d	90
HRB335、HRBF335	4d	90
HRB400、HRBF400、RRB400W	5d	90
HRBS00、HRBF500	7d	90

注：1. d 为钢筋直径（mm）；

2. 直径大于 25mm 的钢筋焊接接头，弯心直径应增加 1 倍钢筋直径。

弯曲试验结果应按下列规定进行评定：

1 当试验结果，弯曲至 90°，有 2 个或 3 个试件外侧（含焊缝和热影响区）未发生宽度达到 0.5mm 的裂纹，应评定该检验批接头弯曲试验合格。

2 当有 2 个试件发生宽度达到 0.5mm 的裂纹，应进行复验。

3 当有 3 个试件发生宽度达到 0.5mm 的裂纹，应评定该检验批接头弯曲试验不合格。

4 复验时，应切取 6 个试件进行试验。复验结果，当不超过 2 个试件发生宽度达到 0.5mm 的裂纹时，应评定该检验批接头弯曲试验复验合格。

2. 一般项目

5.3.2 闪光对焊接头外观质量检查结果，应符合下列规定：

1 对焊接头表面应呈圆滑、带毛刺状，不得有肉眼可见的裂纹；

2 与电极接触处的钢筋表面不得有明显烧伤；

3 接头处的弯折角度不得大于 2°；

4 接头处的轴线偏移不得大于钢筋直径的 1/10，且不得大于 1mm。

附：规范规定的施工过程控制要点

（1）在同一台班内，由同一个焊工完成的 300 个同牌号、同直径钢筋焊接接头应作为一批。当同一台班内焊接的接头数量较少，可在一周之内累计计算；累计仍不足 300 个接头时，应按一批计算；

（2）力学性能检验时，应从每批接头中随机切取 6 个接头，其中 3 个做拉伸试验，3 个做弯曲试验；

（3）异径钢筋接头可只做拉伸试验。

5.4.2 箍筋闪光对焊接头应用技术要求

执行标准：《钢筋焊接及验收规程》（JGJ 18—2012） （摘选）

箍筋闪光对焊接头检验批质量验收记录应符合表 1 的规定。

箍筋闪光对焊接头检验批质量验收记录　　　　表 1

工程名称				验收部位			
施工单位				批号及批量			
施工执行标准 名称及编号	《钢筋焊接及验收规程》 JGJ 18—2012			钢筋牌号及直径 （mm）			
项目经理				施工班组组长			
主控项目	质量验收规程的规定			施工单位检查 评定记录	监理（建设）单位验收记录		
	1	接头试件拉伸试验	5.1.7条				

一般项目	质量验收规程的规定		施工单位检查评定记录			监理（建设）单位 验收记录
			抽查数	合格数	不合格	
	1	对焊接头表面应呈圆滑、带毛刺状，不得有肉眼可见的裂纹	5.4.2条			
	2	轴线偏移不得大于钢筋直径的1/10，且不得大于1mm	5.4.2条			
	3	直线边凹凸不得大于5mm	5.4.2条			
	4	箍筋外皮尺寸应符合设计图纸规定，偏差在±5mm内	5.4.2条			
	5	与电极接触处无明显烧伤	5.4.2条			

施工单位检查评定结果	项目专业质量检查员： 年　月　日
监理（建设）单位 验收结论	监理工程师（建设单位项目专业技术负责人）： 年　月　日

注：1. 一般项目各小项检查评定不合格时，在小格内打×记号；

2. 本表由施工单位项目专业质量检查员填写，监理工程师（建设单位项目专业技术负责人）组织项目专业质量检查员等进行验收。

【检查验收时执行的规范条目】

1. 主控项目

5.1.7　钢筋闪光对焊接头、电弧焊接头、电渣压力焊接头、气压焊接头、箍筋闪光对焊接头、预埋件钢筋 T 形接头的拉伸试验，应从每一检验批接头中随机切取三个接头进行试验，并应按下列规定对试验结果进行评定：

1　符合下列条件之一，应评定该检验批接头拉伸试验合格：

1）3 个试件均断于钢筋母材，呈延性断裂，其抗拉强度大于或等于钢筋母材抗拉强度标准值。

2）2个试件断于钢筋母材，呈延性断裂，其抗拉强度大于或等于钢筋母材抗拉强度标准值；另一试件断于焊缝，呈脆性断裂，其抗拉强度大于或等于钢筋母材抗拉强度标准值的1.0倍。

注：试件断于热影响区，呈延性断裂，应视作与断于钢筋母材等同；试件断于热影响区，呈脆性断裂，应视作与断于焊缝等同。

2 符合下列条件之一，应进行复验：

1）2个试件断于钢筋母材，呈延性断裂，其抗拉强度大于或等于钢筋母材抗拉强度标准值；另一试件断于焊缝，或热影响区，呈脆性断裂，其抗拉强度小于钢筋母材抗拉强度标准值的1.0倍。

2）1个试件断于钢筋母材，呈延性断裂，其抗拉强度大于或等于钢筋母材抗拉强度标准值；另2个试件断于焊缝或热影响区，呈脆性断裂。

3 3个试件均断于焊缝，呈脆性断裂，其抗拉强度均大于或等于钢筋母材抗拉强度标准值的1.0倍，应进行复验。当3个试件中有1个试件抗拉强度小于钢筋母材抗拉强度标准值的1.0倍，应评定该检验批接头拉伸试验不合格。

4 复验时，应切取6个试件进行试验。试验结果，若有4个或4个以上试件断于钢筋母材，呈延性断裂，其抗拉强度大于或等于钢筋母材抗拉强度标准值；另2个或2个以下试件断于焊缝，呈脆性断裂，其抗拉强度大于或等于钢筋母材抗拉强度标准值的1.0倍，应评定该检验批接头拉伸试验复验合格。

5 可焊接余热处理钢筋RRB400W焊接接头拉伸试验结果。其抗拉强度应符合同级别热轧带肋钢筋抗拉强度标准值540MPa的规定。

6 预埋件钢筋T形接头拉伸试验结果，3个试件的抗拉强度均大于或等于表5.1.7的规定值时，应评定该检验批接头拉伸试验合格。若有一个接头试件抗拉强度小于表5.1.7的规定值时，应进行复验。

复验时，应切取6个试件进行试验。复验结果，其抗拉强度均大于或等于表5.1.7的规定值时，应评定该检验批接头拉伸试验复验合格。

预埋件钢筋T形接头抗拉强度规定值　　　　　　　　表5.1.7

钢筋牌号	抗拉强度规定值（MPa）
HPB300	400
HRB335、HRBF335	435
HRB400、HRBF400	520
RB500、HRBF500	610
RRB400W	520

2. 一般项目

5.4.2 箍筋闪光对焊接头外观质量检查结果，应符合下列规定：

1 对焊接头表面应呈圆滑、带毛刺状，不得有肉眼可见裂纹；

2 轴线偏移不得大于钢筋直径的1/10，且不得大于1mm；

3 对焊接头所在直线边的顺直度检测结果凹凸不得大于5mm；

4 对焊箍筋外皮尺寸应符合设计图纸的规定，允许偏差应为±5mm；

5 与电极接触处的钢筋表面不得有明显烧伤。

附：规范规定的施工过程控制要点

（1）在同一台班内，由同一焊工完成的600个同牌号、同直径箍筋闪光对焊接头作为一个检验批；如超出600个接头，其超出部分可以与下一台班完成接头累计计算；

（2）每一检验批中，应随机抽查5％的接头进行外观质量检查；

（3）每个检验批中应随机切取3个对焊接头做拉伸试验。

5.4.3 钢筋电弧焊接头应用技术要求

执行标准：《钢筋焊接及验收规程》（JGJ 18—2012） （摘选）

钢筋电弧焊接头检验批质量验收记录应符合表1的规定。

钢筋电弧焊接头检验批质量验收记录 表1

工程名称			验收部位	
施工单位			批号及批量	
施工执行标准 名称及编号	《钢筋焊接及验收规程》 JGJ 18—2012		钢筋牌号及直径 （mm）	
项目经理			施工班组组长	

主控项目		质量验收规程的规定		施工单位检查 评定记录	监理（建设）单位验收记录
	1	接头试件拉伸试验	5.1.7条		

		质量验收规程的规定		施工单位检查评定记录			监理（建设）单位 验收记录
				抽查数	合格数	不合格	
一般项目	1	焊缝表面应平整，不得有凹陷或焊瘤	5.5.2条				
	2	接头区域不得有肉眼可见裂纹	5.5.2条				
	3	咬边深度、气孔、夹渣等缺陷允许值及接头尺寸允许偏差应符合表5.5.2规定	表5.5.2				
	4	焊缝余高应为2～4mm	5.5.2条				

施工单位检查评定结果	项目专业质量检查员： 　　　　年　　月　　日
监理（建设）单位 验收结论	监理工程师（建设单位项目专业技术负责人）： 　　　　年　　月　　日

注：1. 一般项目各小项检查评定不合格时，在小格内打×记号；

　　2. 本表由施工单位项目专业质量检查员填写，监理工程师（建设单位项目专业技术负责人）组织项目专业质量检查员等进行验收。

【检查验收时执行的规范条目】

1. 主控项目

5.1.7 钢筋闪光对焊接头、电弧焊接头、电渣压力焊接头、气压焊接头、箍筋闪光对焊接头、预埋件钢筋 T 形接头的拉伸试验，应从每一检验批接头中随机切取三个接头进行试验，并应按下列规定对试验结果进行评定：

1 符合下列条件之一，应评定该检验批接头拉伸试验合格：

1）3 个试件均断于钢筋母材，呈延性断裂，其抗拉强度大于或等于钢筋母材抗拉强度标准值。

2）2 个试件断于钢筋母材，呈延性断裂，其抗拉强度大于或等于钢筋母材抗拉强度标准值；另一试件断于焊缝，呈脆性断裂，其抗拉强度大于或等于钢筋母材抗拉强度标准值的 1.0 倍。

注：试件断于热影响区，呈延性断裂，应视作与断于钢筋母材等同；试件断于热影响区，呈脆性断裂，应视作与断于焊缝等同。

2 符合下列条件之一，应进行复验：

1）2 个试件断于钢筋母材，呈延性断裂，其抗拉强度大于或等于钢筋母材抗拉强度标准值；另一试件断于焊缝或热影响区，呈脆性断裂，其抗拉强度小于钢筋母材抗拉强度标准值的 1.0 倍。

2）1 个试件断于钢筋母材，呈延性断裂，其抗拉强度大于或等于钢筋母材抗拉强度标准值；另 2 个试件断于焊缝或热影响区，呈脆性断裂。

3 3 个试件均断于焊缝，呈脆性断裂，其抗拉强度均大于或等于钢筋母材抗拉强度标准值的 1.0 倍，应进行复验。当 3 个试件中有 1 个试件抗拉强度小于钢筋母材抗拉强度标准值的 1.0 倍，应评定该检验批接头拉伸试验不合格。

4 复验时，应切取 6 个试件进行试验。试验结果，若有 4 个或 4 个以上试件断于钢筋母材，呈延性断裂，其抗拉强度大于或等于钢筋母材抗拉强度标准值；另 2 个或 2 个以下试件断于焊缝，呈脆性断裂，其抗拉强度大于或等于钢筋母材抗拉强度标准值的 1.0 倍，应评定该检验批接头拉伸试验复验合格。

5 可焊接余热处理钢筋 RRB400W 焊接接头拉伸试验结果。其抗拉强度应符合同级别热轧带肋钢筋抗拉强度标准值 540MPa 的规定。

6 预埋件钢筋 T 形接头拉伸试验结果，3 个试件的抗拉强度均大于或等于表 5.1.7 的规定值时，应评定该检验批接头拉伸试验合格。若有一个接头试件抗拉强度小于表 5.1.7 的规定值时，应进行复验。

复验时，应切取 6 个试件进行试验。复验结果，其抗拉强度均大于或等于表 5.1.7 的规定值时，应评定该检验批接头拉伸试验复验合格。

预埋件钢筋 T 形接头抗拉强度规定值　　　　　　　　表 5.1.7

钢筋牌号	抗拉强度规定值（MPa）
HPB300	400
HRB335、HRBF335	435
HRB400、HRBF400	520
RB500、HRBF500	610
RRB400W	520

2. 一般项目

5.5.2 电弧焊接头外观质量检查结果，应符合下列规定：

1 焊缝表面应平整，不得有凹陷或焊瘤；

2 焊接接头区域不得有肉眼可见的裂纹；

3 焊缝余高应为 2～4mm；

4 咬边深度、气孔、夹渣等缺陷允许值及接头尺寸的允许偏差，应符合表 5.5.2 的规定。

钢筋电弧焊接头尺寸偏差及缺陷允许值   表 5.5.2

名　　称		单　位	接　头　形　式		
			帮条焊	搭接焊 钢筋与钢板搭接焊	坡口焊窄间隙焊 熔槽帮条焊
帮条沿接头中心线的纵向偏移		mm	$0.3d$	—	—
接头处弯折角度		°	2	2	2
接头处钢筋轴线的偏移		mm	$0.1d$	$0.1d$	$0.1d$
			1	1	1
焊缝宽度		mm	$+0.1d$	$+0.1d$	—
焊缝长度		mm	$-0.3d$	$-0.3d$	—
咬边深度		mm	0.5	0.5	0.5
在长 $2d$ 焊缝表面上的气孔及夹渣	数量	个	2	2	—
	面积	mm²	6	6	—
在全部焊缝表面上的气孔及夹渣	数量	个	—	—	2
	面积	mm²	—	—	6

注：d 为钢筋直径（mm）。

附：规范规定的施工过程控制要点

（1）在现浇混凝土结构中，应以 300 个同牌号钢筋、同形式接头作为一批；在房屋结构中，应在不超过连续二楼层中 300 个同牌号钢筋、同形式接头作为一批；每批随机切取 3 个接头，做拉伸试验；

（2）在装配式结构中，可按生产条件制作模拟试件，每批 3 个，做拉伸试验；

（3）钢筋与钢板搭接焊接头可只进行外观质量检查。

注：在同一批中若有 3 种不同直径的钢筋焊接接头，应在最大直径钢筋接头和最小直径钢筋接头中分别切取 3 个试件进行拉伸试验。钢筋电渣压力焊接头、钢筋气压焊接头取样均同。

5.4.4 钢筋电渣压力焊接头应用技术要求

执行标准：《钢筋焊接及验收规程》（JGJ 18—2012）   **（摘选）**

钢筋电渣压力焊接头检验批质量验收记录应符合表 1 的规定。

钢筋电渣压力焊接头检验批质量验收记录 表1

工程名称				验收部位		
施工单位				批号及批量		
施工执行标准名称及编号	《钢筋焊接及验收规程》JGJ 18-2012			钢筋牌号及直径（mm）		
项目经理				施工班组组长		

主控项目		质量验收规程的规定		施工单位检查评定记录		监理（建设）单位验收记录
	1	接头试件拉伸试验	5.1.7条			

一般项目		质量验收规程的规定		施工单位检查评定记录			监理（建设）单位验收记录
				抽查数	合格数	不合格	
	1	当钢筋直径小于或等于25mm时，焊包高度不得小于4mm；当钢筋直径大于或等于28mm时，焊包高度不得小于6mm	5.6.2条				
	2	钢筋与电极接触处无烧伤缺陷	5.6.2条				
	3	接头处的弯折角度不得大于2°	5.6.2条				
	4	轴线偏移不得大于1mm	5.6.2条				

施工单位检查评定结果	项目专业质量检查员： 年　月　日
监理（建设）单位验收结论	监理工程师（建设单位项目专业技术负责人）： 年　月　日

注：1. 一般项目各小项检查评定不合格时，在小格内打×记号；

　　2. 本表由施工单位项目专业质量检查员填写，监理工程师（建设单位项目专业技术负责人）组织项目专业质量检查员等进行验收。

【检查验收时执行的规范条目】

1. 主控项目

5.1.7 钢筋闪光对焊接头、电弧焊接头、电渣压力焊接头、气压焊接头、箍筋闪光对焊接头、预埋件钢筋 T 形接头的拉伸试验，应从每一检验批接头中随机切取三个接头进行试验并应按下列规定对试验结果进行评定：

　　1 符合下列条件之一，应评定该检验批接头拉伸试验合格：

　　1）3 个试件均断于钢筋母材，呈延性断裂，其抗拉强度大于或等于钢筋母材抗拉强度标准值。

　　2）2 个试件断于钢筋母材，呈延性断裂，其抗拉强度大于或等于钢筋母材抗拉强度标准值；另一试件断于焊缝，呈脆性断裂，其抗拉强度大于或等于钢筋母材抗拉强度标准值的 1.0 倍。

注：试件断于热影响区，呈延性断裂，应视作与断于钢筋母材等同；试件断于热影响区，呈脆性断裂，应视作与断于焊缝等同。

2 符合下列条件之一，应进行复验：

1）2 个试件断于钢筋母材，呈延性断裂，其抗拉强度大于或等于钢筋母材抗拉强度标准值；另一试件断于焊缝或热影响区，呈脆性断裂，其抗拉强度小于钢筋母材抗拉强度标准值的 1.0 倍。

2）1 个试件断于钢筋母材，呈延性断裂，其抗拉强度大于或等于钢筋母材抗拉强度标准值；另 2 个试件断于焊缝或热影响区，呈脆性断裂。

3 3 个试件均断于焊缝，呈脆性断裂，其抗拉强度均大于或等于钢筋母材抗拉强度标准值的 1.0 倍，应进行复验。当 3 个试件中有 1 个试件抗拉强度小于钢筋母材抗拉强度标准值的 1.0 倍，应评定该检验批接头拉伸试验不合格。

4 复验时，应切取 6 个试件进行试验。试验结果，若有 4 个或 4 个以上试件断于钢筋母材，呈延性断裂，其抗拉强度大于或等于钢筋母材抗拉强度标准值；另 2 个或 2 个以下试件断于焊缝，呈脆性断裂，其抗拉强度大于或等于钢筋母材抗拉强度标准值的 1.0 倍，应评定该检验批接头拉伸试验复验合格。

5 可焊接余热处理钢筋 RRB400W 焊接接头拉伸试验结果。其抗拉强度应符合同级别热轧带肋钢筋抗拉强度标准值 540MPa 的规定。

6 预埋件钢筋 T 形接头拉伸试验结果，3 个试件的抗拉强度均大于或等于表 5.1.7 的规定值时，应评定该检验批接头拉伸试验合格。若有一个接头试件抗拉强度小于表 5.1.7 的规定值时，应进行复验。

复验时，应切取 6 个试件进行试验。复验结果，其抗拉强度均大于或等于表 5.1.7 的规定值时，应评定该检验批接头拉伸试验复验合格。

预埋件钢筋 T 形接头抗拉强度规定值   表 5.1.7

钢筋牌号	抗拉强度规定值（MPa）
HPB300	400
HRB335、HRBF335	435
HRB400、HRBF400	520
RB500、HRBF500	610
RRB400W	520

2. 一般项目

5.6.2 电渣压力焊接头外观质量检查结果，应符合下列规定：

1 四周焊包凸出钢筋表面的高度，当钢筋直径为 25mm 及以下时，不得小于 4mm；当钢筋直径为 28mm 及以上时，不得小于 6mm；

2 钢筋与电极接触处，应无烧伤缺陷；

3 接头处的弯折角度不得大于 2°；

4 接头处的轴线偏移不得大于 1mm。

附：规范规定的施工过程控制要点

（1）在现浇钢筋混凝土结构中，应以 300 个同牌号钢筋接头作为一批；

（2）在房屋结构中，应在不超过连续二楼层中 300 个同牌号钢筋接头作为一批；当不足 300 个接头时，仍应作为一批；

（3）每批随机切取 3 个接头试件做拉伸试验。

5.4.5　钢筋气压焊接头应用技术要求

执行标准：《钢筋焊接及验收规程》（JGJ 18—2012）　　　（摘选）

钢筋气压焊接头检验批质量验收记录应符合表 1 的规定。

钢筋气压焊接头检验批质量验收记录　　　表 1

工程名称			验收部位			
施工单位			批号及批量			
施工执行标准名称及编号		《钢筋焊接及验收规程》JGJ 18—2012	钢筋牌号及直径（mm）			
项目经理			施工班组组长			
主控项目		质量验收规程的规定		施工单位检查评定记录	监理（建设）单位验收记录	
	1	接头试件拉伸试验	5.1.7 条			
	2	接头试件弯曲试验	5.1.8 条			
一般项目		质量验收规程的规定		施工单位检查评定记录		监理（建设）单位验收记录
				抽查数	合格数	不合格	
	1	轴线偏移不得大于钢筋直径的 1/10，且不得大于 1mm	5.7.2 条				
	2	接头处表面不得有肉眼可见的裂纹	5.7.2 条				
	3	接头处的弯折角度不得大于 2°	5.7.2 条				
	4	固态镦粗直径不得小于 1.4d，熔态镦粗直径不得小于 1.2d	5.7.2 条				
	5	镦粗长度不得小于 1.0d，d 为钢筋直径	5.7.2 条				
施工单位检查评定结果			项目专业质量检查员： 　　　　　　　　　年　　月　　日			
监理（建设）单位验收结论			监理工程师（建设单位项目专业技术负责人）： 　　　　　　　　　年　　月　　日			

注：1. 一般项目各小项检查评定不合格时，在小格内打×记号；

　　2. 本表由施工单位项目专业质量检查员填写，监理工程师（建设单位项目专业技术负责人）组织项目专业质量检查员等进行验收。

【检查验收时执行的规范条目】

1. 主控项目

5.1.7 钢筋闪光对焊接头、电弧焊接头、电渣压力焊接头、气压焊接头、箍筋闪光对焊接头、预埋件钢筋 T 形接头的拉伸试验，应从每一检验批接头中随机切取三个接头进行试验并应按下列规定对试验结果进行评定：

1 符合下列条件之一，应评定该检验批接头拉伸试验合格：

1）3 个试件均断于钢筋母材，呈延性断裂，其抗拉强度大于或等于钢筋母材抗拉强度标准值。

2）2 个试件断于钢筋母材，呈延性断裂，其抗拉强度大于或等于钢筋母材抗拉强度标准值；另一试件断于焊缝，呈脆性断裂，其抗拉强度大于或等于钢筋母材抗拉强度标准值的 1.0 倍。

> 注：试件断于热影响区，呈延性断裂，应视作与断于钢筋母材等同；试件断于热影响区，呈脆性断裂，应视作与断于焊缝等同。

2 符合下列条件之一，应进行复验：

1）2 个试件断于钢筋母材，呈延性断裂，其抗拉强度大于或等于钢筋母材抗拉强度标准值；另一试件断于焊缝或热影响区，呈脆性断裂，其抗拉强度小于钢筋母材抗拉强度标准值的 1.0 倍。

2）1 个试件断于钢筋母材，呈延性断裂，其抗拉强度大于或等于钢筋母材抗拉强度标准值；另 2 个试件断于焊缝或热影响区，呈脆性断裂。

3 3 个试件均断于焊缝，呈脆性断裂，其抗拉强度均大于或等于钢筋母材抗拉强度标准值的 1.0 倍，应进行复验。当 3 个试件中有 1 个试件抗拉强度小于钢筋母材抗拉强度标准值的 1.0 倍，应评定该检验批接头拉伸试验不合格。

4 复验时，应切取 6 个试件进行试验。试验结果，若有 4 个或 4 个以上试件断于钢筋母材，呈延性断裂，其抗拉强度大于或等于钢筋母材抗拉强度标准值；另 2 个或 2 个以下试件断于焊缝，呈脆性断裂，其抗拉强度大于或等于钢筋母材抗拉强度标准值的 1.0 倍，应评定该检验批接头拉伸试验复验合格。

5 可焊接余热处理钢筋 RRB400W 焊接接头拉伸试验结果。其抗拉强度应符合同级别热轧带肋钢筋抗拉强度标准值 540MPa 的规定。

6 预埋件钢筋 T 形接头拉伸试验结果，3 个试件的抗拉强度均大于或等于表 5.1.7 的规定值时，应评定该检验批接头拉伸试验合格。若有一个接头试件抗拉强度小于表 5.1.7 的规定值时，应进行复验。

复验时，应切取 6 个试件进行试验。复验结果，其抗拉强度均大于或等于表 5.1.7 的规定值时，应评定该检验批接头拉伸试验复验合格。

预埋件钢筋 T 形接头抗拉强度规定值　　　　　　　　　　　表 5.1.7

钢筋牌号	抗拉强度规定值（MPa）
HPB300	400
HRB335、HRBF335	435
HRB400、HRBF400	520
RB500、HRBF500	610
RRB400W	520

5.1.8 钢筋闪光对焊接头、气压焊接头进行弯曲试验时。应从每一个检验批接头中随机切取 3 个接头，焊缝应处于弯曲中心点，弯心直径和弯曲角度应符合表 5.1.8 的规定。

接头弯曲试验指标 表 5.1.8

钢筋牌号	弯心直径	弯曲角度（°）
HPB300	2d	90
HRB335、HRBF335	4d	90
HRB400、HRBF400、RRB400W	5d	90
HRB500、HRBF500	7d	90

注：1. d 为钢筋直径（mm）；

　　2. 直径大于 25mm 的钢筋焊接接头，弯心直径应增加 1 倍钢筋直径。

弯曲试验结果应按下列规定进行评定：

1　当试验结果，弯曲至 90°，有 2 个或 3 个试件外侧（含焊缝和热影响区）未发生宽度达到 0.5mm 的裂纹，应评定该检验批接头弯曲试验合格。

2　当有 2 个试件发生宽度达到 0.5mm 的裂纹，应进行复验。

3　当有 3 个试件发生宽度达到 0.5mm 的裂纹，应评定该检验批接头弯曲试验不合格。

4　复验时，应切取 6 个试件进行试验。复验结果，当不超过 2 个试件发生宽度达到 0.5mm 的裂纹时，应评定该检验批接头弯曲试验复验合格。

2. 一般项目

5.7.2 钢筋气压焊接头外观质量检查结果，应符合下列规定：

1　接头处的轴线偏移 e 不得大于钢筋直径的 1/10，且不得大于 1mm（图 5.7.2a）；当不同直径钢筋焊接时，应按较小钢筋直径计算；当大于上述规定值，但在钢筋直径的 3/10 以下时，可加热矫正；当大于 3/10 时，应切除重焊；

2　接头处表面不得有肉眼可见的裂纹；

3　接头处的弯折角度不得大于 0；当大于规定值时，应重新加热矫正；

4　固态气压焊接头镦粗直径 d_c 不得小于钢筋直径的 1.4 倍，熔态气压焊接头镦粗直径 d_c 不得小于钢筋直径的 1.2 倍（图 5.7.2b）；当小于上述规定值时，应重新加热镦粗；

5　镦粗长度 L_c 不得小于钢筋直径的 1.0 倍，且凸起部分平缓、圆滑（图 5.7.2c）；当小于上述规定值时，应重新加热镦长。

附：规范规定的施工过程控制要点

（1）在现浇钢筋混凝土结构中，应以 300 个同牌号钢筋接头作为一批；在房屋结构中，应在不超过连续二楼层中 300 个同牌号钢筋接头作为一批；当不足 300 个接头时，仍应作为一批；

（2）在柱、墙的竖向钢筋连接中，应从每批接头中随机切取 3 个接头做拉伸试验；在梁、板的水平钢筋连接中，应另切取 3 个接头做弯曲试验；

（3）在同一批中，异径钢筋气压焊接头可只做拉伸试验。

（4）钢筋气压焊接头外观质量检查结果，应符合下列规定：

①　接头处的轴线偏移 e 不得大于钢筋直径的 1/10，且不得大于 1mm（图 5.7.2a）；当不同直径钢筋焊接时，应按较小钢筋直径计算；当大于上述规定值，但在钢筋直径的 3/10 以下时，可加热矫正；当大于 3/10 时，应切除重焊；

②　接头处表面不得有肉眼可见的裂纹；

③ 接头处的弯折角度不得大于 0；当大于规定值时，应重新加热矫正；

④ 固态气压焊接头镦粗直径 d_c 不得小于钢筋直径的 1.4 倍，熔态气压焊接头镦粗直径 d_c 不得小于钢筋直径的 1.2 倍（图 5.7.2b）；当小于上述规定值时，应重新加热镦粗；

⑤ 镦粗长度 L_c 不得小于钢筋直径的 1.0 倍，且凸起部分平缓、圆滑（图 5.7.2c）；当小于上述规定值时，应重新加热镦长。

注：图 5.7.2a、图 5.7.2b、图 5.7.2c 见 5.7 节钢筋气压焊接头图 5.7.2。

5.4.6　预埋件钢筋 T 形接头应用技术要求

执行标准：《钢筋焊接及验收规程》（JGJ 18—2012）　　（摘选）

预埋件钢筋 T 形接头检验批质量验收记录应符合表 1 的规定。

预埋件钢筋 T 形接头检验批质量验收记录　　表 1

工程名称			验收部位		
施工单位			批号及批量		
施工执行标准名称及编号	《钢筋焊接及验收规程》JGJ 18－2012		钢筋牌号及直径（mm）		
项目经理			施工班组组长		

主控项目		质量验收规程的规定		施工单位检查评定记录	监理（建设）单位验收记录	
	1	接头试件拉伸试验	5.1.7 条			

一般项目		质量验收规程的规定		施工单位检查评定记录			监理（建设）单位验收记录
				抽查数	合格数	不合格	
	1	焊条电弧焊时：角焊缝焊脚尺寸（K）应符合第 4.5.11 条第 1 款的规定	4.5.11 条				
	2	埋弧压力焊和埋弧螺柱焊时，四周焊包凸出钢筋表面的高度应符合第 5.8.2 条第 2 款的规定	5.8.2 条				
	3	焊缝表面不得有气孔、夹渣和肉眼可见裂纹	5.8.2 条				
	4	钢筋咬边深度不得超过 0.5mm	5.8.2 条				
	5	钢筋相对钢板的直角偏差不得大于 2°	5.8.2 条				

施工单位检查评定结果	项目专业质量检查员： 　　　　　年　　月　　日
监理（建设）单位验收结论	监理工程师（建设单位项目专业技术负责人）： 　　　　　年　　月　　日

注：1. 一般项目各小项检查评定不合格时，在小格内打×记号；

2. 本表由施工单位项目专业质量检查员填写，监理工程师（建设单位项目专业技术负责人）组织项目专业质量检查员等进行验收。

【检查验收时执行的规范条目】

1. 主控项目

5.1.7　钢筋闪光对焊接头、电弧焊接头、电渣压力焊接头、气压焊接头、箍筋闪光对焊接头、预埋件钢筋 T 形接头的拉伸试验，应从每一检验批接头中随机切取三个接头进行试验并应按下列规定对试验结果进行评定：

　　1　符合下列条件之一，应评定该检验批接头拉伸试验合格：

　　1）3 个试件均断于钢筋母材，呈延性断裂，其抗拉强度大于或等于钢筋母材抗拉强度标准值。

　　2）2 个试件断于钢筋母材，呈延性断裂，其抗拉强度大于或等于钢筋母材抗拉强度标准值；另一试件断于焊缝，呈脆性断裂，其抗拉强度大于或等于钢筋母材抗拉强度标准值的 1.0 倍。

　　注：试件断于热影响区，呈延性断裂，应视作与断于钢筋母材等同；试件断于热影响区，呈脆性断裂，应视作与断于焊缝等同。

　　2　符合下列条件之一，应进行复验：

　　1）2 个试件断于钢筋母材，呈延性断裂，其抗拉强度大于或等于钢筋母材抗拉强度标准值；另一试件断于焊缝或热影响区，呈脆性断裂，其抗拉强度小于钢筋母材抗拉强度标准值的 1.0 倍。

　　2）1 个试件断于钢筋母材，呈延性断裂，其抗拉强度大于或等于钢筋母材抗拉强度标准值；另 2 个试件断于焊缝或热影响区，呈脆性断裂。

　　3　3 个试件均断于焊缝，呈脆性断裂，其抗拉强度均大于或等于钢筋母材抗拉强度标准值的 1.0 倍，应进行复验。当 3 个试件中有 1 个试件抗拉强度小于钢筋母材抗拉强度标准值的 1.0 倍，应评定该检验批接头拉伸试验不合格。

　　4　复验时，应切取 6 个试件进行试验。试验结果，若有 4 个或 4 个以上试件断于钢筋母材，呈延性断裂，其抗拉强度大于或等于钢筋母材抗拉强度标准值；另 2 个或 2 个以下试件断于焊缝，呈脆性断裂，其抗拉强度大于或等于钢筋母材抗拉强度标准值的 1.0 倍，应评定该检验批接头拉伸试验复验合格。

　　5　可焊接余热处理钢筋 RRB400W 焊接接头拉伸试验结果。其抗拉强度应符合同级别热轧带肋钢筋抗拉强度标准值 540MPa 的规定。

　　6　预埋件钢筋 T 形接头拉伸试验结果，3 个试件的抗拉强度均大于或等于表 5.1.7 的规定值时，应评定该检验批接头拉伸试验合格。若有一个接头试件抗拉强度小于表 5.1.7 的规定值时，应进行复验。

　　复验时，应切取 6 个试件进行试验。复验结果，其抗拉强度均大于或等于表 5.1.7 的规定值时，应评定该检验批接头拉伸试验复验合格。

预埋件钢筋 T 形接头抗拉强度规定值 表 5. 1. 7

钢筋牌号	抗拉强度规定值（MPa）
HPB300	400
HRB335、HRBF335	435
HRB400、HRBF400	520
HRB500、HRBF500	610
RRB400W	520

2. 一般项目

5.8.2 预埋件钢筋 T 形接头外观质量检查结果，应符合下列规定：

　　1 焊条电弧焊时，角焊缝焊脚尺寸（K）应符合本规程第 4.5.11 条第 1 款的规定；

　　附：第 4.5.11 条：

4.5.11 预埋件钢筋电弧焊 T 形接头可分为角焊和穿孔塞焊两种（图 4.5.11），装配和焊接时，应符合下列规定：

　　1 当采用 HPB300 钢筋时，角焊缝焊脚尺寸（K）不得小于钢筋直径的 50%；采用其他牌号钢筋时，焊脚尺寸（K）不得小于钢筋直径的 60%；

　　2 埋弧压力焊或埋弧螺柱焊时，四周焊包凸出钢筋表面的高度，当钢筋直径为 18mm 及以下时，不得小于 3mm；当钢筋直径为 20mm 及以上时，不得小于 4mm；

　　3 焊缝表面不得有气孔、夹渣和肉眼可见裂纹；

　　4 钢筋咬边深度不得超过 0.5mm；

　　5 钢筋相对钢板的直角偏差不得大于 2°。

附：规范规定的施工过程控制要点

　　（1）预埋件钢筋 T 形接头的外观质量检查，应从同一台班内完成的同类型预埋件中抽查 5%，且不得少于 10 件。

　　（2）预埋件钢筋 T 形接头外观质量检查结果，应符合下列规定：

　　①焊条电弧焊时，角焊缝焊脚尺寸（K）应符合本规程第 4.5.11 条第 1 款的规定；

　　② 埋弧压力焊或埋弧螺柱焊时，四周焊包凸出钢筋表面的高度，当钢筋直径为 18mm 及以下时，不得小于 3mm；当钢筋直径为 20mm 及以上时，不得小于 4mm；

　　③ 焊缝表面不得有气孔、夹渣和肉眼可见裂纹；

　　④ 钢筋咬边深度不得超过 0.5mm；

　　⑤ 钢筋相对钢板的直角偏差不得大于 2°。

　　（3）预埋件外观质量检查结果，当有 2 个接头不符合上述规定时，应对全数接头的这一项目进行检查，并剔出不合格品，不合格接头经补焊后可提交二次验收。

　　（4）力学性能检验时，应以 300 件同类型预埋件作为一批。一周内连续焊接时，可累计计算。当不足 300 件时，亦应按一批计算。应从每批预埋件中随机切取 3 个接头做拉伸试验。试件的钢筋长度应大于或等于 200mm，钢板（锚板）的长度和宽度应等于 60mm，并视钢筋直径的增大而适当增大（图 5.8.4）。

　　（5）预埋件钢筋 T 形接头拉伸试验时，应采用专用夹具。

　　注：图 5.8.4 见（3）钢筋焊接基本规定图 5.8.4。

5.5 建 筑 幕 墙

5.5.1 幕墙性能试验与特定项目试验

　　《建筑幕墙》（GB/T 21086—2007）标准通用要求规定，幕墙检验项目包括：抗风压性能、水密性能、现场淋水试验、气密性能、热工性能、空气声隔声性能、平面内变形性能、振动台抗震性能、耐撞击性能、光学性能、承重力性能、防雷功能。

　　《建筑工程施工质量验收统一标准》（GB 50300－2001）规定，单位（子单位）工程安全和功能检验资料核查及主功能抽查记录中规定幕墙及外窗气密性、水密性、耐风压检测报告需进行复查和验证性测试。幕墙的气密性、水密性、耐风压检测见其相关说明。

5.5.1.1 幕墙通用性能试验

幕墙抗风压性能、水密性能试验、气密性能试验表式按单位（子单位）工程安全和功能检验资料核查及主要功能抽查记录附表6执行。

5.5.1.1-1 抗风压性能试验（型式检验、交收检验为必试项目）

（1）幕墙的抗风压性能指标应根据幕墙所受的风荷载标准值 W_k 确定，其指标值不应低于 W_k，且不应小于 1.0 kPa。风荷载标准值 W_k 的计算应符合建筑结构荷载规范的规定。

（2）在抗风压性能指标值作用下，幕墙的支承体系和面板的相对挠度和绝对挠度不应大于表 5.5.1.1-1A 的要求。

幕墙支承结构、面板相对挠度和绝对挠度要求　　　　表 5.5.1.1-1A

支承结构类型		相对挠度（L 跨度）	绝对挠度/mm
构件式玻璃幕墙 单元式幕墙	铝合金型材	$L/180$	20（30）a
	钢型材	$L/250$	20（30）a
	玻璃面板	短边距/60	—
石材幕墙 金属板幕墙 人造板材幕墙	铝合金型材	$L/180$	—
	钢型材	$L/250$	—
点支承玻璃幕墙	钢结构	$L/250$	—
	索杆结构	$L/200$	—
	玻璃面板	长边孔距/60	—
全玻璃幕	玻璃肋	$L/200$	—
	玻璃面板	跨距/60	—

a　括号内数据适用于跨距超过 4500mm 的建筑幕墙产品。

（3）开放式建筑幕墙的抗风压性能应符合设计要求。

（4）抗风压性能分级指标 P_3 应符合《建筑幕墙》（GB/T 21086—2007）标准①的规定，并符合表 5.5.1.1-1B 的要求。

建筑幕墙抗风压性能分级　　　　表 5.5.1.1-1B

分级代号	1	2	3	4	5	6	7	8	9
分级指标值 P_3/kPa	$1.0{\leqslant}P_3$ <1.5	$1.5{\leqslant}P_3$ <2.0	$2.0{\leqslant}P_3$ <2.5	$2.5{\leqslant}P_3$ <3.0	$3.0{\leqslant}P_3$ <3.5	$3.5{\leqslant}P_3$ <4.0	$4.0{\leqslant}P_3$ <4.5	$4.5{\leqslant}P_3$ <5.0	$P_3{\geqslant}5.0$

注1：9级时需同时标注 P_3 的测试值。如：属9级（5.5kPa）。

注2：分级指标值 P_3 为正、负风压测试值绝对值的较小值。

5.5.1.1-2 水密性能试验（型式检验、交收检验为必试项目）

（1）幕墙水密性能指标应按如下方法确定：

1）GB 50178 中，III_A 和 IV_A 地区，即热带风暴和台风多发地区按下式计算，且固定部分不宜小于 1000Pa，可开启部分与固定部分同级。

$$P = 1000\mu_z\mu_c\omega_0$$

式中 P——水密性能指标，单位：Pa；

μ_z——风压高度变化系数，应按 GB 50009 的有关规定采用；

μ_c——风力系数，可取 1.2；

ω_0——基本风压（kN/m²），应按 GB 50009 的有关规定采用；

2）其他地区可按 a）条计算值的 75％进行设计，且固定部分取值不宜低于 700Pa，可开启部分与固定部分同级。

（2）水密性能分级指标值应符合表 5.5.1.1-2 的要求。

建筑幕墙水密性能分级　　　　　　表 5.5.1.1-2

分级代号		1	2	3	4	5
分级指标值 ΔP/Pa	固定部分	$500 \leqslant \Delta P$ < 700	$700 \leqslant \Delta P$ < 1000	$1000 \leqslant \Delta P$ < 1500	$1500 \leqslant \Delta P$ < 2000	$\Delta P \geqslant 2000$
	可开启部分	$250 \leqslant \Delta P$ < 350	$350 \leqslant \Delta P$ < 500	$500 \leqslant \Delta P$ < 700	$700 \leqslant \Delta P$ < 1000	$\Delta P \geqslant 1000$

注：5 级时需同时标注固定部分和开启部分 ΔP 的测试值。

（3）有水密性要求的建筑幕墙在现场淋水试验中，不应发生水渗漏现象。

（4）开放式建筑幕墙的水密性能可不作要求。

说明：现场淋水试验在中间检验、交收检验中为设计或用户有要求时检验。

5.5.1.1-3　气密性能试验（型式检验、交收检验为必试项目）

（1）气密性能指标应符合 GB 50176、GB 50189、JGJ 132、JGJ 134、JGJ 26 的有关规定，并满足相关节能标准的要求。一般情况可按表 5.5.1.1-3A 确定。

建筑幕墙气密性能设计指标一般规定　　　　　表 5.5.1.1-3A

地区分类	建筑层数、高度	气密性能分级	气密性能指标小于	
			开启部分 q_L (m³/m·h)	幕墙整体 q_A (m³/m²·h)
夏热冬暖地区	10 层以下	2	2.5	2.0
	10 层及以上	3	1.5	1.2
其他地区	7 层以下	2	2.5	2.0
	7 层及以上	3	1.5	1.2

（2）开启部分气密性能分级指标 q_L 应符合表 5.5.1.1-3B 的要求。

建筑幕墙开启部分气密性能分级　　　　　表 5.5.1.1-3B

分级代号	1	2	3	4
分级指标值 q_L/[m³/(m·h)]	$4.0 \geqslant q_L > 2.5$	$2.5 \geqslant q_L > 1.5$	$1.5 \geqslant q_L > 0.5$	$q_L \leqslant 0.5$

（3）幕墙整体（含开启部分）气密性能分级指标 q_A 应符合表 5.5.1.1-3C 的要求。

建筑幕墙整体气密性能分级　　　　　表 5.5.1.1-3C

分级代号	1	2	3	4
分级指标值 q_A/[m³/(m²·h)]	$4.0 \geqslant q_A > 2.0$	$2.0 \geqslant q_A > 1.2$	$1.2 \geqslant q_A > 0.5$	$q_A \leqslant 0.5$

（4）开放式建筑幕墙的气密性能不作要求。

5.5.1.1-4 热工性能试验（型式检验为必试、交收检验为设计或用户有要求时试验）

（1）建筑幕墙传热系数应按《民用建筑热工设计规范》GB 50176 的规定确定，并满足 GB 50189、JGJ 132、JGJ 134、JGJ 26 和 JGJ 75 的要求。玻璃（或其他透明材料）幕墙遮阳系数应满足《公共建筑节能设计标准》GB 50189 和《夏热冬暖地区居住建筑节能设计标准》JGJ 75 的要求。

（2）幕墙传热系数应按相关规范进行设计计算。

（3）幕墙在设计环境条件下应无结露现象。

（4）对热工性能有较高要求的建筑，可进行现场热工性能试验。

（5）幕墙传热系数分级指标 K 应符合表 5.5.1.1-4A 的要求。

建筑幕墙传热系数分级   表 5.5.1.1-4A

分级代号	1	2	3	4	5	6	7	8
分级指标值 $K/$ $[(W/(m^2 \cdot K)]$	$K \geq 5.0$	$5.0 > K \geq 4.0$	$4.0 > K \geq 3.0$	$3.0 > K \geq 2.5$	$2.5 > K \geq 2.0$	$2.0 > K \geq 1.5$	$1.5 > K \geq 1.0$	$K < 1.0$

注：8 级时需同时标注 K 的测试值。

（6）玻璃幕墙的遮阳系数应符合：

1）遮阳系数应按相关规范进行设计计算。

2）玻璃幕墙的遮阳系数分级指标 SC 应符合表 5.5.1.1-4B 的要求。

玻璃幕墙遮阳系数分级   表 5.5.1.1-4B

分级代号	1	2	3	4	5	6	7	8
分级指标值 SC	$0.9 \geq SC > 0.8$	$0.8 \geq SC > 0.7$	$0.7 \geq SC > 0.6$	$0.6 \geq SC > 0.5$	$0.5 \geq SC > 0.4$	$0.4 \geq SC > 0.3$	$0.3 \geq SC > 0.2$	$SC \leq 0.2$

注：1. 8 级时需同时标注 SC 的测试值。

2. 玻璃幕墙遮阳系数＝幕墙玻璃遮阳系数×外遮阳的遮阳系数×$\left(1 - \dfrac{\text{非透光部分面积}}{\text{玻璃幕墙总面积}}\right)$

（7）开放式建筑幕墙的热工性能应符合设计要求。

5.5.1.1-5 空气声隔声性能试验（型式检验为必试、交收检验为设计或用户有要求时试验）

（1）空气声隔声性能以计权隔声量作为分级指标，应满足室内声环境的需要，符合《民用建筑隔声设计规范》GB 50118 的规定。

（2）空气声隔声性能分级指标 R_w 应符合表 5.5.1.1-5 的要求。

建筑幕墙空气声隔声性能分级   表 5.5.1.1-5

分级代号	1	2	3	4	5
分级指标值 R_w/dB	$25 \leq R_w < 30$	$30 \leq R_w < 35$	$35 \leq R_w < 40$	$40 \leq R_w < 45$	$R_w \geq 45$

注：5 级时需同时标注 R_w 测试值。

（3）开放式建筑幕墙的空气声隔声性能应符合设计要求。

5.5.1.1-6 平面内变形性能和抗震要求试验（型式检验为必试、交收检验为有抗震要求时试验）

（1）抗震性能应满足《建筑抗震设计规范》GB 50011 的要求。

（2）平面内变形性能

1）建筑幕墙平面内变形性能以建筑幕墙层间位移角为性能指标。在非抗震设计时，指标值应不小于主体结构弹性层间位移角控制值；在抗震设计时，指标值应不小于主体结构弹性层间位移角控制值的 3 倍。主体结构楼层最大弹性层间位移角控制值可按表 5.5.1.1-6A 的规定执行。

主体结构楼层最大弹性层间位移角 表 5.5.1.1-6A

结构类型		建筑高度 H/m		
		$H{\leqslant}150$	$150{<}H{\leqslant}250$	$H{>}250$
钢筋混凝土结构	框架	1/550	—	—
	板柱—剪力墙	1/800	—	—
	框架—剪力墙、框架—核心筒	1/800	线性插值	—
	筒中筒	1/1000	线性插值	1/500
	剪力墙	1/1000	线性插值	—
	框支层	1/1000	—	—
多、高层钢结构		1/300		

注：1. 表中弹性层间位移角 $= \Delta/h$，Δ 为最大弹性层间位移量，h 为层高。

2. 线性插值系指建筑高度在 150～250m 之间，层间位移角取 1/800（1/1000）与 1/500 线性插值。

2）平面内变形性能分级指标 γ 应符合表 5.5.1.1-6B 的要求。

建筑幕墙平面内变形性能分级 表 5.5.1.1-6B

分级代号	1	2	3	4	5
分级指标值 γ	$\gamma{<}1/300$	$1/300{\leqslant}\gamma{<}1/200$	$1/200{\leqslant}\gamma{<}1/150$	$1/150{\leqslant}\gamma{<}1/100$	$\gamma{\geqslant}1/100$

注：表中分级指标为建筑幕墙层间位移角。

（3）建筑幕墙应满足所在地抗震设防烈度的要求。对有抗震设防要求的建筑幕墙，其试验样品在设计的试验峰值加速度条件下不应发生破坏。幕墙具备下列条件之一时应进行振动台抗震性能试验或其他可行的验证试验：

1）面板为脆性材料，且单块面板面积或厚度超过现行标准或规范的限制；

2）面板为脆性材料，且与后部支承结构的连接体系为首次应用；

3）应用高度超过标准或规范规定的高度限制；

4）所在地区为 9 度以上（含 9 度）设防烈度。

5.5.1.1-7 耐撞击性能试验（型式检验为必试、交收检验为非必检项目）

（1）耐撞击性能应满足设计要求。人员流动密度大或青少年、幼儿活动的公共建筑的建筑幕墙，耐撞击性能指标不应低于表 22 中 2 级。

（2）撞击能量 E 和撞击物体的降落高度 H 分级指标和表示方法应符合表 5.5.1.1-7

的要求。

建筑幕墙撞击性能分级 表 5.5.1.1-7

分级代号		1	2	3	4
室内侧	撞击能量 $E/$（N・m）	700	900	>900	—
	降落高度 $H/$mm	1500	2000	>2000	—
室外侧	撞击能量 $E/$（N・m）	300	500	800	>800
	降落高度 $H/$mm	700	1100	1800	>1800

注：1. 性能标注时应按：室内侧定级值/室外侧定级值。例如：2/3 为室内 2 级，室外 3 级。

　　2. 当室内侧定级值为 3 级时标注撞击能量实际测试值，当室外侧定级值为 4 级时标注撞击能量实际测试值。例如：1200/1900 室内 1200N・m，室外 1900N・m。

5.5.1.1-8　光学性能试验（交收检验为非必检项目）

（1）有采光功能要求的幕墙，其透光折减系数不应低于 0.45。有辨色要求的幕墙，其颜色透视指数不宜低于 Ra80。

（2）建筑幕墙性能分级指标透光折减系数 T_T 应符合表 5.5.1.1-8 的要求。

建筑幕墙采光性能分级 表 5.5.1.1-8

分级代号	1	2	3	4	5
分级指标值 T_T	$0.2{\leqslant}T_T{<}0.3$	$0.3{\leqslant}T_T{<}0.4$	$0.4{\leqslant}T_T{<}0.5$	$0.5{\leqslant}T_T{<}0.6$	$T_T{\geqslant}0.6$

注：5 级时需同时标注 T_T 测试值。

（3）玻璃幕墙的光学性能应满足《玻璃幕墙光学性能》（GB/T 18091）的规定。

5.5.1.1-9　承重力性能试验（交收检验为非必检项目）

（1）幕墙应能承受自重和设计时规定的各种附件的重量，并能可靠地传递到主体结构。

（2）在自重标准值作用下，水平受力构件在单块面板两端跨距内的最大挠度不应超过该面板两端跨距的 1/500，且不应超 3mm。

5.5.1.1-10　防雷功能试验（中间检验、交收检验为非必检项目）

建筑幕墙的防火、防雷功能应符合《玻璃幕墙工程技术规范》（JGJ 102）、《金属与石材幕墙工程技术规范》（JGJ 133）的规定。

5.5.1.2　不同构造形式幕墙工程的特定检验项目与要求

不同构造形式的幕墙工程包括：构件式玻璃幕墙、石材幕墙、金属板幕墙、人造板幕墙、单元式幕墙、点支承幕墙、全玻幕墙、双层幕墙。

幕墙工程特定检验项目在不同构造形式的幕墙工程中均包括：组件制作工艺质量、组件组装质量和外观质量的检验。组件制作工艺质量定为非必检项目，仅设计或用户在中间检验有要求时定为必检项目。如设计或用户在中间检验有要求时，可按《建筑幕墙》（GB/T 21086—2007）的规定进行检验。

组件组装质量和外观质量的检验《建筑幕墙》（GB/T 21086—2007）定为交收检验的必检项目。

5.5.1.2-1 不同构造形式幕墙的组件组装质量检验

5.5.1.2-1A 构件式玻璃幕墙组件组装质量要求

（1）幕墙竖向和横向构件的组装允许偏差，应符合表5.5.1.2-1A1的要求。

幕墙竖向和横向构件的组装允许偏差（单位为毫米） 表5.5.1.2-1A1

项　目	尺寸范围	允许偏差（不大于）		检测方法
		铝构件	钢构件	
相邻两竖向构件间距尺寸（固定端头）	—	±2.0	±3.0	钢卷尺
相邻两横向构件间距尺寸	间距≤2000mm	±1.5	±2.5	钢卷尺
	间距＞2000mm	±2.0	±3.0	
分格对角线差	对角线长≤2000mm	3.0	4.0	钢卷尺或伸缩尺
	对角线长＞2000mm	3.5	5.0	
竖向构件垂直度	高度≤30m	10	15	经纬仪或铅垂仪
	高度≤60m	15	20	
	高度≤90m	20	25	
	高度≤150m	25	30	
	高度＞150m	30	35	
相邻两横向构件的水平高差	—	1.0	2.0	钢板尺或水平仪
横向构件水平度	构件长≤2000mm	2.0	3.0	水平仪或水平尺
	构件长＞2000mm	3.0	4.0	
竖向构件直线度	—	2.5	4.0	2m靠尺
竖向构件外表面平面度	相邻三立柱	2	3	经纬仪
	宽度≤20m	5	7	
	宽度≤40m	7	10	
	宽度≤60m	9	12	
	宽度≥60m	10	15	
同高度内横向构件的高度差	长度≤35m	5	7	水平仪
	长度＞35m	7	9	

（2）幕墙组装就位后允许偏差应符合表5.5.1.2-1A2的要求。

幕墙组装就位后允许偏差（单位为毫米） 表5.5.1.2-1A2

项　目		允许偏差	检测方法
竖缝及墙面垂直度（幕墙高度 H）	H≤30m	≤10	激光仪或经纬仪
	30m＜H≤60m	≤15	
	60m＜H≤90m	≤20	
	90m＜H≤150m	≤25	
	H＞150m	≤30	
幕墙平面度		≤2.5	2m靠尺、钢板尺
竖缝直线度		≤2.5	2m靠尺、钢板尺
横缝直线度		≤2.5	2m靠尺、钢板尺
缝宽度（与设计值比较）		±2	卡尺
两相邻面板之间接缝高低差		≤1.0	深度尺

（3）幕墙的附件应齐全并符合设计要求，幕墙和主体结构的连接应牢固可靠。

（4）幕墙开启窗应符合设计要求，安装牢固可靠，启闭灵活。

（5）幕墙外露框、压条、装饰构件、嵌条、遮阳板等应符合设计要求，安装牢固可靠。

5.5.1.2-1B 石材幕墙组件组装质量要求

（1）石材面板挂装系统安装偏差应符合表 5.5.1.2-1B 的规定。

石材面板挂装系统安装允许偏差（单位为毫米）　　表 5.5.1.2-1B

项　　目		通槽长勾	通槽短勾	短槽	背卡	背栓	检测方法
托板（转接件）标高		±1.0				—	卡尺
托板（转接件）前后高低差		≤1.0				—	卡尺
相邻两托板（转接件）高低差		≤1.0				—	卡尺
托板（转接件）中心线偏差		≤2.0				—	卡尺
勾锚入石材槽深度偏差		+1.0 0					深度尺
短勾中心线与托板中心线偏差		—	≤2.0	—			卡尺
短勾中心线与短槽中心线偏差		—	≤2.0				卡尺
挂勾与挂槽搭接深度偏差		—	+1.0 0				卡尺
插件与插槽搭接深度偏差		—	+1.0 0	—			卡尺
挂勾（插槽）中心线偏差		—				≤2.0	钢直尺
挂勾（插槽）标高		—				±1.0	卡尺
背栓挂（插）件中心线与孔中心线偏差		—				≤1.0	卡尺
背卡中心线与背卡槽中心线偏差		—		≤1.0	—		卡尺
左右两背卡中心线偏差		—		≤3.0	—		卡尺
通长勾距板两端偏差		±1.0	—				卡尺
同一行石材上端水平偏差	相邻两板块	≤1.0					水平尺
	长度≤35mm	≤2.0					
	长度＞35mm	≤3.0					
同一列石材边部垂直偏差	相邻两板块	≤1.0					卡尺
	长度≤35mm	≤2.0					
	长度＞35mm	≤3.0					
石材外表面平整度	相邻两板块高低差	≤1.0					卡尺
相邻两石材缝宽（与设计值比）		±1.0					卡尺

（2）幕墙竖向构件和横向构件的组装允许偏差应符合表 3.2.5.1-2A1a 的要求。

（3）幕墙组装就位后允许偏差应符合表 3.2.5.1-2A1b 的要求。

（4）石材面板安装到位后，横向构件不应发生明显的扭转变形，板块的支撑件或连接托板端头纵向位移应不大于 2mm。

（5）相邻转角板块的连接不应采用粘结方式。

5.5.1.2-1C　金属板幕墙组件组装质量要求

（1）幕墙的竖向构件和横向构件的组装允许偏差应符合表 5.5.1.2-1A1 的要求。

（2）幕墙组装就位后允许偏差应符合表 5.5.1.2-1A2 的要求。

（3）幕墙的附件应齐全并符合设计要求，幕墙和主体结构的连接应牢靠。

（4）金属板幕墙组件采用插接或立边接缝系统进行组装时，插接用固定块及接缝用固定夹和滑动夹的固定部位应牢固可靠。

（5）锌合金板背面未带防潮保护层时，锌合金板幕墙宜采用后部通风系统。

（6）搪瓷涂层钢板幕墙的面板不应在施工现场进行切割和钻孔，搪瓷涂层应保持完好。

5.5.1.2-1D　人造板幕墙组件组装质量要求

（1）幕墙支撑构件的组装允许偏差应符合表 5.5.1.2-1A1 的要求。

（2）人造板材幕墙组装就位后允许偏差应满足表 5.5.1.2-1D 的要求。

人造板材幕墙组装就位后允许偏差　　　　　　表 5.5.1.2-1D

项　　目		允许偏差		检测方法
竖缝及墙面垂直度 （幕墙高度 H）	$H \leqslant 30\text{m}$	$\leqslant 10$		激光仪或经纬仪
	$30\text{m} < H \leqslant 60\text{m}$	$\leqslant 15$		
	$60\text{m} < H \leqslant 90\text{m}$	$\leqslant 20$		
	$90\text{m} < H \leqslant 150\text{m}$	$\leqslant 25$		
	$H > 150\text{m}$	$\leqslant 30$		
幕墙平面度		平面，抛光面小于 2.5		2m 靠尺、钢板尺
竖缝直线度		$\leqslant 2.5$		2m 靠尺、钢板尺
横缝直线度		$\leqslant 2.5$		2m 靠尺、钢板尺
缝宽度（与设计值比较）		$\leqslant 2.0$		卡尺
两相邻面板之间接缝高低差		表面抛光处理、平面、釉面	1.0	深度尺
		毛面	2.0	

5.5.1.2-1E　单元式幕墙组件组装质量要求

（1）单元锚固连接件的安装位置允许偏差为 ±1.0mm。

（2）单元部件连接

1）插接型单元部件之间应有一定的搭接长度，竖向搭接长度不应小于 10mm，横向搭接长度不应小于 15mm。

2）单元连接件和单元锚固连接件的连接应具有三维可调节性，三个方向的调整量不应小于 20mm。

3）单元部件间十字接口处应采取防渗漏措施。

4）单元式幕墙的通气孔和排水孔处应采用透水材料封堵。

（3）单元部件组装就位后幕墙的允许偏差应符合表 5.5.1.2-1E 的要求。

单元式幕墙组装就位后允许偏差 表 5.5.1.2-1E

项　　目		允许偏差/mm	检测方法
墙面垂直度 （幕墙高度 H）	$H{\leqslant}30m$	${\leqslant}10$	经纬仪
	$30m{<}H{\leqslant}60m$	${\leqslant}15$	
	$60m{<}H{\leqslant}90m$	${\leqslant}20$	
	$90m{<}H{\leqslant}150m$	${\leqslant}25$	
	$H{>}150m$	${\leqslant}30$	
墙面平面度		${\leqslant}2.5$	2m 靠尺
竖缝直线度		${\leqslant}2.5$	2m 靠尺
横缝直线度		${\leqslant}2.5$	2m 靠尺
单元间接缝宽度（与设计值比）		±2.0	钢直尺
相邻两单元接缝面板高低差		${\leqslant}1.0$	深度尺
单元对插配合间隙（与设计值比）		$+1.0$ 0	钢直尺
单元对插搭接长度		±1.0	钢直尺

5.5.1.2-1F　点支承幕墙组件组装质量要求

（1）点支承幕墙组装质量应符合表 5.5.1.2-1F1 的要求。

点支承幕墙、全玻璃幕墙组装就位后允许偏差 表 5.5.1.2-1F1

项　　目		允许偏差	检测方法
幕墙平面垂直度 （幕墙高度 H）	$H{\leqslant}30m$	${\leqslant}10mm$	激光仪或经纬仪
	$30m{<}H{\leqslant}60m$	${\leqslant}15mm$	
	$60m{<}H{\leqslant}90m$	${\leqslant}20mm$	
	$90m{<}H{\leqslant}150m$	${\leqslant}25mm$	
	$H{>}150m$	${\leqslant}30mm$	
幕墙的平面度		${\leqslant}2.5mm$	2m 靠尺、钢板尺
竖缝的直线度		${\leqslant}2.5mm$	2m 靠尺、钢板尺
横缝的直线度		${\leqslant}2.5mm$	2m 靠尺、钢板尺
胶缝宽度（与设计值比较）		$\pm2mm$	卡尺
两相邻面板之间的高低差		${\leqslant}1.0mm$	深度尺
两相邻面板之间的高低差		${\leqslant}1.0mm$	深度尺
全玻幕墙玻璃面板与肋板夹角与设计值偏差		${\leqslant}1°$	量角器

（2）点支承玻璃幕墙玻璃之间空隙宽度不应小于 10mm，有密封要求时应采用硅酮建筑密封胶密封。

（3）专承装置的安装偏差应符合表 5.5.1.2-1F2 的要求。

支承装置安装要求 表 5.5.1.2-1F2

名　　称		允许偏差/mm	检测方法
相邻两爪座水平间距		±2.5	激光仪或经纬仪
相邻两爪座垂直间距		±2.0	激光仪或经纬仪
相邻两爪座水平高低差		2	卡尺
爪座水平度		1/100	激光仪或经纬仪
同一标高内爪座高低差	间距不大于 35m	≤5	激光仪或经纬仪
	间距大于 35m	≤7	
单个分格爪座对角线差（与设计尺寸相比）		≤4	钢卷尺
爪座端面平面度（平面幕墙）		≤6	激光仪或经纬仪

5.5.1.2-1G　全玻幕墙组件组装质量要求

（1）全玻幕墙组装质量应符合《建筑幕墙》（GB/T 21086—2007）标准表 5.5.1.2-1F1 的要求。

（2）玻璃与周边结构或装修物的空隙不应小于 8mm，密封胶填缝应均匀、密实、连续。

5.5.1.2-1H　双层幕墙组件组装质量要求

（1）双层幕墙组装固定后的允许偏差应符合《建筑幕墙》（GB/T 21086—2007）标准第 6、7、8、9、11 章的要求。

（2）采用单元式结构体系的双层幕墙组装固定后的允许偏差应符合《建筑幕墙》（GB/T 21086—2007）标准第 10 章的要求。

5.5.1.2-2　不同构造形式幕墙的外观质量检验

5.5.1.2-2A　构件式玻璃幕墙外观质量要求

（1）玻璃幕墙表面应平整，外露表面不应有明显擦伤、腐蚀、污染、斑痕。

（2）每平方米玻璃的表面质量应符合表 5.5.1.2-2A1 要求。

每平方米玻璃的表面质量 表 5.5.1.2-2A1

项　　目	质量要求	检测方法
0.1～0.3mm 宽度划伤痕	长度<100mm；不超过 8 条	观察
擦伤总面积	≤500mm²	钢直尺

（3）一个分格铝合金型材表面质量应符合表 5.5.1.2-2A2 要求。

一个分格铝合金型材表面质量 表 5.5.1.2-2A2

项　　目	质量要求	检测方法
擦伤、划伤深度	不大于处理膜层厚度的 2 倍	观察
擦伤总面积	不大于 500mm²	钢直尺
划伤总长度	不大于 150	钢直尺
擦伤和划伤处数	不大于 4	观察

（4）玻璃幕墙的外露框、压条、装饰构件、嵌条、遮阳板等应平整。

（5）幕墙面板接缝应横平竖直，大小均匀，目视无明显弯曲扭斜，胶缝外应无胶渍。

5.5.1.2-2B　石材幕墙外观质量要求

（1）每平方米亚光面和镜面板材的正面质量应符合表 5.5.1.2-2B 要求。

细面和镜面板材正面质量的要求　　　　　　　　　　表 5.5.1.2-2B

项　目	规　定　内　容
划伤	宽度不超过 0.3mm（宽度小于 0.1mm 不计），长度小于 100mm，不多于 2 条
擦伤	面积总和不超过 500mm²（面积小于 100mm² 不计）

注：1. 石材花纹出现损坏的为划伤。
　　2. 石材花纹出现模糊现象的为擦伤。

（2）石材幕墙面板接缝要求应横平竖直，大小均匀，目视无明显弯曲扭斜，胶缝外应无胶渍。

注：可维护性要求：石材幕墙的面板宜采用便于各板块独立安装和拆卸的支承固定系统，不宜采用 T 型挂装系统。

5.5.1.2-2C　金属板幕墙外观质量要求

（1）金属板幕墙组件中金属面板表面处理层厚度应满足表 5.5.1.2-2C1 的要求。

金属面板表面的处理层厚度（单位为微米）　　　　表 5.5.1.2-2C1

表面处理方法	平均厚度 t		检测方法
氧化着色	$t \geqslant 15$		测厚仪
静电粉末喷涂	$120 \geqslant t \geqslant 40$		测厚仪
氟碳喷涂	喷涂	$t \geqslant 30$	测厚仪
	辊涂	$t \geqslant 25$	
聚氨酯喷涂	$t \geqslant 40$		测厚仪
搪瓷涂层	$450 \geqslant t \geqslant 120$		测厚仪

（2）金属板外观应整洁，涂层不得有漏涂。装饰表面不得有明显压痕、印痕和凹凸等残迹。装饰表面每平方米内的划伤、擦伤应符合表 5.5.1.2-2C2 的要求。

装饰表面划伤和擦伤的允许范围　　　　　　　　表 5.5.1.2-2C2

项　　目	要　　求	检测方法
划伤深度	不大于表面处理厚度	目测观察
划伤总长度/mm	≤100	钢直尺
擦伤总面积/mm²	≤300	钢直尺
划伤、擦伤总处数	≤4	目测观察

（3）金属板幕墙面板接缝应横平竖直，大小均匀，目视无明显弯曲扭斜，胶缝外应无胶渍。

5.5.1.2-2D 人造板幕墙外观质量要求

（1）人造板材幕墙外露表面不应有明显擦伤、斑痕、破损。

（2）人造板材幕墙外露表面每平方米内的划伤、擦伤应符合表 5.5.1.2-2D 要求。

人造板材幕墙每平方米外露表面质量 　　　表 5.5.1.2-2D

项　　目	质量要求	检测方法
明显擦伤、划伤	不允许	目测观察
单条长度≤100m 的轻微划伤	不多于 2 条	钢直尺
轻微擦伤总面积/mm²	≤300（面积小于 100mm² 不计）	钢直尺

注：轻微划伤、擦伤是指深度不超过表面处理深度，或站立在 3m 距离处，不可见的擦伤或划伤。

（3）人造板材幕墙面板接缝应横平竖直，大小均匀，目视无明显弯曲扭斜，胶缝外应无胶渍的要求。

5.5.1.2-2E 单元式幕墙外观质量要求

（1）面板外观质量应符合《建筑幕墙》（GB/T 21086—2007）标准第 6、7、8、9 章的要求。

（2）幕墙外露表面耐候胶应与面板粘结牢固。幕墙面板接缝应横平竖直，大小均匀，目视无明显弯曲扭斜，胶缝外应无胶渍的要求。

5.5.1.2-2F 点支承幕墙外观质量要求

（1）钢结构应焊缝平滑，防腐涂层应均匀、无破损，应符合 GB 50205 的规定。

（2）大面应平整。胶缝宽度均匀、表面平滑。

（3）不锈钢件光泽度应与设计相符，且无锈斑。

5.5.1.2-2G 全玻幕墙外观质量要求

全玻幕墙的外观质量应符合《建筑幕墙》（GB/T 21086—2007）标准 11.6 和 JGJ/T 139 的规定。

5.5.1.2-2H 双层幕墙外观质量要求

（1）双层幕墙组件和构件中，材料装饰表面处理应符合《建筑幕墙》（GB/T 21086—2007）标准第 6、7、8、9、11 章的要求。

（2）双层幕墙外观质量应符合《建筑幕墙》（GB/T 21086—2007）标准第 6、7、8、9、10、11、12 章的相关要求。

注：双层幕墙的构造要求

1. 幕墙热通道尺寸应能够形成有效的空气流动，进出风口分开设置。

2. 宜在幕墙热通道内设置遮阳系统。

3. 外通风双层幕墙进风口和出风口宜设置防虫网和空气过滤装置，宜设置电动或手动的调控装置控制幕墙热通道的通风量，能有效开启和关闭。

4. 外通风双层幕墙内层幕墙或门窗宜采用中空玻璃。内通风双层幕墙外层幕墙宜采用中空玻璃。

5. 外层幕墙悬挑较多时与主体结构的连接部件应进行承载力和刚度校核，幕墙结构体系应能承受附加检修荷载。

6. 双层幕墙的内侧及热通道内的构配件应易于清洁和维护。

7. 内通风双层幕墙应与建筑暖通系统结合设计。

5.6 建 筑 基 桩 检 测

5.6.1 桩身完整性检测报告

工程桩均应进行承载力和桩身完整性抽样检测。桩基施工成果主要是对承载力和桩身完整性进行汇总整理，以保证桩基施工成果符合设计和规范要求。

1. 资料表式

桩身完整性检测报告按当地建设行政主管部门或其委托单位批准的具有相应资质的试验室提供的桩身完整性检测报告表式执行。

2. 应用说明

桩身完整性检测可采用：钻芯法、低应变法、高应变法、声波透射法。

5.6.1.1 基桩钻芯法试验检测报告

1. 资料表式

基桩钻芯法试验检测报告按当地建设行政主管部门核定的表格形式，经有权部门批准施工单位或试验室提供的基桩钻芯法试验检测报告执行。

2. 应用说明

(1) 钻芯法适用于检测混凝土灌注桩的桩长、桩身混凝土强度、桩底沉渣厚度和桩身完整性，判定或鉴别桩端持力层岩土性状。

(2) 现场操作

1) 每根受检桩的钻芯孔数和钻孔位置宜符合下列规定：

①桩径小于 1.2m 的桩钻 1 孔，桩径为 1.2~1.6m 的桩钻 2 孔，桩径大于 1.6m 的桩钻 3 孔。

②当钻芯孔为一个时，宜在距桩中心 10~15cm 的位置开孔；当钻芯孔为两个或两个以上时，开孔位置宜在距桩中心 $(0.15\sim0.25)D$ 内均匀对称布置。

③对桩端持力层的钻探，每根受检桩不应少于一孔，且钻探深度应满足设计要求。

2) 钻机设备安装必须周正、稳固、底座水平。钻机立轴中心、天轮中心（天车前沿切点）与孔口中心必须在同一铅垂线上。应确保钻机在钻芯过程中不发生倾斜、移位，钻芯孔垂直度偏差不大于 0.5%。

3) 当桩顶面与钻机底座的距离较大时，应安装孔口管，孔口管应垂直且牢固。

4) 钻进过程中，钻孔内循环水流不得中断，应根据回水含砂量及颜色调整钻进速度。

5) 提钻卸取芯样时，应拧卸钻头和扩孔器，严禁敲打卸芯。

6) 每回次进尺宜控制在 1.5m 内；钻至桩底时，宜采取适宜的钻芯方法和工艺钻取沉渣并测定沉渣厚度，并采用适宜的方法对桩端持力层岩土性状进行鉴别。

7) 钻取的芯样应由上而下按回次顺序放进芯样箱中，芯样侧面上应清晰标明回次数、块号、本回次总块数，并应按表 5.6.1.1-1 的格式及时记录钻进情况和钻进异常情况，对芯样质量进行初步描述。

钻芯法检测现场操作记录表 表 5.6.1.1-1

桩 号			孔号			工程名称		
时 间		钻进（m）			芯样编号	芯样长度（m）	残留芯样	芯样初步描述及异常情况记录
自	至	自	至	计				
检测日期			机长：			记录：		页次：

8）钻芯过程中，应按表 5.6.1.1-2 的格式对芯样混凝土、桩底沉渣以及桩端持力层详细编录。

钻芯法检测芯样编录表 表 5.6.1.1-2

工程名称				日期			
桩号/钻芯孔号			桩径		混凝土设计强度等级		
项 目	分段（层）深度（m）	芯 样 描 述				取样编号取样深度	备注
桩身混凝土		混凝土钻进深度，芯样连续性、完整性、胶结情况、表面光滑情况、断口吻合程度、混凝土芯是否为柱状、骨料大小分布情况，以及气孔、空洞、蜂窝麻面、沟槽、破碎、夹泥、松散的情况					
桩底沉渣		桩端混凝土与持力层接触情况、沉渣厚度					
持力层		持力层钻进深度、岩土名称、芯样颜色、结构构造、裂隙发育程度、坚硬及风化程度 分层岩层应分层描述				（强风化或土层时的动力触探或标贯结果）	
检测单位：			记录员：			检测人员：	

9）钻芯结束后，应对芯样和标有工程名称、桩号、钻芯孔号、芯样试件采取位置、桩长、孔深、检测单位名称的标示牌的全貌进行拍照。

10）当单桩质量评价满足设计要求时，应采用 0.5～1.0MPa 压力，从钻芯孔孔底往上用水泥浆回灌封闭；否则，应封存钻芯孔，留待处理。

（3）芯样试件截取与加工

1）截取混凝土抗压芯样试件应符合下列规定：

①当桩长为 10～30m 时，每孔截取 3 组芯样；当桩长小于 10m 时，可取 2 组；当桩

长大于 30m 时，不少于 4 组。

②上部芯样位置距桩顶设计标高不宜大于 1 倍桩径或 1m，下部芯样位置距桩底不宜大于 1 倍桩径或 1m，中间芯样宜等间距截取。

③缺陷位置能取样时，应截取一组芯样进行混凝土抗压试验。

④当同一基桩的钻芯孔数大于一个，其中一孔在某深度存在缺陷时，应在其他孔的该深度处截取芯样进行混凝土抗压试验。

2）每组芯样应制作三个芯样抗压试件。芯样试件应按《建筑基桩检测技术规范》(JGJ 106—2014) 规定进行加工和测量。

（4）芯样试件抗压强度试验

1）芯样试件制作完毕可立即进行抗压强度试验。

2）混凝土芯样试件的抗压强度试验应按现行国家标准《普通混凝土力学性能试验方法标准》GB/T 50081—2002 的有关规定执行。

3）抗压强度试验后，当发现芯样试件平均值小于 2 倍试件内混凝土粗骨料最大粒径且强度值异常时，该试件的强度值不得参与统计平均。

4）混凝土芯样试件抗压强度应按下列公式计算：

$$f_{cu} = \xi \cdot \frac{4P}{\pi d^2}$$

式中　f_{cu}——混凝土芯样试件抗压强度（MPa），精确至 0.1MPa；

　　　P——芯样试件抗压试验测得的破坏荷载（N）；

　　　d——芯样试件的平均直径（mm）；

　　　ξ——混凝土芯样试件抗压强度折算系数，应考虑芯样尺寸效应、钻芯机械对芯样扰动和混凝土成型条件的影响，通过试验统计确定；当无试验统计资料时，宜取为 1.0。

5）桩底岩芯单轴抗压强度试验可按现行国家标准《建筑地基基础设计规范》GB 50007—2011 执行。

（5）检测数据的分析与判定

1）混凝土芯样试件抗压强度代表值应按一组三块试件强度值的平均值确定。同一受检桩同一深度部位有两组或两组以上混凝土芯样试件抗压强度代表值时，取其平均值为该桩该深度处混凝土芯样试件抗压强度代表值。

2）受检桩中不同深度位置的混凝土芯样试件抗压强度代表值中的最小值为该桩混凝土芯样试件抗压强度代表值。

3）桩端持力层性状应根据芯样特征、岩石芯样单轴抗压强度试验、动力触探或标准贯入试验结果，综合判定桩端持力层岩土性状。

4）桩身完整性类别应结合钻芯孔数、现场混凝土芯样特征、芯样单轴抗压强度试验结果，按表 5.6.1.1-3 的规定和表 5.6.1.1-4 的特征进行综合判定。

5）成桩质量评价应按单桩进行。当出现下列情况之一时，应判定该受检桩不满足设计要求：

①桩身完整性类别为Ⅳ类的桩。

②受检桩混凝土芯样试件抗压强度代表值小于混凝土设计强度等级的桩。

③桩长、桩底沉渣厚度不满足设计或规范要求的桩。

④桩端持力层岩土性状（强度）或厚度未达到设计或规范要求的桩。

6）钻芯孔偏出桩外时，仅对钻取芯样部分进行评价。

7）检测报告内容包括：

①委托方名称，工程名称、地点，建设、勘察、设计、监理和施工单位，基础、结构形式，层数，设计要求，检测目的，检测依据，检测数量，检测日期；

②地质条件描述；

③受检桩的桩号、桩位和相关施工记录；

④检测方法，检测仪器设备，检测过程叙述；

桩身完整性分类表 表 5.6.1.1-3

桩身完整性分类	分 类 原 则
Ⅰ	桩身完整
Ⅱ	桩身有轻微缺陷，不会影响桩身结构承载力的正常发挥
Ⅲ	桩身有明显缺陷，对桩身结构承载力有影响
Ⅳ	桩身存在严重缺陷

桩身完整性判定 表 5.6.1.1-4

类 别	特 征
Ⅰ	混凝土芯样连续、完整、表面光滑、胶结好、骨料分布均匀、呈长柱状、断口吻合，芯样侧面仅见少量气孔
Ⅱ	混凝土芯样连续、完整、胶结较好、骨料分布基本均匀、呈柱状、断口基本吻合，芯样侧面局部见蜂窝、麻面、沟槽
Ⅲ	大部分混凝土芯样胶结较好，无松散、夹泥或分层现象，但有下列情况之一： 芯样局部破碎且破碎长度不大于10cm； 芯样骨料分布不均匀； 芯样多呈短柱状或块状； 芯样侧面蜂窝、麻面、沟槽连续
Ⅳ	钻进很困难； 芯样任一段松散、夹泥或分层； 芯样局部破碎且破碎长度大于10cm

⑤受检桩的检测数据，实测与计算分析曲线、表格和汇总结果；

⑥与检测内容相应的检测结论；

⑦钻芯设备情况；

⑧检测桩数、钻孔数量，架空、混凝土芯进尺、岩芯进尺、总进尺，混凝土试件组数、岩石试件组数、动力触探或标准贯入试验结果；

⑨按表 5.6.1.1-5 表式编制每孔的桩状图；

钻芯法检测芯样综合柱状图 表 5.6.1.1-5

桩号/孔号				混凝土设计强度等级		桩顶标高		开孔时间	
施工桩长				设计桩径		钻孔深度		终孔时间	
层序号	层底标高（m）	层底厚度（m）	分层厚度（m）	混凝土/岩土芯柱状图（比例尺）	桩身混凝土、持力层描述	序号	芯样强度深度（m）	备注	
				□ □ □					
编制：					校核：				

注：□代表芯样试件取样位置。

⑩芯样单轴抗压强度试验结果；

⑪芯样彩色照片；

⑫异常情况说明。

5.6.1.2 基桩低应变法检测报告

1. 资料表式

基桩低应变法检测报告按当地建设行政主管部门核定的表格形式，经有权部门批准施工单位或试验室提供的基桩低应变法检测报告表式执行。

2. 应用说明

(1) 基桩低应变法检测方法适用于检测混凝土桩的桩身完整性，判定桩身缺陷的程度及位置。

(2) 基桩低应变法检测方法的有效检测桩长范围应通过现场试验确定。

(3) 现场检测

1) 受检桩应符合下列规定：

①桩身强度应符合《建筑基桩检测技术规范》（JGJ 106—2014）的规定。

②桩头的材质、强度、截面尺寸应与桩身基本等同。

③桩顶面应平整、密实，并与桩轴线基本垂直。

2) 测试参数设定应符合下列规定：

①时域信号记录的时间段长度应在 $2L/c$ 时刻后延续不少于 5ms；幅频信号分析的频率范围上限不应小于 2000Hz。

②设定桩长应为桩顶测点至桩底的施工桩长，设定桩身截面积应为施工截面积。

③桩身波速可根据本地区同类型的测试值初步设定。

④采样时间间隔或采样频率应根据桩长、桩身波速和频域分辨率合理选择；时域信号采样点数不宜少于 1024 点。

⑤传感器的设定值应按计量检定结果设定。

3）测量传感器安装和激振操作应符合下列规定：

①传感器安装应与桩顶面垂直；用耦合剂粘结时，应具有足够的粘结强度。

②实心桩的激振点位置应选择在桩中心，测量传感器安装位置宜为距桩中心 2/3 半径处；空心桩的激振点与测量传感器安装位置宜在同一水平面上，且与桩中心连线形成的夹角宜为 90°，激振点和测量传感器安装位置宜为桩壁厚的 1/2 处。

③激振点与测量传感器安装位置应避开钢筋笼的主筋影响。

④激振方向应沿桩轴线方向。

⑤瞬态激振应通过现场敲击试验，选择合适重量的激振力锤和锤垫，宜用宽脉冲获取桩底或桩身下部缺陷反射信号，宜用窄脉冲获取桩身上部缺陷反射信号。

⑥稳态激振应在同一个设定频率下获得稳定响应信号，并应根据桩径、桩长及桩周土约束情况调整激振力大小。

4）信号采集和筛选应符合下列规定：

①根据桩径大小，桩心对称布置 2～4 个检测点；每个检测点记录的有效信号数不宜少于 3 个。

②检查判断实测信号是否反映桩身完整性特征。

③不同检测点及多次实测时域信号一致性较差，应分析原因，增加检测点数量。

④信号不应失真和产生零漂，信号幅值不应超过测量系统的量程。

（4）检测数据的分析与判定

1）桩身波速平均值的确定应符合下列规定：

①当桩长已知、桩底反射信号明确时，在地质条件、设计桩型、成桩工艺相同的基桩中，选取不少于 5 根 I 类桩的桩身波速值按下式计算其平均值：

$$c_{\mathrm{m}} = \frac{1}{n} \sum_{i=1}^{n} c_i$$

$$c_i = \frac{2000L}{\Delta T}$$

$$c_i = 2L \cdot \Delta f$$

式中　c_{m}——桩身波速的平均值（m/s）；

　　　c_i——第 i 根受检桩的桩身波速值（m/s），且 $|c_i - c_{\mathrm{m}}| / c_{\mathrm{m}} \leqslant 5\%$；

　　　L——测点下桩长（m）；

　　　ΔT——速度波第一峰与桩底反射波峰间的时间差（ms）；

　　　Δf——幅频曲线上桩底相邻谐振峰间的频差（Hz）；

　　　n——参加波速平均值计算的基桩数量（$n \geqslant 5$）。

②当无法按上款确定时，波速平均值可根据本地区相同桩型及成桩工艺的其他桩基工程的实测值，结合桩身混凝土的骨料品种和强度等级综合确定。

2）桩身缺陷位置应按下列公式计算：

$$x = \frac{1}{2000} \cdot \Delta t_x \cdot c$$

$$x = \frac{1}{2} \cdot \frac{c}{\Delta f'}$$

式中 x——桩身缺陷至传感器安装点的距离（m）；

      Δt_x——速度波第一峰与缺陷反射波峰间的时间差（ms）；

      c——受检桩的桩身波速（m/s），无法确定时间 c_m 值替代；

      $\Delta f'$——幅频信号曲线上缺陷相邻谐振峰间的频差（Hz）。

  3）桩身完整性类别应结合缺陷出现的深度、测试信号衰减特性以及设计桩型、成桩工艺、地质条件、施工情况，按表 5.6.1.2-1 的规定和表 5.6.1.2-2 所列实测时域或幅频信号特征进行综合分析判定。

  注：桩身完整性检测结果评价，应给出每根受检桩的桩身完整性类别。桩身完整性分类应符合表 5.6.1.2-1 的规定。

桩身完整性分类表   表 5.6.1.2-1

桩身完整性分类	分 类 原 则
I	桩身完整
II	桩身有轻微缺陷，不会影响桩身结构承载力的正常发挥
III	桩身有明显缺陷，对桩身结构承载力有影响
IV	桩身存在严重缺陷

桩身完整性判定表   表 5.6.1.2-2

类别	时域信号特征	幅频信号特征
I	$2L/c$ 时刻前无缺陷反射波，有桩底反射波	桩底谐振峰排列基本等间距，其相邻频差 $\Delta f = c/2L$
II	$2L/c$ 时刻前出现轻微缺陷反射波，有桩底反射波	桩底谐振峰排列基本等间距，其相邻频差 $\Delta f = c/2L$，轻微缺陷产生的谐振峰与桩底谐振峰之间的频差 $\Delta f' > c/2L$
III	有明显缺陷反射波，其他特征介于 II 类和 IV 类之间	
IV	$2L/c$ 时刻前出现严重缺陷反射波或周期性反射波，无桩底反射波； 或因桩身浅部严重缺陷使波形呈现低频大振幅衰减振动，无桩底反射波	缺陷谐振峰排列基本等间距，相邻频差 $\Delta f' > c/2L$，无桩底谐振峰； 或因桩身浅部严重缺陷只出现单一谐振峰，无桩底谐振峰

  注：对同一场地、地质条件相近、桩型和成桩工艺相同的基桩，因桩端部分桩身阻抗与持力层阻抗相匹配导致实测信号无桩底反射波时，可按本场地同条件下有桩底反射波的其他桩实测信号判定桩身完整性类别。

  4）对于混凝土灌注桩，采用时域信号分析时应区分桩身截面渐变后恢复到原桩径并在该阻抗突变处的一次反射，或扩径突变处的二次反射，结合成桩工艺和地质条件综合分析判定受检桩的完整性类别。必要时，可采用实测曲线拟合法辅助判定桩身完整性或借助实测导纳值、动刚度的相对高低辅助判定桩身完整性。

5）对于嵌岩桩，桩底时域反射信号为单一反射波且与锤击脉冲信号同向时，应采取其他方法核验桩端嵌岩情况。

6）出现下列情况之一，桩身完整性判定宜结合其他检测方法进行：

①实测信号复杂，无规律，无法对其进行准确评价。

②桩身截面渐变或多变，且变化幅度较大的混凝土灌注桩。

7）低应变检测报告应给出桩身完整性检测的实测信号曲线。

8）检测报告除应包括《建筑基桩检测技术规范》（JGJ 106—2014）内容外，还应包括下列内容：

①桩身波速取值；

②桩身完整性描述、缺陷的位置及桩身完整性类别；

③时域信号时段所对应的桩身长度标尺、指数或线性放大的范围及倍数；或幅频信号曲线分析的频率范围、桩底可桩身缺陷对应的相邻谐振峰间的频差。

5.6.1.3 基桩高应变法检测报告

1. 资料表式

基桩高应变法检测报告按当地建设行政主管部门核定的表格形式，经有权部门批准施工单位或试验室提供的基桩高应变法检测报告表式执行。

2. 应用说明

（1）基桩高应变法检测方法适用于检测基桩的竖向抗压承载力和桩身完整性；监测预制桩打入时的桩身应力和锤击能量传递比，为沉桩工艺参数及桩长选择提供依据。

（2）现场检测

1）检测前的准备工作应符合下列规定：

①预制桩承载力的时间效应应通过复打确定。

②桩顶面应平整，桩顶高度应满足锤击装置的要求，桩锤重心应与桩顶对中，锤击装置架立应垂直。

③对不能承受锤击的桩头应加固处理，混凝土桩的桩头处理按《建筑基桩检测技术规范》（JGJ 106—2014）执行。

④传感器的安装应符合《建筑基桩检测技术规范》（JGJ 106—2014）的规定。

⑤桩头顶部应设置桩垫，桩垫可采用 10～30mm 厚的木板或胶合板等材料。

2）参数设定和计算应符合下列规定：

①采样时间间隔宜为 $50～200\mu s$，信号采样点数不宜少于 1024 点。

②传感器的设定值应按计量检定结果设定。

③自由落锤安装加速度传感器测力时，力的设定值由加速度传感器设定值与重锤质量的乘积确定。

④测点处的桩截面尺寸应按实际测量确定，波速、质量密度和弹性模量应按实际情况设定。

⑤测点以下桩长和截面积可采用设计文件或施工记录提供的数据作为设定值。

⑥桩身材料质量密度应按表 5.6.1.3-1 取值。

桩身材料质量密度（t/m³）   表 5.6.1.3-1

钢　　桩	混凝土预制桩	离心管桩	混凝土灌注桩
7.85	2.45～2.50	2.55～2.60	2.40

⑦桩身波速可结合本地经验或按同场地同类型已检桩的平均波速初步设定，现场检测完成后应按本条的（3）检测数据的分析与判定中的 3）桩身波速的合理取值范围以及邻近桩的桩身波速值综合确定。

⑧桩身材料弹性模量应按下式计算：

$$E = \rho \cdot c^2$$

式中　E——桩身材料弹性模量（kPa）；

　　　c——桩身应力波传播速度（m/s）；

　　　ρ——桩身材料质量密度（t/m³）。

3）现场检测应符合下列要求：

①交流供电的测试系统应良好接地；检测时测试系统应处于正常状态。

②采用自由落锤为锤击设备时，应重锤低击，最大锤击落距不宜大于 2.5m。

③试验目的为确定预制桩打桩过程中的桩身应力、沉桩设备匹配能力和选择桩长时，应按《建筑基桩检测技术规范》（JGJ 106—2014）规范执行。

④检测时应及时检查采集数据的质量；每根受检桩记录的有效锤击信号应根据桩顶最大动位移、贯入度以及桩身最大拉、压应力和缺陷程度及其发展情况综合确定。

⑤发现测试波形紊乱，应分析原因；桩身有明显缺陷或缺陷程度加剧，应停止检测。

4）承载力检测时宜实测桩的贯入度，单击贯入度宜在 2～6mm 之间。

（3）检测数据的分析与判定

1）检测承载力时选取锤击信号，宜取锤击能量较大的击次。

2）当出现下列情况之一时，高应变锤击信号不得作为载力分析计算的依据：

①传感器安装处混凝土开裂或出现严重塑性变形使力曲线最终未归零；

②严重锤击偏心，两侧力信号幅值相差超过 1 倍；

③触变效应的影响，预制桩在多次锤击下承载力下降；

④四通道测试数据不全。

3）桩身波速可根据下行波波形起升沿的起点到上行波下降沿的起点之间的时差与已知桩长值确定（图 5.6.1.3-1）；桩底反射信号不明显时，可根据桩长、混凝土波速的合理取值范围以及邻近桩的桩身波速值综合确定。

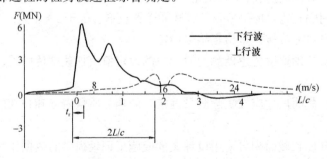

图 5.6.1.3-1　桩身波速的确定

4）当测点处原设定波速随调整后的桩身波速改变时，桩身材料弹性模量和锤击力信号幅值的调整应符合下列规定：

①桩身材料弹性模量应按《建筑基桩检测技术规范》（JGJ 106—2014）规范公式重新计算［即本条的 2）参数设定和计算中的⑧桩身材料弹性模量的计算式］。

②当采用应变式传感器测力时，应同时对原实测力值校正。

5）高应变实测的力和速度信号第一峰起始比例失调时，不得进行比例调整。

6）承载力分析计算前，应结合地质条件、设计参数，对实测波形特征进行定性检查：

①实测曲线特征反映出的桩承载性状。

②观察桩身缺陷程度和位置，连续锤击时缺陷的扩大或逐步闭合情况。

7）以下四种情况应采用静载法进一步验证：

①桩身存在缺陷，无法判定桩的竖向承载力。

②桩身缺陷对水平承载力有影响。

③单击贯入度大，桩底同向反射强烈且反射峰较宽，侧阻力波、端阻力波反射弱，即波形表现出竖向承载性状明显与勘察报告中的地质条件不符合。

④嵌岩桩桩底同向反射强烈，且在时间 $2L/c$ 后无明显端阻力反射；也可采用钻芯法核验。

8）采用凯司法判定桩承载力，应符合下列规定：

①只限于中、小直径桩。

②桩身材质、截面应基本均匀。

③阻尼系数 J_c 宜根据同条件下静载试验结果校核，或应在已取得相近条件下可靠对比资料后，采用实测曲线拟合法确定 J_c 值，拟合计算的桩数不应少于检测总桩数的 30%，且不应少于 3 根。

④在同一场地、地质条件相近和桩型及其截面积相同情况下，J_c 的极差不宜大于平均值的 30%。

9）凯司法判定单桩承载力可按下列公式计算：

$$R_c = \frac{1}{2}(1-J_c) \cdot \left[F(t_1) + Z \cdot V(t_1) \right] + \frac{1}{2}(1+J_c) \cdot \left[F\left(t_1 + \frac{2L}{c}\right) - Z \cdot V\left(t_1 + \frac{2L}{c}\right) \right]$$

$$Z = \frac{E \cdot A}{c}$$

式中　R_c——由凯司法判定的单桩竖向抗压承载力（kN）；

　　　J_c——凯司法阻尼系数；

　　　t_1——速度第一峰对应的时刻（ms）；

　$F(t_1)$——t_1 时刻的锤击力（kN）；

　$V(t_1)$——t_1 时刻的质点运动速度（m/s）；

　　　Z——桩身截面力学阻抗（kN·s/m）；

　　　A——桩身截面面积（m²）；

　　　L——测点下桩长（m）。

　　注：公式（指由凯司法判定单桩竖向抗压承载力）适用于 $t_1 + 2L/c$ 时刻桩侧和桩端土阻力均已充分发挥的摩擦型桩。

对于土阻力滞后于 $t_1 + 2L/c$ 时刻明显发挥或先于 $t_1 + 2L/c$ 时刻发挥并造成桩中上部强烈反弹这两种情况，宜分别采用以下两种方法对 R_c 值进行提高修正：

①适当将 t_1 延时，确定 R_c 的最大值。

②考虑卸载回弹部分土阻力对 R_c 值进行修正。

10）采用实测曲线拟合法判定桩承载力，应符合下列规定：

①所采用的力学模型应明确合理，桩和土的力学模型应能分别反映桩和土的实际力学性状，模型参数的取值范围应能限定。

②拟合分析选用的参数应在岩土工程的合理范围内。

③曲线拟合时间段长度在 $t_1 + 2L/c$ 时刻后延续时间不应小于 20ms，对于柴油锤打桩信号，在 $t_1 + 2L/c$ 时刻后延续时间不应小于 30ms。

④各单元所选用的土的最大弹性位移值不应超过相应桩单元的最大计算位移值。

⑤拟合完成时，土阻力响应区段的计算曲线与实测曲线应吻合，其他区段的曲线应基本吻合。

⑥贯入度的计算值应与实测值接近。

11）本方法对单桩承载力的统计和单桩竖向抗压承载力特征值的确定应符合下列规定：

①参加统计的试桩结果，当满足其极差不超过平均值的 30% 时，取其平均值为单桩承载力统计值。

②当极差超过 30% 时，应分析极差过大的原因，结合工程具体情况综合确定。必要时可增加试桩数量。

③单位工程同一条件下的单桩竖向抗压承载力特征值 R_a 应按本方法得到的单桩承载力统计值的一半取值。

12）桩身完整性判定可采用以下方法进行：

①采用实测曲线拟合法判定时，拟合所选用的桩土参数应符合《建筑基桩检测技术规范》（JGJ 106—2014）的规定；根据桩的成桩工艺，拟合时可采用桩身阻抗拟合或桩身裂隙（包括混凝土预制桩的接桩缝隙）拟合。

注：采用实测曲线拟合法判定桩承载力，应符合下列规定：

1. 所采用的力学模型应明确合理，桩和土的力学模型应能分别反映桩和土的实际力学性状，模型参数的取值范围应能限定。

2. 拟合分析选用的参数应在岩土工程的合理范围内。

②对于等截面桩，可按表 5.6.1.3-1 并结合经验判定；桩身完整性系数 β 和桩身缺陷位置 x 应分别按下列公式计算：

$$\beta = \frac{[F(t_1) + Z \cdot V(t_1)] - 2R_x + [F(t_x) - Z \cdot V(t_x)]}{[F(t_1) + Z \cdot V(t_1)] - [F(t_x) - Z \cdot V(t_x)]}$$

$$x = c \cdot \frac{t_x - t_1}{2000}$$

式中　β——桩身完整性系数；

t_x——缺陷反射峰对应的时刻（ms）；

x——桩身缺陷至传感器安装点的距离（m）；

R_x——缺陷以上部位土阻力的估计值，等于缺陷反射波起始点的力与速度乘以桩身截面力学阻抗之差值，取值方法见图 5.6.1.3-2。

| 桩身完整性判定 | | | 表 5.6.1.3-2 |

类别	β 值	类别	β 值
I	$\beta=1.0$	III	$0.6\leqslant\beta<0.8$
II	$0.8\leqslant\beta<1.0$	IV	$\beta<0.6$

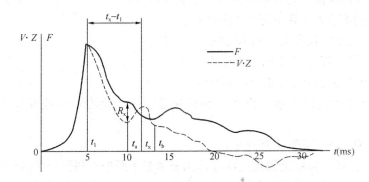

图 5.6.1.3-2 桩身完整性系数计算

13）出现下列情况之一时，桩身完整性判定宜按工程地质条件和施工工艺，结合实测曲线拟合法或其他检测方法综合进行：

①桩身有扩径的桩。

②桩身截面渐变或多变的混凝土灌注桩。

③力和速度曲线在峰值附近比例失调，桩身浅部有缺陷的桩。

④锤击力波上升缓慢，力与速度曲线比例失调的桩。

14）桩身最大锤击拉、压应力和桩锤实际传递给桩的能量应分别按本规范附录 G 相应公式计算。

15）高应变检测报告应给出实测的力与速度信号曲线。

16）检测报告内容包括：

①委托方名称，工程名称、地点，建设、勘察、设计、监理和施工单位，设计要求，检测目的，检测依据，检测数量，检测日期；

②受检桩的桩号、桩位和相关施工记录；

③检测方法，检测仪器设备，检测过程叙述；

④与检测内容相应的检测结论；

⑤计算中实际采用的桩身波速值和 J_c 值；

⑥实测曲线拟合法所选用的各单元桩土模型参数、拟合曲线、土阻力沿桩身分布图；

⑦实测贯入度；

⑧试打桩和打桩监控所采用的桩锤型号、锤垫类型，以及监测得到的锤击数、桩侧和桩端静阻力、桩身锤击拉应力和压应力、桩身完整性以及能量传递比随入土深度的变化。

5.6.1.4 基桩声波法检测报告

1. 资料表式

基桩声波法检测报告按当地建设行政主管部门核定的表格形式，经有权部门批准施工单位或试验室提供的基桩声波法检测报告表式执行。

2. 应用说明

（1）基桩声波透射法检测方法适用于已预埋声测管的混凝土灌注桩桩身完整性检测，判定桩身缺陷的程度并确定其位置。

（2）现场检测

1）声测管埋设应按《建筑基桩检测技术规范》（JGJ 106—2014）的规定执行。

2）现场检测前准备工作应符合下列规定：

①采用标定法确定仪器系统延迟时间。

②计算声测管及耦合水层声时修正值。

③在桩顶测量相应声测管外壁间净距离。

④将各声测管内注满清水，检查声测管畅通情况；换能器应能在全程范围内升降顺畅。

3）现场检测步骤应符合下列规定：

①将发射与接收声波换能器通过深度标志分别置于两根声测管中的测点处。

②发射与接收声波换能器以相同标高（图 5.6.1.4a）或保持固定高差（图 5.6.1.4b）同步升降，测点间距不宜大于 250mm。

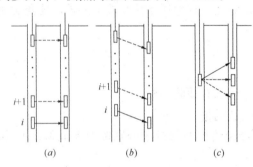

③实时显示和记录接收信号的时程曲线，读取声时、首波峰值和周期值，宜同时显示频谱曲线及主频值。

④将多根声测管以两根为一个检测剖面进行全组合，分别对所有检测剖面完成检测。

⑤在桩身质量可疑的测点周围，应采用加密测点，或采用斜测（图 5.6.1.4b）、扇形扫测（图 5.6.1.4c）进行复测，进一步确定桩身缺陷的位置和范围。

图 5.6.1.4　平测、斜测和扇形扫测示意图
（a）平测；（b）斜测；（c）扇形扫测

⑥在同一根桩的各检测剖面的检测过程中，声波发射电压和仪器设置参数应保持不变。

（3）检测数据的分析与判定

1）各测点的声时 t_c、声速 v、波幅 A_p 及主频 f 应根据现场检测数据，按下列各式计算，并绘制声速-深度（$v-z$）曲线和波幅-深度（A_p-z）曲线，需要时可绘制辅助的主频-深度（$f-z$）

$$t_{ci} = t_i - t_0 - t'$$

$$v_i = \frac{l'}{t_{ci}}$$

$$A_{pi} = 20\lg \frac{a_i}{a_0}$$

$$f_i = \frac{1000}{T_i}$$

式中 t_{ci}——第 i 测点声时（μs）；

t_i——第 i 测点声时测量值（μs）；

t_0——仪器系统延迟时间（μs）；

t'——声测管及耦合水层声时修正值（μs）；

l'——每检测剖面相应两声测管的外壁间净距离（mm）；

υ_i——第 i 测点声速（km/s）；

A_{pi}——第 i 测点波幅值（dB）；

a_i——第 i 测点信号首波峰值（V）；

a_0——零分贝信号幅值（V）；

f_i——第 i 测点信号主频值（kHz），也可由信号频谱的主频求得；

T_i——第 i 测点信号周期（μs）。

2）声速临界值应按下列步骤计算：

①将同一检测剖面各测点的声速值 υ_i 由大到小依次排序，即

$$\upsilon_1 \geqslant \upsilon_2 \geqslant \cdots \geqslant \upsilon_i \geqslant \upsilon_{n-k} \geqslant \upsilon_{n-1} \geqslant \upsilon_n \quad (k=0,1,2,\cdots)$$

式中 υ_i——按序排列后的第 i 个声速测量值；

n——检测剖面测点数；

k——从零开始逐一去掉〔$\upsilon_1 \geqslant \upsilon_2 \geqslant \cdots \geqslant \upsilon_i \geqslant \upsilon_{n-k} \geqslant \upsilon_{n-1} \geqslant \upsilon_n$ （$k=0,1,2,\cdots$）〕υ_i 序列尾部最小数值的数据个数。

②对从零开始逐一去掉 υ_i 序列中最小数值后余下的数据进行统计计算。当去掉最小数值的数据个数为 k 时，对包括 υ_{n-k} 在内的余下数据 $\upsilon_1 \sim \upsilon_{n-k}$ 按下列公式进行统计计算：

$$\upsilon_0 = \upsilon_m - \lambda \cdot s_x$$

$$\upsilon_m = \frac{1}{n-k} \sum_{i=1}^{n-k} \upsilon_i$$

$$s_x = \sqrt{\frac{1}{n-k-1} \sum_{i=1}^{n-k} (\upsilon_i - \upsilon_m)^2}$$

式中 υ_0——异常判断值；

υ_m——$(n-k)$ 个数据的平均值；

s_x——$(n-k)$ 个数据的标准差；

λ——由表 5.6.1.4-1 查得的与 $(n-k)$ 相对应的系数。

统计数据个数 $(n-k)$ 与对应的 λ 值　　　　表 5.6.1.4-1

$n-k$	20	22	24	26	28	30	32	34	36	38
λ	1.64	1.69	1.73	1.77	1.80	1.83	1.86	1.89	1.91	1.94
$n-k$	40	42	44	46	48	50	52	54	56	58
λ	1.96	1.98	2.00	2.02	2.04	2.05	2.07	2.09	2.10	2.11
$n-k$	60	62	64	66	68	70	72	74	76	78
λ	2.13	2.14	2.15	2.17	2.18	2.19	2.20	2.21	2.22	2.23
$n-k$	80	82	84	86	88	90	92	94	96	98
λ	2.24	2.25	2.26	2.27	2.28	2.29	2.29	2.30	2.31	2.32

$n-k$	100	105	110	115	120	125	130	135	140	145
λ	2.33	2.34	2.36	2.38	2.39	2.41	2.42	2.43	2.45	2.46
$n-k$	150	160	170	180	190	200	220	240	260	280
λ	2.47	2.50	2.52	2.54	2.56	2.58	2.61	2.64	2.67	2.69

③将υ_{n-k}与异常判断值υ_0进行比较，当$\upsilon_{n-k} \leqslant \upsilon_0$时，$\upsilon_{n-k}$及其以后的数据均为异常，去掉$\upsilon_{n-k}$及其以后的异常数据；再用数据$\upsilon_1 \sim \upsilon_{n-k-1}$并重复式（②对从零开始逐一去掉$\upsilon_i$……中的三个公式）的计算步骤，直到$\upsilon_i$序列中余下的全部数据满足：

$$\upsilon_i > \upsilon_0$$

此时，υ_0为声速的异常判断临界值υ_c。

④声速异常时的监界值判据为：

$$\upsilon_i \leqslant \upsilon_c$$

当式（$\upsilon_i \leqslant \upsilon_c$）成立时，声速可判定为异常。

3）当检测剖面n个测点的声速值普遍偏低且离散性很小时，宜采用声速低限值判据：

$$\upsilon_i < \upsilon_L$$

式中 υ_i——第i测点声速（km/s）；

υ_L——声速低限值（km/s），由预留同条件混凝土试件的抗压强度与声速对比试验结果，结合本地区实际经验确定。

当式（$\upsilon_i < \upsilon_L$）成立时，可直接判定为声速低于低限值异常。

4）波幅异常时的临界值判据应按下列公式计算：

$$A_m = \frac{1}{n} \sum_{i=1}^{n} A_{pi}$$

$$A_{pi} < A_m - 6$$

式中 A_m——波幅平均值（dB）；

n——检测剖面测点数。

当式（$A_{pi} < A_m - 6$）成立时，波幅可判定为异常。

5）当采用斜率法的PSD值作为辅助异常点判据时，PSD值应按下列公式计算：

$$PSD = K \cdot \Delta t$$

$$K = \frac{t_{ci} - t_{ci-1}}{z_i - z_{i-1}}$$

$$\Delta t = t_{ci} - t_{ci-1}$$

式中 t_{ci}——第i测点声时（μs）；

t_{ci-1}——第$i-1$测点声时（μs）；

z_i——第i测点深度（m）；

z_{i-1}——第$i-1$测点深度（m）。

根据PSD值在某深度处的突变，结合波幅变化情况，进行异常点判定。

6）当采用信号主频值作为辅助异常点判据时，主频-深度曲线上主频值明显降低可判定为异常。

7）桩身完整性类别应结合桩身混凝土各声学参数临界值、PSD 判据、混凝土声速低限值以及桩身质量可疑点加密测试（包括斜测或扇形扫测）后确定的缺陷范围，按表5.6.1.4-3 的规定和表 5.6.1.4-2 的特征进行综合判定。

8）检测报告内容包括：

①委托方名称，工程名称、地点，建设、勘察、设计、监理和施工单位，设计要求，检测目的，检测依据，检测数量，检测日期；

②受检桩的桩号、桩位和相关施工记录；

③检测方法，检测仪器设备，检测过程叙述；

④与检测内容相应的检测结论；

⑤声测管布置图；

⑥受检桩每个检测剖面声速-深度曲线、波幅-深度曲线，并将相应判据临界值所对应的标志线绘制于同一个坐标系；

⑦当采用主频值或 PSD 值进行辅助分析判定时，绘制主频-深度曲线或 PSD 曲线；

⑧缺陷分布图示。

桩身完整性判定　　　　　　　　　　　　　　　　　表 5.6.1.4-2

类　别	特　　　征
Ⅰ	各检测剖面的声学参数均无异常，无声速低于低限值异常
Ⅱ	某一检测剖面个别测点的声学参数出现异常，无声速低于低限值异常
Ⅲ	某一检测剖面连续多个测点的声学参数出现异常； 两个或两个以上检测剖面在同一深度测点声学参数出现异常；局部混凝土声速出现低于低限值异常
Ⅳ	某一检测剖面连续多个测点的声学参数出现明显异常； 两个或两个以上检测剖面在同一深度测点的声学参数出现明显异常； 桩身混凝土声速出现普遍低于低限值异常或无法检测首波或声波接收信号严重畸变

桩身完整性分类表　　　　　　　　　　　　　　　　表 5.6.1.4-3

桩身完整性分类	分　类　原　则
Ⅰ	桩身完整
Ⅱ	桩身有轻微缺陷，不会影响桩身结构承载力的正常发挥
Ⅲ	桩身有明显缺陷，对桩身结构承载力有影响
Ⅳ	桩身存在严重缺陷

附：声测管埋设要点

1　声测管内径宜为 50～60mm。

2　声测管应下端封闭、上端加盖、管内无异物；声测管连接处应光滑过渡，管口应高出桩顶100mm 以上，且各声测管管口高度宜一致。

3　应采取适宜方法固定声测管，使之成桩后相互平行。

4 声测管埋设数量应符合下列要求：

（1）$D \leqslant 800mm$，2根管。

（2）$800mm < D \leqslant 2000mm$，不少于3根管。

（3）$D > 2000mm$，不少于4根管。

式中 D——受检桩设计桩径。

5 声测管应沿桩截面外侧呈对称形状布置，按图5所示的箭头方向顺时针旋转依次编号。

 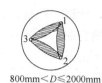

图5 声测管布置图

检测剖面编组分别为：

1-2；

1-2，1-3，2-3；

1-2，1-3，1-4，2-3，2-4，3-4。

5.6.2 桩承载力测试报告

工程桩均应进行承载力和桩身完整性抽样检测。桩基施工成果主要是对承载力和桩身完整性进行汇总整理，以保证桩基施工成果符合设计和规范要求。

1. 资料表式

桩承载力测试报告按当地建设行政主管部门或其委托单位批准的具有相应资质的试验室提供的桩承载力测试报告表式执行。

2. 应用说明

桩承载力测试可采用：单桩竖向抗压静载试验检测、单桩竖向抗拔静载试验、单桩水平静载试验检测。

5.6.2.1 单桩竖向抗压静载试验检测报告

1. 资料表式

单桩竖向抗压静载试验检测报告按当地建设行政主管部门核定的表格形式，经有权部门批准施工单位或试验室提供的单桩竖向抗压静载试验检测报告表式执行。

2. 应用说明

（1）静载试验检测目的

1）静载试验检测适用于检测单桩的竖向抗压承载力。

2）当埋设有测量桩身应力、应变、桩底反力的传感器或位移杆时，可测定桩的分层侧阻力和端阻力或桩身截面的位移量。

3）为设计提供依据的试验桩，应加载至破坏；当桩的承载力以桩身强度控制时，可按设计要求的加载量进行。

（2）对工程桩抽样检测时，加载量不应小于设计要求的单桩承载力特征值的2.0倍。

（3）试桩、锚桩（压重平台支墩边）和基准桩之间的中心距离应符合表5.6.2.1-1

规定。

试桩、锚桩（或压重平台支墩边）和基准桩之间的中心距离　　　表 5.6.2.1-1

距离 反力装置	试桩中心与锚桩中心 （或压力重平台支墩边）	试桩中心与 基准桩中心	基准桩中心与锚桩中心 （或压重平台支墩边）
锚桩横梁	≥4(3)D 且>2.0m	≥4(3)D 且>2.0m	≥4(3)D 且>2.0m
压重平台	≥4D 且>2.0m	≥4(3)D 且>2.0m	≥4D 且>2.0m
地锚装置	≥4D 且>2.0m	≥4(3)D 且>2.0m	≥4D 且>2.0m

注：1　D 为试桩、锚桩或地锚的设计直径或边宽，取其较大者。
　　2　如试桩或锚桩为扩底桩或多支盘桩时，试桩与锚桩的中心距尚不应小于 2 倍扩大端直径。
　　3　括号内数值可用于工程桩验收检测时多排桩设计桩中心距离小于 4D 的情况。
　　4　软土场地堆载重量较大时，宜增加支墩边与基准桩中心和试桩中心之间的距离，并在试验过程中观测基准桩的竖向位移。

（4）现场检测

1）试桩的成桩工艺和质量控制标准应与工程桩一致。

2）桩顶部宜高出试坑底面，试坑底面宜与桩承台底标高一致。混凝土桩头加固可按《建筑基桩检测技术规范》（JGJ 106—2014）执行。

3）对作为锚桩用的灌注桩和有接头的混凝土预制桩，检测前宜对其桩身完整性进行检测。

4）试验加卸载方式应符合下列规定：

①加载应分级进行，采用逐级等量加载；分级荷载宜为最大加载量或预估极限载承力的 1/10，其中第一级可取分级荷载的 2 倍。

②卸载应分级进行，每级卸载量取加载时分级荷载的 2 倍，逐级等量卸载。

③加、卸载时应使荷载传递均匀、连续、无冲击，每级荷载在维持过程中的变化幅度不得超过分级荷载的±10%。

5）慢速维持荷载法试验步骤应符合下列规定：

①每级荷载施加后按第 5min、15min、30min、45min、60min 测读桩顶沉降量，以后每隔 30min 测读一次。

②试桩沉降相对稳定标准：每一小时内的桩顶沉降量不超过 0.1mm，并连续出现两次（从分级荷载施加后第 30min 开始，按 1.5h 连续三次每 30min 的沉降观测值计算）。

③当桩顶沉降速率达到相对稳定标准时，再施加下一级荷载。

④卸载时，每级荷载维持 1h，按第 15min、30min、60min 测读桩顶沉降量后，即可卸下一级荷载。卸载至零后，应测读桩顶残余沉降量，维持时间为 3h，测读时间为第 15min、30min，以后每隔 30min 测读一次。

6）施工后的工程桩验收检测宜采用慢速维持荷载法。当有成熟的地区经验时，也可采用快速维持荷载法。

快速维持荷载法的每级荷载维持时间至少为 1h，是否延长维持荷载时间应根据桩顶沉降收敛情况确定。

7）当出现下列情况之一时，可终止加载：

①某级荷载作用下，桩顶沉降量大于前一级荷载作用下沉降量的 5 倍。

注：当桩顶沉降能相对稳定且总沉降量小于40mm时，宜加载至桩顶总沉降量超过40mm。

②某级荷载作用下，桩顶沉降量大于前一级荷载作用下沉降量的2倍，且经24h尚未达到相对稳定标准。

③已达到设计要求的最大加载量。

④当工程桩作锚桩时，锚桩上拔量已达到允许值。

⑤当荷载-沉降曲线呈缓变型时，可加载至桩顶总沉降量60～80mm；在特殊情况下，可根据具体要求加载至桩顶累计沉降量超过80mm。

8）测试桩侧阻力和桩端阻力时，测试数据的测读时间宜符合本条5）的规定。

（5）检测数据的分析与判定

1）检测数据的整理应符合下列规定：

①确定单桩竖向抗压承载力时，应绘制竖向荷载-沉降（Q-s）、沉降-时间对数（s-$\lg t$）曲线，需要时也可绘制其他辅助分析所需曲线。

②当进行桩身应力、应变和桩底反力测定时，应整理出有关数据的记录表，并按《建筑基桩检测技术规范》（JGJ 106—2014）绘制桩身轴力分布图、计算不同土层的分层侧摩阻力和端阻力值。

2）单桩竖向抗压极限承载力 Q_u 可按下列方法综合分析确定：

①根据沉降随荷载变化的特征确定：对于陡降型 Q-s 曲线，取其发生明显陡降的起始点对应的荷载值。

②根据沉降随时间变化的特征确定：取 s-$\lg t$ 曲线尾部出现明显向下弯曲的前一级荷载值。

③出现"某级荷载作用下，桩顶沉降量大于前一级荷载作用下沉降量的5倍"的情况，取前一级荷载值。

④对于缓变型 Q-s 曲线可根据沉降量确定，宜取 $s=40$mm 对应的荷载值；当桩长大于40m时，宜考虑桩身弹性压缩量；对直径大于或等于800mm的桩，可取 $s=0.05D$（D为桩端直径）对应的荷载值。

注：当按上述四款判定桩的竖向抗压承载力未达到极限时，桩的竖向抗压极限承载力应取最大试验荷载值。

3）单桩竖向抗压极限承载力统计值的确定应符合下列规定：

①参加统计的试桩结果，当满足其极差不超过平均值的30%时，取其平均值为单桩竖向抗压极限承载力。

②当极差超过平均值的30%时，应分析极差过大的原因，结合工程具体情况综合确定，必要时可增加试桩数量。

③对桩数为3根或3根以下的柱下承台，或工程桩抽检数量少于3根时，应取低值。

4）单位工程同一条件下的单桩竖向抗压承载力特征值 R_a 应按单桩竖向抗压极限承载力统计值的一半取值。

5）检测报告内容应包括：

①委托方名称，工程名称、地点，建设、勘察、设计、监理和施工单位，设计要求，检测目的，检测依据，检测数量，检测日期；

②受检桩的桩号、桩位和相关施工记录；

③检测方法，检测仪器设备，检测过程叙述；

④与检测内容相应的检测结论；

⑤受检桩桩位对应的地质柱状图；

⑥受检桩及锚桩的尺寸、材料强度、锚桩数量、配筋情况；

⑦加载反力种类，堆载法应指明堆载重量，锚桩法应有反力梁布置平面图；

⑧加卸载方法，荷载分级；

⑨本条（5）检测数据的分析与判定要求绘制的曲线及对应的数据表；与承载力判定有关的曲线及数据；

⑩承载力判定依据；

⑪当进行分层摩阻力测试时，还应有传感器类型、安装位置，轴力计算方法，各级荷载下桩身轴力变化曲线，各土层的桩侧极限摩阻力和桩端阻力。

附：混凝土桩桩头处理

1 混凝土桩应先凿掉桩顶部的破碎层和软弱混凝土。

2 桩头顶面应平整，桩头中轴线与桩身上部的中轴线应重合。

3 桩头主筋应全部直通至桩顶混凝土保护层之下，各主筋应在同一高度上。

4 距桩顶 1 倍桩径范围内，宜用厚度为 3～5mm 的钢板围裹或距桩顶 1.5 倍桩径范围内设置箍筋，间距不宜大于 100mm。桩顶应设置钢筋网片 2～3 层，间距 60～100mm。

5 桩头混凝土强度等级宜比桩身混凝土提高 1～2 级，且不得低于 C30。

6 高应变法检测的桩头测点处截面尺寸应与原桩身截面尺寸相同。

5.6.2.2 单桩竖向抗拔静载试验报告

1. 资料表式

单桩竖向抗拔静载试验报告按当地建设行政主管部门核定的表格形式，经有权部门批准施工单位或试验室提供的单桩竖向抗拔静载试验报告表式执行。

2. 应用说明

（1）静载试验检测目的

1）单桩竖向抗拔静载试验适用于检测单桩的竖向抗拔承载力。

2）当埋设有桩身应力、应变测量传感器时，或桩端埋设有位移测量杆时，可直接测量桩侧抗拔摩阻力或桩端上拔量。

3）为设计提供依据的试验桩应加载至桩侧土破坏或桩身材料达到设计强度；对工程桩抽样检测时，可按设计要求确定最大加载量。

（2）现场检测

1）对混凝土灌注桩、有接头的预制桩，宜在拔桩试验前采用低应变法检测受检桩的桩身完整性。为设计提供依据的抗拔灌注桩施工时应进行成孔质量检测，发现桩身中、下部位有明显扩径的桩不宜作为抗拔试验桩；对有接头的预制桩，应验算接头强度。

2）单桩竖向抗拔静载试验宜采用慢速维持荷载法。需要时，也可采用多循环加、卸载方法。慢速维持荷载法的加卸载分级、试验方法及稳定标准应按《建筑基桩检测技术规范》（JGJ 106—2014）有关规定执行，并仔细观察桩身混凝土开裂情况。

注：试验加卸载方式应符合下列规定：

1. 加载应分级进行，采用逐级等量加载；分级荷载宜为最大加载量或预估极限载承力的1/10，其中第一级可取分级荷载的2倍。

2. 卸载应分级进行，每级卸载量取加载时分级荷载的2倍，逐级等量卸载。

3. 加、卸载时应使荷载传递均匀、连续、无冲击，每级荷载在维持过程中的变化幅度不得超过分级荷载的±10%。

慢速维持荷载法试验步骤应符合下列规定：

1. 每级荷载施加后按第5min、15min、30min、45min、60min测读桩顶沉降量，以后每隔30min测读一次。

2. 试桩沉降相对稳定标准：每一小时内的桩顶沉降量不超过0.1mm，并连续出现两次（从分级荷载施加后第30min开始，按1.5h连续三次每30min的沉降观测值计算）。

3. 当桩顶沉降速率达到相对稳定标准时，再施加下一级荷载。

4. 卸载时，每级荷载维持1h，按第15min、30min、60min测读桩顶沉降量后，即可卸下一级荷载。卸载至零后，应测读桩顶残余沉降量，维持时间为3h，测读时间为第15min、30min，以后每隔30min测读一次。

3）当出现下列情况之一时，可终止加载：

①在某级荷载作用下，桩顶上拔量大于前一级上拔荷载作用下的上拔量5倍。

②按桩顶上拔量控制，当累计桩顶上拔量超过100mm时。

③按钢筋抗拉强度控制，桩顶上拔荷载达到钢筋强度标准值的0.9倍。

④对于验收抽样检测的工程桩，达到设计要求的最大上拔荷载值。

4）测试桩侧抗拔摩阻力或桩端上拔位移时，测试数据的测读时间宜符合《建筑基桩检测技术规范》（JGJ 106—2014）的规定。

（3）检测数据的分析与判定

1）数据整理应绘制上拔荷载-桩顶上拔量（U-δ）关系曲线和桩顶上拔量-时间对数（δ-lg$t$）关系曲线。

2）单桩竖向抗拔极限承载力可按下列方法综合判定：

①根据上拔量随荷载变化的特征确定：对陡变型U-δ曲线，取陡升起始点对应的荷载值；

②根据上拔量随时间变化的特征确定：取δ-lg$t$曲线斜率明显变陡或曲线尾部明显弯曲的前一级荷载值。

③当在某级荷载下抗拔钢筋断裂时，取其前一级荷载值。

3）单桩竖向抗拔极限承载力统计值的确定应符合本条单桩竖向抗压静载试验3）的规定。

4）当作为验收抽样检测的受检桩在最大上拔荷载作用下，未出现本条2）情况时，可按设计要求判定。

5）单位工程同一条件下的单桩竖向抗拔承载力特征值应按单桩竖向抗拔极限承载力统计值的一半取值。

注：当工程桩不允许带裂缝工作时，取桩身开裂的前一级荷载作为单桩竖向抗拔承载力特征值，并与按极限荷载一半取值确定的承载力特征植相比取小值。

6）检测报告内容包括：

①委托方名称，工程名称、地点，建设、勘察、设计、监理和施工单位，设计要求，

检测目的，检测依据，检测数量，检测日期；

②受检桩的桩号、桩位和相关施工记录；

③检测方法，检测仪器设备，检测过程叙述；

④与检测内容相应的检测结论；

⑤受检桩桩位对应的地质柱状图；

⑥受检桩尺寸（灌注桩宜标明孔径曲线）及配筋情况；

⑦加卸载方法，荷载分级；

⑧单桩竖向抗拔静载试验 1）要求数据整理应绘制上拔荷载-桩顶上拔量（U-δ）关系曲线和桩顶上拔量-时间对数（δ-lg$t$）关系曲线。单桩竖向抗拔静载试验 1）要求绘制的曲线及对应的数据表；

⑨承载力判定依据；

⑩当进行抗拔摩阻力测试时，应有传感器类型、安装位置、轴力计算方法，各级荷载下桩身轴力变化曲线，各土层中的抗拔极限摩阻力。

5.6.2.3 单桩水平静载试验检测报告

1. 资料表式

单桩水平静载试验检测报告按当地建设行政主管部门核定的表格形式，经有权部门批准施工单位或试验室提供的单桩水平静载试验检测报告表式执行。

2. 应用说明

（1）静载试验检测目的

1）单桩水平静载试验适用于桩顶自由时的单桩水平静载试验；其他形式的水平静载试验可参照使用。

2）单桩水平静载试验方法适用于检测单桩的水平承载力，推定地基土抗力系数的比例系数。

3）当埋设有桩身应变测量传感器时，可测量相应水平荷载作用下的桩身应力，并由此计算桩身弯矩。

4）为设计提供依据的试验桩宜加载至桩顶出现较大水平位移或桩身结构破坏；对工程桩抽样检测，可按设计要求的水平位移允许值控制加载。

（2）现场检测

1）加载方法宜根据工程桩实际受力特性选用单向多循环加载法或《建筑基桩检测技术规范》（JGJ 106—2014）规定的慢速维持荷载法，也可按设计要求采用其他加载方法。需要测量桩身应力或应变的试桩宜采用维持荷载法。

2）试验加卸载方式和水平位移测量应符合下列规定：

①单向多循环加载法的分级荷载应小于预估水平极限承载力或最大试验荷载的1/10。每级荷载施加后，恒载 4min 后可测读水平位移，然后卸载至零，停 2min 测读残余水平位移，至此完成一个加卸载循环。如此循环 5 次，完成一级荷载的位移观测。试验不得中间停顿。

②慢速维持荷载法的加卸载分级、试验方法及稳定标准应按《建筑基桩检测技术规范》（JGJ 106—2014）规范有关规定执行。

3）当出现下列情况之一时，可终止加载：

①桩身折断；

②水平位移超过 30～40mm（软土取 40mm）；

③水平位移达到设计要求的水平移位允许值。

4）测量桩身应力或应变时，测试数据的测读宜与水平位移测量同步。

（3）检测数据的分析与判定

1）检测数据应按下列要求整理：

①采用单向多循环加载法时应绘制水平力-时间-作用点位移（$H-t-Y_0$）关系曲线和水平力-位移梯度（$H-\Delta Y_0/\Delta H$）关系曲线。

②采用慢速维持荷载法时应绘制水平力-力作用点位移（$H-Y_0$）关系曲线、水平力-位移梯度（$H-\Delta Y_0/\Delta H$）关系曲线、力作用点位移-时间对数（$Y_0-\lg t$）关系曲线和水平力-力作用点位移双对数（$\lg H-\lg Y_0$）关系曲线。

③绘制水平力、水平力作用点水平位移-地基土水平抗力系数的比例系数的关系曲线（$H-m$、Y_0-m）。

当桩顶自由且水平力作用位置位于地面处时，m 值可按下列公式确定：

$$m = \frac{(v_y \cdot H)^{\frac{5}{3}}}{b_0 Y_0^{\frac{5}{3}} (EI)^{\frac{2}{3}}}$$

$$\alpha = \left(\frac{mb_0}{EI}\right)^{\frac{1}{5}}$$

式中　m——地基土水平抗力系数的比例系数（kN/m^4）；

　　　α——桩的水平变形系数（m^{-1}）；

　　　v_y——桩顶水平位移系数，由式 $\alpha = \left(\frac{mb_0}{EI}\right)^{\frac{1}{5}}$ 试算 α，当 $\alpha h \geqslant 4.0$ 时（h 为桩的入土深度），$v_y = 2.441$；

　　　H——作用于地面的水平力（kN）；

　　　Y_0——水平力作用点的水平位移（m）；

　　　EI——桩身抗弯刚度（$kN \cdot m^2$）；其中，E 为桩身材料弹性模量，I 为桩身换算截面惯性矩；

　　　b_0——桩身计算宽度（m）；对于圆形桩：当桩径 $D \leqslant 1m$ 时，$b_0 = 0.9(1.5D + 0.5)$；当桩 $D > 1m$ 时，$b_0 = 0.9(D+1)$。对于矩形桩：当边宽 $B \leqslant 1m$ 时，$b_0 = 1.5B + 0.5$；当边宽 $B > 1m$ 时，$b_0 = B+1$。

2）对埋设有应力或应变测量传感器的试验应绘制下列曲线，并列表给出相应的数据：

①各级水平力作用下的桩身弯矩分布图；

②水平力-最大弯矩截面钢筋拉应力（$H-\sigma_s$）曲线。

3）单桩的水平临界荷载可按下列方法综合确定：

①取单向多循环加载法时的 $H-t-Y_0$ 曲线或慢速维持荷载法时的 $H-Y_0$ 曲线出现拐点的前一级水平荷载值。

②取 $H-\Delta Y_0/\Delta H$ 曲线或 $\lg H-\lg Y_0$ 曲线上第一拐点对应的水平荷载值。

③取 $H-\sigma_s$ 曲线第一拐点对应的水平荷载值。

4）单桩的水平极限承载力可按下列方法综合确定：

①取单向多循环加载法时的 $H-t-Y_0$ 曲线产生明显陡降的前一级或慢速维持荷载法时的 $H-Y_0$ 曲线发生明显陡降的起始点对应的水平荷载值。

②取慢速维持荷载法时的 $Y_0-\lg t$ 曲线尾部出现明显弯曲的前一级水平荷载值。

③取 $H-\Delta Y_0/\Delta H$ 曲线或 $\lg H-\lg Y_0$ 曲线上第二拐点对应的水平荷载值。

④取桩身折断或受拉钢筋屈服时的前一级水平荷载值。

5）单桩水平极限承载力和水平临界荷载统计值的确定应符合《建筑基桩检测技术规范》（JGJ 106—2014）的规定。

6）单位工程同一条件下的单桩水平承载力特征值的确定应符合下列规定：

①当水平承载力按桩身强度控制时，取水平临界荷载统计值为单桩水平承载力特征值。

②当桩受长期水平荷载作用且桩不允许开裂时，取水平临界荷载统计值的 0.8 倍作为单桩水平承载力特征值。

7）除《建筑基桩检测技术规范》（JGJ 106—2014）规定外，当水平承载力按设计要求的水平允许位移控制时，可取设计要求的水平允许位移对应的水平荷载作为单桩水平承载力特征值，但应满足有关规范抗裂设计的要求。

8）检测报告内容包括：

①委托方名称，工程名称、地点，建设、勘察、设计、监理和施工单位，设计要求，检测目的，检测依据，检测数量，检测日期；

②受检桩的桩号、桩位和相关施工记录；

③检测方法，检测仪器设备，检测过程叙述；

④与检测内容相应的检测结论；

⑤受检桩桩位对应的地质柱状图；

⑥受检桩的载面尺寸及配筋情况；

⑦加卸载方法，荷载分级；

⑧《建筑基桩检测技术规范》（JGJ 106—2014）要求绘制的曲线及对应的数据表；

⑨承载力判定依据；

⑩当进行钢筋应力测试并由此计算桩身弯矩时，应有传感器类型、安装位置、内力计算方法和《建筑基桩检测技术规范》（JGJ 106—2014）要求绘制的曲线及其对应的数据表。

5.7 专业规范测试规定

5.7.1 地基与基础施工验槽要点

5.7.1.1 一般规定

1. 所有建（构）筑物均应进行施工验槽。遇到下列情况之一时，应进行专门的施工勘察。

（1）工程地质条件复杂，详勘阶段难以查清时；

（2）开挖基槽发现土质、土层结构与勘察资料不符时；

（3）施工中边坡失稳，需查明原因，进行观察处理时；

（4）施工中，地基上受扰动，需查明其性状及工程性质时；

（5）为地基处理，需进一步提供勘察资料时；

（6）建（构）筑物有特殊要求，或在施工时出现新的岩土工程地质问题时。

2. 施工勘察应针对需要解决的岩土工程问题布置工作量，勘察方法可根据具体条件情况选用施工验槽、钻探取样和原位测试等。

5.7.1.2　天然地基基础验槽检验要点

1. 基槽开挖后，应检验下列内容：

（1）核对基坑的位置、平面尺寸、坑底标高；

（2）核对基坑土质和地下水情况；

（3）空穴、古墓、古井、防空掩体及地下埋设物的位置、深度、性状。

2. 在进行直接观察时，可用袖珍式贯入仪作为辅助手段。

3. 遇到下列情况之一时，应在基坑底普遍进行轻型动力触探：

（1）持力层明显不均匀；

（2）浅部有软弱下卧层；

（3）有浅埋的坑穴、古墓、古井等，直接观察难以发现时；

（4）勘察报告或设计文件规定应进行轻型动力触探时。

4. 采用轻型动力触深进行基槽检验时，检验深度及间距按表5.7.1.2执行：

轻型动力触探检验深度及间距表　　　　　表5.7.1.2

排列方式	基坑宽度	检验深度	检验间距
中心一排	<0.8	1.2	1.0～1.5m 视地质复杂情况
两排错开	0.8～2.0	1.5	
梅花形	>2.0	2.1	

5. 遇下列情况之一时，可不进行轻型动力触探：

（1）基坑不深处有承压水层，触探可造成冒水涌砂时；

（2）持力层为砾石或卵石层，且其厚度满足设计要求时。

6. 基槽检验应填写验槽记录或检验报告。

5.7.2　混凝土工程测试

5.7.2.1　预制构件结构性能检验方法

1. 预制构件结构性能试验条件应满足下列要求：

（1）构件应在0℃以上的温度中进行试验；

（2）蒸汽养护后的构件应在冷却至常温后进行试验；

（3）构件在试验前应量测其实际尺寸，并检查构件表面，所有的缺陷和裂缝应在构件上标出；

（4）试验用的加荷设备及量测仪表应预先进行标定或校准。

2. 试验构件的支承方式应符合下列规定：

（1）板、梁和桁架等简支构件，试验时应一端采用铰支承，另一端采用滚动支承。铰支承可采用角钢、半圆型钢或焊于钢板上的圆钢，滚动支承可采用圆钢；

（2）四边简支或四角简支的双向板，其支承方式应保证支承处构件能自由转动，支承面可以相对水平移动；

（3）当试验的构件承受较大集中力或支座反力时，应对支承部分进行局部受压承载力验算；

（4）构件与支承面应紧密接触；钢垫板与构件、钢垫板与支墩间，宜铺砂浆垫平；

（5）构件支承的中心线位置应符合标准图或设计的规定：

3. 试验构件的荷载布置应符合下列要求。

（1）构件的试验荷载布置应符合标准图或设计的要求；

（2）当试验荷载布置不能完全与标准图或设计的要求相符时，应按荷载效应等效的原则换算，即使构件试验的内力图形与设计的内力图形相似，并使控制截面上的内力值相等，但应考虑荷载布置改变后对构件其他部位的不利影响。

4. 加载方法应根据标准图或设计的加载要求、构件类型及设备条件等进行选择。当按不同形式荷载组合进行加载试验（包括均布荷载、集中荷载、水平荷载和垂直荷载等）时，各种荷载应按比例增加。

（1）荷重块加载

荷重块加载适用于均布加载试验。荷重块应按区格成垛堆放，垛与垛之间间隙不宜小于 50mm。

（2）千斤顶加载

千斤顶加载适用于集中加载试验。千斤顶加载时，可采用分配梁系统实现多点集中加载。千斤顶的加载值宜采用荷载传感器量测，也可采用油压表量测。

（3）梁或桁架可采用水平对顶加载方法，此时构件应垫平且不应妨碍构件在水平方向的位移。梁也可采用竖直对顶的加载方法。

（4）当屋架仅作挠度、抗裂或裂缝宽度检验时，可将两榀屋架并列，安放屋面板后进行加载试验。

5. 构件应分级加载。当荷载小于荷载标准值时，每级荷载不应大于荷载标准值的 20%；当荷载大于荷载标准值时，每级荷载不应大于荷载标准值的 10%；当荷载接近抗裂检验荷载值时，每级荷载不应大于荷载标准值的 5%；当荷载接近承载力检验荷载值时，每级荷载不应大于承载力检验荷载设计值的 5%。

对仅作挠度、抗裂或裂缝宽度检验的构件应分级卸载。

作用在构件上的试验设备重量及构件自重应作为第一次加载的一部分。

注：构件在试验前宜进行预压，以检查试验装置的工作是否正常，同时应防止构件因预压而产生裂缝。

6. 每级加载完成后，应持续 10～15min；在荷载标准值作用下，应持续 30min。在持续时间内，应观察裂缝的出现和开展，以及钢筋有无滑移等；在持续时间结束时，应观察并记录各项读数。

7. 对构件进行承载力检验时，应加载至构件出现（GB 50204—2002）规范表 9.3.2 所列承载能力极限状态的检验标志。当在规定的荷载持续时间内出现上述检验标志之一时，应取本级荷载值与前一级荷载值的平均值作为其承载力检验荷载实测值；当在规定的荷载持续时间结束后出现上述检验标志之一时，应取本级荷载值作为其承载力检验荷载实测值。

注：当受压构件采用试验机或千斤顶加荷时，承载力检验荷载实测值应取构件直至破坏的整个试验过程中所达到的荷载最大值。

8. 构件挠度可用百分表、位移传感器、水平仪等进行观测。接近破坏阶段的挠度，可用水平仪或拉线、钢尺等测量。

试验时，应量测构件跨中位移和支座沉陷。对宽度较大的构件，应在每一量测截面的两边或两肋布置测点，并取其量测结果的平均值作为该处的位移。

当试验荷载竖直向下作用时，对水平放置的试件，在各级荷载下的跨中挠度实测值应按下列公式计算：

$$a_t^0 = a_q^0 + a_g^0 \tag{5.7.2.1-1}$$

$$a_q^0 = r_m^0 - \frac{1}{2}(r_l^0 + r_r^0) \tag{5.7.2.1-2}$$

$$a_g^0 = \frac{M_g}{M_b}a_b^0 \tag{5.7.2.1-3}$$

式中　a_t^0——全部荷载作用下构件跨中的挠度实测值（mm）；

　　　a_q^0——外加试验荷载作用下构件跨中的挠度实测值（mm）；

　　　a_g^0——构件自重及加荷设备重产生的跨中挠度值（mm）；

　　　r_m^0——外加试验荷载作用下构件跨中的位移实测值（mm）；

　　r_l^0，r_r^0——外加试验荷载作用下构件左、右端支座沉陷位移的实测值（mm）；

　　　M_g——构件自重和加荷设备重产生的跨中弯矩值（kN·m）；

　　　M_b——从外加试验荷载开始至构件出现裂缝的前一级荷载为止的外加荷载产生的跨中弯矩值（kN·m）；

　　　a_b^0——从外加试验荷载开始至构件出现裂缝的前一级荷载为止的外加荷载产生的跨中挠度实测值（mm）。

9. 当采用等效集中力加载模拟均布荷载进行试验时，挠度实测值应乘以修正系数ψ。当采用三分点加载时，ψ可取 0.98；当采用其他形式集中力加载时，ψ应经计算确定。

10. 试验中裂缝的观测应符合下列规定：

（1）观察裂缝出现可采用放大镜。若试验中未能及时观察到正截面裂缝的出现，可取荷载－挠度曲线上的转折点（曲线第一弯转段两端点切线的交点）的荷载值作为构件的开裂荷载实测值；

（2）构件抗裂检验中，当在规定的荷载持续时间内出现裂缝时，应取本级荷载值与前一级荷载值的平均值作为其开裂荷载实测值；当在规定的荷载持续时间结束后出现裂缝时，应取本级荷载值作为其开裂荷载实测值；

（3）裂缝宽度可采用精度为 0.05mm 的刻度放大镜等仪器进行观测；

（4）对正截面裂缝，应量测受拉主筋处的最大裂缝宽度；对斜截面裂缝，应量测腹部斜裂缝的最大裂缝宽度。确定受弯构件受拉主筋处的裂缝宽度时，应在构件侧面量测。

11. 试验时必须注意下列安全事项：

(1) 试验的加荷设备、支架、支墩等，应有足够的承载力安全储备；

(2) 对屋架等大型构件进行加载试验时，必须根据设计要求设置侧向支承，以防止构件受力后产生侧向弯曲和倾倒；侧向支承应不妨碍构件在其平面内的位移；

(3) 试验过程中应注意人身和仪表安全；为防止构件破坏时试验设备及构件坍落，应采取安全措施（如在试验构件下面设置防护支承等）。

12. 构件试验报告应符合下列要求：

(1) 试验报告应包括试验背景、试验方案、试验记录、检验结论等内容，不得有漏项缺检；

(2) 试验报告中的原始数据和观察记录必须真实、准确，不得任意涂抹篡改；

(3) 试验报告宜在试验现场完成，及时审核、签字、盖章，并登记归档。

5.7.2.2 结构实体检验用同条件养护试件强度检验

1. 同条件养护试件的留置方式和取样数量，应符合下列要求：

(1) 同条件养护试件所对应的结构构件或结构部位，应由监理（建设）、施工等各方共同选定；

(2) 对混凝土结构工程中的各混凝土强度等级，均应留置同条件养护试件；

(3) 同一强度等级的同条件养护试件，其留置的数量应根据混凝土工程量和重要性确定，不宜少于 10 组，且不应少于 3 组；

(4) 同条件养护试件拆模后，应放置在靠近相应结构构件或结构部位的适当位置，并应采取相同的养护方法。

2. 同条件养护试件应在达到等效养护龄期时进行强度试验。

等效养护龄期应根据同条件养护试件强度与在标准养护条件下 28d 龄期试件强度相等的原则确定。

3. 同条件自然养护试件的等效养护龄期及相应的试件强度代表值，宜根据当地的气温和养护条件，按下列规定确定：

(1) 等效养护龄期可取按日平均温度逐日累计达到 600℃·d 时所对应的龄期，0℃及以下的龄期不计入；等效养护龄期不应小于 14d，也不宜大于 60d；

(2) 同条件养护试件的强度代表值应根据强度试验结果按现行国家标准《混凝土强度检验评定标准》GB 50107 的规定确定后，乘折算系数取用；折算系数宜为 1.10，也可根据当地的试验统计结果作适当调整。

4. 冬期构件养护

冬期施工、人工加热养护的结构构件，其同条件养护试件的等效养护龄期可按结构构件的实际养护条件，由监理（建设）、施工等各方根据冬期构件养护的相关规定共同确定。

5.7.2.3 结构实体钢筋保护层厚度检验

1. 钢筋保护层厚度检验的结构部位和构件数量，应符合下列要求：

(1) 钢筋保护层厚度检验的结构部位，应由监理（建设）、施工等各方根据结构构件的重要性共同选定；

(2) 对梁、板类构件，应各抽取构件数量的 2% 且不少于 5 个构件进行检验；当有悬挑构件时，抽取的构件中悬挑梁类、板类构件所占比例均不宜小于50%。

2. 对选定的梁类构件，应对全部纵向受力钢筋的保护层厚度进行检验；对选定的板类构件，应抽取不少于6根纵向受力钢筋的保护层厚度进行检验。对每根钢筋，应在有代表性的部位测量1点。

3. 钢筋保护层厚度的检验，可采用非破损或局部破损的方法，也可采用非破损方法测试并用局部破损方法进行校准。当采用非破损方法检验时，所使用的检测仪器应经过计量检验，检测操作应符合相应规程的规定。

钢筋保护层厚度检验的检测误差不应大于1mm。

4. 钢筋保护层厚度检验时，纵向受力钢筋保护层厚度的允许偏差，对梁类构件为＋10mm、－7mm，对板类构件为＋8mm、－5mm。

5. 对梁类、板类构件纵向受力钢筋的保护层厚度应分别进行验收。结构实体钢筋保护层厚度的合格质量应符合下列规定：

（1）当全部钢筋保护层厚度的检测结果的合格点率为90%及以上时，钢筋保护层厚度的检验结果应判为合格。

（2）当全部钢筋保护层厚度的检测结果的合格点率小于90%但不小于80%时，可再抽取相同数量的构件进行检验；当按两次抽样总和计算的合格率为90%及以上时，钢筋保护层厚度的检验结果仍应判为合格。

（3）每次抽样检验结果中不合格点的最大偏差均不应大于规范规定允许偏差的1.5倍。

5.7.3 钢结构工程测试

5.7.3.1 钢结构防火涂料涂层厚度测定方法

1. 测针

测针（厚度测量仪），由针杆和可滑动的圆盘组成，圆盘始终保持与针杆垂直，并在其上装有固定装置，圆盘直径不大于30mm，以保证完全接触被测试件的表面。如果厚度测量仪不易插入被插材料中，也可使用其他适宜的方法测试。

测试时，将测厚探针（见图5.7.3.1-1）垂直插入防火涂层直至钢基材表面上，记录标尺读数。

2. 测点选定

（1）楼板和防火墙的防火涂层厚度测定，可选两相邻纵、横轴线相交中的面积为一个单元，在其对角线上，按每米长度选一点进行测试。

（2）全钢框架结构的梁和柱的防火涂层厚度测定，在构件长度内每隔3m取一截面，按图5.7.3.1-2所示位置测试。

（3）桁架结构，上弦和下弦按第2款的规定每隔3m取一截面检测，其他腹杆每根取一截面检测。

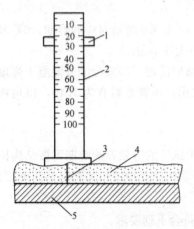

图 5.7.3.1-1　测厚度示意图
1—标尺；2—刻度；3—测针；
4—防火涂层；5—钢基材

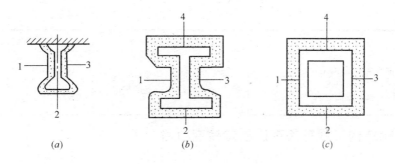

图 5.7.3.1-2 测点示意图

(*a*) 工字梁；(*b*) I 形柱；(*c*) 方形柱

3. 测量结果

对于楼板和墙面，在所选择的面积中，至少测出 5 个点；对于梁和柱在所选择的位置中，分别测出 6 个和 8 个点。分别计算出它们的平均值，精确到 0.5mm。

5.7.3.2 钢结构工程有关安全及功能的检验和见证检测项目

钢结构分部（子分部）工程有关安全及功能的检验和见证检测项目按表 5.7.3.2 规定进行。

钢结构分部（子分部）工程有关安全及功能的检验和见证检测项目　表 5.7.3.2

项次	项　目	抽检数量及检验方法	合格质量标准	备注
1	见证取样送样试验项目 （1）钢材及焊接材料复验 （2）高强度螺栓预拉力、扭矩系数复验 （3）摩擦面抗滑移系数复验 （4）网架节点承载力试验	见（GB 50205—2001）规范第4.2.2、4.3.2、4.4.2、4.4.3、6.3.1、12.3.3 条规定	符合设计要求和国家现行有关产品标准的规定	
2	焊缝质量： （1）内部缺陷 （2）外观缺陷 （3）焊缝尺寸	一、二级焊缝按焊缝处数随机抽检 3%，且不应少于 3 处；检验采用超声波或射线探伤及（GB 50205—2001）规范第 5.2.6、5.2.8、5.2.9 条方法	（GB 50205—2001）规范第5.2.4、5.2.6、5.2.8、5.2.9条规定	
3	高强度螺栓施工质量 （1）终拧扭矩 （2）梅花头检查 （3）网架螺栓球节点	按节点数随机抽检 3%，且不应少于 3 个节点，检验按（GB 50205—2002）规 范 第 6.3.2、6.3.3、6.3.8 条方法执行	（GB 50205—2001）规范第 6.3.2、6.3.3、6.3.8 条的规定	
4	柱脚及网架支座 （1）锚栓紧固 （2）垫板、垫块 （3）二次灌浆	按柱脚及网架支座数随机抽检 10%，且不应少于 3 个；采用观察和尺量等方法进行检验	符合设计要求和（JGJ106—2003）规范的规定	
5	主要构件变形 （1）钢屋（托）架、桁架、钢梁、吊车架等垂直度和侧向弯曲 （2）钢柱垂直度 （3）网架结构挠度	除网架结构外，其他按构件数随机抽检 3%，且不应少于 3个；检验方法按（GB 50205—2001）规范第 10.3.3、11.3.2、11.3.4 条执行	（GB 50205—2001）规范第 10.3.3、11.3.2、11.3.4、12.3.4 条的规定	

续表

项次	项 目	抽检数量及检验方法	合格质量标准	备注
6	主体结构尺寸 （1）整体垂直度 （2）整体平面弯曲	见（GB 50205—2001）规范第 10.3.4、11.3.5 条的规定	（GB 50205—2001）规范第 10.3.4、11.3.5 条的规定	

5.7.3.3 钢结构工程有关观感质量检查项目

钢结构分部（子分部）工程观感质量检查项目按表 5.7.3.3 规定进行。

钢结构分部（子分部）工程观感质量检查项目　　　　表 5.7.3.3

项次	项目	抽检数量	合格质量标准	备注
1	普通涂层表面	随机抽查 3 个轴线结构构件	（GB 50205—2001）规范第 14.2.3 条的要求	
2	防火涂层表面	随机抽查 3 个轴线结构构件	（GB 50205—2001）规范第 14.3.4、14.3.5、14.3.6 条的要求	
3	压型金属板表面	随机抽查 3 个轴线间压型金属板表面	（GB 50205—2001）规范第 13.3.4 条的要求	
4	钢平台、钢梯、钢栏杆	随机抽查 10%	连接牢固，无明显外观缺陷	

5.7.4　防水工程测试

5.7.4.1　地下防水工程渗漏水调查与量测方法

1. 渗漏水调查

（1）地下防水工程质量验收时，施工单位必须提供地下工程"背水内表面的结构工程展开图"。

（2）房屋建筑地下室只调查围护结构内墙和底板。

（3）全埋设于地下的结构（地下商场、地铁车站、军事地下库等），除调查围护结构内墙和底板外，背水的顶板（拱顶）系重点调查目标。

（4）钢筋混凝土衬砌的隧道以及钢筋混凝土管片衬砌的隧道渗漏水调查的重点为上半环。

（5）施工单位必须在"背水内表面的结构工程展开图"上详细标示：

1）在工程自检时发现的裂缝，并标明位置、宽度、长度和渗漏水现象。

2）经修补、堵漏的渗漏水部位。

3）防水等级标准容许的渗漏水现象位置。

（6）地下防水工程验收时，经检查、核对、标示好的"背水内表面的结构工程展开图"必须纳入竣工验收资料。

2. 渗漏水现象描述使用的术语、定义和标识符号，可按表 5.7.4.1 选用。

渗漏水现象描述使用的术语、定义和标识符号　　　　　　表 5.7.4.1

术　语	定　义	标识符号
湿渍	地下混凝土结构背水面，呈现明显色泽变化的潮湿斑或流挂水膜	
渗水	水从地下混凝土结构衬砌内表面渗出，在背水的墙壁上可观察到明显的流挂水膜范围	○
水珠	悬垂在地下混凝土结构衬砌背水顶板（拱顶）的水珠，其滴落间隔时间超过 1min 称水珠现象	◇
滴漏	地下混凝土结构衬砌背水顶板（拱顶）渗漏水的滴落速度，每分钟至少 1 滴，称为滴漏现象	▽
线漏	指渗漏成线或喷水状态	↓

3. 当被验收的地下工程有结露现象时，不宜进行渗漏水检测。

4. **房屋建筑地下室渗漏水现象检测**

（1）地下工程防水等级对"湿渍面积"与"总防水面积"（包括顶板、墙面、地面）的比例作了规定。按防水等级二级设防的房屋建筑地下室，单个湿渍的最大面积不大于 0.1m²，任意 100m² 防水面积上的湿渍不超过 1 处。

（2）湿渍的现象：湿渍主要是由混凝土密实度差异造成毛细现象或由混凝土容许裂缝（宽度小于 0.2mm）产生，在混凝土表面肉眼可见的"明显色泽变化的潮湿斑"。一般在人工通风条件下可消失，即蒸发量大于渗入量的状态。

（3）湿渍的检测方法：检查人员用干手触摸湿斑，无水分浸润感觉。用吸墨纸或报纸贴附，纸不变颜色。检查时，要用粉笔勾画出湿渍范围，然后用钢尺测量高度和宽度，计算面积，标示在"展开图"上。

（4）渗水的现象：渗水是由于不允许的混凝土密实度差异或混凝土有害裂缝（宽度大于 0.2mm）而产生的地下水连续渗入混凝土结构，在背水的混凝土墙壁表面肉眼可观察到明显的流挂水膜范围，在加强人工通风的条件下也不会消失，即渗入量大于蒸发量的状态。

（5）渗水的检测方法：检查人员用干手触摸可感觉到水分浸润，手上会沾有水分。用吸墨纸或报纸贴附，纸会浸润变颜色。检查时要用粉笔勾画出渗水范围，然后用钢尺测量高度和宽度，计算面积，标示在"展开图"上。

（6）对房屋建筑地下室检测出来的"渗水点"，一般情况下应准予修补堵漏，然后重新验收。

（7）对防水混凝土结构的细部构造渗漏水检测尚应按本条内容执行。若发现严重渗水必须分析、查明原因，应准予修补堵漏，然后重新验收。

5. **钢筋混凝土隧道衬砌内表面渗漏水现象检测**

（1）隧道防水工程，若要求对湿渍和渗水作检测时，应按房屋建筑地下室渗漏水现象检测方法操作。

（2）隧道上半部的明显滴漏和连续渗流，可直接用有刻度的容器收集量测，计算单位时间的渗漏量（如 L/min，或 L/h 等）。还可用带有密封缘口的规定尺寸方框，安装在要求测量的隧道内表面，将渗漏水导入量测容器内。同时，将每个渗漏点位置、单位时间渗漏水量，标示在"隧道渗漏水平面展开图"上。

（3）若检测器具或登高有困难时，允许通过目测计取每分钟或数分钟内的滴落数目，计算出该点的渗漏量。经验告诉我们，当每分钟滴落速度 3～4 滴的漏水点，24h 的渗水量就是 1L；如果滴落速度每分钟大于 300 滴，则形成连续细流。

（4）为使不同施工方法、不同长度和断面尺寸隧道的渗漏水状况能够相互加以比较，必须确定一个具有代表性的标准单位。国际上通用 L/（d·m²），即渗漏水量的定义为隧道的内表面，每平方米在一昼夜（24h）时间内的渗漏水立升值。

（5）隧道内表面积的计算应按下列方法求得：

1）竣工的区间隧道验收（未实施机电设备安装）。通过计算求出横断面的内径周长，再乘以隧道长度，得出内表面积数值。对盾构法隧道不计取管片嵌缝槽、螺栓孔盒子凹进部位等实际面积。

2）即将投入运营的城市隧道系统验收（完成了机电设备安装）。通过计算求出横断面的内径周长，再乘以隧道长度，得出内表面积数值。不计取凹槽、道床、排水沟等实际面积。

6.隧道总渗漏水量的量测

隧道总渗漏水量可采用以下 4 种方法，然后通过计算换算成规定单位：L/（d·m²）。

（1）集水井积水量测：量测在设定时间内的水位上升数值，通过计算得出渗漏水量。

（2）隧道最低处积水量测：量测在设定时间内的水位上升数值，通过计算得出渗漏水量。

（3）有流动水的隧道内设量水堰：

靠量水堰上开设的 V 形槽口量测水流量，然后计算得出渗漏水量。

（4）通过专用排水泵的运转计算隧道专用排水泵的工作时间，计算排水量，换算成渗漏水量。

5.7.5　建筑地面工程测试

5.7.5.1　不发生火花（防爆的）建筑地面材料及其制品不发火性的试验方法

1.不发火性的定义

当所有材料与金属或石块等坚硬物体发生摩擦、冲击或冲擦等机械作用时，不发生火花（或火星），致使易燃物引起发火或爆炸的危险，即为具有不发火性。

2.试验方法

（1）试验前的准备。材料不发火的鉴定，可采用砂轮来进行。试验的房间应完全黑暗，以便在试验时易于看见火花。

试验用的砂轮直径为 150mm，试验时其转速应为 600～1000r/min，并在暗室内检查其分离火花的能力。检查砂轮是否合格，可在砂轮旋转时用工具钢、石英岩或含有石英岩的混凝土等能发生火花的试件进行摩擦，摩擦时应加 10～20N 的压力，如果发生清晰的火花，则该砂轮即认为合格。

（2）粗骨料的试验。从不少于 50 个试件中选出做不发生火花试验的试件 10 个。被选出的试件，应是不同表面、不同颜色、不同结晶体、不同硬度的。每个试件重 50～250g，准确度应达到 1g。

试验时也应在完全黑暗的房间内进行。每个试件在砂轮上摩擦时，应加以 10～20N 的压力，将试件任意部分接触砂轮后，仔细观察试件与砂轮摩擦的地方，有无火花发生。

必须在每个试件的重量磨掉不少于20g后，才能结束试验。

在试验中如没有发现任何瞬时的火花，该材料即为合格。

（3）粉状骨料的试验。粉状骨料除着重试验其制造的原料外，并应将这些细粒材料用胶结料（水泥或沥青）制成块状材料来进行试验，以便于以后发现制品不符合不发火的要求时，能检查原因，同时，也可以减少制品不符合要求的可能性。

（4）不发火水泥砂浆、水磨石和水泥混凝土的试验。主要试验方法同本节。

5.7.6 建筑电气工程测试

5.7.6.1 发电机交接试验

发电机交接试验 表 5.7.6.1

序号	部位	内容	试验内容	试验结果
1	静态试验	定子电路	测量定子绕组的绝缘电阻和吸收比	绝缘电阻值大于 0.5MΩ 沥青浸胶及烘卷云母绝缘吸收比大于1.3 环氧粉云母绝缘吸收比大于 1.6
2			在常温下，绕组表面温度与空气温度差在±3℃范围内测量各相直流电阻	各相直流电阻值相互间差值不大于最小值2%，与出厂值在同温度下比差值不大于2%
3			交流工频耐压试验 1min	试验电压为 $1.5U_n + 750V$，无闪络击穿现象，U_n 为发电机额定电压
4		转子电路	用 1000V 兆欧表测量转子绝缘电阻	绝缘电阻值大于 0.5MΩ
5			在常温下，绕组表面温度与空气温度差在±3℃范围内测量绕组直流电阻	数值与出厂值在同温度下比差值不大于2%
6			交流工频耐压试验 1min	用 2500V 摇表测量绝缘电阻替代
7		励磁电路	退出励磁电路电子器件后，测量励磁电路的线路设备的绝缘电阻	绝缘电阻值大于 0.5MΩ
8			退出励磁电路电子器件后，进行交流工频耐压试验 1min	试验电压 1000V，无击穿闪络现象
9		其他	有绝缘轴承的用 1000V 兆欧表测量轴承绝缘电阻	绝缘电阻值大于 0.5MΩ
10			测量检温计（埋入式）绝缘电阻，校验检温计精度	用 250V 兆欧表检测不短路，精度符合出厂规定
11			测量灭磁电阻，自同步电阻器的直流电阻	与铭牌相比较，其差值为±10%

435

序号	内容 部位	试验内容	试验结果
12		发电机空载特性试验	按设备说明书比对，符合要求
13	运转试验	测量相序	相序与出线标识相符
14		测量空载和负荷后轴电压	按设备说明书比对，符合要求

5.7.6.2 低压电器交接试验

低压电器交接试验详见表 5.7.6.2。

低压电器交接试验　　　　　　　　　　表 5.7.6.2

序号	试验内容	试验标准或条件
1	绝缘电阻	用 500V 兆欧表摇测，绝缘电阻值≥1MΩ；潮湿场所，绝缘电阻值≥0.5MΩ
2	低压电器动作情况	除产品另有规定外，电压、液压或气压在额定值的 85%～110%范围内能可靠动作
3	脱扣器的整定值	整定值误差不得超过产品技术条件的规定
4	电阻器和变阻器的直流电阻差值	符合产品技术条件规定

5.7.7 通风与空调工程测试

5.7.7.1 漏光法检测与漏风量测试

1. 一般规定

（1）漏光法检测是利用光线对小孔的强穿透力，对系统风管严密程度进行检测的方法。

（2）检测应采用具有一定强度的安全光源。手持移动光源可采用不低于 100W 带保护罩的低压照明灯或其他低压光源。

（3）系统风管漏光检测时，光源可置于风管内侧或外侧，但其相对侧应为暗黑环境。检测光源应沿着被检测接口部位与接缝作缓慢移动，在另一侧进行观察。当发现有光线射出，则说明查到明显漏风处，并做好记录。

（4）对系统风管的检测，宜采用分段检测、汇总分析的方法。在严格安装质量管理的基础上，系统风管的检测以总管和干管为主。当采用漏光法检测系统的严密性时，低压系统风管以每 10m 接缝，漏光点不大于 2 处，且 100m 接缝平均不应大于 16 处为合格；中压系统风管每 10m 接缝，漏光点不大于 1 处，且 100m 接缝平均不大于 8 处为合格。

（5）漏光检测中对发现的条缝形漏光，应作密封处理。

2. 测试装置

（1）漏风量测试应采用经检验合格的专用测量仪器，或采用符合现行国家标准《流量测量节流装置》规定的计量元件搭设的测量装置。

（2）漏风量测试装置可采用风管式或风室式。风管式测试装置采用孔板作计量元件；风室式测试装置采用喷嘴作计量元件。

（3）漏风量测试装置的风机，其风压和风量应选择分别大于被测定系统或设备的规定试验压力及最大允许漏风量的 1.2 倍。

（4）漏风量测试装置试验压力的调节，可采用调整风机转速的方法，也可采用控制节流装置开度的方法。漏风量值必须在系统经调整后，保持稳压的条件下测得。

（5）漏风量测试装置的压差测定应采用微压计，其最小读数分格不应大于 2.0Pa。

（6）风管式漏风量测试装置：

1）风管式漏风量测试装置由风机、连接风管、测压仪器、整流栅、节流器和标准孔板等组成（图 5.7.7.1-1）。

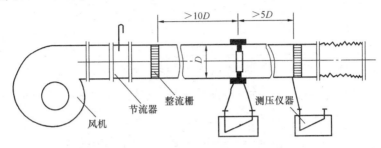

图 5.7.7.1-1　正压风管式漏风量测试装置

2）本装置采用角接取压的标准孔板。孔板 β 值范围为 $0.22\sim0.7$（$\beta=d/D$）；孔板至前、后整流栅及整流栅外直管段距离，分别应符合大于 10 倍与 5 倍圆管直径 D 的规定。

3）本装置的连接风管均为光滑圆管。孔板至上游 $2D$ 范围内，其圆度允许偏差为 0.3%；下游为 2%。

4）孔板与风管连接，其前端与管道轴线垂直度允许偏差为 $1°$；孔板与风管同心度允许偏差为 $0.015D$。

5）在第一整流栅后，所有连接部分应严密、不漏。

6）用下列公式计算漏风量

$$Q = 3600\varepsilon \cdot a \cdot A_n \sqrt{\frac{2}{\rho}\Delta P} \qquad (5.7.7.1\text{-}1)$$

式中　Q——漏风量（m^3/h）；

　　　ε——空气流束膨胀系数；

　　　a——孔板的流量系数；

　　　A_n——孔板开口面积（m^2）；

　　　ρ——空气密度（kg/m^3）；

　　　ΔP——孔板差压（Pa）。

7）孔板的流量系数与 β 值的关系由图 5.7.7.1-2 确定，其适用范围应满足下列条件：

$10^5 < R_{ep} < 2.0 \times 10^5$

$0.05 < \beta^2 \leqslant 0.49$

$50mm < D \leqslant 1000mm$

在此范围内，不计管道粗糙度对流量系数的影响。

雷诺数小于 10^5 时，则应按现行国家标准

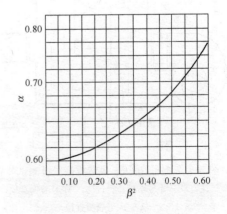

图 5.7.7.1-2　孔板流量系统图

《流量测量节流装置》求得流量系数 a。

8）孔板的空气流速膨胀系数 E 值可根据附表 5.7.7.1-1 查得。

膨 胀 系 数 E 值　　　　　　　　表 5.7.7.1-1

β^4 ＼ P_2/P_1	1.0	0.98	0.96	0.94	0.92	0.90	0.85	0.80	0.75
0.08	1.0000	0.9930	0.9866	0.9803	0.9742	0.9681	0.9531	0.9381	0.9232
0.1	1.0000	0.9924	0.9854	0.9787	0.9720	0.9654	0.9491	0.9328	0.9166
0.2	1.0000	0.9918	0.9843	0.9770	0.9698	0.9627	0.9450	0.9275	0.9100
0.3	1.0000	0.9912	0.9831	0.9753	0.9676	0.9599	0.9410	0.9222	0.9034

注：本表允许内插，不允许外延。P_2/P_1 为孔板后与孔板前的全压值之比。

9）当测试系统或设备负压条件下的漏风量时，装置连接如图 5.7.7.1-3 的规定。

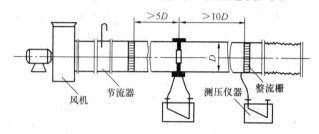

图 5.7.7.1-3　负压风管式漏风量测试装置

（7）风室式源风量测试装置

1）风室式漏风量测试装置由风机、连接风管、测压仪器、均流板、节流器、风室、隔板和喷嘴等组成，如图 5.7.7.1-3 所示。

2）测试装置采用标准长颈喷嘴（图 5.7.7.1-5）。喷嘴必须按图 5.7.7.1-4 的要求安装在隔板上，数量可为单个或多个。两个喷嘴之间的中心距离不得小于较大喷嘴喉部直径的 3 倍；任一喷嘴中心到风室最近侧壁的距离不得小于其喷嘴喉部直径的 1.5 倍。

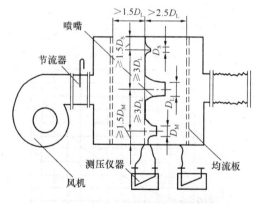

图 5.7.7.1-4　正压、风室或漏风量测试装置
注：D_S—小号喷嘴直径；D_M—中号喷嘴直径；
　　D_L—大号喷嘴直径

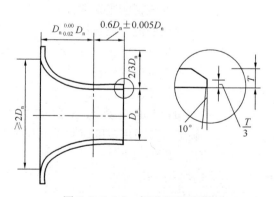

图 5.7.7.1-5　标准长颈风嘴

3）风室的断面面积不应小于被测定风量按断面平均速度小于 0.75m/s 时的断面面积。风室内均流板（多孔板）实装位置应符合图 5.7.7.1-4 的规定。

4）风室中喷嘴两端的静压取压接口，应为多个且均布于四壁。静压取压接口至喷嘴隔板的距离不得大于最小喷嘴喉部直径的 1.5 倍。然后，并联成静压环，再与测压仪器相接。

5）采用本装置测定漏风量时，通过喷嘴喉部的流速应控制在 15～35m/s 范围内。

6）本装置要求风室中喷嘴隔板后的所有连接部分，应严密不漏。

7）用下列公式计算单个喷嘴风量

$$Q_n = 3600 C_d \cdot A_d \sqrt{\frac{2}{\rho} \Delta P} \qquad (5.7.7.1\text{-}2)$$

多个喷嘴风量 $\qquad\qquad Q = \Sigma Q_n (\text{m}^3/\text{h}) \qquad\qquad (5.7.7.1\text{-}3)$

式中　Q_n——单个喷嘴漏风量（m^3/h）；

C_d——喷嘴的流量系数（直径 127mm 以上取 0.99，小于 127mm 可按表 5.7.7.1-2 或附图 5.7.7.1-6 查取）；

A_d——喷嘴的喉部面积（m^2）；

ΔP——喷嘴前后的静压差（Pa）。

喷嘴流量系数表 表 5. 7. 7. 1-2

Re	流量系数 C_d	Re	流量系数 C_d	Re	流量系数 C_d	Re	流量系数 C_d
12000	0.950	40000	0.973	80000	0.983	200000	0.991
16000	0.956	50000	0.977	90000	0.984	250000	0.993
20000	0.961	60000	0.979	100000	0.985	300000	0.994
30000	0.969	70000	0.981	150000	0.989	350000	0.994

注：不计温度系数。

8）当测试系统或设备负压条件下的漏风量时，装置连接如图 5.7.7.1-7 的规定。

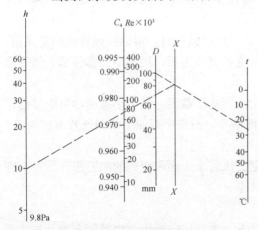

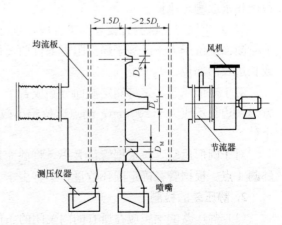

图 5.7.7.1-6　喷嘴流量系数推算　　　　图 5.7.7.1-7　负压风室式漏风量测试装置
注：先用直径与温度标尺在指数标尺（X）上求点，
　　再将指数与压力标尺点相连，可求取流量系数
　　值。

3. 漏风量测试

（1）正压或负压系统风管与设备的漏风量测试，分正压试验和负压试验两类。一般可采用正压条件下的测试来检验。

（2）系统漏风量测试可以整体或分段进行。测试时，被测系统的所有开口均应封闭，不应漏风。

（3）被测系统的漏风量超过设计和（GB 50243—2002）规范的规定时，应查出漏风部位（可用听、摸、观察水或烟检漏），做好标记。修补、完工后重新测试，直至合格。

（4）漏风量测定值一般应为规定测试压力下的实测数值。特殊条件下，也可用相近或大于规定压力下的测试代替，其漏风量可按下式换算：

$$Q = Q_0(P/P_0)^{0.65} \qquad (5.7.7.1\text{-}4)$$

式中：P_0——规定试验压力，500Pa；

Q_0——规定试验压力下的漏风量 $[m^3/（h \cdot m^2）]$；

P——风管工作压力（Pa）；

Q——工作压力下的漏风量 $[m^3/（h \cdot m^2）]$。

5.7.7.2 洁净室测试方法

1. 风量或风速的检测

（1）对于单向流洁净室，采用室截面平均风速和截面积乘积的方法确定送风量。离高效过滤器 0.3m，垂直于气流的截面作为采样测试截面，截面上测点间距不宜大于 0.6m，测点数不应少于 5 个，以所有测点风速读数的算术平均值作为平均风速。

（2）对于非单向流洁净室，采用风口法或风管法确定送风量，做法如下：

1）风口法是在安装有高效过滤器的风口处，根据风口形状连接辅助风管进行测量。即用镀锌钢板或其他不产尘材料做成与风口形状及风口截面相同，长度等于 2 倍风口长边长的直管段，连接于风口外部。在辅助风管出口平面上，按最少测点数不少于 6 点均匀布置，使用热球式风速仪测定各测点的风速。然后，以求取的风口截面平均风速乘以风口净截面积求取测定风量。

2）对于风口上风侧有较长的支管段，且已经或可以钻孔时，可以用风管法确定风量。测量断面应位于大于或等于局部阻力部件前 3 倍管径或长边长，局部阻力部件后 5 倍管径或长边长的部位。

对于矩形风管，是将测定截面分割成若干个相等的小截面。每个小截面尽可能接近正方形，边长不应大于 200mm，测点应位于小截面中心，但整个截面上的测点数不宜少于 3 个。

对于圆形风管，应根据管径大小，将截面划分成若干个面积相同的同心圆环，每个圆环测 4 点。根据管径确定圆环数量，不宜少于 3 个。

2. 静压差的检测

（1）静压差的测定应在所有的门关闭的条件下，由高压向低压，由平面布置上与外界最远的里间房间开始，依次向外测定。

（2）采用的微差压力计，其灵敏度不应低于 2.0Pa。

（3）有孔洞相通的不同等级相邻的洁净室，其洞口处应有合理的气流流向。洞口的平均风速大于等于 0.2m/s 时，可用热球风速仪检测。

3. 空气过滤器泄漏测试

(1) 高效过滤器的检漏，应使用采样速率大于 1L/min 的光学粒子计数器。D 类高效过滤器宜使用激光粒子计数器或凝结核计数器。

(2) 采用粒子计数器检漏高效过滤器，其上风侧应引入均匀浓度的大气尘或含其他气溶胶尘的空气。对大于等于 $0.5\mu m$ 尘粒，浓度应大于或等于 $3.5 \times 10^5 Pc/m^3$ 或对大于或等于 $0.1\mu m$ 尘粒，浓度应大于或等于 $3.5 \times 10^7 Pc/m^3$；若检测 D 类高效过滤器，对大于或等于 $0.1\mu m$ 尘粒，浓度应大于或等于 $3.5 \times 10^9 Pc/m^3$。

(3) 高效过滤器的检测采用扫描法，即在过滤器下风侧用粒子计数器的等动力采样头，放在距离被检部位表面 20～30mm 处，以 5～20mm/s 的速度，对过滤器的表面、边框和封头胶处进行移动扫描检查。

(4) 泄漏率的检测应在接近设计风速的条件下进行。将受检高效过滤器下风侧测得的泄露浓度换算成透过率，高效过滤器不得大于出厂合格透过率的 2 倍；D 类高效过滤器不得大于出厂合格透过率的 3 倍。

(5) 在移动扫描检测工程中，应对计数突然递增的部位进行定点检验。

4. 室内空气洁净度等级的检测

(1) 空气洁净度等级的检测应在设计指定的占用状态（空态、静态、动态）下进行。

(2) 检测仪器的选用：应使用采样速率大于 1L/min 的光学粒子计数器，在仪器选用时应考虑粒径鉴别能力，粒子浓度适用范围和计数效率。仪表应有有效的标定合格证书。

(3) 采样点的规定：

1) 最低限度的采样点数 N_L，见表 5.7.7.2-1。

最低限度的采样点数表 N_L　　　　　　　　　　表 5.7.7.2-1

测点数 N_L	2	3	4	5	6	7	8	9	10
洁净区面积 A（m^2）	2.1～6.0	6.1～12.0	12.1～20.0	20.1～30.0	30.1～42.0	42.1～56.0	56.1～72.0	72.1～90.0	90.1～110.0

注：1. 在水平单向流时，面积 A 为与气流方向呈垂直的流动空气截面的面积；

　　2. 最低限度的采样点数按公式 $J_L = A^{0.5}$ 计算（四舍五入取整数）。

2) 采样点应均匀分布于整个面积内，并位于工作区的高度（距地坪 0.8m 的水平面），或设计单位、业主特指的位置。

(4) 采样量的确定：

1) 每次采样最少采样量见表 5.7.7.2-2。

每次采样最少采样量 V_s（L）表　　　　　　　　表 5.7.7.2-2

洁净度等级	粒　径					
	$0.1\mu m$	$0.2\mu m$	$0.3\mu m$	$0.5\mu m$	$1.0\mu m$	$5.0\mu m$
1	2000	8400	—	—	—	—
2	200	840	1960	5680		

洁净度等级	粒 径					
	0.1μm	0.2μm	0.3μm	0.5μm	1.0μm	5.0μm
3	20	84	196	568	2400	—
4	2	8	20	57	240	—
5	2	2	2	6	24	680
6	2	2	2	2	2	68
7	—	—	—	2	2	7
8	—	—	—	2	2	2
9	—	—	—	2	2	2

2）每个采样点的最少采样时间为 1min，采样量至少为 2L。

3）每个洁净室（区）最少采样次数为 3 次。当洁净区仅有一个采样点时，则在该点至少采样 3 次。

4）对预期空气洁净度等级达到 4 级或更洁净的环境，采样量很大，可采用 ISO 14644—1 附录 F 规定的顺序采样法。

（5）检测采样的规定：

1）采样时采样口处的气流速度，应尽可能接近室内的设计气流速度。

2）对单向流洁净室，其粒子计数器的采样管口应迎着气流方向；对于非单向流洁净室，采样管口宜向上。

3）采样管必须干净，连接处不得有渗漏。采样管的长度应根据允许长度确定，如果无规定时，不宜大于 1.5m。

4）室内的测定人员必须穿洁净工作服，且不宜超过 3 名，并应远离或位于采样点的下风侧静止不动或微动。

（6）记录数据评价

空气洁净度测试中，当全室（区）测点为 2～9 点时，必须计算每个采样点的平均粒子浓度 C_i 值、全部采样点的平均粒子浓度 N 及其标准差，求出 95% 置信上限值；采样点超过 9 点时，可采用算术平均值 N 作为置信上限值。

1）每个采样点的平均粒子浓度 C_i，应小于或等于洁净度等级规定的限值，见表 5.7.7.2-3。

洁净度等级及悬浮粒子浓度限值   表 5.7.7.2-3

洁净度等级	大于或等于表中粒径 D 的最大浓度 C_n（pc/m³）					
	0.1μm	0.2μm	0.3μm	0.5μm	1.0μm	5.0μm
1	10	2	—	—	—	—
2	100	24	10	4	—	—
3	1000	237	102	35	8	—
4	10000	2370	1020	352	83	—

续表

洁净度等级	大于或等于表中粒径 D 的最大浓度 C_n（pc/m^3）					
	0.1μm	0.2μm	0.3μm	0.5μm	1.0μm	5.0μm
5	100000	237000	10200	3520	832	29
6	1000000	237000	102000	35200	8320	293
7	—	—	—	352000	83200	2930
8	—	—	—	3520000	832000	29300
9				35200000	8320000	293000

注：1. 本表仅表示了整数值的洁净度等级（N）悬浮粒最大浓度的限值。

2. 对于非整数洁净度等级，其对应于粒子粒径 D（μm）的最大浓度限值（C_n），应按下列公式计算求取。

$$C_n = 10^N \times \left(\frac{0.1}{D}\right)^{2.08}$$

3. 洁净度等级定级的粒径范围为 0.1～0.5μm，用于定级的粒径数不应大于 3 个，且其粒径的顺序级差不应小于 1.5 倍。

2）全部采样点的平均粒子浓度 N 的 95%置信上限值，应小于或等于洁净等级规定的限值。即：

$$(N + t \times s/\sqrt{n}) \leqslant \text{级别规定的限值}$$

式中　N——室内各测点平均含尘浓度，$N = \Sigma C_i/n$；

n——测点数；

s——室内各测点平均含尘浓度，N 的标准差 $S = \sqrt{\frac{(C_i - N)^2}{n-1}}$；

t——置信度上限为 95%时，单侧 t 分布的系数，见表 3.9.2.4-2。

t 系数　　**表 5.7.7.2-4**

点数	2	3	4	5	6	7～9
t	6.3	2.9	2.4	2.1	2.0	1.9

（7）每次测试应做记录，并提交性能合格或不合格的测试报告，测试报告包括以下内容：

1）测试机构的名称、地址；

2）测试日期和测试者签名；

3）执行标准的编号及标准实施日期；

4）被测试的洁净土室洁净区的地址、采样点的特定编号及坐标图；

5）被测洁净室或洁冲区的空气洁净度等级、被测粒径（或沉降菌、浮游菌）、被测洁净室所处的状态、气流流型和静压差；

6）测量用的仪器的编号和标定证书；测试方法细则及测试中特殊情况；

7）测试结果包括在全部采样点坐标图上注明所测的粒子浓度（或沉降菌、浮游菌的菌落数）；

8）对异常测试值进行说明及数据处理。

5. 室内浮游菌和沉降菌的检测

（1）微生物检测方法有空气悬浮游微生物法和沉降微生物法两种，采样后的基片（或平皿）经过恒温箱内 37℃、48h 的培养生成菌落后进行计数。使用的采样器皿和培养液必须进行消毒灭菌处理。采样点可均匀布置或取代表性地域布置。

（2）悬浮微生物法应采用离心式、狭缝式和针孔式等碰击式采样器，采样时间应根据空气中微生物浓度来决定，采样点数可与测定空气洁净度测点数相同。各种采样器应按仪器说明书规定的方法使用。

沉降微生物法，应采用直径为 90mm 培养皿，在采样点上沉降 30min 后进行采样，培养皿最少采样数应符合表 5.7.7.2-5 的规定。

最 少 培 养 皿 数   表 5.7.7.2-5

空气洁净度级别	培养皿数	空气洁净度级别	培养皿数
<5	44	6	5
5	14	≥7	2

（3）制药厂洁净室（包括生物洁净室）室内浮游菌和沉降菌测试，也可采用按协议确定采样方案。

（4）用培养皿测定沉降菌；用碰撞式采样器或过滤采样器测定浮游菌，还应遵守以下的规定：

1）采样装置采样前的准备及采样后的处理，均应在设有高效空气过滤器排风的负压试验室进行操作，该试验室的温度应为 22±2℃；相对湿度应为 50%±10%；

2）采样仪器应消毒灭菌；

3）采样器选择应审核其精度和效率，并有合格证书；

4）采样装置的排气不应污染洁净室；

5）沉降皿个数及采样点、培养基及培养温度、培养时间按有关规范的规定执行；

6）浮游菌采样器的采样率宜大于 100L/min；

7）碰撞培养基的空气速度应小于 20m/s。

6. 室内空气温度和相对湿度的检测

（1）根据温度和相对湿度波动范围，应选择相应的具有足够精度的仪表进行测定。每次测定间隔不大于 30min。

（2）室内测点布置：

1）送、回风口处；

2）恒温工作区具有代表性的地点（如沿着工艺设备周围布置或等距离布置）；

3）没有恒温要求的洁净室中心；

4）测点一般应布置在距外墙表面大于 0.5m，离地面 0.8m 的同一高度上；也可以根据恒温区的大小，分别布置在离地不同高度的几个平面上。

（3）测点数应符合表 5.7.7.2-6 的规定。

温、湿度测点数 表 5.7.7.2-6

波动范围	室面积≤50m²	每增加 20~50m²
$\triangle t=\pm0.5\sim\pm2℃$	5	增加 3~5 个
$\triangle RH=\pm5\%\sim\pm10\%$		
$\triangle t\leqslant\pm0.5℃$	点间距不应大于 2m，点数不应少于 5 个	
$\triangle RH\leqslant\pm5\%$		

（4）有恒温恒湿要求的洁净室：

室温波动范围按各测点的各次温度中偏差控制点温度的最大值，占测点总数的百分比整理成累积统计曲线。如 90% 以上测点偏差值在室温波动范围内，为符合设计要求。反之，为不合格。

区域温度以各测点中最低的一次测试温度为基准，各测点平均温度与超偏差值的点数，占测点总数的百分比整理成累计统计曲线，90% 以上测点所达到的偏差值为区域温差，应符合设计要求。相对温度波动范围可按室温波动范围的规定执行。

7. 单向流洁净室截面平均速度，速度不均匀度的检测

（1）洁净室垂直单向流和非单向流应选择距墙或围护结构内表面大于 0.5m，离地面高度 0.5~1.5m 作为工作区。水平单向流以距送风墙或围护结构内表面 0.5m 处的纵断面为第一工作面。

（2）测定截面的测点数和测定仪器应符合以上的规定。

（3）测定风速应用测定架固定风速仪，以避免人体干扰。不得不用手持风速仪测定时，手臂应伸至最长位置，尽量使人体远离测头。

（4）室内气流流形的测定，宜采用发烟或悬挂丝线的方法，进行观察测量与记录。然后，标在记录的送风平面的气流流形图上。一般每台过滤器至少对应一个观察点。

风速的不均匀度 β_0 按下列公式计算，一般 β_0 值不大于 0.25。

$$\beta_0 = \frac{s}{v}$$

式中 v——各测点风速的平均值；

s——标准差。

8. 室内噪声的检测

（1）测噪声仪器应采用带倍频程分析的声级计。

（2）测点布置应按洁净室面积均分，每 50m² 设一点。测点位于其中心，距地面 1.1~1.5m 高度处或按工艺需要设定。